普通高等教育农业农村部"十三五"规划教材
全国高等农林院校"十三五"规划教材

植物学

第二版

丁春邦　杨晓红　主编

中国农业出版社
北　京

内容简介

本教材分为三部分。第一部分为植物细胞和组织系统，讲述了植物细胞和植物组织的基本概念、基本类型、基本结构和功能，是学习第二部分和第三部分的基础。第二部分为被子植物的个体发育，围绕"一条主线"，即被子植物生活史中植物体各部分的形态建成过程与结果，及其与所执行的功能、所处的环境之间的辩证关系，重点讲述了被子植物根、茎、叶、花、果实和种子的发育、形态和结构的基本知识；同时，还介绍了植物体的整体性和适应性，以及各器官的生长特性与农业生产的关系，有助于学生用动态发展的观点、局部和整体的观点来理解植物个体发育的基本规律。第三部分为植物界的类群与分类，讲述了植物系统分类的基础知识、植物界的基本类群和被子植物的典型科属及其代表植物的主要特征与用途；此外，还介绍了植物系统发育的基本规律，以及被子植物的起源、系统演化及其分类系统，有助于学生树立系统进化的思想，理解植物和植物界的进化、植物与人类的可持续发展及其与生态文明建设的密切关系。

本教材例证材料紧密结合农业、林业等生产的实际，适用于高等农林院校的生物科学、生物技术、农学、林学、园艺、园林、植物保护、生态学等专业的植物学课程教学，也可作为相关专业人员的参考用书。

第二版编写人员

主　编　丁春邦（四川农业大学）
　　　　　　杨晓红（西南大学）
副主编　袁　明（四川农业大学）
　　　　　　晏春耕（湖南农业大学）
　　　　　　陆自强（云南农业大学）
编　者　（按姓氏拼音排序）
　　　　　　陈严平（云南农业大学）
　　　　　　丁春邦（四川农业大学）
　　　　　　高润梅（山西农业大学）
　　　　　　李　鹏（青岛农业大学）
　　　　　　刘　静（四川农业大学）
　　　　　　陆自强（云南农业大学）
　　　　　　王瑞云（山西农业大学）
　　　　　　晏春耕（湖南农业大学）
　　　　　　袁　明（四川农业大学）
　　　　　　杨瑞武（四川农业大学）
　　　　　　杨晓红（西南大学）

第一版编写人员

主　　编　丁春邦（四川农业大学）
　　　　　杨晓红（西南大学）
副 主 编　袁　明（四川农业大学）
　　　　　晏春耕（湖南农业大学）
　　　　　陆自强（云南农业大学）
编写人员　（按姓名拼音排序）
　　　　　陈严平（云南农业大学）
　　　　　丁春邦（四川农业大学）
　　　　　高润梅（山西农业大学）
　　　　　胡　超（四川农业大学）
　　　　　李　鹏（青岛农业大学）
　　　　　陆自强（云南农业大学）
　　　　　王瑞云（山西农业大学）
　　　　　晏春耕（湖南农业大学）
　　　　　袁　明（四川农业大学）
　　　　　杨瑞武（四川农业大学）
　　　　　杨晓红（西南大学）

第二版前言

第一版自 2014 年出版以来，深受广大师生好评。近年来，在"互联网+"背景下，信息技术与高等教育教学深度融合，推动着高等教育教学生态格局发生变革。为满足教学需求，我们在广泛调研用户意见的基础上认真总结，设计了配套的延伸阅读、复习思考题，以及以二维码形式体现的植物内部结构、外部形态的彩图，以方便教师教学和学生自学。经过近 3 年的时间，完成了教材修订。

植物学是高等农林院校相关专业在低年级开设的一门重要基础课程，着眼于为学生搭建较为完整的植物科学知识体系，为后续专业课程学习打下良好的基础。因此，为了保持本教材作为基础课程的适用性，本次修订保持了第一版的框架体系，在内容上进行了改动，力求使教材的条理更清楚，文字更简练，同时添加了能够反映近些年植物学研究的新成果的内容，便于学生及时了解植物科学发展的新动态。

本教材的修订是在 6 所院校 11 位教师的通力协作下完成的。编写人员的分工如下：丁春邦修订绪论，陆自强修订第一章，陈严平修订第二章，李鹏修订第三章，杨晓红和王瑞云修订第四章，晏春耕修订第五章，高润梅和刘静修订第六章和第七章，丁春邦、杨瑞武、袁明和刘静修订第八章。全书由丁春邦统稿。在修订期间，得到了各位编者所在学校的领导、老师们的关心和支持，在此一并表示衷心感谢！

由于水平所限，书中仍有不妥之处，恳请同行和使用者不吝赐教。

编　者
2020 年 9 月

第一版前言

20世纪以来，生物科学技术进入了快速发展的历史时期，其与信息技术、新能源技术、新材料技术紧密结合，正在迅速地改变着世界。植物学作为生物科学最基础的学科之一，在植物种质资源、作物品种改良、绿色食品、生物质能源等方面都取得了巨大进展，特别是植物转基因技术的发展，正在给农业领域带来一场新的技术革命。因此，植物科学在推动社会发展过程中发挥着重要作用。

植物学课程是高等农林院校农学、植物保护、园艺、植物科学与技术、种子科学与工程、林学、园林、森林保护、草业科学、生物科学、生物技术、生态学等专业的一门重要基础课。由于专业种类多，各专业对植物学课程的要求不同，这就需要植物学教材从综合角度去引导学生认识世界，提高学生利用植物学理论与技术综合解决实际问题的能力。在教材内容的设置上要注重知识之间的有机联系，尤其是与相关专业之间的融会贯通，培养学生用植物学科的概念认识自然界普遍联系、相互作用的现象与规律，建立一套较为完整的植物科学知识体系，为后续专业学习打下良好基础。

本教材的主要特点：一是强调培养学生的学习能力，提高学生科学素养。教材在每章前设置学习目标，每章后设置复习思考题，书末还附有主要的参考文献，为学生提供了一个学习、思考和拓展的线索。二是关注科学发展，体现科学、技术、社会的紧密联系。教材增加和补充了许多在生产、生活和环境保护方面被开发与利用的植物资源，适当增加了植物科学研究的最新进展，使教材具有较强的时代感。三是处理好本教材与中学生物学知识及后续课程的衔接关系，尽量不与中学生物学课程内容重复，简化与后续大学课程如生物化学、植物生理学、细胞生物学、分子生物学、遗传学等交叉的相关内容。四是运用多种手段制作丰富的插图，有显微成像图、亚显微成像图、解剖镜下实物图、相机摄影图和手绘图等，结构特点鲜明，便于理解和掌握。

本书是在全国6所院校的11位教师通力协作下，历经3年时间完成的。编写人员的分工如下：丁春邦编写绪论，陆自强编写第一章，陈严平编写第二章，李鹏编写第三章，杨晓红和王瑞云编写第四章，晏春耕编写第五章，高润梅编写第六章和第七章，丁春邦、杨瑞武、胡超和袁明编写第八章。最后由丁春邦统稿。在编写期间，中国农业出版社的刘梁编辑就教材的版式和内容提出了许多宝贵意见,同时,也得到了所在学校的领导、老师的关心和支持,在此一并表示衷心感谢!

  由于知识结构和水平的限制,不妥之处在所难免,敬请同行和使用者不吝赐教。

编　者

2014 年 1 月

目 录

第二版前言
第一版前言

绪论 …………………………………………… 1
 一、植物及其多样性 ………………………… 1
 二、植物在自然界及人类生活中的
   重要作用 ………………………………… 3
 三、植物学的发展简史 ……………………… 4
 四、植物学与农业的关系 …………………… 5
 五、学习植物学的目的和方法 ……………… 5
 延伸阅读 ……………………………………… 6
 复习思考题 …………………………………… 6

第一部分 植物细胞和组织系统

第一章 植物细胞 …………………………… 9

第一节 植物细胞概述 ………………………… 9
 一、细胞学说 ………………………………… 9
 二、细胞的形状和大小 ……………………… 10
 三、细胞的类型 ……………………………… 11

第二节 细胞生命活动的物质基础
    ——原生质 ……………………… 11
 一、原生质的化学组成 ……………………… 12
 二、原生质的胶体性质 ……………………… 13

第三节 植物细胞的基本结构 ………………… 14
 一、植物细胞表面结构 ……………………… 14
 二、植物细胞间的联络结构 ………………… 17
 三、植物细胞质及其细胞器 ………………… 18
 四、植物细胞核 ……………………………… 25
 五、植物细胞的后含物 ……………………… 26

第四节 植物细胞的分裂、生长和分化 … 29
 一、细胞周期 ………………………………… 29
 二、有丝分裂 ………………………………… 30
 三、无丝分裂 ………………………………… 31
 四、减数分裂 ………………………………… 32
 五、植物细胞的生长、分化及死亡 ………… 33
 六、植物细胞的全能性及细胞工程 ………… 35
 延伸阅读 ……………………………………… 36
 复习思考题 …………………………………… 36

第二章 植物组织 …………………………… 39

第一节 植物组织的类型 ……………………… 39
 一、分生组织 ………………………………… 39
 二、成熟组织 ………………………………… 40

第二节 复合组织和组织系统 ………………… 49
 一、简单组织 ………………………………… 49
 二、复合组织 ………………………………… 49
 三、组织系统 ………………………………… 50
 延伸阅读 ……………………………………… 50
 复习思考题 …………………………………… 50

第二部分 被子植物的个体发育

第三章 种子与幼苗 ………………………… 55

第一节 种子 …………………………………… 55
 一、种子的基本结构 ………………………… 55
 二、种子的基本类型 ………………………… 56
 三、种子的寿命及萌发 ……………………… 58

第二节 幼苗 …………………………… 61
　一、幼苗的类型 …………………… 61
　二、幼苗形态学特征在生产上的
　　　应用 ……………………………… 61
延伸阅读 ……………………………… 62
复习思考题 …………………………… 63

第四章 被子植物营养器官的形态建成 …… 65

第一节 根系的形态结构与建成过程 … 65
　一、根的生理功能和基本形态 …… 65
　二、根尖的分区及其生长动态 …… 67
　三、根的伸长——根的初生生长与
　　　初生结构 ………………………… 70
　四、根的分枝——侧根的发生及
　　　形成 ……………………………… 73
　五、根的增粗——根的次生生长与
　　　次生结构 ………………………… 74
　六、根瘤与菌根 …………………… 76
　七、根系特性与农业生产的关系 … 78

第二节 茎的形态结构与建成过程 …… 78
　一、茎的生理功能及其形态特征和
　　　生长习性 ………………………… 79
　二、茎尖的结构 …………………… 84
　三、茎的伸长——茎的初生生长与
　　　初生结构 ………………………… 87
　四、茎的增粗——双子叶植物茎的
　　　次生生长与次生结构以及单子叶
　　　植物茎的增粗 …………………… 89
　五、茎的生长特性与农业生产的
　　　关系 ……………………………… 94

第三节 叶的形态结构与建成过程 …… 95
　一、叶的生理功能 ………………… 95
　二、叶的组成和形态 ……………… 95
　三、叶的发生和生长 ……………… 100
　四、叶的结构 ……………………… 101
　五、叶的衰老与脱落 ……………… 107
　六、叶的生长特性与农业生产的
　　　关系 ……………………………… 108

第四节 营养器官的整体性及其对
　　　环境的适应性 ………………… 109
　一、营养器官的整体性 …………… 109
　二、营养器官对环境的适应性 …… 111
　三、营养器官的变态 ……………… 113

延伸阅读 ……………………………… 120
复习思考题 …………………………… 120

第五章 被子植物生殖器官的形态建成 … 124

第一节 花的组成和发生 ……………… 124
　一、花的概念及其在植物个体发育和
　　　系统发育中的意义 …………… 124
　二、花的组成 ……………………… 125
　三、花序 …………………………… 134
　四、花芽分化 ……………………… 136
　五、花的生长特性与农业生产的关系 … 139

第二节 雄蕊的发育和结构 …………… 140
　一、花丝和花药的发育 …………… 140
　二、花粉的发育 …………………… 141
　三、花粉的形态与结构 …………… 144
　四、花粉的内含物 ………………… 145
　五、花粉的生活力 ………………… 146
　六、雄性生殖单位及其功能 ……… 146
　七、花粉败育和雄性不育 ………… 147
　八、花药与花粉培养及花粉植物 … 147

第三节 雌蕊的发育和结构 …………… 148
　一、雌蕊的组成 …………………… 148
　二、胚珠的发育 …………………… 149
　三、胚囊的发育和结构 …………… 150
　四、雌性生殖单位及其功能 ……… 152

第四节 开花、传粉和受精 …………… 153
　一、开花 …………………………… 153
　二、传粉 …………………………… 153
　三、受精 …………………………… 155

第五节 种子的发育 …………………… 159
　一、胚的发育 ……………………… 159
　二、胚乳的发育和结构 …………… 161
　三、种皮的发育和结构 …………… 163
　四、无融合生殖和多胚现象 ……… 164
　五、胚状体和人工种子 …………… 164

第六节 果实的发育、结构与传播 …… 165
　一、果实的形成和发育 …………… 165
　二、果实的类型 …………………… 166
　三、单性结实和无籽果实 ………… 169
　四、果实和种子的传播 …………… 169

第七节 被子植物生活史概述 ………… 170
延伸阅读 ……………………………… 172
复习思考题 …………………………… 173

第三部分　植物界的类群与分类

第六章　植物分类的基础知识 …………… 179

 第一节　植物分类的方法 …………… 179
  一、人为分类法 …………… 179
  二、自然分类法 …………… 179
 第二节　植物分类的各级单位 …………… 180
 第三节　植物的命名法则 …………… 181
 第四节　植物的鉴定方法 …………… 182
  一、定距式检索表 …………… 182
  二、平行式检索表 …………… 183
 延伸阅读 …………… 183
 复习思考题 …………… 184

第七章　植物界的基本类群 …………… 185

 第一节　藻类植物 …………… 186
  一、藻类植物的主要特征 …………… 186
  二、藻类植物的分类及代表植物 …………… 186
  三、藻类植物的演化和发展 …………… 194
  四、藻类植物在自然界的作用及经济价值 …………… 195
 第二节　菌类植物 …………… 195
  一、菌类植物的主要特征 …………… 195
  二、菌类植物的分类及代表植物 …………… 196
 第三节　地衣植物 …………… 201
  一、地衣植物的主要特征 …………… 201
  二、地衣植物的形态和结构 …………… 202
  三、地衣植物的繁殖 …………… 203
  四、地衣植物的分类 …………… 203
  五、地衣植物在自然界的作用及经济价值 …………… 203
 第四节　苔藓植物 …………… 204
  一、苔藓植物的主要特征 …………… 204
  二、苔藓植物的分类及代表植物 …………… 204
  三、苔藓植物的演化和发展 …………… 206
  四、苔藓植物在自然界的作用及经济价值 …………… 207
 第五节　蕨类植物 …………… 207
  一、蕨类植物的主要特征 …………… 207
  二、蕨类植物的分类及代表植物 …………… 208
  三、蕨类植物的演化和发展 …………… 214
  四、蕨类植物在自然界的作用及经济价值 …………… 215
 第六节　裸子植物 …………… 215
  一、裸子植物的主要特征 …………… 215
  二、裸子植物的生活史 …………… 216
  三、裸子植物的分类及代表植物 …………… 219
  四、裸子植物的演化和发展 …………… 230
  五、裸子植物在自然界的作用及经济价值 …………… 232
 第七节　被子植物 …………… 232
  一、被子植物的主要特征 …………… 232
  二、被子植物的形态学分类原则 …………… 233
 第八节　植物的系统发育 …………… 234
  一、植物的个体发育与系统发育 …………… 234
  二、植物系统发育的进化规律 …………… 236
 延伸阅读 …………… 238
 复习思考题 …………… 238

第八章　被子植物类群简介 …………… 242

 第一节　双子叶植物纲 …………… 242
  一、木兰亚纲（Magnoliidae） …………… 242
  二、金缕梅亚纲（Hamamelidae） …………… 249
  三、石竹亚纲（Caryophyllidae） …………… 253
  四、五桠果亚纲（Dilleniidae） …………… 256
  五、蔷薇亚纲（Rosidae） …………… 265
  六、菊亚纲（Asteridae） …………… 276
 第二节　单子叶植物纲 …………… 289
  一、泽泻亚纲（Alismatidae） …………… 289
  二、槟榔亚纲（Arecidae） …………… 290
  三、鸭跖草亚纲（Commelinidae） …………… 292
  四、姜亚纲（Zingiberidae） …………… 294
  五、百合亚纲（Liliidae） …………… 295
 第三节　被子植物的起源与系统演化 …………… 298
  一、被子植物的起源 …………… 298
  二、被子植物的系统演化及其分类系统 …………… 302
 延伸阅读 …………… 307
 复习思考题 …………… 307

参考文献 …………… 311

绪 论

1. 了解生物的分界及植物的基本特征。
2. 了解中国的植物多样性。
3. 了解植物在自然界和人类生活中的重要性及植物学与农业的关系。
4. 了解植物学的发展简史及发展趋势。

植物学（botany）是一门以植物为对象，研究植物的形态结构及其发育规律、类群与分类、与环境的相互关系及分布规律、资源利用等的学科。本教材以植物形态结构及其发育规律、类群与分类为主要内容。

一、植物及其多样性

(一) 生物的分界和植物的基本特征

生物的分界有不同的观点，随着科学的发展和人类对自然界认识的进步而逐步改变。1753年，瑞典博物学家林奈（Linnaeus）在《自然系统》（*Systema Naturae*）一书中，根据能运动还是固着生活、吞食还是自养，把生物分为动物界（Animalia）和植物界（Plantae），即两界系统，这一系统因其简便和包含内容广泛，至今仍为许多生物学教材沿用。1866年，德国生物学家海克尔（Haeckel）提出三界系统，除上述两界外，把兼有动物和植物属性的生物（如裸藻，既含色素能自养，又有眼点能感光，有鞭毛能游动）独立为原生生物界（Protista）。1938年，美国人科帕兰（Copeland）提出了四界系统，即原核生物界（Prokaryota）、原始有核界（Protoctista）、后生植物界（Metaphyta）和后生动物界（Metazoa），原核生物界包括细菌和蓝藻，原始有核界包括低等的真核藻类、原生动物和真核菌类。1969年，美国人魏泰克（Whittaker）根据有机体营养方式的不同，把生物分为五界，即原核生物界、原生生物界、植物界、真菌界和动物界。五界系统纵向显示了生物进化的三大阶段，即原核生物、真核单细胞生物（原生生物）和真核多细胞生物（植物界、动物界、真菌界）；同时又横向显示了生物演化的三大方向，即光合自养的植物、吸收方式的真菌和摄食方式的动物。1979年，中国学者陈世骧根据病毒（virus）和类病毒（viroid）不具细胞形态结构、在寄主体外不能自我繁殖等特点，建议在五界系统的基础上，把它们另立为非细胞生物界或病毒界（Archetista），从而形成六界系统。1989年，史密斯（Smith）提出八界系统，原核生物分为古细菌界和真细菌界，真核生物分为古真核生物超界（仅古真核生物界）和真核生物超界（分为原生生物界、藻界、真菌界、植物界和动物界）。

各界学说的划分虽各有依据，但有两个标准是共同的，即营养方式和进化水平。本教材仍采用两界系统。

在植物界的进化过程中形成了多种多样的植物，但绝大多数植物仍具有共同的基本特征：除少数低等植物可以运动外，多数植物固着生长；植物细胞有细胞壁，具有比较稳定的形态；大多数植物含有光合色素，能进行光合作用；大多数植物在个体发育过程中能不断产生新的组织或器官，具有无限生长的特性。

（二）植物的多样性

植物多样性（plant diversity）是指地球上的植物及与其他生物、环境所形成的所有形式、层次、组合的多样化。通常可以从三个方面理解，即植物的物种多样性、遗传多样性、生态习性和生态系统多样性。

植物的物种多样性是指植物在物种水平上的多样性，可以指一个地区内物种的多样化，也可以指全球范围内物种的多样化。据记载，全世界现有植物50多万种，高等植物23万余种。植物种类多种多样，它们的形态、结构、生活习性以及对环境的适应性各不相同，千差万别。

植物的遗传多样性也称基因多样性，广义的遗传多样性是指地球上所有植物所携带的遗传信息的总和，狭义的遗传多样性主要是指种内个体之间或一个群体内不同个体的遗传变异总和。在长期进化过程中形成的千姿百态、种类浩瀚的植物界，是一个天然的庞大的基因库，是自然界留给人类的宝贵财富。各种农作物，其繁多的品种拥有丰富的遗传多样性，为育种提供丰富的遗传种质资源，如我国有水稻品种5万个、大豆品种2万个。植物种质资源的良好保存和合理开发利用，对于植物的引种驯化、品种改良等发挥巨大作用。植物的遗传资源还为人类未来的生存和发展提供了选择的余地。

植物的生态习性和生态系统多样性是指植物在长期进化过程中与生态环境之间形成的多种多样的生态适应性以及植物群落、生态过程变化的多样化。植物的生态适应性使得它们在各自的生态系统中占据了一定的生态位，让它们能够稳定地生存在各自特定的环境条件下，如寄生植物、腐生植物、共生植物等。我国气候和地貌类型复杂，南北跨越热带、温带和寒带，高原山地约占国土面积的4/5，河流纵横，湖泊星罗棋布，复杂的自然条件使得我国的生态系统极其丰富多样。我国的陆地生态系统中有森林、灌丛、草甸、沼泽、草原、荒漠、冻原及高山垫状植被等类型，在水生生态系统中有各类河流生态系统、湖泊生态系统以及海洋生态系统，此外还有各种各样的农田、果园、防护林等农田生态系统。

（三）中国的植物资源

中国的植物资源极为丰富，种子植物有3万余种，仅次于巴西和哥伦比亚，居世界第三位；木本植物8 000余种，占全世界木本植物的40%，特有植物占植物总数的1/3；裸子植物约250种，是世界上裸子植物最多的国家；栽培植物600余种，栽培和野生果树种类总数居世界第一位，其中许多起源于中国或中国是其分布中心。由于中国有寒温带、温带、暖温带、亚热带和热带的气候，因此，植物也有不同气候带的分布。根据吴征镒的《中国植被》，中国的植被分区大致有以下8个区域。

1. 东北北部寒温带针叶林区域　以兴安落叶松为优势种，间或与白桦和樟子松混交的森林植被。森林经采伐后，大部分被以白桦和山杨等落叶阔叶树为主的次生林所代替，次生林再经破坏，便成为山地草甸。该区主要位于东北的北部，不是农作物适宜区。

2. 东北温带针阔叶混交林区域　以红松、库页冷杉、鱼鳞云杉与紫椴、风桦和水曲柳等构成混交林为主，兼有落叶松、红松、云杉等针叶林，是主要的林业基地和良好用材林分布区。该区还是我国大豆的主产区，也是目前世界上非转基因大豆的主产区。

3. 华北暖温带落叶阔叶林区域　以各种落叶栎以及桦、槭、椴、楝和泡桐等构成的落叶阔叶林，兼有油松、赤松和华山松等。华北山地、辽东半岛和山东半岛一带，是全国冬小麦、玉米、棉花和杂粮的重要产区，这里种植苹果、李、桃、杏、葡萄、樱桃、枣、核桃和板栗等经济果木，天津鸭梨、烟台苹果和金丝小枣负有盛名。该区还是我国大葱、白菜、山药等蔬菜的主产区。

4. 中南亚热带常绿阔叶林区域　终年常绿，群落结构可分为乔木层、灌木层和草本层，主要由壳斗科的栲属、石栎属和青冈属，樟科的楠木属、樟属、山胡椒属、木姜子属，山茶科的木荷属、茶属、柃木属，杜鹃花科的杜鹃属，蔷薇科的石楠属和樱桃属等组成。本区位于秦岭、淮河一线以南至福建、广东、广西和云南南部,珍稀濒危植物众多,有活化石之称的银杏、水杉、珙桐和银杉等;西南高山是世界杜鹃花的起源中心。本区有世界上最大的人工毛竹林,生长迅速,是主要的经济竹类;油茶、乌桕、漆树、油桐、杉木和马尾松等经济林木也十分著名。该区是我国水稻和茶主产区。此外,还有枇杷、杨梅、桃、桑、月季、玫瑰、菊花和水仙等园艺作物。

5. 华南热带和南亚热带雨林及季雨林区域 热带雨林终年常绿,树木高大,群落结构可分为乔木层、灌木层和草本层,但附生、绞杀、寄生植物普遍,茎、花和板状根特征明显,主要有蝴蝶树、青皮以及龙脑香科植物等。本区位于海南、广东、广西、台湾和云南南部。季雨林则为半常绿或落叶,主要有木棉、楹树、榕树、擎天树和四数木等。红树林分布于热带海滩,主要以红树科植物为主。该区盛产热带作物,如菠萝、甘蔗、剑麻、香蕉、荔枝、龙眼和杧果等,此外,还有橡胶、椰子、咖啡、可可、胡椒、油棕、槟榔和香樟等经济作物。

6. 西北荒漠区域 超旱生的小半灌木和灌木构成的稀疏植被,常见的有梭梭、麻黄、木霸王、白刺、沙拐枣、猪毛菜、假木贼、骆驼蓬和怪柳等。本区包括西北地区的新疆、青海、甘肃、宁夏和内蒙古西部。胡杨是沙漠中的希望之树,有300年不死、死后300年不倒、倒后300年不朽的持久性。新疆沙漠绿洲靠高山雪水滋润,是重要的农业地区,盛产长绒棉、哈密瓜和葡萄等,是我国棉花的主产区。

7. 松辽平原、内蒙古高原和黄土高原草原区域 优势种为针茅属、羊茅属和冰草属等,为我国主要牧业区,因过度放牧已经导致部分草场退化。

8. 青藏高原高寒植被区域 以高山草甸为主,为我国的三江源头,有我国最大的三江源自然保护区。作物有青稞、冬小麦、荞麦、萝卜和油菜等,还有冬虫夏草,但因过度采挖,资源枯竭,环境遭到了严重破坏。

二、植物在自然界及人类生活中的重要作用

植物在生物圈的生态系统、物质循环和能量流动中处于最关键的地位,在自然界及人类生活中具有不可替代的作用。

(一)植物是自然界的第一生产力

植物通过光合作用,将无机物合成有机物,将光能转变成化学能并储藏于有机物中。这是地球上唯一能最大规模地把无机物转化为有机物,将光能转化为可储藏的化学能,并释放氧气的途径,是自然界各类生物生命活动所需能量和物质条件的基本源泉。据测算,地球上每年植物光合生产的干物质质量为 1.71×10^{11} t。另外,化石能源(如煤炭、石油和天然气)也多数为不同地质年代地球古植物光合产物经地质矿化而形成,是维持人类文明的最重要的能源。

(二)植物在促进自然界物质循环与维持生态平衡中起着关键作用

植物通过光合作用吸收大量的二氧化碳和放出大量的氧气,以维持大气中二氧化碳和氧气的平衡,通过合成与分解作用参与自然界中碳、氮、磷和其他物质的循环与平衡。有机物的分解主要有两条途径:一是植物和其他生物的呼吸作用;二是死的有机体经过细菌和真菌等非绿色植物的作用发生分解,或称非绿色植物的矿化作用,使复杂的有机物分解为简单的无机物,回到自然界中,重新被绿色植物利用。

总之,在物质循环中,植物作为生产者,动物、微生物等生物群体共同参与,使物质的合成和分解、吸收和释放协调进行,维持生态系统的平衡和正常发展。

(三)植物对保护环境起着重要作用

植物在调节气候、保持水土、净化大气和水质等方面均有极其重要的作用。

植物通过光合作用不断补充大气中的氧气,据测算,地球上植物每年大约产生10×10^{10} t氧,而人工制造的氧年产量仅 3×10^6 t。由于人类对自然植被的破坏,使耗氧量直线上升,生产量急剧下降,大气中二氧化碳含量比50年前增加了10%,比工业化(1850年)前增加了一倍。由于二氧

化碳增加产生的温室效应，导致地球表面平均温度上升 1.5~4.5 ℃。大气变暖的趋势影响气候的变化，使一些高原、山脉的多年冻土以及小冰川都趋于消失，同时将使海平面升高 20~100 cm，这将导致海水内浸，淹没沿海城市及部分土地。而一些干旱地区在未来则将更加干旱，使环境急剧恶化。因此，利用植物吸收二氧化碳和补充氧气来调节气候有着极其重要的意义。

植物具有保持水土的作用。植被的存在可减少雨水在地表的流失和对表土的冲刷，防止水土流失，减轻泥石流、滑坡等自然灾害。据观测，在降水量 300 mm 时，林地上每公顷泥沙冲刷量为 52 kg，草地为 81 kg，农耕地为 3 095 kg，而农闲地高达 5 853 kg。可见，植被对防止水土流失具有极其重要的作用，尤其以森林为最。在海岸带，森林可以减轻台风的破坏作用；在山区，森林能减轻泥石流和滑坡的危害。

随着现代经济社会的发展，"三废"越来越严重地污染环境，影响人类的生产和生活。有些植物具有吸收、积累污染物的能力，如银桦、桑树、垂柳等具有较强的吸收氟的能力，杨树和槐树具有较高的吸收镉的能力，蜈蚣草和大叶井口边草具有较强的吸收砷的能力；有些植物还有吸收毒气、吸附粉尘等作用，如夹竹桃对氯气、二氧化硫和光化学烟雾等有毒气体有较强的吸收能力；一些水生植物能吸收和富集水中的有毒物质，如凤眼莲可以富集铅和铬。

（四）植物是人类赖以生存的物质资源

人类的衣、食、住、行等方面都离不开植物。人类历史上约有 3 000 种植物被用作食物，另有 7 万余种可食性植物。目前人类 90% 的粮食来源于 20 种植物，仅小麦、水稻和玉米 3 个物种就提供了 70% 以上的粮食。植物与人类医疗保健关系密切，已记载的药用植物有 5 000 多种，其中 1 700 多种为常用药物。发展中国家 80% 的人口靠传统药物进行治疗，发达国家 40% 以上的药物依靠自然资源，即使在美国也有 25% 的药物中包含植物活性成分。植物还为人类提供多种多样的工业原料，如木材、纤维、橡胶、淀粉、油脂等。

三、植物学的发展简史

我国是研究和利用植物最早的国家之一。春秋战国时期的《诗经》中就已经记载了 200 多种植物。汉代的《神农本草经》记载药用植物 200 多种，是世界上最早的本草学著作。北魏贾思勰的《齐民要术》提出豆科植物可以肥田，豆谷轮作可以增产，并叙述了嫁接技术。明代李时珍著《本草纲目》，详细描述了 1 173 种植物，为世界学者所推崇，至今仍有重要的参考价值。清代吴其濬的《植物名实图考》是我国植物学领域又一巨著，记载野生植物和栽培植物共 1 714 种，图文并茂，是研究我国植物的重要文献。

国外学者对植物学的发展也作出了重大贡献。希腊哲学家亚里士多德（Aristoteles）和他的学生特奥弗拉斯托（Theophrastos）被公认为植物学的奠基者，著有《植物的历史》和《植物本原》两本书，记载了 500 多种植物。17 世纪，英国人虎克（Hooke）利用显微镜观察植物材料，从此人类对植物的认识由宏观进入到微观。18 世纪，瑞典博物学家林奈创立了植物分类系统和双名法，为现代植物分类学奠定了基础。19 世纪，德国植物学家施莱登（Schleiden）和动物学家施旺（Schwann）首次提出了"细胞学说"，认为动植物的基本结构单位是细胞。英国博物学家达尔文（Darwin）的《物种起源》一书，提出生物进化的观点，大大推动了植物学的研究。

19 世纪中叶，李善兰与外国人合作编译《植物学》一书，这是我国第一本植物学译本。20 世纪初至 30 年代末，从西方和日本留学回国的一些植物学家开展了我国植物学的研究和教育工作，成为我国植物学的奠基人，如钟观光、钱崇澍、戴芳澜、胡先骕、李继侗、罗宗洛、秦仁昌等。1923 年，邹秉文、胡先骕、钱崇澍编著了《高等植物学》，1937 年陈嵘编写了《中国树木分类学》。至 1937 年抗日战争全面爆发前，我国已经成立了中央研究院植物研究所、静生生物研究所、北平研究院植物研究所、中山大学植物研究所等科研单位，还建设了中山植物园、庐山植物园等植物园，全国很多高校也设置了植物学课程。新中国成立之后，植物学发展迅速，出版了《中国植物志》（含80卷，126册），中美合作编写了英文版的《中国植物志》(Flora of China)，出版了7册《中国高等植物图鉴》、13卷《中国高等植物》。《中国孢子植物志》的编写也有计划地进行，包括《中国海藻志》《中国淡水藻志》《中国真菌志》《中国地衣志》和《中国苔藓植物志》等。各省份的植物志也已基本完成。同时，还出版了《中华人民共和国植被图》（1：100万）、《新华本草纲要》（3册）、《中国本草图录》（10卷）和《中国植物红皮书·稀有濒危植物》等。到2018年底，我国已建立2 700多个自然保护区，是植物引种、驯化和保护珍稀濒危植物的基地。

总之，中国植物科学在近80年来取得了巨大的成就，正在缩小和国际先进水平的差距。某些分支学科已达到国际先进水平，甚至还占有一定的优势。但总的来说研究水平与国际相比还有差距，有待于进一步发展。

四、植物学与农业的关系

农业是涉及复杂的人类、动物和植物之间相互作用的系统。传统农业科学主要分为植物生产类和动物生产类，前者主要研究如何最大限度发挥植物生长潜能，获得植物产品；而后者则主要依赖植物进行生产，最大限度发挥出动物生产目的产品的潜能。从这种意义上说，没有植物也就没有农业，植物学是与农业科学最密切的基础学科。

农业生产始于1万~1.5万年前，主要有东南亚、中东、中南美和非洲四大中心，中国是东南亚中心的主要代表，生产水稻、大豆等主要农作物。迄今人类利用过的植物大约有5万种，栽培过的有1万~2万种，其中，具有重要经济意义的植物有1 000~2 000种，仅有100~200种在世界贸易中具有重要意义，作为世界主要食物的有25种，玉米、小麦、水稻和马铃薯4种最重要。在人们对世界范围内的植物进行广泛收集和种植的过程中，也相应地形成了重要栽培植物的农业格局，形成粮食作物、药用植物、果树蔬菜、花卉和各种经济作物的栽培，以及林业经营和牧场管理等生产体系。

植物科学基础研究上的重大突破往往引起农业生产技术产生巨大变革。19世纪植物矿质营养理论的阐明，导致化肥的应用和化肥工业的兴起；光合生产率理论的研究结果，促进了粮食生产技术中矮化密植措施的创建以及与之相配合的品种改良；以农业化学防治等为主体的植物保护措施的革新，使粮食在20世纪中叶大幅度增产，被誉为农业的"绿色革命"。

植物资源、植物区系和植被的调查，为农业、林业、畜牧业及原料工业发掘出许多可供利用的野生植物资源，特别是种质资源。

植物遗传学和分子生物学的研究发展，促进了现代作物育种的发展，大大促进了作物产量提高。超级稻的选育，依赖于对植物形态和解剖结构的了解；植物抗性育种，如抗虫、抗病、抗除草剂及抗盐等，都有赖于对植物基因库的认识和发现。未来生物技术的发展，不是取决于技术设备，而是取决于对可利用基因资源的掌握。生物技术的发展，特别是转基因技术的发展，正在给农业领域带来一场新的技术革命。

五、学习植物学的目的和方法

学习植物学的主要目的和任务是认识和揭示植物生命活动的规律，从分子、细胞、器官到整体水平的结构和功能以及与环境相互作用的规律等。由于植物学的研究内容广泛，产生了许多分支学科，如结构植物学、代谢植物学、发育植物学、系统与进化植物学、资源植物学、环境植物学、植物化学、植物生态学、植物遗传学等。植物学是以上各分支学科的基础，包括植物学的基本知识、基本理论和基本方法，是今后学好各分支学科的重要基础。另外，由于农业科学是植物学的主要应用领域之一，从这种意义上说，学习植物学的主要目的除了从理论上揭示植物的基本规律外，更重要的就是为农业服务。植物学是农学、林学、园艺、园林、植物保护等植物生产类各专业的一门基础学科，为进一步学好专业基础课和专业课，如植物生理学、植物生态学、植物病理学、植物分子生物学、作物栽培和育种学等提供必要的理论基础，也为迎接并解决未来人类面临的许多挑战，如环境污染、食物短缺、全球变暖和臭氧层破坏等奠定坚实的基础。

植物形态、结构特征的统一性和差异性是通过文字描述结合示意图陈述的，分类是基于植物的形态学特征的，观察实物和标本对理解和掌握本教材内容非常重要，所以实验和野外实习是学好植物学的重要环节。植物学的学习过程实际上是从书本描述（理论）→实验实习观察（实践）→构建形象思维并用专业名词加自己的语言表达（理论），即所谓理论回归到实践，再上升到理论的过程。

在学习的过程中还需要注意下列4个方面：①以实验为基础的观点。植物学是以实验为基础的学科，观察研究的对象是生活的或经过处理的植物标本，更多的是各类图像，尤其是各类光学或电子显微镜下的图像。因此，在学习过程中，必须掌握识别各类图像的基本技巧，以各种标本和图像为学习中心。②动态发展的观点。植物发育过程是一个动态的过程，植物细胞的结构是动态变化的，植物的演化过程是动态的。在对植物形态结构描述过程中常常是截取某一个时期的典型特征，将动态过程静态化了。因此，理解和掌握这些内容时需要将这些静态的瞬时画面串联起来，实现动态化。③局部和整体的观点。植物是由细胞、组织、器官构成的一个整体，但每一个组成单元又是整体的一个主要部分。因此，在学习任何一个具体内容时，都要关注其在整个植物体中所处的部位和彼此的联系。④比较和归纳总结的观点。植物形态、结构特征和分类是建立在对植物特征差异性比较研究和对共性特征归纳总结的基础上的。所以，在学习植物学的过程中，通过归纳紧紧抓住共性，这样可以使复杂多样的内容简单化，便于把握重点。在此基础上，通过比较分析，举一反三，从而掌握不同对象的形态结构特征。

延伸阅读

陈家宽，2016. 居群、物种与生物多样性. 生物多样性，24（9）：1000-1003.

马克平，2017. 生物多样性科学的若干前沿问题. 生物多样性，25（4）：343-344.

闫国华，侯贻菊，岑纲，等，2017. 生物多样性的形成与丧失. 四川林勘设计，2：16-24.

DIRZO R，RAVEN P H，2003. Global state of biodiversity and loss. Annual Review of Environment and Resources，28（1）：137-167.

HOOPER D U，CHAPIN F S，EWEL J J，et al，2002. Effects of biodiversity on ecosystem functioning：A consensus of current knowledge. Ecological Monographs，75（1）：3-35.

RICHARD C，2018. 生物多样性和生态系统服务：实现东亚热带和亚热带的生态安全. 生物多样性，26（7）：766-774.

复习思考题

一、名词解释

1. 五界系统　2. 植物多样性　3. 物种多样性　4. 遗传多样性　5. 生态系统多样性　6. 生态位　7. 植物资源　8. 种质资源　9. 热带雨林　10. 季雨林

二、问答题

1. 什么是植物多样性？简述中国的植物多样性。
2. 植物多样性资源保护与合理利用的意义是什么？
3. 举例说明植物在自然界及人类生活中的重要作用。
4. 从植物学的发展简史，谈谈当今植物学的发展趋势。
5. 举例说明植物学与农业的关系。

第一部分

>>> 植物细胞和组织系统

[植物学]

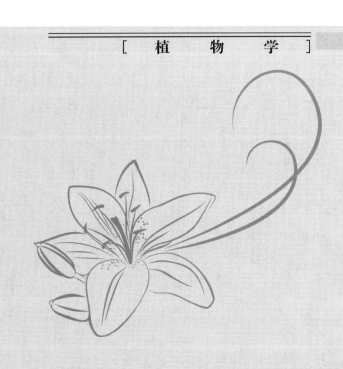

第一章 植物细胞

> **学习目标**
> 1. 掌握植物细胞的基本结构和功能。
> 2. 了解植物细胞中各类细胞器的结构与功能。
> 3. 了解植物细胞分裂的3种方式及其特点。
> 4. 理解细胞分化的生物学意义。
> 5. 了解植物细胞全能性的理论和实践意义。

植物细胞（plant cell）是构成植物体的形态结构和生命活动的基本单位。植物体的形态及种类多种多样，但都是由单个或多个细胞构成的。单细胞植物仅由一个细胞构成，生长、发育和繁殖等生命活动都由这一个细胞来完成，如细菌、衣藻、小球藻等；多细胞植物则是由几个到亿万个大小、形态和功能不同的细胞构成，各个细胞间彼此分工协作，共同完成个体的各种生命活动。

第一节 植物细胞概述

一、细胞学说

细胞的发现以及对其结构的深入了解，是与显微镜及显微技术的发明和不断改进分不开的。1590年前后，荷兰眼镜商詹森（Janssen）父子制造出类似显微镜的放大仪器。1665年，英国人虎克（Hooke）用他改进的复合式显微镜观察软木薄片结构，发现软木是由一个个分隔的小室集合而成，形似蜂窝，他称这些小室为"cell"，中文译为"细胞"。实际上，当时虎克观察到的是失去了生活内容物，仅留下细胞壁的木栓细胞。18世纪至19世纪中叶，显微镜有了重大改进，对细胞的认识也随之发展。到1840年前后，已认识到细胞内有细胞核、细胞质和叶绿体等组成部分。

1838年，德国植物学家施莱登（Schleiden）首先指出："一切植物，如果它们不是单细胞的话，都完全是由细胞集合而成的。细胞是植物结构的基本单位。"1839年，德国动物学家施旺（Schwann）在研究动物材料中也证实了施莱登的结论，并首次提出了"细胞学说"（cell theory），明确地指出了细胞是一切动、植物体结构的基本单位。此后，细胞学说进一步发展。1858年，德国医生和细胞学家微尔啸（Virchow）提出"一切细胞来源于细胞"，针对多细胞生物体内细胞来源问题，彻底否定了传统的生命自然发生说的观点。1880年，魏斯曼（Weismann）更进一步指出，所有的细胞都可以追溯到远古时代的一个共同祖先，即细胞是进化而来的。至此，比较完整的细胞学说形成了，这一学说的主要内容为：细胞是有机体，一切动、植物都是由单细胞发育而来，并由细胞和细胞产物所构成；细胞是生命活动的基本单位，执行特定的功能，既有自己的生命，又与其他细胞共同组成整体生命而发挥作用；新细胞是由已存在的细胞分裂而来，不能从无生命的物质自然发生。细胞学说论证了整个生物界在结构上的统一性以及在进化上的共同起源，有力地推动了生物学向微观领域的发展。恩格斯把细胞学说誉为19世纪自然科学的三大发现之一。

20世纪初，细胞的主要结构在光学显微镜下均已被发现，细胞的研究工作主要集中在细胞结构以及细胞分裂、发育及分化过程的形态学描述方面，但对各部分的功能以及彼此间的联系还知之甚少。直到20世纪50年代电子显微镜技术的发展，大幅度提高了显微镜的分辨率，由光学显微镜的0.2 μm提高到电子显微镜的0.2 nm，从而使人们对细胞的研究从显微结构发展到超微结构（亚显微结构），揭示了细胞内各种微小细胞器的结构及功能。同时，X射线衍射法、超速离心、同位素示踪和放射自显影等新技术在细胞学研究上的运用，使细胞的研究从超微结构发展到分子水平，更加深入地了解细胞的超微结构及其与功能间的关系，掌握了核酸、蛋白质等物质的形态结构与功能，从分子水平上认识了细胞的生命活动及其调控，拓展了细胞学的研究深度与广度，推进了植物科学的发展。

自然界中还存在非细胞形态的生物——病毒，当其单独存在时，只是一类由蛋白质外壳包裹着遗传物质——核酸所组成的大分子，不能进行任何形式的代谢，只有寄生于宿主的细胞内后，才具有生命特征，才能进行代谢和繁殖。

二、细胞的形状和大小

植物细胞的形状多种多样，常随植物种类以及存在部位和功能的不同而不同（图1-1）。单细胞植物体的细胞或分离的、排列疏松的薄壁细胞，常常近似球形或椭圆形。在多细胞植物体内，细胞紧密排列，相互挤压，常成多面体。种子植物的细胞在系统演化中适应功能的变化而分化成不同的形状，执行输导功能的细胞多呈管状，并连接成相通的"管道"；起支持作用的细胞，细胞壁增厚，常呈长棱形、纺锤形，并聚集成束，加强支持的功能；幼根表面吸收水分的细胞，常向着土壤延伸出细管状突起（根毛），以扩大吸收表面积。细胞形状的多样性反映了细胞形态与其功能相适应的规律。

植物细胞的大小差异较大。单细胞植物的细胞较小，最小的球菌细胞直径只有0.5 μm。在种子植物中，薄壁细胞直径一般为10~100 μm；番茄、西瓜的储藏细胞较大，直径可达1 mm；棉籽上的表皮毛长达75 mm；苎麻茎中的纤维细胞，一般长达200 mm，最长可达550 mm，但在横向直径上仍是很小；夹竹桃中的无节乳汁管，可长达数米。在同一植物体内，不同部位细胞的体积有明显差异，这种差异往往与各部分细胞的代谢活动及细胞功能有关。一般生理活跃的细胞常常较小，而代谢活动弱的细胞，则往往较大，如分生组织细胞就比代谢较弱的各种储藏细胞明显要小。此外，细胞的大小还受很多外界条件的影响，如水肥、光照、温度、化学药剂等。

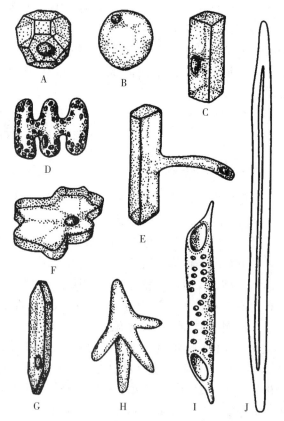

图1-1 植物各种形状的细胞
A. 十四面体的细胞 B. 球形的果肉细胞
C. 长方形的木薄壁细胞 D. 波状的小麦叶肉细胞
E. 根毛细胞 F. 扁平的表皮细胞 G. 纺锤形细胞
H. 星状细胞 I. 管状的导管分子 J. 细长的纤维
（引自周云龙，2011）

三、细胞的类型

根据细胞核的有无，细胞可以分为原核细胞（prokaryotic cell）和真核细胞（eukaryotic cell）（图1-2）。

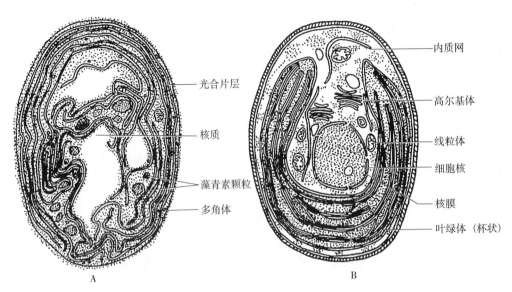

图1-2 原核细胞与真核细胞亚显微结构比较
A. 原核细胞　B. 真核细胞
（引自徐汉卿，1995）

原核细胞最主要的特征是没有膜包围的细胞核，细胞体积较小，一般直径为1～10 μm，由细胞膜、细胞质、核糖体、拟核组成，拟核由一环状DNA分子构成，无核膜。原核细胞没有内质网、线粒体、高尔基体和质体等细胞器，即使是能进行光合作用的蓝藻，也只有由外膜内折形成的光合片层，其上附有光合色素。

真核细胞直径为10～100 μm，结构较为复杂，除细胞膜外，还有多种膜结构的细胞器（如内质网、线粒体、高尔基体、质体等）和非膜结构的细胞器（如核糖体、微管、微丝等），以及具有核膜的真正细胞核。

原核细胞和真核细胞在形态结构特征、细胞分裂方式等方面都存在明显的区别（表1-1）。

表1-1　原核细胞与真核细胞的比较

特征	原核细胞	真核细胞
细胞直径	较小（1～10 μm）	较大（10～100 μm）
细胞核	无核膜、核仁（称拟核）	有核膜、核仁
遗传系统	DNA不与蛋白质结合，一个细胞只有一环状DNA分子	核内的DNA与蛋白质结合，形成染色质（染色体），一个细胞有2条及以上染色体
内膜系统	无独立的内膜系统	有复杂的内膜系统，分化成各种细胞器
细胞骨架	无	有
细胞分裂	无丝分裂	以有丝分裂为主

第二节　细胞生命活动的物质基础——原生质

原生质（protoplasm）是构成细胞的生活物质，是细胞生命活动的物质基础，是生活的细胞腔内所充满的半透明胶状物质,具有一定的黏度和弹性。原生质体(protoplast)是指细胞中有生命活动的物质形成的结构,包括细胞膜、细胞质、细胞核等。原生质为组成成分名称,原生质体为结构名称。

一、原生质的化学组成

原生质不是单一的物质,它有着极其复杂而又不断更新的化学成分。在不同生物体、同一生物体不同细胞、同一细胞不同发育时期,原生质的组成都存在差异。然而所有的原生质都有相同的基本组成成分,可分为无机物和有机物两大类。

(一)无机物

原生质中含量最多的无机物是水,一般占细胞总重的60%~70%,含水量随植物种类、个体发育阶段以及所处环境不同有很大变化。原生质中的水以游离水(free water)和结合水(bound water)两种方式存在。游离水是溶液中能参与物质代谢过程的水;而结合水是依靠氢键与蛋白质等有机大分子结合的水,因而成为原生质结构的一部分。原生质中的结合水,约占全部水分的4.5%,绝大部分水处于游离状态。水是良好的溶剂,生命活动中各种化学反应的物质都必须溶解于水,许多代谢反应也是以水作为介质进行的。这两种水与细胞的其他部分联合在一起,构成了原生质的胶体状态。

由于水分子之间有很大的内聚力,同时水分子与导管或胞管壁内纤维素分子之间还有很强的附着力,它们远远大于水柱的张力,形成了连续的水柱,在蒸腾拉力的共同作用下形成了从根系到叶片不断输送水分的连续系统,保证了水及溶解于水中的溶质的正常运输。水的比热容大,能吸收较多热能而本身温度上升不高;同时,水的汽化热也较高,植物体内水分蒸发到空气中能带走大量热能,降低植物体内温度。这对于调节细胞及植物体温度,维持原生质的生命活动,具有重要意义。

原生质中无机盐含量虽然不多,但为生命所必需。许多无机盐在原生质中呈离子状态存在,如K^+、Na^+、Ca^{2+}、Mg^{2+}、Mn^{2+}、PO_4^{3-}、Cl^-等。除作为高分子化合物的必要元素外,对维持离子平衡、调节渗透压等均起到重要作用,也在生命活动中担负着某些重要任务,如Ca^{2+}主要维持许多细胞结构的完整性,Mg^{2+}和Mn^{2+}是许多酶所控制的生化反应中的辅因子或激活剂等。

(二)有机物

活细胞除去水分后的干物质,约有90%由蛋白质、核酸、糖类和脂类这四类大分子有机物所组成。

1. 蛋白质 蛋白质(protein)是构成原生质的一大类极其重要的高分子有机化合物,约占原生质干重的60%,其基本化学组成为C、H、O、N,还有一些含有S、P、I、Fe、Zn等元素,相对分子质量从5 000到百万及以上。蛋白质是由氨基酸(amino acid)脱水聚合形成的长链化合物,已知的氨基酸有20余种。氨基酸的数量、种类、排列顺序的不同组合,可形成不同种类的蛋白质,其性质也各不相同。

蛋白质是由一条或多条多肽链组成的生物大分子,多肽链进一步折叠、卷曲和交联成复杂的空间结构。按其空间结构,蛋白质可分为呈长线状或折叠成片状的纤维状蛋白和呈球状的球蛋白。按其功能,蛋白质可分为结合蛋白、酶蛋白和储藏蛋白3类。结合蛋白是指蛋白质和某些其他物质的分子或离子结合形成的化合物,常见的有核蛋白(核酸与蛋白质结合)、脂蛋白(脂类与蛋白质结合)、糖蛋白(糖类与蛋白质结合)等,都属于结构蛋白,可组成细胞的某些部分。酶蛋白是原生质中的一类特殊蛋白质,它是细胞内加速生化反应的生物催化剂。酶的作用具有高度专一性,许多反应酶只能催化一种生化反应。酶还具有多样性,据估计,一个细胞内约有3 000种酶,合理地分布在细胞的特定部位,使各种复杂的生化反应能够同时在细胞内有条不紊地进行。储藏蛋白的氨基酸组成比较简单,是作为营养物质储藏的蛋白质。

2. 核酸 核酸(nucleic acid)是由许多核苷酸(nucleotide)脱水聚合而成的高分子有机化合

物，分子质量比蛋白质还大。核酸有脱氧核糖核酸（DNA）和核糖核酸（RNA）两种类型。核酸是细胞中主要的遗传物质，担负着储存、复制、转录遗传信息的功能，与蛋白质的合成有密切联系。

单个核苷酸由1个五碳糖、1个磷酸基团和1个含氮碱基组成。组成核苷酸的五碳糖有两种：脱氧核糖和核糖；含氮碱基有5种：腺嘌呤（A）、鸟嘌呤（G）、胞嘧啶（C）、胸腺嘧啶（T）、尿嘧啶（U）。由于碱基不同，组成核酸的核苷酸长链分子可以出现多种多样的碱基序列。

DNA 是由两条互补的多核苷酸长链形成的双螺旋结构，其中五碳糖为脱氧核糖，在两条多核苷酸链之间的碱基按照 A—T、G—C 的规律互补配对，这一结构特点决定了 DNA 能自我复制。DNA 分子的碱基序列决定了细胞中蛋白质合成时氨基酸的顺序，因此，它是蛋白质合成的模板。DNA 主要分布于细胞核中，线粒体和叶绿体中也有。

RNA 不同于 DNA，它由一条多核苷酸长链组成，其中五碳糖为核糖，以尿嘧啶（U）代替胸腺嘧啶（T）。RNA 在细胞核内产生，然后进入细胞质中，在蛋白质合成中起重要作用。

3. 脂类 脂类（lipid）是一大类脂肪性的物质，其特点是难溶于水。脂类除含有 C、H、O 3 种元素外，还含有 P、N 等元素。有些脂类物质在原生质中作为结构物质，如磷脂与蛋白质结合，构成细胞质表面的质膜和细胞内的各种膜结构；有些脂类物质形成角质（cutin）、木栓质（suberin）和蜡（wax），参与细胞壁形成；有些脂类物质在细胞生理上有活跃的作用，如类胡萝卜素等。

1 个脂类分子由 1 个甘油分子和 3 个脂肪酸分子脱水而成。脂肪酸可用 RCOOH 表示，是一个长的碳氢链，一端有一个极性的羧基（—COOH），带负电荷并溶于水，具亲水性；另一端是非极性的，难溶于水，具疏水性。脂肪酸及脂类物质的极化特性，对于细胞内各种膜结构的构造及功能具有重要意义。

4. 糖类 糖类（saccharide）是一大类由 C、H、O 3 种元素组成的有机化合物，常用 $(CH_2O)_n$ 表示，是光合作用的同化产物，是细胞进行代谢活动的能源，也是构成原生质、细胞壁的主要物质和合成其他有机物的原料。细胞中重要的糖可分为单糖、双糖、多糖 3 类。

单糖是简单的糖，即不能用水解的方法降解为更小的糖单位的糖类。细胞中最重要的单糖是五碳糖和六碳糖，前者如核糖和脱氧核糖，是核酸的组成成分之一；后者如葡萄糖（$C_6H_{12}O_6$），是光合作用的直接产物和细胞内能量的主要来源。双糖是由 2 个单糖分子脱去 1 分子的水聚合而成，其通式为 $C_{12}H_{22}O_{11}$。植物细胞中最重要的双糖为蔗糖和麦芽糖，是糖类的储藏形式。多糖是由多个糖分子脱去相应数目的水分子聚合而成的高分子糖类化合物，其通式为 $(C_6H_{10}O_5)_n$。植物细胞中最重要的多糖有纤维素、淀粉、果胶物质等，纤维素是组成细胞壁的主要物质，淀粉是储藏的营养物质。

5. 活性物质 原生质内除蛋白质、核酸、脂类、糖类四大类有机物质外，还含有极微量但生理作用极其重要的有机物质，它们是细胞乃至整个植物体正常生命活动必不可少的物质，统称为生理活性物质，主要有活性多肽、维生素、激素和抗生素等。

二、原生质的胶体性质

原生质是具有一定黏度和弹性的液体，其相对密度略大于水，为 1.025～1.055。原生质的水溶液是介质，大分子颗粒均匀地分散在其中，称为分散质。这些大分子颗粒有很大表面积，可以吸附许多物质和水分子，形成紧密的吸附水层，为许多生化反应的进行提供了有利条件。分散质和介质共同构成胶体，由于颗粒能吸附大量水，所以称亲水胶体。原生质水分多时，大分子胶粒分散在水溶液介质中，近液态，称为溶胶，代谢功能旺盛；原生质水分少时，胶体连接成网状，水溶液分散在胶粒网中，近固态，称为凝胶，代谢活动缓慢。原生质随其中进行的生理生化反应及环境条件的相互作用而不断变化。如胶体被破坏，原生质也就丧失了活性，失去了生命的特征。

生活的原生质能够把从外界环境中获取的水分、空气及营养物质转变成自身的组成物质，并储存能量,这个过程称为同化作用(anabolism),即生物体利用能量将小分子合成为大分子的一系列代谢过程。同时,原生质又将本身复杂的物质不断分解为简单的物质,并释放能量供生命活动需要,这个过程称为异化作用(catabolism)。同化作用和异化作用共同构成了原生质的新陈代谢(metabolism),这是重要的生命特征之一。

第三节 植物细胞的基本结构

植物细胞形态大小多样,但基本结构是一致的(图 1-3)。植物细胞由原生质体和细胞壁(cell wall)两部分组成。细胞壁是包围在原生质体外面的坚韧外壳,是植物细胞特有的结构。原生质体包括细胞膜、细胞质和细胞核等结构,细胞质可进一步分为细胞基质和细胞器,细胞核又可分为核膜、核仁、核质 3 部分(图 1-3)。随着细胞的生命活动,细胞内会产生各种后含物。

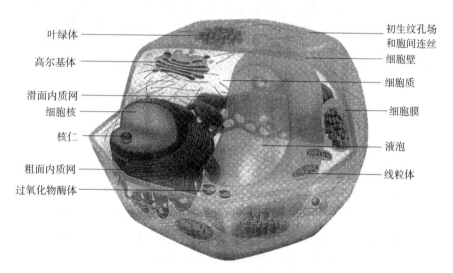

图 1-3 植物的细胞结构
(引自强胜,2006)

植物细胞的基本结构可概括如表 1-2 所示。

表 1-2 植物细胞的基础结构

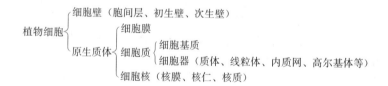

一、植物细胞表面结构

植物细胞表面结构为细胞壁和细胞膜。细胞壁曾被人们认为是植物细胞的非生命部分,但研究证明,细胞壁和原生质体之间有着结构和机能上的密切联系,尤其是在幼年细胞中,二者是一个有机的整体。细胞壁和细胞膜除具有保护细胞内部结构的作用外,还对控制细胞与外界环境的物质交换、刺激的感受与反应、信息的交换、某些代谢活动的调控以及细胞间的联结等具有重要作用。

(一)细胞壁

细胞壁是包围在植物细胞原生质体外面的一层坚韧外壳,是植物细胞最显著的特征之一。细胞壁的主要功能是对原生质体起保护作用。此外,多细胞植物体中各类不同细胞的壁,具有不同的厚度和成分，从而影响着植物的吸收、保护、支持、蒸腾和物质运输等重要的生理活动。

细胞壁是由原生质体分泌的非生活物质所构成的，但是细胞壁与原生质体又保持着密切的联系。在年幼的细胞中，细胞壁与原生质体紧密结合，即使用较高浓度的糖溶液，也不能引起质壁分离。现在已经证明，在细胞壁（主要是初生壁）中亦含有多种具有生理活性的蛋白质，主要为壁的结构蛋白和酶，参与细胞壁生长、物质吸收、细胞间相互识别以及细胞分化时壁的分解等生命活动过程，有的还对抵御病原菌的入侵起重要作用。

1. 细胞壁的层次 由于植物种类、细胞年龄和功能的不同，细胞壁的结构和化学成分有较大差异。根据细胞壁形成的时间和化学成分的不同可分成三层：胞间层（middle lamella）、初生壁（primary wall）和次生壁（secondary wall）（图1-4）。

（1）胞间层。胞间层又称中层，是相邻的两个细胞所共有的薄层，相当于细胞壁的最外层。它的化学成分主要是果胶（pectin），是具有很强的亲水性和可塑性的无定形胶质，多细胞植物依靠它使相邻细胞彼此粘连在一起。果胶容易被酸或酶等溶解，从而导致细胞的相互分离。如番茄、苹果、西瓜等果实成熟时，体内的酶分解部分胞间

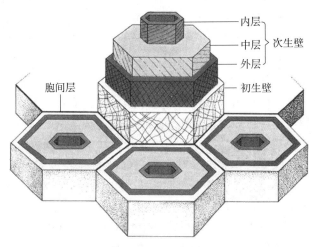

图1-4 细胞壁结构模型

层，形成细胞间隙，细胞发生分离，果肉变得松软；有些真菌能分泌果胶酶，溶解植物组织的胞间层而侵入植物体内；沤麻过程也是利用微生物分泌酶，分解麻类植物纤维的胞间层，而使细胞分离。

（2）初生壁。初生壁是在细胞生长过程中，由原生质体分泌的物质，在胞间层两侧逐渐沉积形成的细胞壁层，其主要成分是纤维素（cellulose）、半纤维素（hemicellulose）和果胶。在初生壁中也含有少量结构蛋白，这些蛋白质成分与壁上的多糖紧密结合。初生壁一般较薄，厚度为1～3 μm，质地较柔软，可塑性大，能随着细胞的生长而延展。初生壁的生长方式主要是在原有的框架中不断填充新的壁物质，称为填充生长，也进行附加生长，使初生壁略有增厚。分化成熟后仍具有生活原生质体的细胞，在形成初生壁后，一般不再有次生壁的积累，初生壁便成为它们永久的细胞壁。

（3）次生壁。次生壁是在细胞停止生长后，在初生壁内侧继续积累加厚所形成的细胞壁。它的主要成分是纤维素，含有少量的半纤维素，并常常含有木质素（lignin）。次生壁较厚，一般为5～10 μm，质地较坚硬，有增强细胞壁机械强度的作用。在光学显微镜下，厚的次生壁层可以显示出折光不同的三层：外层、中层和内层。不是所有的细胞都具有次生壁，只有在分化成熟后细胞壁继续增生、加厚的细胞，才能产生次生壁。大部分具次生壁的细胞，在成熟时原生质体死亡，残留的细胞壁主要起支持和保护植物体的功能。

2. 细胞壁的组成 细胞壁主要的化学成分为多糖，包括纤维素、半纤维素和果胶质，还有水和蛋白质等。植物体内不同细胞的细胞壁成分不同，有的还含有木质素、角质、木栓质和蜡质等。

细胞壁（初生壁）中的蛋白质约占总量的10%，主要有两类：酶蛋白和结构蛋白。酶蛋白包括多种水解酶和氧化酶等，研究较多的结构蛋白有伸展蛋白、膨胀素（扩张蛋白）等。伸展蛋白与细胞壁的强度与刚性、植物的防御和抗病、抗逆等功能有关，膨胀素能引起细胞壁松弛，与植物细胞伸展有关。

纤维素是细胞壁中最重要的成分，是由多个葡萄糖分子脱水缩合形成的长链化合物。约由40根纤维素分子链组成的最小丝状结构单元，称为基本纤丝（elementary fibril）。基本纤丝在纵向上

由整齐平行排列的区段与散乱排列的区段组成，两个区段交替间隔。整齐平行排列的纤维素分子形成晶格结构，称为微团（micelle）。多条基本纤丝聚合成微纤丝（microfibril）。微纤丝相互交织成网状，构成细胞壁的基本框架。在完整的壁中，其他细胞壁物质（果胶、半纤维素、木质、栓质等）填充于微纤丝"网"的空隙中。

3. 细胞壁的特化 植物体中的某些细胞由于担负的功能不同，在形成次生壁时，原生质体产生一些特殊的次生代谢物质，填充到细胞壁中，从而引起细胞壁组成成分、物理性质和功能发生明显变化，即细胞壁的特化。细胞壁的特化是植物在长期进化过程中，对环境和生理功能的适应结果。常见的特化类型有木质化、木栓化、角质化、黏液化和矿质化等。

（1）木质化。细胞壁内填充和附加了木质素。木质素是苯基丙烷衍生物的聚合产物，弹性小、硬度大，使得细胞壁的硬度提高，增强了细胞壁的机械支撑能力。木质化到一定程度时，次生壁很厚，原生质体最终多解体死亡，如导管、管胞、木纤维和石细胞等。木质化细胞壁遇间苯三酚和浓盐酸，呈红色或紫红色；遇氯化锌碘液呈黄色或棕色。

（2）木栓化。细胞壁内填充和附加了木栓质。木栓质是脂肪酸组成的高度聚合的化合物。细胞壁经木栓化后，失去了对水和空气的通透性，原生质体最终解体消失。木栓化细胞壁具有保护作用，如植物体老的茎干和直根外表层木栓组织细胞，呈褐色或黄棕色。木栓化细胞壁遇苏丹Ⅲ呈红色或橘红色；遇苛性钾加热，则溶解成黄色油滴状。

（3）角质化。原生质体产生的角质填充到细胞壁使之角质化，并常在细胞壁的表面形成一层无色透明的角质层（cuticle）。角质是脂肪性化合物，细胞壁角质化使细胞表面形成坚固的疏水层，可防止水分过度蒸发和微生物侵害。植物体地上部分的表皮细胞细胞壁常发生角质化。角质化细胞壁遇苏丹Ⅲ呈红色或橘红色。

（4）黏液化。细胞壁中果胶质和纤维素呈黏液化或树胶状。黏液化细胞的细胞壁仅具果胶层和初生壁，使细胞表面由于水分条件不同而呈现固体状态或黏液状态，有利于种子的吸水萌发，如车前、亚麻的种子表皮细胞。黏液化细胞壁遇玫红酸钠酒精溶液染成玫瑰红色，遇钌红试液染成红色。

（5）矿质化。细胞壁中含有钙盐或硅质。钙盐主要有果胶酸钙、碳酸钙、草酸钙等，硅质主要是二氧化硅、氧化硅等。细胞壁经过矿质化后，变得粗糙坚硬，增加了支持力，如禾本科茎叶的表皮细胞。

（二）细胞膜

细胞膜（cell membrane）又称质膜（plasma membrane），是包围在细胞质表面的一层薄膜。在正常生活的植物细胞中，质膜很薄，紧贴细胞壁，在光学显微镜下较难识别。如果采用高渗溶液处理，使原生质体失水而收缩，细胞膜与细胞壁发生质壁分离（plasmolysis），就可看到质膜的界线。在电子显微镜下，质膜呈现出明显的三层结构：两侧的两个暗带中间夹一个明带。三层的总厚度约 7.5 nm，两侧暗带各为 2 nm，中间明带约 3.5 nm。这种在电子显微镜下显示出由三层结构组成一个单位的膜，称为单位膜（unit membrane），所以，质膜是一层单位膜。细胞中除质膜外，细胞核的内膜和外膜以及其他细胞器表面的包被膜一般也都是单位膜，但各自的厚度、结构和性质都有差异。

质膜的主要功能是控制细胞与外界环境的物质交换，使细胞维持稳定的胞内环境。质膜具有选择透性，对不同的物质透过能力具有选择性。这种特性是生活细胞的生物膜所特有的，一旦细胞死亡，膜的选择透性也就随之消失，物质便能自由地透过了。质膜的选择透性使细胞能从周围环境中不断地取得所需要的水分、盐类和其他必需的物质，而又阻止有害物质进入细胞；同时，细胞也能将代谢的废物排出去，而又阻止内部的糖和可溶性蛋白质等有用成分任意流失。质膜能向细胞内形成凹陷，吞食外围的物质，吞食液态物质入胞称为吞饮作用（pinocytosis），吞食固体物质入胞称为吞噬作用（phagocytosis）。胞吐作用（exocytosis）是指质膜参与、把胞内物质排出胞外的过程。此外，质膜还有许多其他重要的生理功能，如主动运输、接受和传递外界信号、抵御病菌感染、参与细胞间的相互识别等。

细胞膜的选择透性是与它的分子结构密切相关的。关于细胞膜的分子结构，许多学者提出了不同的学说和模型，其中受到广泛支持的是 Singer 和 Nicolson 于 1972 年提出的"流动镶嵌模型"（fluid mosaic model）（图 1-5）。该学说认为，细胞膜是由两层磷脂分子和嵌入的球蛋白分子构成的，磷脂双分子层是细胞膜的主体，它不是固态物质，而是可活动的液态物质；蛋白质在磷脂双分子层中的镶嵌是不规则的，分布也是不对称的，有的附在磷脂分子层的内外表面，称外在蛋白（extrinsic protein）或周缘蛋白（peripheral protein），有的则横穿膜层，称内在蛋白（intrinsic protein）。嵌入的蛋白质分子可以进行侧向扩散运动或垂直上下运动。细胞膜上的外在蛋白一般与细胞的吞噬、吞饮作用，细胞的变形运动以及细胞分裂中细胞膜的分割等有关；内在蛋白则大多是转运膜内外物质的载体、特异性的酶、受体及免疫蛋白等。

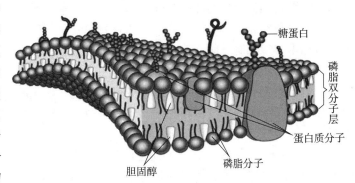

图 1-5 细胞膜的流动镶嵌模型

二、植物细胞间的联络结构

绝大多数植物体由多细胞构成，细胞壁使各个细胞相对隔离，实现了细胞功能的特化，并使各类细胞具有与功能相适应的特定的形态。植物体能成为一个有机的整体，就是通过细胞间的纹孔和胞间连丝等联络结构来实现的。

（一）纹孔

植物细胞初生壁的生长并不是均匀增厚的。初生壁上具有一些非常薄、明显凹陷的区域，称为初生纹孔场（primary pit field）。当次生壁形成时，初生纹孔场通常不会被次生壁覆盖，次生壁上形成一些间隙，这种次生壁未增厚的区域称为纹孔（pit）。相邻细胞壁上的纹孔往往精确地对应发生，形成纹孔对（pit pair）。一个纹孔由纹孔腔（pit cavity）和纹孔膜（pit membrane）组成，纹孔腔是指次生壁围成的腔，纹孔腔的开口称为纹孔口，腔底的初生壁和胞间层部分即称纹孔膜。根据次生壁增厚情况的不同，常见的纹孔有两种类型：单纹孔（simple pit）和具缘纹孔（bordered pit）（图 1-6）。纹孔的存在为细胞提供了水分与其他物质的运输通道。

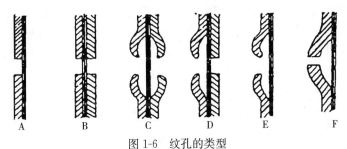

图 1-6 纹孔的类型
A. 单纹孔　B. 单纹孔对　C. 具缘纹孔对　D. 半具缘纹孔对　E、F. 具缘纹孔
(引自李扬汉，1984)

单纹孔的纹孔腔成上下等径的圆筒形，常发生于薄壁细胞、韧皮纤维细胞和石细胞中，当次生壁很厚时单纹孔的纹孔腔形成狭窄的孔道。

具缘纹孔的次生壁在纹孔腔边缘向细胞内延伸，形成一个穹形的延伸物，穹出于纹孔腔上，从而使纹孔口明显变小。导管、管胞等具有具缘纹孔。松科植物管胞的具缘纹孔较特殊，其纹孔膜中央区域呈圆盘状的初生壁性质增厚，称纹孔塞（torus），它的直径大于纹孔口，当两侧细胞内压力不同时，纹孔膜偏向压力小的一侧，从而使纹孔塞关闭该侧的纹孔口，有控制水流的作用。

有的纹孔对，一边是单纹孔，一边是具缘纹孔，这就形成了半具缘纹孔对，常发生于木质部输水细胞和木薄壁细胞之间。

（二）胞间连丝

细胞的原生质细丝通过细胞壁上的细微小孔或纹孔与相邻细胞的原生质体相连。这种穿过细胞壁，沟通相邻细胞的原生质细丝称为胞间连丝（plasmodesma）（图1-7），它是细胞原生质体之间物质和信息直接联系的桥梁，是多细胞植物体成为一个结构和功能上统一的有机体的重要保证。生活的植物细胞之间一般都有胞间连丝。在高倍电子显微镜下，胞间连丝为直径40～50 nm的管状结构，相邻细胞的质膜和细胞质通过此管连接起来。因此，植物细胞虽有细胞壁，实际上它们是彼此连成一片的。

柿核胚乳横切

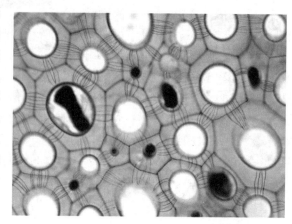

图1-7 柿胚乳细胞（示胞间连丝）
（杨芳摄）

胞间连丝把所有生活细胞的原生质体连接成一个整体，将植物体分为两个部分：通过胞间连丝联系在一起的原生质体，称共质体（symplast）；共质体以外的部分，称质外体（apoplast），包括细胞壁、细胞间隙和死细胞的细胞腔。细胞间因胞间连丝而保持生理上有机的联系，尤其是在有机物质的运输上成为统一的整体。

三、植物细胞质及其细胞器

细胞质（cytoplasm）是指质膜以内、细胞核以外的原生质，可进一步分为细胞基质（cell matrix）和细胞器（organelle）两部分。

（一）细胞基质

包围着细胞器和细胞核以外的细胞质部分称为细胞基质，是一种无结构、无色透明的胶体物质。细胞基质的化学成分很复杂，包含水、无机盐、溶解的气体、糖类、氨基酸、核苷酸等小分子物质，也有蛋白质、RNA等许多大分子物质，这些物质使细胞基质具有一定弹性和黏滞性。细胞基质不仅是细胞器之间物质运输和信息传递的介质，也是细胞代谢的一个重要场所，为维持细胞器的完整性提供所需要的离子环境。同时，细胞基质也不断为各类细胞器行使功能提供必需的原料。

在生活的细胞中，细胞基质处于不断的运动状态，它能带动其中的细胞器在细胞内做有规律的持续流动，这种运动称为胞质运动（cytoplasmic streaming）。在单个大液泡的细胞中，细胞基质常常围绕着液泡朝一个方向做循环运动，在有多个液泡的细胞中，细胞基质向几个不同的方向运动。胞质运动是一种消耗能量的生命现象，它的流动速度与细胞生理状态有密切的关系，一旦细胞死亡，流动也随之停止。胞质运动对于细胞内物质的转运有着重要的作用，促进了细胞器之间生理上的相互联系。

（二）细胞器

细胞器是细胞质中具有一定形态结构和特定生理功能的亚细胞结构。生活细胞的细胞质内有多种细胞器，现就主要的分别叙述如下。

1. 质体 质体是植物细胞所特有的一类合成与储藏糖类的细胞器。根据色素的不同，可将分化成熟的质体分成3种类型：叶绿体（chloroplast）、有色体（或称杂色体，chromoplast）和白色体

(leucoplast)。

(1) 叶绿体。叶绿体是进行光合作用的质体，只存在于植物的绿色细胞中，每个细胞可以有几个到几十个，甚至可多达几百个。叶绿体含有叶绿素a、叶绿素b、叶黄素和胡萝卜素，其中叶绿素a和叶绿素b主要吸收蓝紫光和红光，胡萝卜素和叶黄素主要吸收蓝紫光，这些色素吸收的光都可用于光合作用。植物叶片的颜色与细胞叶绿体中这三种色素的比例有关。一般情况下，叶绿素占绝对优势，叶片呈绿色，但当营养条件不良、气温降低或叶片衰老时，叶绿素含量降低，类胡萝卜素（包括叶黄素和胡萝卜素）占了优势，叶片便出现黄色或橙黄色。在农业上，常可根据叶色的变化，判断农作物的生长状况，及时采取相应的施肥、灌水等栽培措施。

电子显微镜下显示出叶绿体具有复杂的超微结构，表面有双层膜包被，其内充满无色的液态基质和密布基质间的类囊体（thylakoid）；类囊体是由单位膜所构成的具有分支的扁囊，再垛叠或延展形成复杂的类囊体系统（thylakoid system）。有的类囊体呈圆盘形扁囊，上下垛叠成基粒（granum），这种圆盘形扁囊称为基粒片层（grana lamella）。连接基粒片层的具有分支的大型扁囊称为基质片层（stromal lamella）（图1-8）。因此，在一个叶绿体内的类囊体是一个互相连接沟通的系统。

叶绿体色素位于基粒的膜上，光合作用所需的各种酶类分别定位于基粒的膜上或者在基质中，在基粒和基质中分别完成光合作用中不同的化学反应，光反应在基粒上进行，碳反应（旧称暗反应）在基质中进行。

基质中水占叶绿体质量的60%～80%，还含有各种离子、蛋白质（包括酶）、核糖体、RNA、DNA等。叶绿体具有完整的蛋白质合成系统，但由于叶绿体DNA信息量有限，只能合成自身需要的部分蛋白质。叶绿体生长与增殖受核基因及自身基因两套遗传系统控制，故被称为半自主性细胞器。

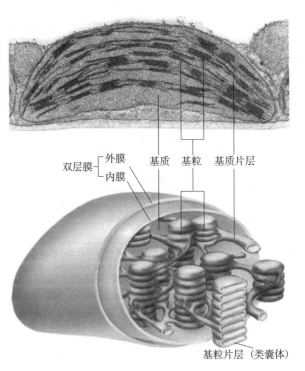

图1-8 叶绿体的超微结构及模式

(2) 有色体。有色体含有胡萝卜素和叶黄素两种色素，由于二者比例不同，可分别呈黄色至橙色或橙红色。它们常存在于果实、花瓣或植物体的其他部分，如胡萝卜的根。有色体所含的色素，尤其是胡萝卜素易形成结晶，使有色体的形状呈针形、颗粒形、多边形、不规则形等。

有色体结构简单，表面有双层膜包被，基质中的基粒和基质片层多已变形或解体，基质中含有小油滴或类晶体。有色体的生理机能尚不清楚，但能积累淀粉和脂类，在花和果实中具有吸引昆虫和其他动物传粉及传播种子的作用。

(3) 白色体。白色体表面也有双层膜包被，内部仅有少数不发达的片层，不含色素，呈无色颗粒状。白色体普遍存在于植物体内不见光的细胞内，在储藏组织的细胞中较多。当白色体特化为淀粉储藏体时，便称为造粉体（amyloplast），特化为蛋白质储藏体时便称为造蛋白体（proteinoplast），特化为脂肪储藏体时则称为造油体（elaioplast）。

(4) 质体的发育。质体是由原质体（proplastid）发育而来的。原质体是一种较小的无色体，存在于茎顶端分生组织的细胞中，具双层膜，内有少量的小泡，无片层结构。当细胞开始分化时，原质体内膜向内折叠，形成膜片层系统。在光照条件下，内膜逐渐发育成正常的叶绿体基粒，同时形成叶绿素，发育为叶绿体；而在黑暗的条件下，内膜形成分离的管子，相互连接成网状结构，不形成色素，成为黄化的质体。如果把黄化的植物转入光下，又能够合成叶绿素，类囊体系统充分发育，黄化的质体又转化为正常的叶绿体（图1-9）。有色体可由白色体或叶绿体转化而成，也可由原质体直接发育而来。例如，发育中的番茄，最初含有白色体，以后转化成叶绿体，最后，叶绿体失去叶绿素而转化成有色体，果实的颜色也从白色变成绿色，最后成为红色。相反，有色体也能转化成其他质体，例如，胡萝卜根的有色体暴露于光下，就可发育为叶绿体。

2. 线粒体 除了细菌、蓝藻和厌氧真菌外，生活的细胞一般都含有线粒体（mitochondrion）。它们多呈球状、棒状、细丝状或分枝状颗粒，直径一般为 $0.5\sim1\ \mu m$，长度是 $1\sim2\ \mu m$。在光学显微镜下，需经詹纳斯绿染色才能加以辨别。线粒体的数目随细胞不同而不同，代谢活跃的细胞，如分泌细胞中，线粒体的数量可多达几百个。

用电子显微镜观察，线粒体由双层膜包裹着，其内膜向中心腔内折叠，形成许多隔板状或管状突起，称为嵴（cristae），嵴的存在扩大了内膜与基质接触的表面积。在两层被膜之间及中心腔内，是以可溶性蛋白质为主的基质（图1-10），其中还含有DNA、RNA、核糖体和脂类等。

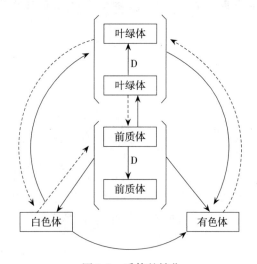

图1-9 质体的转化
（实线表示分化，虚线表示脱分化，箭头D表示通过分裂增殖）

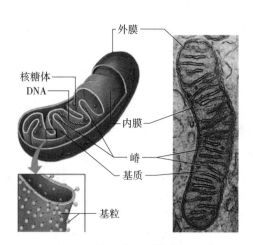

图1-10 线粒体的超微结构及模式

线粒体内膜和嵴上分布着许多带柄的颗粒，称为基本颗粒（elementary particle），简称基粒。基粒是产生腺苷三磷酸（ATP）的场所，也称为ATP合酶复合体。ATP是一种高能磷酸化合物，在细胞中，它与ADP的相互转化实现储能和放能，从而保证了细胞各项生命活动的能量供应。生成ATP的途径主要有两条：一条是植物体内含有叶绿体的细胞，在光合作用的光反应阶段生成ATP；另一条是所有活细胞都能通过呼吸作用生成ATP。

线粒体是细胞进行呼吸作用的场所，它具有100多种酶，分别存在于膜上和基质中，其中绝大部分参与呼吸作用。细胞内的糖、脂肪、氨基酸的最终氧化都是在线粒体中进行，释放的能量能透过膜转运到细胞的其他部分，供各种代谢活动需要。因此，线粒体被比喻为细胞中的"动力工厂"。线粒体总是在不断地运动，常聚集在能量需要较多的地方，如当质膜活跃地进行物质转运时，大量线粒体就沿着质膜表面分布。

细胞中线粒体的数目以及线粒体中嵴的多少，与细胞的生理状态有关。当代谢旺盛，能量消耗多时，细胞就具有较多的线粒体，其内有较密的嵴；反之，代谢较弱的细胞，线粒体较少，内部嵴也较疏。线粒体以分裂的方式增加数量。

线粒体基质中有环状DNA分子和核糖体，能够合成自身需要的部分蛋白质。线粒体基因组相对独立于核基因组。线粒体同叶绿体一样，生长与增殖受核基因及自身基因两套遗传系统控制，故也称为半自主性细胞器。由于线粒体和叶绿体在形态、结构、化学组成、遗传体系等方面与原核生物相似,人们推测线粒体和叶绿体可能起源于内共生的方式,是寄生在细胞内的原核生物演化而来的。

3. 内质网 内质网(endoplasmic reticulum,ER)是分布在细胞质内的,由一层膜构成的网状管道系统,管道以各种形状延伸和扩展,成为各类管、泡、腔交织的状态。在切面上,内质网表现为中间有一定间隔的成对而平行的膜,每层膜的厚度约为 5 nm,两层膜之间的距离只有 40～70 nm。

内质网有两种类型,一种在膜的外表面附有许多微小的核糖体颗粒,称为粗面内质网(rough endoplasmic reticulum,RER);另一种在膜的外表面没有附着颗粒,表面光滑,称为滑面内质网(smooth endoplasmic reticulum,SER)。两种内质网的比例及总量,随着细胞的发育时期、细胞的功能和外部条件而变化(图 1-11)。

在细胞中,内质网可以与细胞核的外膜相连,同时,也可与原生质体表面的质膜相连,还可以随同胞间连丝穿过细胞壁,与相邻细胞的内质网发生联系。内质网构成了一个从细胞

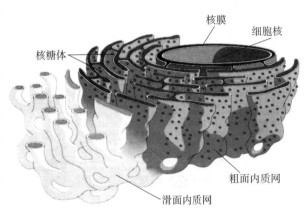

图 1-11 内质网的超微结构及模式

核到质膜,以及与相邻细胞直接相通的管道系统,与细胞内和细胞间的物质运输有关。粗面内质网参与蛋白质(主要是酶)的合成与运输,滑面内质网主要参与脂类和多糖的合成与运输。例如,在分泌脂类物质的细胞中,滑面内质网发达;在细胞壁进行次生增厚的部位内方,也可以见到内质网紧靠质膜,反映了内质网可能与加到壁上去的多糖类的合成有关。

4. 高尔基体 高尔基体(Golgi body)是由一些(通常是 4～8 个)平行排列的扁平圆形囊泡(cisterna,也称为槽库)堆叠而成的结构。囊泡由单层膜包围而成,直径多为 1 μm 左右,边缘膨大并形成穿孔,当穿孔逐渐扩大时,囊泡的边缘便成网状的管道结构。高尔基体具有极性,囊泡呈凸起的一面称为形成面或顺面,凹陷的一面称为成熟面或反面。在网状部分的外侧,局部区域膨大形成小泡(vesicle),通过缢缩断裂,小泡可从高尔基体囊泡上分离出去(图 1-12)。

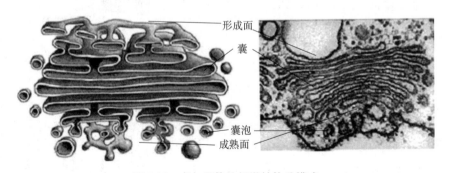

图 1-12 高尔基体的超微结构及模式

高尔基体与细胞的分泌功能相联系,并参与细胞壁的形成。在高尔基体膜上发现了多种与多糖合成有关的酶,能合成细胞壁中的非纤维素类多糖。高尔基体参与蛋白质的糖基化,粗面内质网合成的蛋白质经高尔基体进一步加工后,由高尔基小泡将多糖、糖蛋白等物质携带转运到细胞膜附近,最终与膜融合并将所含物质释放到细胞膜外。在有丝分裂形成新细胞壁的过程中,可以看到大量高尔基小泡运送多糖类物质,参与新细胞壁的形成。根冠细胞分泌黏液,松树的树脂道上皮细胞

分泌树脂等，也都与高尔基体的活动有关。一个细胞内的全部高尔基体，总称为高尔基器（Golgi apparatus）。

5. 核糖体　核糖体（ribosome）又称核糖核蛋白体，是没有膜结构的细胞器。核糖体是直径为 17~23 nm 的椭圆形小颗粒，在细胞质中以游离状态存在，或附着在粗面内质网膜的表面。此外，在细胞核、线粒体基质和叶绿体基质中也有核糖体。每一个细胞中的核糖体可达数百万个之多，蛋白质合成旺盛的细胞，尤其在快速增殖的细胞中，往往含有更多的核糖体颗粒。

核糖体由一大一小两个亚基组成，主要成分为约占 40% 的蛋白质和约占 60% 的 RNA，核糖体中的 RNA 称为核糖体 RNA（rRNA）（图 1-13）。

核糖体是细胞中蛋白质合成的中心。游离在细胞质中的核糖体所合成的蛋白质留存在细胞质中，如各种膜上的结构蛋白；附着在内质网上的核糖体所合成的蛋白质将被分泌到细胞外。

在蛋白质合成中，核糖体与信使 RNA（mRNA）结合在一起，mRNA 携带了从 DNA 上转录下来的遗传信息，蛋白质的合成是在遗传信息的指导下进行的。核糖体经常几个至几十个与 mRNA 结合成念珠状的复合体，称为多聚核糖体（polyribosome），它的合成效率比单个的更高。

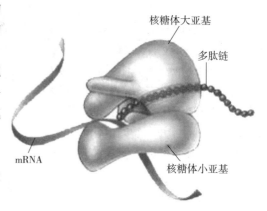

图 1-13　正在进行蛋白质合成的核糖体
（引自 Campbell，1993）

6. 溶酶体　溶酶体（lysosome）是由单层膜包被形成的小囊泡状细胞器，分散在细胞质中，数目及大小差异较大。溶酶体内含多种水解酶类，如酸性磷酸酶、核糖核酸酶、组织蛋白酶、脂酶等，可分解生物大分子，溶酶体因此而得名。溶酶体可消化细胞中的储藏物质，分解细胞中受到损伤或失去功能的细胞结构碎片，使组成这些结构的物质重新被细胞所利用。溶酶体可通过膜的内陷，把被水解的物质吞噬进去，在溶酶体内进行消化；也可通过本身膜的解体，把酶释放到细胞质中起作用。在导管和纤维成熟时，原生质体最后完全破坏消失，这一过程就与溶酶体的作用有关。

植物细胞中还有其他含水解酶的细胞器，如液泡、糊粉粒、圆球体等。因此，有人认为，植物细胞的溶酶体不是某一特殊的形态学结构，应是指能发生水解作用的所有细胞器。

7. 液泡　液泡（vacuole）是分布在细胞质中、由单层膜包围的充满水溶液的泡状结构，是植物细胞中都存在的一种细胞器。幼小的植物细胞中具有许多小而分散的液泡，在电子显微镜下才能看到。随着细胞的生长，液泡也长大，并相互融合，发展成多个较大的液泡或一个很大的中央液泡。成熟的植物细胞中，液泡占据了细胞中央 90% 以上的空间，将细胞质的其余部分和细胞核一起挤压成紧贴细胞壁的一个薄层。这是植物细胞构造的显著特征。细胞成熟时有几个较大液泡的，细胞核就被液泡所分割成的细胞质索悬挂于细胞的中央（图 1-14）。

液泡的表面包被有液泡膜（tonoplast），液泡内的水溶液称为细胞液（cell sap）。液泡膜具有特殊的选择透性，使液泡具有高渗性质，引起水分向液泡内运动，并且能使

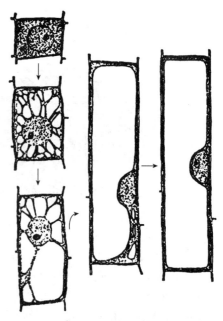

图 1-14　洋葱根尖细胞的液泡演进过程
（引自李扬汉，1984）

多种物质在液泡内储存和积累,使细胞液保持相当的浓度,这与调节细胞渗透压、维持膨压、维持细胞内水分平衡有很大关系,也使细胞能保持一定的形状和进行正常的活动。同时,高浓度的细胞液,低温不易冻结,干旱不易丧失水分,提高了细胞抗寒和抗旱的能力。

细胞液是含有多种无机物和有机物的复杂水溶液,其成分依不同植物、不同组织器官而异。这些物质中有些是储藏的营养物质,有些是新陈代谢所产生的代谢产物和废料,但都是原生质体生命活动的产物,所以都是后含物(ergastic substance)。细胞液中的有机物以糖类最为普遍,有机酸、水溶性蛋白、脂类、植物碱、单宁、色素等也颇为常见,无机物以氯化物、硝酸盐、磷酸盐等无机盐最为普遍,过多的无机盐以晶体的形式存在于细胞液中。植物果实的甜、酸、苦、涩味,五彩缤纷的花朵均与细胞液中含有的物质有关。

液泡中具有不少酶类,其中包括多种水解酶,在一定条件下,能分解液泡中的储藏物质,重新用来参加各种代谢活动。在电子显微镜下,经常可以看到液泡中悬浮有不完整的线粒体、质体或内质网片段等,它们是被液泡膜"吞噬"进去的细胞衰老的部分,可以在液泡中被分解而消失,这是细胞结构新陈代谢的一种方式,是细胞分化及衰老、死亡中必需的过程。

植物液泡中丰富而多样的代谢产物是人们开发利用植物资源的重要依据之一。例如,从甘蔗茎中提取蔗糖,从罂粟果实中提取吗啡制药,从盐肤木、化香树中提取单宁作为栲胶的原料等。近年来,开发新的野生植物资源正在引起人们越来越大的关注,如刺梨、酸枣等果实被用作制取新型饮料;从花、果实中提取天然色素,用于食品工业的着色剂,天然色素的开发已成为当前国内外十分重视的一个研究领域。

8. 圆球体 圆球体(spherosome)是膜包裹着的圆球状小体,直径为 0.1~1 μm,具有积累脂肪的功能,在植物体中分布较广,特别是储藏脂肪(油)的种子细胞中含有大量圆球体,如蓖麻、油菜、向日葵、落花生等。

在电子显微镜下观察,圆球体的膜只具有一层电子不透明层(暗带),而正常的单位膜具有两个暗带,因此,可能只是半单位膜,即只有一层磷脂分子。圆球体内大部分为储藏的脂肪(油),也有脂肪酶,在一定条件下,酶也能将脂肪水解成甘油和脂肪酸。因此,圆球体具有溶酶体的性质。圆球体的膜染色反应似脂肪,用锇酸固定染成深色,故圆球体又称为类脂球。

9. 微体 微体(microbody)是一层单位膜包围成的小体,直径 0.5~1.5 μm。有些微体中还有含蛋白质的晶体等。微体由内质网的小泡形成。微体有两种类型:一种是过氧化物酶体(peroxisome),存在于高等植物叶肉细胞内,与叶绿体、线粒体共同参与光呼吸过程;另一种是乙醛酸循环体(glyoxysome),存在于油料植物种子和大麦、小麦种子的糊粉层及玉米的盾片中,能在种子萌发时与圆球体和线粒体相配合,将储藏的脂肪转化为糖类。

10. 细胞骨架系统 真核生物均存在细胞骨架系统(cytoskeleton system),不仅起到保持细胞形状、分隔固定细胞内部结构的作用,还具有物质运输,信号传递,参与细胞的运动、分化、增殖以及调节基因表达等作用。细胞质的溶胶态和凝胶态之间的转化也与细胞骨架的变化有关。植物细胞的骨架系统由微管、中间纤维和微丝三者共同构成(图1-15),并在细胞质中互相交织形成复杂的网络状的微梁系统(microtrabecular system)(图1-16)。

(1)微管。细胞内含有很多细微的管状结构,称为微管(microtubule),其直径约为 24 nm,由球状的微管蛋白(tubulin)亚基聚合组装而成。由 α、β 两种类型的微管蛋白亚基构成的异二聚体,以头尾相连的方式结合成微管蛋白原纤丝(protofilament),由 13 根这样的原纤丝构成一个中空的微管。微管是一种不稳定的细胞器,时而解聚,时而重组。低温可使微管解聚,秋水仙碱(colchicine)阻止微管蛋白聚合,紫杉醇(paclitaxel)促进微管蛋白聚合。

微管的生理功能主要有以下几个方面:①微管参与细胞壁的形成和生长。细胞分裂时,微管形成的成膜体引导高尔基小泡向赤道面集中,融合形成细胞板;微管在质膜下的排列方向,决定着细胞壁上纤维素微纤丝的沉积方向;细胞壁进一步增厚时,微管集中的部位与增厚的部位是相应的,

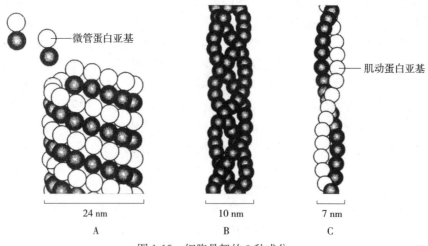

图 1-15 细胞骨架的 3 种成分
A. 微管 B. 中间纤维 C. 微丝

反映了壁的增厚方式可能也受微管的控制。②微管与细胞的运动及细胞内细胞器的运动有密切关系。植物游动细胞的纤毛和鞭毛由微管构成；在细胞分裂时，染色体的运动受微管构成的纺锤丝的控制；也有实验指出，细胞内细胞器的运动方向，也受微管的控制。③微管与细胞形状的维持有一定的关系。由于微管控制细胞壁的形成，因而具有保持细胞形态的功能。花粉的生殖细胞、精子等无细胞壁的细胞，用秋水仙碱处理破坏微管，细胞变形十分显著。

（2）微丝。微丝（microfilament）是实心的纤丝，比微管更细，直径约为 7 nm，由肌动蛋白、肌球蛋白和肌动蛋白结合蛋白组成。肌动蛋白单体为球形，易聚合为肌动蛋白链，两条肌动蛋白链缠绕聚合为螺旋状的肌动蛋白纤维（actin filament），即微丝。微丝和它的结合蛋白（association protion）以及肌球蛋白（myosin）三者构成化学机械系统，利用化学能产生机械运动。结合蛋白对肌动蛋白的聚合及对微丝的稳定、长度及分布具有调节作用，肌球蛋白属于马达蛋白，可利用 ATP 产生机械能。细胞松弛素（cytochalasin）可切断微丝纤维，抑制细胞运动；鬼笔环肽（phalloidin）可以抑制微丝解聚，使微丝保持稳定。

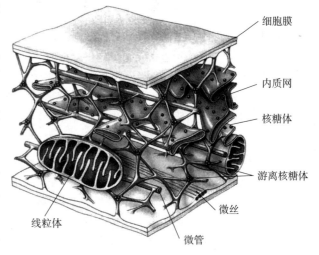

图 1-16 细胞骨架系统
（引自 Raven 和 Johnson，1992）

微丝的生理功能主要为：①支架作用。微丝常被称为应力纤维，与微管共同构成细胞内纵横交织的网状支架，维持细胞的形状，并支持和网络各类细胞器。②参与胞质运动。微丝中的肌动蛋白与肌球蛋白在细胞质中形成三维的网络体系，成束的肌动蛋白微丝排列在流动带中，并与流动方向相平行，肌球蛋白连接着胞质颗粒，在 ATP 能量的启动下，肌球蛋白-胞质颗粒结合体沿着肌动蛋白微丝滑动，从而带动整个细胞质的环流。③参与物质运输和细胞感应。微丝可与质膜联结，参与和膜运动有关的生命活动，如吞噬作用、胞吐作用，微丝还与细胞质物质运输、细胞感应有关。

（3）中间纤维。中间纤维（intermediate filament）的直径约 10 nm，是介于微管与微丝之间的中空管状纤维。中间纤维是一类柔韧性很强的蛋白质丝，具有骨架功能和信息功能。不同组织中的中间纤维有特异性，其亚基大小、生化组成各不相同，表明中间纤维与细胞分化有关。

四、植物细胞核

植物中除最低等的类群——细菌和蓝藻外，大多数生活细胞都具有细胞核（nucleus）。被子植物的成熟筛管细胞无细胞核，但其早期发育过程有细胞核，后来消失。大多数细胞只有1个核，有些细胞是2核或多核的。例如，某些真核藻类植物具有多核的细胞，种子植物绒毡层细胞常具2核，乳汁管具多核，部分种子植物胚乳发育早期细胞具有多核。

（一）细胞核的形态结构

细胞核的位置和形状随着细胞的生长而变化，在幼期细胞中，核位于细胞中央，近球形，并占有较大的体积。随着细胞的生长和中央液泡的形成，细胞核同细胞质一起被液泡挤向靠近壁的部位，变成半球形或圆饼状，并只占细胞总体积的小部分。也有的细胞到成熟时，核被许多线状的细胞质索悬吊在细胞中央。然而不管是哪种情况，细胞核总是存在于细胞质中，反映出二者具有生理上的密切关系。

在细胞生活周期中，细胞核有两个不同时期：分裂期和间期。间期核具有一定的结构，可分为核膜、核质和核仁3个部分（图1-17）。

1. 核膜 核膜（nuclear membrane）由外膜和内膜两层单位膜组成。外膜（outer membrane）面向细胞质，表面有核糖体附着，常与粗面内质网相通。内膜（inner membrane）与染色质紧密接触。两层膜之间为膜间腔（inter membrane lumen），与内质网腔相通。核膜起着控制细胞核与细胞质之间物质交流的作用。

核膜上有贯通的核孔（nuclear pore），是核内外物质交换的通道。核孔的数量不等，

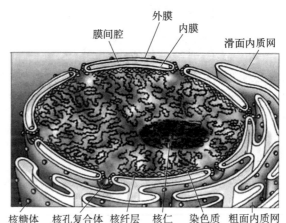

图1-17 细胞核
（引自 Cooper, 2000）

核孔密度为40~140个/μm^2，直径为50~100 nm，核孔内具有由蛋白质构成的复杂环状结构——核孔复合体，它是细胞核与细胞质进行物质和信息交换的主要通道。据计算，正在合成DNA的细胞核，每分钟每个核孔有100个组蛋白分子从核孔进入核内。在细胞核中形成的核糖体亚单位也要通过核孔进入细胞质。核膜对大分子的出入是选择性的。例如，mRNA分子前体在核内产生后，并不能通过核孔，只有经过加工成为成熟的mRNA后才能通过。一般认为，小分子物质的通透由核膜调节，而RNA与蛋白质等大分子则经核孔出入核，大分子出入细胞核与核孔复合体上的受体蛋白有关。

核膜内面有纤维质的核纤层（nuclear lamina），其厚度随不同的细胞而异。核纤层的成分是一种属于中间纤维的蛋白质，称为核纤层蛋白（lamin）。核纤层形成纤维网络状，向外与内层核膜上的特异蛋白结合，向内与染色质上一些特别位点结合。核纤层为核膜提供了支架的作用，与细胞有丝分裂中核膜的崩解和重组有关。

2. 核仁 核仁（nucleolus）是细胞核中椭圆形或圆形的颗粒状结构，没有膜包围。在光学显微镜下，核仁是折光性强、发亮的小球。它的中央为纤维区，含染色质细丝；外围是颗粒区，可能是核糖体的前体；在核仁周边和内部有染色质。细胞有丝分裂时，核仁消失，分裂完成后，两个子细胞核中分别产生新的核仁。核仁富含蛋白质和RNA。核糖体中的RNA（rRNA）来自核仁。蛋白质合成旺盛的细胞，常有较大的或较多的核仁。有某一个或几个特定染色体的一定片段构成核仁组织者（nucleolar organizer）。核仁就位于染色体的核仁组织者周围。如果将核仁中的rRNA和蛋白

质溶解,即可显示出核仁组织者的DNA分子,这一部分的DNA正是转录rRNA的基因,即rDNA所在之处。因此,核仁的主要功能就是进行rRNA的合成和储藏。

3. 核质 核仁以外、核膜以内的物质称为核质(nucleoplasm)。核质可分为核基质和染色质。

过去认为核基质(nuclear matrix)是核质除去染色质后,富含蛋白质的透明液体,故称为核液(nuclear sap)。研究表明,核基质是以蛋白质为主要成分的网络状结构体系,网孔中充满液体。由于其形态与细胞质骨架很相似,又称核骨架(nuclear skeleton),染色质附着于核基质上。核基质也可能是DNA复制的基本位点,并与基因表达调控有关。核基质、核纤层和中间纤维形成一个贯穿于核质间的网架结构体系。核基质含有蛋白质、mRNA、rRNA和多种酶,保证DNA的复制和RNA的转录。

染色质(chromatin)是细胞中遗传物质存在的主要形式,易被碱性染料着色。细胞经固定染色后,可看到细胞核中许多或粗或细的长丝交织成网状,网上还有较粗大、染色更深的团块,统称为染色质。细丝状的部分是常染色质,纤维折叠压缩程度低,处于伸展状态,多位于核的中央位置,结构基因及绝大多数基因位于常染色质上,遗传活性大。较大的深色团块是异染色质,是凝集状态的DNA与组蛋白的复合物,异染色质常附着在核膜的内面,主要由相对简单、高度重复或以凝聚状态关闭的基因构成,遗传活性低。

染色质主要由大量的DNA和组蛋白构成,含较少量的RNA和非组蛋白。在间期核内,染色质常伸展成细长的纤丝。到有丝分裂时,染色质细丝螺旋化变粗,成为光学显微镜下能看见的染色体。

将染色质经实验手段处理后进行电子显微镜观察,可看到染色质呈串珠状的细丝,这些小珠称为核小体(nucleosome),其直径约为10 nm。核小体之间以长1.5~2.5 nm的细丝相连。由8个组蛋白分子构成核小体的核心颗粒(core particle)。DNA分子链缠绕在这个由组蛋白构成的核心周围,并将各个核小体相连,连接核小体的部分细丝名为连接DNA(linker DNA)。一个核小体上的DNA加上一段连接DNA共有约200个碱基对,构成染色质丝的一个单位。

染色质中还有非组蛋白,属酸性蛋白质。一些有关DNA复制和转录的酶,如DNA聚合酶和RNA聚合酶都属于非组蛋白。不同生物体内非组蛋白的种类有几百种之多,主要功能为:①帮助DNA分子折叠,以形成不同的结构域,从而有利于DNA的复制和基因的转录;②协助启动DNA复制;③控制基因转录,调节基因表达。

(二)细胞核的功能

由于细胞内的遗传物质(DNA)主要集中在核内,因此,细胞核的主要功能是储存和传递遗传信息,在细胞遗传中起重要作用。此外,细胞核还通过控制蛋白质的合成对细胞的生理活动起着重要的调节作用。如果将核从细胞中除去,就会引起细胞代谢的不正常,并且很快导致细胞死亡。除筛管等少数细胞外,无核细胞不能长久生存。因为细胞核通过控制核糖核酸的形成从而决定着参与细胞内代谢活动的酶(蛋白质)的合成,从而影响与控制细胞的代谢活动。总之,细胞核是遗传信息库,是细胞代谢和遗传的控制中心;细胞核的存在对于细胞的遗传与细胞的生理活动都是很必要的。

五、植物细胞的后含物

植物细胞中的储藏物质和代谢产物称为后含物(ergastic substance),在结构上是非原生质的物质。常见的储藏物质有淀粉、蛋白质和脂肪;代谢产物有单宁、植物碱、挥发油、花青素和草酸钙结晶等,还包括小分子的生理活性物质,它们对细胞内生物化学反应和生理活动起着调节作用,含量虽少,但效能很高。这些物质有的存在于原生质体中,有的存在于细胞壁上。许多后含物对人类具有重要的经济价值。

(一) 储藏的营养物质

1. 淀粉 淀粉 (starch) 是葡萄糖分子聚合而成的长链化合物,它是细胞中糖类最普遍的储藏形式,在细胞中以颗粒状态存在,称为淀粉粒 (starch grain)。所有的薄壁细胞中都有淀粉粒的存在,尤其在各类储藏器官中更为集中。淀粉遇碘呈蓝紫色,可作为鉴别其存在的依据。

淀粉粒可以在白色体内形成,也可以在叶绿体内形成。光合作用过程中产生的葡萄糖,在叶绿体中聚合成淀粉,暂时储藏,这种淀粉粒称为初生淀粉粒 (primary starch grain)。初生淀粉粒是暂时的,不久就被分解成葡萄糖,转运到储藏细胞的白色体内,葡萄糖在白色体内又重新形成淀粉粒,称为次生淀粉粒 (secondary starch grain)。这种储藏淀粉的白色体称为造粉体 (淀粉体,amyloplast)。

形成淀粉粒时,由一个中心开始,从内向外层层沉积。这一中心便形成了淀粉粒的脐 (hilum)。淀粉粒在显微镜下可以看到围绕脐点有许多亮暗相间的轮纹,这是由于淀粉沉积时,直链淀粉和支链淀粉相互交替地分层沉积的缘故,二者遇水膨胀不一,从而形成了折光上的差异。脐在淀粉粒正中的称为同心淀粉粒 (concentric starch grain),如小麦;脐位于淀粉粒一侧的称为离心淀粉粒 (eccentric starch grain),如马铃薯。

当淀粉充满整个白色体时,这个白色体就成为了非生命的淀粉粒。一个造粉体可含一个或多个淀粉粒。若形成数个淀粉粒时,这数个淀粉粒可能彼此相互分离,也可能彼此生长在一起,后者称复合淀粉粒。淀粉粒在形态上有三种类型:单粒淀粉粒,只有一个脐点,无数轮纹围绕这个脐点;复粒淀粉粒,具有两个以上的脐点,各脐点分别有各自的轮纹环绕;半复粒淀粉粒,具有两个以上的脐点,各脐点除有本身的轮纹环绕外,外面还包围着共同的轮纹。

不同的植物淀粉粒的大小、形态和脐所在的位置,都各有其特点(图 1-18),因此,在面粉检验、生药鉴定上可以及作为依据,也可以在一定范围内利用这些性状来鉴定种子和其他植物含淀粉的部位。

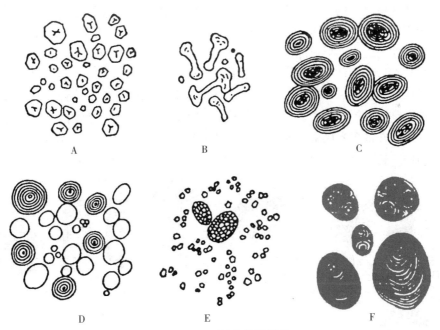

图 1-18 不同植物的淀粉粒
A. 玉米 B. 大戟 C. 菜豆 D. 小麦 E. 水稻 F. 马铃薯

2. 蛋白质 细胞中的储藏蛋白质呈晶体或无定形固体状态,生理活性稳定。结晶的蛋白质因具有晶体和胶体的二重性,称为拟晶体 (crystalloid),以与真正的晶体相区别。拟晶体有不同的形状,但常呈方形,例如,在马铃薯块茎上近外围的薄壁细胞中,就有这种方形结晶的存在。无定形的蛋白质常被一层膜包裹成圆球状的颗粒,称为糊粉粒 (aleurone grain),广泛存在于细胞的任何部分,如液泡、细胞质、细胞核、质体。储藏的蛋白质遇碘呈黄色。

糊粉粒较多地分布于植物种子的胚乳或子叶中，有时它们集中分布在某些特殊的细胞层。例如，谷类种子胚乳最外面的一层或几层细胞，含有大量糊粉粒，特称为糊粉层（aleurone layer）。在许多豆类种子（如大豆、落花生等）子叶的薄壁细胞中，普遍具有糊粉粒，这种糊粉粒以无定形蛋白质为基础，另外包含一个或几个拟晶体。蓖麻胚乳细胞中的糊粉粒除拟晶体外还含有磷酸盐球形体（globoid）。

3. 脂肪和油 脂肪和油是含能量最高而体积最小的储藏物质，在常温下为固体的称为脂肪，液体的则称为油。脂肪和油的区别主要是物理性质的，而不是化学性质的，它们常成为种子、胚和分生组织细胞中的储藏物质，以固体或油滴的形式存在于细胞质中，有时在叶绿体内也可看到。脂肪和油在细胞中的形成可以有多种途径，例如，质体和圆球体都能积聚脂类物质，发育成油滴。脂肪和油遇苏丹Ⅲ或苏丹Ⅳ呈橙红色。

（二）次生代谢物质

1. 单宁和色素 单宁（tannin）是一类酚类化合物的衍生物，也称鞣质。许多植物细胞都含有单宁，普遍存在于细胞质、液泡或细胞壁中。在光学显微镜下，它们是一些小颗粒或黄、红、棕色的小体，分布在植物的叶片、周皮、微管组织的细胞以及未成熟果实的果肉中。单宁能够保护植物免于水解、腐烂和动物危害。单宁在工业上用途广泛，特别是可作为皮革鞣制业的重要原料。

植物细胞中的色素（pigment），除叶绿体内的叶绿素和类胡萝卜素等光合色素外，还有一类存在于液泡中的水溶性色素，为类黄酮色素（花色素苷和黄酮或黄酮醇），在部分植物花瓣以及果实细胞中有这类色素。花色素苷因细胞液pH不同显出的颜色各异，在酸性溶液中呈橙红至淡红色，在碱性溶液中呈蓝色，中性时呈紫色。黄酮或黄酮醇使花呈微白到淡黄色，能强烈地吸收紫外光，因而使昆虫易于见到。

落叶季节叶的颜色，除了因叶绿体的叶绿素被破坏，叶黄素显现黄色外，红色和紫色是由于黄酮和黄酮醇氧化产物所显现的。当叶暴露在强光下，存在蔗糖时，形成的颜色更为显著。

2. 晶体 在植物细胞中，无机盐常形成各种晶体（crystal）。最常见的是草酸钙晶体，它们一般被认为是新陈代谢的废物，形成晶体后便避免了对细胞的毒害。晶体是在液泡中形成的。有的细胞（如针晶细胞）在形成晶体时，液泡内可先出现一种有腔室的包被，随后在腔室中形成晶体。因此，每个晶体形成后是裹在一个鞘内。草酸钙晶体的形状可以分为单晶、针晶和簇晶三种。例如，甘草、黄檗、秋海棠叶柄等细胞中的单晶，呈棱状或角锥状；黄精、玉竹根茎黏液细胞中的针晶，是两端尖锐的针状，并常集聚成束；人参、大黄根茎及天竺葵叶、椴树茎中的簇晶，是由许多单晶联合成的复式结构，呈球状，每个单晶的尖端都突出于球的表面（图1-19）。

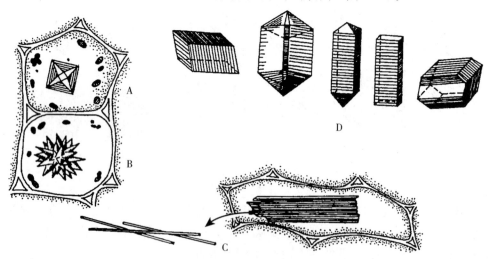

图1-19 各种晶体

A. 棱状结晶体　B. 簇晶　C. 针晶　D. 各种形状的棱状结晶体

（引自李扬汉，1984）

晶体在植物体内分布很普遍，在各类器官中都能看到。然而，各种植物以及一个植物体不同部分的细胞中含有的晶体，在大小和形状上，有时有很大的区别，可作为鉴定各种植物药材，尤其是粉末药材的依据。

除草酸钙晶体外，常见的还有碳酸钙晶体，呈钟乳体状。它是细胞壁上特殊的瘤状突出上集聚大量的碳酸钙或少量的硅酸钙而形成的。碳酸钙晶体遇乙酸便溶解释放出二氧化碳，从此可以与草酸钙晶体相区别。碳酸钙晶体常存在于桑科、爵床科、荨麻科等植物中，如在无花果、穿心莲、大麻等植物叶片的表皮细胞中可见到碳酸钙晶体。

禾本科等植物的茎、叶表皮细胞内含有二氧化硅晶体，称为硅质小体（silica body）。

第四节　植物细胞的分裂、生长和分化

植物要生长和繁衍后代，组成植物体的细胞就必须能进行繁殖。植物的生长是细胞数目增加和体积增大以及功能分化的结果。植物细胞体积的增大就是植物细胞的生长，从一个幼龄细胞逐渐成长，体积增大，液泡发育，核被挤压到细胞一侧，这时细胞随着体内分工而产生分化，具体体现在体形、大小及胞壁增厚等的不同上。植物细胞繁殖也就是细胞数目的增加，这种增加是通过细胞分裂来实现的。细胞分裂有三种方式：有丝分裂（mitosis）、无丝分裂（amitosis）和减数分裂（meiosis）。

一、细胞周期

细胞周期（cell cycle）是指持续分裂的细胞，从一次分裂结束开始，到下一次分裂结束所经历的整个过程。细胞周期可进一步划分为分裂间期的 G_1 期、S 期、G_2 期和细胞分裂的 M 期（图 1-20）。

（一）G_1 期

G_1 期即 DNA 复制前期，是从上次分裂结束到 DNA 复制前的准备阶段，此时细胞内 DNA 仍然维持二倍体细胞的含量，DNA 分子以染色质丝的状态存在。G_1 期细胞物质代谢活跃，主要进行 RNA、蛋白质和磷脂的合成。G_1 期细胞体积显著增大，各种细胞器、内膜结构和其他细胞成分迅速增加。这一期的主要意义在于为下阶段 S 期的 DNA 复制做好物质和能量的准备。

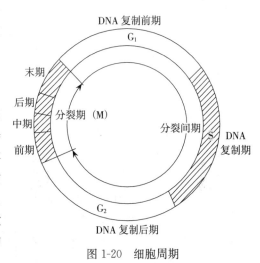

图 1-20　细胞周期

进入 G_1 期的细胞一般有 3 种"前景"：①持续进行分裂，如分生组织的细胞；②暂不分裂，当植物体需要细胞分裂补充新细胞时，才离开 G_1 期参加细胞周期运行，如嫁接愈合、扦插生根等；③终生处于 G_1 期而不进入分裂，从而脱离细胞周期，进行细胞生长和分化，如各种成熟组织的细胞。

（二）S 期

S 期为 DNA 复制期，主要进行 DNA 的复制和蛋白质的合成。DNA 复制以半保留的方式进行，在复制起点上，DNA 双链间的氢键断裂，分开成为 2 条单链，每一条单链都作为复制的模板，合成与模板互补的另一条单链。同时，细胞质中进行着组蛋白的合成，并转运进入细胞核，与 DNA 链装配成核小体完成复制，DNA 含量比 G_1 期增加了一倍。

（三）G_2 期

G_2 期为 DNA 复制后期，是从 S 期结束到有丝分裂开始前的时期，也称为有丝分裂的准备期，时间相对较短。这一时期，DNA 相对含量稳定，细胞中每条染色体具有两条完全相同的 DNA 分子

组成的染色质丝，主要进行分裂期物质和能量的准备，大量合成 RNA 及蛋白质，包括微管蛋白等与细胞分裂有关的物质，并储备染色体移动所需要的能量。

（四）M 期

M 期即分裂期。这个时期的细胞中出现了染色体和纺锤丝，细胞中已复制的 DNA 将以染色体的形式平均分配到两个子细胞中，包括核分裂和胞质分裂。通过胞质分裂，在两个子核间形成新细胞壁。但也有细胞在核分裂以后不发生胞质分裂而形成多核细胞，或者核分裂一定时间以后再进行胞质分裂。

细胞周期中，各个时期所经历的时间因植物种类和细胞种类而异，一般持续时间在十几个小时到几十个小时之间，S 期最长，M 期最短，G_1 期和 G_2 期变动较大。外界条件，如温度等，均会对细胞周期的长短产生影响。细胞周期所经历的 4 个时期，在任何一个时期受到抑制，都会阻碍细胞分裂。细胞周期的运转是沿着 G_1 期、S 期、G_2 期、M 期的顺序进行的，各时期有不同的形态变化，是一个十分有序的过程，是基因有序表达的结果。

二、有丝分裂

有丝分裂又称为间接分裂，是真核细胞分裂最普遍的形式。在有丝分裂过程中，细胞的形态，尤其是细胞核的形态发生明显的变化，出现了染色体（chromosome）和纺锤丝（spindle fiber），有丝分裂由此得名。有丝分裂的过程较复杂，首先是细胞核分裂（核分裂，karyokinesis），随后是细胞质分裂（胞质分裂，cytokinesis），产生细胞壁，形成 2 个子细胞。

（一）核分裂

核分裂是一个复杂的连续过程，为了讨论的方便，将其分成前、中、后、末 4 个时期（图 1-21）。

1. 前期 前期（prophase）的细胞特征是细胞核内出现染色体，随后核膜和核仁消失，同时纺锤丝开始出现。

核内出现染色体是进入前期的标志。当分裂开始，染色质通过螺旋化作用，逐渐缩短变粗，成为一个个形态上可辨认的单位，这就是染色体。最初，染色体呈细丝状，以后越缩越短，逐渐成为粗线状或棒状，显现出特有的形态。一般情况下，每种植物染色体的数目是固定的，例如，水稻是 24 条，小麦是 48 条，棉花是 52 条。但有些同种植物的染色体，因品种或变种的不同而有差异，例如，苹果的不同品种中，染色

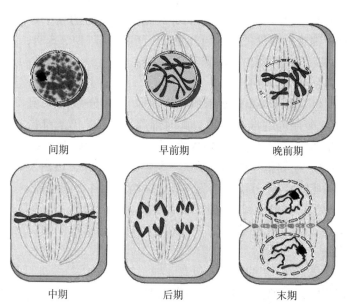

图 1-21　植物细胞有丝分裂模式图
（引自吴庆余，2002）

体有 34、51 或 68 的变化。由于染色体在分裂前已完成了复制，因此，前期出现的每 1 个染色体都是由 2 个染色单体（chromatid）组成的，除了在着丝点（kinetochore）区域外，它们之间在结构上不相联系。着丝点是染色体上一个染色较浅的缢痕，在显微镜下可以明显地看到。在前期的稍后阶段，细胞核的核仁逐渐消失，最后核膜瓦解，核内的物质和细胞质彼此混合。同时，在细胞两极出现许多由微管集聚成束构成的细丝状的纺锤丝。

2. 中期 中期（metaphase）的细胞特征是染色体排列到细胞中央的赤道面（equatorial plane）上，纺锤体（spindle）非常明显。

细胞两端各出现了许多放射状的细丝,即纺锤丝,纺锤丝在近细胞壁的一端聚为一点,称为极,另一端与中心部分的染色体的着丝点相连,这种纺锤丝称为牵引丝;另一些纺锤丝则直接联系着两极,称为连续丝。染色体以着丝点排列在赤道面上,此时,纺锤体完全形成。

3. 后期 后期（anaphase）的细胞特征是染色体分裂成两组子染色体,并分别朝相反的两极运动。

当所有的染色体排列到赤道面以后,每条染色体从着丝点分开,分成两条独立的子染色体,在纺锤丝的牵引下,分别向细胞相反的两极移动。

4. 末期 末期（telophase）的细胞特征是子染色体到达两极,直至核膜、核仁重新出现,形成新的子核。

当子染色体到达两极以后,便成为密集的一团,并通过解螺旋作用,又逐渐变得细长,成为染色质。同时,染色质外围形成新的核膜,随着子细胞核的重新组成,核内出现核仁,形成两个新的子核。

（二）胞质分裂

胞质分裂通常在核分裂后期,染色体接近两极时开始,这时纺锤体出现了形态上的变化,两极的纺锤丝逐渐消失,中部的连续丝中增加了许多短的纺锤丝并向外扩展,形成了一个密集着纺锤丝的桶状区域,称为成膜体（phragmoplast）。成膜体中有许多含有多糖类物质的由高尔基体和内质网分离出来的小泡,汇集到赤道面上,并相互融合,释放出多糖类物质,共同构成细胞板（cell plate）。细胞板由两层薄膜及之间积累的果胶质共同组成。在形成细胞板时,成膜体由中央位置逐渐向四周扩展,细胞板也随着向四周延伸,直至与原来母细胞的侧壁相连接,完全把母细胞分隔成两个子细胞。细胞板中的果胶质发育成胞间层,两侧的薄膜形成细胞膜,并积累纤维素,形成子细胞的初生壁。

一般情况下,核分裂和胞质分裂在时间上是紧接着的,但在有些情况下,核分裂后不一定立即进行胞质分裂,而是延迟到核经过多次重复分裂后再形成细胞壁,如被子植物种子的胚乳细胞。甚至有时只有核的分裂而不形成新的细胞壁,从而形成一个多核的细胞,如某些低等植物和被子植物的无节乳汁管。

经过核分裂和胞质分裂,1 个母细胞分成为 2 个子细胞,每个子细胞都具有与母细胞相同数量和类型的染色体。因此,子细胞就有着和母细胞相同的遗传信息,保持了细胞遗传的稳定性。

三、无丝分裂

无丝分裂（amitosis）是一种简单的细胞分裂方式,没有纺锤丝与染色体的形成,所以称无丝分裂。又因为这种分裂方式是细胞核和细胞质的直接分裂,所以又称直接分裂。

无丝分裂依其核的形态变化,可分为横缢、出芽等多种形式,最常见的为横缢分裂,首先核仁分裂为二,接着细胞核延长,然后在中部缢缩,断裂成 2 个子核,两核间产生新的细胞壁,最后形成 2 个子细胞（图 1-22）。

无丝分裂与有丝分裂相比,速度较快,耗能较少,但子细胞的遗传性差异较大。过去曾经认为无丝分裂是植物体在不正常状态下的一种分裂方式,但现在发现,无丝分裂还是较为常见,如在胚乳发育过程中以及植物形成愈伤组织时,常频繁出现;即使在一些正常组织中,如薄壁组织、表皮、顶端分生组织、花

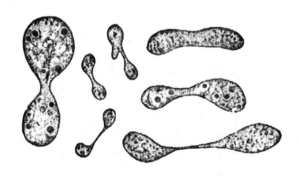

图 1-22 棉花胚乳游离核时期细胞核的无丝分裂
（引自李扬汉,1984）

药的绒毡层细胞等,也都有报道。因此,对无丝分裂的生物学意义,还有待进一步深入的研究。

四、减数分裂

减数分裂是指有性生殖的个体在形成生殖细胞过程中发生的一种特殊分裂方式。在减数分裂过程中,细胞连续分裂2次,但染色体只复制1次,同一母细胞分裂成的4个子细胞的染色体数只有母细胞的一半,减数分裂由此而得名。减数分裂也有间期,称前减数分裂间期(premeiosis interphase),比有丝分裂的间期时间长。根据细胞中染色体形态和位置的变化,将2次分裂过程各自划分为前期、中期、后期和末期(图1-23)。

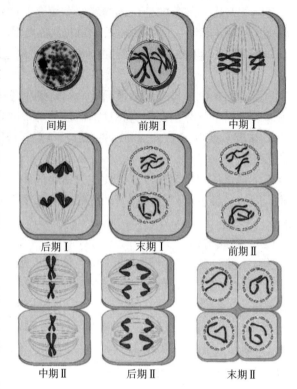

图1-23 植物细胞减数分裂
(引自吴庆余,2002)

(一)第一次分裂(简称分裂Ⅰ)

1. 前期Ⅰ(prophase Ⅰ) 这一时期发生在核内染色体复制已完成的基础上,整个时期比有丝分裂的前期所需时间要长,变化更为复杂。根据染色体形态,又被分为5个阶段(图1-24)。

(1)细线期(leptotene)。细胞核内出现细长、线状的染色体,但光学显微镜下仍不可见;细胞核和核仁继续增大。在部分植物中,如水稻,染色体细线交织在一起,偏向核的一方,所以又称为凝线期,表现为染色体细线一端在核膜的一侧集中,另一端放射状伸出,形似花束,又称为花束期。这时,每条染色体含有两条染色单体,它们仅在着丝点处相连接。

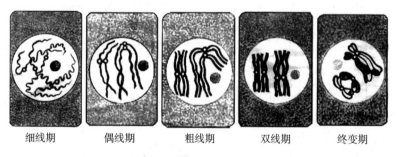

图1-24 植物细胞减数分裂前期Ⅰ的5个阶段

(2)偶线期(zygotene)。也称合线期。细胞内的同源染色体(即来自父本和母本的两条相似形态的染色体)两两成对并列靠拢,这一现象也称联会(synapsis)。联会的结果是每对同源染色体形成一个二价体。如果原来细胞中有20条染色体,这时候便配对成10个二价体。每个二价体包含4条染色单体,称四联体(tetrad)。

(3)粗线期(pachytene)。染色体缩短变粗,同时,在四联体内,同源染色体上的一条染色单体与另一条同源染色体的染色单体彼此交叉组合,并在相同部位发生横断和片段的互换,使该两条染色单体都有了对方染色体的片段,从而导致了父母本基因的互换,但每个染色单体仍都具有完全的基因组。

(4)双线期(diplotene)。染色体继续缩短变粗,发生交叉的染色单体彼此排斥,开始分离。由于交叉常常不止发生在一个位点，因此，使染色体呈现出 X、V、8、0 等各种形状。

（5）终变期（diakinesis）。染色体更为缩短，达到最小长度，染色体对分散排列在核膜的内侧。终变期末，核膜、核仁相继消失，纺锤丝开始出现。

2. 中期Ⅰ（metaphase Ⅰ） 各成对的同源染色体双双移向赤道面，着丝点成对排列在赤道板两侧。细胞质中形成纺锤体。这时与一般有丝分裂中期的区别在于有丝分裂前期因无联会现象，所以中期染色体在赤道面上排列不成对而是单独的。

3. 后期Ⅰ（anaphase Ⅰ） 由于纺锤丝的牵引，使成对的同源染色体各自发生分离，并分别向两极移动。这时，每一边的染色体数目只有原来的一半。

4. 末期Ⅰ（telophase Ⅰ） 到达两极的染色体又聚集起来，有的物种在此期会有核膜形成和染色体解螺旋，形成 2 个子核；另一些物种则不形成核膜，染色体也没有解螺旋。

第一次分裂完成，有的植物在赤道面形成细胞板，将母细胞分隔为 2 个子细胞，新生成的子细胞紧接着发生第二次分裂；有的植物要在第二次分裂后才发生胞质分裂。

（二）第二次分裂

第二次分裂（简称分裂Ⅱ）一般与分裂Ⅰ末期紧接或出现短暂的间歇。这次分裂与前一次不同，在分裂前，核不再进行 DNA 的复制和染色体的加倍，而整个分裂过程与一般有丝分裂相同，而不像分裂Ⅰ那样复杂。

1. 前期Ⅱ（prophase Ⅱ） 核内染色体呈细丝状，逐渐变粗短，至核膜、核仁消失。

2. 中期Ⅱ（metaphase Ⅱ） 每个细胞染色体排列在赤道面上，纺锤体明显。

3. 后期Ⅱ（anaphase Ⅱ） 每条染色体的两条染色单体随着着丝点的分裂而彼此分开，由纺锤丝牵引，分别向两极移动。

4. 末期Ⅱ（telophase Ⅱ） 移向两极的子染色体各组成 1 个子核，以后，在赤道面上产生细胞板，各自形成 2 个子细胞，这种胞质分裂称为连续型（successive type）；在分裂Ⅰ没有形成子细胞的植物，而在此时同时产生 4 个子细胞，这种胞质分裂称为同时型（simultaneous type）。至此，整个减数分裂过程正式完成。

由上可见，减数分裂中一个母细胞要经历两次连续的分裂，形成 4 个子细胞，每个子细胞的染色体数只有母细胞的一半，而染色体的减半实际上是发生在第一次分裂过程中。

减数分裂具有重要的生物学意义。通过减数分裂导致了有性生殖细胞（配子）的染色体数目减半，而在以后发生有性生殖时，两个配子相结合，形成合子，合子的染色体数重新恢复到亲本的数目。因此，减数分裂是有性生殖的前提，是保持物种稳定性的基础。同时，在减数分裂过程中，由于同源染色体发生联会、交叉和片段互换，从而使同源染色体上父母本的基因发生重组，为后代的遗传变异奠定了基础。

五、植物细胞的生长、分化及死亡

多细胞植物的生长，不仅是因细胞数量的增加，还与细胞的生长、分化有着密切的关系。细胞作为有机体中的成员，其一切活动都受到整体的调节和控制。细胞不断进行着分裂、生长和分化的同时，也不断发生着细胞的死亡。

（一）植物细胞的生长

细胞生长（cell growth）是指细胞体积增大和质量增加的过程，形成了各种不同大小、形状的细胞。细胞分裂形成的新细胞，最初体积较小，只有母细胞的一半，子细胞能迅速合成大量的新原生质，细胞不断长大，当恢复到母细胞一般大小时，可继续进行下一次分裂；但大部分细胞不再分裂，而进入生长时期，体积可以增大几倍、几十倍或更多，某些细胞如纤维，在纵向上可能增加几百倍、几千倍。

植物细胞在生长过程中，除了细胞体积明显扩大外，在内部结构上也发生相应的变化，其中最突出的是液泡化程度明显增加，即细胞内原来小而分散的液泡逐渐长大、合并，最后成为中央液泡。液泡增大这一特征，一方面是由于细胞从周围吸收了大量的水分进入液泡；另一方面，也由于生长着的细胞具有旺盛的代谢能力，许多代谢产物积累于液泡中的缘故。因此，在细胞生长时，细胞的鲜重和干重都随着体积的增大而增加。在液泡变化的同时，细胞内的其他细胞器，在数量和分布上也发生着各种变化。例如，内质网增加，由稀网状变成密网状；质体逐渐发育，由幼小的前质体发育成各类质体等。原生质体在细胞生长过程中还不断地分泌壁物质，使细胞壁随原生质体长大而延展，同时壁的厚度和化学组成也发生变化，细胞壁（初生壁）厚度增加，并且由原来含有大量的果胶和半纤维素转变成有较多的纤维素和非纤维素多糖。

植物细胞的生长是有一定限度的，细胞最终的大小随植物种类和细胞类型而异，这说明生长受遗传因子的控制。但是，细胞生长的速度和细胞的大小，也会受水、肥、温度等环境条件的影响。

（二）植物细胞的分化

细胞分化（cell differentiation）是指细胞在形态、结构和功能上的特化过程，即从形态结构简单的幼期细胞发育成形态结构复杂、执行特定功能的细胞。多细胞植物体中，细胞的功能具有分工，与之相适应，细胞在形态或结构上表现出各种变化。例如，叶肉细胞中发育形成了大量的叶绿体以适应光合作用的需要；茎、叶表皮细胞执行保护功能，细胞壁表面特化出明显的角质层以加强保护作用；储藏功能的细胞，往往具有大的液泡和大量的白色体；输导水分的细胞发育成长管状、侧壁加厚、中空以利于水分输导等。植物的进化程度愈高，植物体结构愈复杂，细胞分工就愈细，细胞的分化程度也愈高。细胞分化使多细胞植物体中的细胞功能趋于专门化，这样有利于提高各种生理功能的效率。

细胞分化是一个非常复杂的过程，它涉及许多调节和控制因素，因为组成同一植物体的所有细胞均来自于合子，具有相同的遗传因子，但为什么会分化成不同的形态？是哪些因素在控制？如何控制？这是生物学研究领域中的热点问题之一。目前对植物个体发育过程中某些特殊类型细胞的分化和发育机制已经有了一定程度的了解，一般认为细胞分化可能有下列原因：①在细胞的发育过程中，并不是全部遗传信息都同时表达出来，细胞的分化是在特定条件下有选择性地表达遗传信息的结果。②外界环境条件的诱导，如光照、温度和湿度等，可促进或抑制细胞某些遗传信息的表达。③细胞在植物体中存在的位置不同，分化途径也就不同，可能是处于某些特定位置的细胞与相邻细胞之间相互提供某些物质刺激的结果。④细胞极性化是控制细胞分化、组织发生以及植物器官和植物体形态建成的一个重要因素。极性（polarity）是指细胞（或组织、器官、植株）所表现出的一端与另一端在形态结构特征与生理特征上的差异，常表现为细胞内两端细胞质浓度不均等。极性的建立常引起细胞不等分裂（unequal division），产生的两个大小不同的子细胞将会朝着不同方向发展或分化。⑤激素或化学物质，已知生长素和细胞分裂素是启动细胞分化的关键激素。

细胞分化的机制是极其复杂的，受到多种因素的作用。现代分子生物学和发育生物学的研究表明：调控基因的激活和适时表达、细胞核与细胞质的相互作用、信使RNA（mRNA）的产生、遗传物质在不同区域的相互作用、细胞内多种物质对遗传物质活动的控制、各种酶和它们的相互作用、激素的作用、细胞之间以及与环境之间的作用等因素，均能对细胞分化发生作用。这些问题一旦研究清楚，人类将能够有目的地控制生物的发育过程。

（三）植物细胞的衰亡

生活的成熟细胞是有寿命的，也会衰老、死亡。死亡的细胞常被植物排出体外或留在体内，而这些细胞原来担负的功能将会由植物体产生新的细胞去承担。

1. 细胞衰老的特征 细胞衰老（cell senescence）是正常环境条件下，细胞形态、生理与生化特征发生复杂变化的过程，表现为细胞体积变小、水分含量减少、细胞内的色素含量发生变化、酶活性降低、呼吸速度减慢、新陈代谢速度减慢等。衰老细胞的具体形态变化特征为：①细胞核体积增大，核膜内陷，染色质凝聚、固缩、碎裂以至溶解，核内出现后含物。②细胞膜黏度增加，流动性降低，膜的通透性功能发生改变，物质运输功能降低，膜结构发生破坏和渗漏，最终导致崩解。③叶绿体降解，线粒体数目减少、体积增大，高尔基体数量增加、囊泡增多，溶酶体数量、体积明显增加，内质网膜腔膨胀扩大，甚至崩解，膜上核糖体数量减少。

2. 细胞的死亡　细胞的死亡可分为细胞坏死和程序性细胞死亡两种形式。细胞坏死（necrosis）是指细胞受到某些外界因素的激烈刺激，如机械损伤、毒性物质的毒害，导致细胞的死亡。程序性细胞死亡（programmed cell death），又称细胞凋亡（apoptosis），是指体内健康细胞在特定细胞外信号的诱导下，进入死亡途径，在有关基因的调控下发生死亡的过程，这是一个正常的生理性死亡，是基因程序性表达的结果。

细胞坏死与程序性细胞死亡有明显不同的特征。细胞坏死时质膜和核膜破裂，膜通透性增大，细胞器肿胀，线粒体、溶酶体破裂，细胞内含物外泄；细胞坏死极少为单个细胞死亡，往往是某一区域内一群细胞或一块组织受损；细胞坏死过程中不出现DNA断解等特征。程序性细胞死亡程序启动后，细胞内发生了一系列结构变化，如细胞质凝缩、细胞萎缩、细胞骨架解体、核纤层分解、核被膜破裂、内质网膨胀成泡状等，细胞质和细胞器的自溶作用表现强烈。除了这些形态特征外，在进行DNA电泳分析时发现，核DNA分解成片段，出现梯形电泳图。大量实验表明，核DNA断解成片段，是细胞凋亡的主要特征之一。

程序性细胞死亡是植物有机体自我调节的主动的自然死亡过程，是一种主动调节细胞群体相对平衡的方式，如导管分子分化过程中原生质体的解体消失，根冠边缘细胞的死亡和脱落，花药发育过程中绒毡层细胞的瓦解和死亡，大孢子形成过程中多余大孢子细胞的退化死亡，胚发育过程中胚柄的消失，种子萌发时糊粉层的退化消失，叶片、花瓣细胞的衰老死亡，缺氧条件下植物形成通气组织等均是程序性细胞死亡的过程。由此可见，程序性细胞死亡是植物体内普遍发生的一种积极的生物学过程，对有机体的正常发育有着重要意义，是长期演化过程中进化的结果。

六、植物细胞的全能性及细胞工程

（一）植物细胞的全能性

细胞全能性（totipotency）是指植物体的每一个细胞都与合子一样，均具有再生成完整植物体的遗传上的潜在能力。合子是一个特异性的细胞，它具有本种植物所特有的全部遗传信息。植物体的全部细胞，都是从合子经过有丝分裂产生的，每一个体细胞也都具有和合子完全一样的DNA序列和相同的细胞质环境。当这些细胞在植物体内的时候，由于受到所在器官和组织环境的束缚，仅仅表现一定的形态和局部的功能。但这种已分化成熟的细胞全部遗传信息仍然被保持在DNA的序列之中，遗传潜力并没有丧失，一旦脱离了原来器官、组织的束缚，成为游离状态，在一定的营养条件和植物激素的诱导下，经过脱分化转变成为未分化细胞，从而把细胞的全能性表现出来，起到类似合子的发育功能，由单细胞发育成胚状体，进而形成完整小植株。

（二）细胞工程

细胞工程（cell engineering）是指以细胞为基本单位进行培养、增殖或按照人们的意愿改造细胞的某些生物学特性，创造新的生物物种，以获得具有经济价值的生物产品。细胞工程主要由两部分构成：其一是上游工程，包含细胞培养、细胞遗传操作和细胞保藏三个步骤；其二则是下游工程，是将已转化的细胞应用到生产实践中去，生产生物产品。其中细胞培养技术是细胞工程的技术基础，也就是将植物的器官、组织、细胞，甚至细胞器进行离体、无菌的培养。根据培养对象可分为植物组织培养、植物细胞培养、花药及花粉培养、离体胚培养以及原生质体培养几个大类。植物细胞培养又可分为悬浮细胞培养、平板培养、饲养层培养和双层滤纸植板培养几类，它们都是将选定的植物细胞于适当的条件下进行培养，以得到大量基本同步化的细胞，为遗传操作提供材料。

遗传操作是整个细胞工程中最为重要也最具挑战性的一环，主要技术有细胞融合、细胞拆合、染色体工程、基因移植及基因工程等方面，其中细胞融合是在人工诱导下，把两个不同基因型的细胞或原生质体融合形成一个杂种细胞；细胞拆合是把细胞核与细胞质分离开来，然后把不同来源的细胞质和细胞核相互结合，形成核质杂交细胞；染色体工程是按设计有计划削减、添加或代换同种或异种染色体的方法和技术，也称为染色体操作；基因移植是将细胞的基因进行置换或引入外源基因以获得预期的改良性状；基因工程是将不同来源的基因按预先设计的蓝图，在体外构建杂种DNA分子，然后导入活细胞，以改变生物原有的遗传特性，获得新品种，生产新产品。外源DNA导入靶细胞（转基因技术）的方法不断完善，除了以前经常使用的质粒载体、病毒载体、转座子和酵母人工染色体（YAC）等途径外，裸DNA、基因枪、超声波法和电注射法等非病毒方式转换细胞基因的方法也开始被广泛地使用。细胞融合方法也已被不断地改进，融合率增大。细胞诱变也取得了较大的进展，诱变方式不断增加。这些理论和技术的发展都为更好地改造细胞创造了条件。

细胞工程技术已经在下面几个方面得到了广泛应用：①快速培育、繁殖脱毒植株以及制作人工种子，使植物的繁殖实行工厂化，同时避免了优良性状的退化。②利用细胞和组织培养，工厂化生产有用植物的次生代谢产物，如名贵药物、香料、色素等。③利用转基因技术，改良影响农作物产量、品质和其他性状的基因，选育出抗虫或抗病的优质高产基因型品种，这是目前农作物育种的重要手段，但由于转基因作物的安全性还没有统一的定论，并没有获得大面积的推广。

延伸阅读

季冬梅，杨雪莲，2017. 植物花青素研究进展. 绿色科技，7：150-151.

刘延忠，王利民，李昶，等，2012. 植物细胞程序性死亡调控机制的研究进展. 山东农业科学，44（11）：58-60，65.

孟庆龙，金莎，刘雅婧，等，2020. 植物多糖药理功效研究进展. 食品工业科技，41（11）：335-341.

时兰春，王益川，王伯初，2007. 植物细胞骨架与细胞生长. 植物生理学通讯，6：1175-1181.

陶阿丽，曹殿洁，华芳，等，2018. 植物组织培养技术研究进展. 长江大学学报（自然科学版），15（18）：31-35.

KOST B，CHUA N H，2002. The plant cytoskeleton: vacuoles and cell walls make the difference. Cell，108：9-12.

PEREZ-GARCIA P，MORENO-RISUENO M A，2018. Stem cells and plant regeneration. Developmental Biology，442（1）：3-12.

复习思考题

一、名词解释

1. 原生质 2. 原生质体 3. 原核细胞 4. 真核细胞 5. 细胞器 6. 细胞骨架 7. 内膜系统 8. 纹孔 9. 初生纹孔场 10. 胞间连丝 11. 后含物 12. 细胞周期 13. 细胞分化 14. 细胞脱分化 15. 细胞全能性

二、判断题

1. 质体是植物特有的细胞器，一切植物都具有质体。
2. 所有植物细胞的细胞壁都具有胞间层、初生壁和次生壁三部分。
3. 在植物两相邻细胞的纹孔相对处只有胞间层，无初生壁和次生壁。
4. 活植物体并非每一个细胞都是有生命的。
5. 糊粉粒储藏的物质是淀粉。
6. 红辣椒表现出红色是因为其果肉细胞中含有花青素。
7. 细胞壁、细胞膜、细胞质和细胞核均是由原生质特化而来。
8. 所有生活的植物细胞都具有细胞壁、细胞膜、细胞质和细胞核。
9. 质膜、液泡膜和核膜都具有选择透性。

10. 细胞内的遗传物质 DNA 全部存在细胞核内。
11. 在光学显微镜下,能看见洋葱鳞叶表皮细胞的细胞壁、细胞膜、中央大液泡和细胞核。
12. 叶绿体是进行光合作用的质体,它只存在于植物叶肉细胞中。
13. 玫瑰花瓣表现出红色是因为其表皮细胞含有色体。
14. 植物细胞后含物是指植物细胞新陈代谢后产生的废物。

三、选择题

1. 在组成原生质的物质中,所占比例最大的是____。
   A. 蛋白质   B. 无机盐   C. 水   D. 糖类
2. 光学显微镜下呈现出的细胞结构称为____。
   A. 显微结构   B. 亚显微结构   C. 超微结构   D. 亚细胞结构
3. 细胞中的全部生活物质总称为____。
   A. 蛋白质   B. 细胞质   C. 原生质   D. 原生质体
4. 下列细胞结构中,具单层膜结构的有____。
   A. 叶绿体   B. 线粒体   C. 溶酶体   D. 细胞核
5. 植物细胞初生壁的主要成分是____。
   A. 纤维素、半纤维素和果胶   B. 木质、纤维素和半纤维素
   C. 角质和纤维素   D. 果胶
6. 与细胞分泌功能有关的细胞器是____。
   A. 线粒体   B. 高尔基体   C. 溶酶体   D. 白色体
7. 胞间层的主要成分是____。
   A. 纤维素   B. 果胶质   C. 蛋白质   D. 淀粉
8. 细胞中与能量代谢有关的细胞器主要有____。
   A. 细胞核和线粒体   B. 线粒体和高尔基体
   C. 质体和线粒体   D. 高尔基体和内质网
9. 初生纹孔场位于____。
   A. 初生壁   B. 次生壁   C. 胞间层   D. 角质层
10. 观察细胞有丝分裂最好的取材位置是____。
    A. 根尖   B. 茎尖   C. 叶尖   D. 叶芽
11. 下列哪一种结构内的汁液称为细胞液?____
    A. 细胞   B. 细胞质   C. 原生质   D. 液泡
12. 与脂肪分解有关的细胞器是____。
    A. 过氧化物酶体 B. 乙醛酸循环体 C. 溶酶体   D. 液泡
13. 不是所有成熟的植物细胞均具有的细胞壁结构是____。
    A. 初生壁   B. 次生壁   C. 胞间层   D. 纹孔
14. 植物细胞周期中 DNA 合成期是____。
    A. 分裂期   B. G_1 期   C. S 期   D. G_2 期
15. 细胞有丝分裂过程中,观察染色体数目的最佳时期是____。
    A. 前期   B. 中期   C. 后期   D. 末期

四、问答题

1. 细胞核由哪几个部分组成?其生物学功能是什么?
2. 植物细胞中各类细胞器的形态结构如何?各有什么功能?
3. 植物体中每个细胞所含有的细胞器类型是否相同?为什么?试举例说明。
4. 什么是单位膜?细胞膜的结构如何?具有哪些功能?

5. 植物花、果等的颜色是由什么因素造成的?
6. 植物细胞的初生壁和次生壁有什么区别?在各种细胞中它们是否都存在?
7. 哪些结构保证了多细胞植物体中细胞之间进行有效的物质和信息传递?
8. 什么是后含物?常见的后含物有哪些?如何鉴别它们?
9. 试举4个以上例子说明高等植物细胞的形态结构与功能的统一性。
10. 植物细胞的分裂方式有哪几种类型?各有何特点?
11. 什么叫细胞全能性?举例说明其理论和实践意义。
12. 细胞生长和细胞分化的含义是什么?细胞分化在个体发育和系统发育上有什么意义?
13. 什么叫脱分化?试述其意义。
14. 什么叫细胞凋亡?举例说明其理论和实践意义。

第二章

植 物 组 织

学习目标

1. 掌握各类植物组织的形态结构与功能。
2. 理解各类组织在完成特定生理功能过程中的相互依赖与配合。

植物组织（tissue）是指具有相同来源的同一种或数种类型细胞组成的结构和功能单位，是植物细胞分裂、生长、分化的结果。植物个体的生长过程实际上就是组织的形成和分化过程。植物组织之间有机配合、紧密联系，形成各种器官，共同完成植物体的生理活动。

第一节　植物组织的类型

根据组织的发育程度、形态结构及其生理功能的不同，通常将植物组织分为分生组织（meristematic tissue，meristem）和成熟组织（mature tissue）两大类。分生组织具有产生新细胞的特点，是产生和形成其他组织的基础；成熟组织由分生组织产生的细胞经生长、分化而形成。

一、分生组织

分生组织是由具有分裂能力的细胞组成的，能进行持续或周期性的分裂活动。分生组织的细胞具有细胞小、排列紧密、细胞壁薄、细胞核相对较大、细胞质丰富、液泡不发达等特点，位于植物体的生长部位，如根和茎的顶端生长以及加粗生长都与分生组织的活动直接相关。

根据分生组织的来源和性质不同，可分为原分生组织、初生分生组织和次生分生组织三类。

原分生组织（promeristem）位于根、茎生长点的最顶端部分，是由胚细胞直接遗留下来的，能较长期地保持旺盛的分裂能力；初生分生组织（primary meristem）是由原分生组织衍生出来的细胞所组成的，其细胞一方面开始分化，另一方面仍具有分裂的能力，但分裂活动没有原分生组织那样旺盛；次生分生组织（secondary meristem）是由某些成熟组织经过脱分化、恢复分裂功能转化而来，如束间形成层和木栓形成层是典型的次生分生组织，与根、茎的加粗和次生保护组织的形成有关。

根据分生组织在植物体中的位置，又可分为顶端分生组织、侧生分生组织和居间分生组织三类（图2-1）。

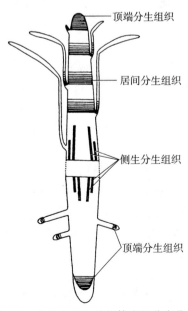

图 2-1　分生组织在植物体中的分布位置
（引自李扬汉，1984）

顶端分生组织（apical meristem）位于根、茎的顶端部位，也就是根、茎顶端的生长点。根、茎的不断伸长、长高以及在茎端叶芽和花芽的发生，正是源于顶端分生组织持续分裂的活动。侧生分生组织（lateral meristem）包括维管形成层和木栓形成层，分布于植物体的周围，这些分生组织的活动与根、茎的加粗生长有关，在没有加粗生长的单子叶植物中，就没有侧生分生组织。居间分生组织（intercalary meristem）位于茎的节间和叶鞘基部，只能保持一定时间的分生能力，以后则完全转变为成熟组织。居间分生组织的活动与居间生长有关，如禾本科植物的拔节、抽穗和葱、韭菜叶子的居间生长。

把两种分类方法对应来看，一般认为顶端分生组织就其发生来说，属于原分生组织和初生分生组织，居间分生组织属于初生分生组织，侧生分生组织则属于次生分生组织。

二、成熟组织

由分生组织所衍生的细胞丧失分裂能力，经过生长和分化，形成在生理上和形态结构上具有一定稳定性的成熟组织。成熟组织通常不再进行分裂，所以又称为永久组织（permanent tissue）。

成熟组织具有不同的分化程度。多数成熟组织的细胞与分生组织的细胞差异很大，功能趋向专一，完全丧失分裂能力或成为死细胞。而某些成熟组织的细胞分化程度较低，具有一定的分裂潜能，有时能随植物的发育，转化为另一类组织；或在一定条件下，经过脱分化（dedifferentiation）恢复分裂活动，成为次生分生组织。因此，组织的"成熟"或"永久"是相对的，成熟组织并非永久不变。

按照形态、构造和生理功能的不同，可以把成熟组织分为保护组织、薄壁组织、机械组织、输导组织和分泌结构。

（一）保护组织

保护组织（protective tissue）是被覆于植物体器官（如茎、叶、花、果）表面的一种组织，主要起保护作用，可以防止水分过度蒸腾，控制植物与环境的气体交换，抵抗机械损伤和其他生物的侵害，维护植物体内正常的生理活动。保护组织包括表皮和周皮。

1. 表皮　表皮（epidermis）又称初生保护组织，分布于幼嫩的根、茎、叶、花、果实和种子的表面，是由初生分生组织的原表皮分化而来，通常为一层生活细胞（少数可形成2～3层细胞的复表皮）。其细胞扁平长方形、多边形或波状不规则形等，排列紧密，没有胞间隙，一般不含叶绿体，有细胞核，细胞质少，液泡大，外壁较厚而角质化，常具角质层或蜡被，有的外壁呈波齿状或不规则形，细胞相互嵌合，使表皮更加牢固。有的表皮细胞还分化形成表皮毛、腺毛等附属物（图2-2）。根的表皮通常壁薄，有根毛，以适应吸收功能。

植物体气生部分，特别是叶片的表皮上，普遍都有气孔器（stomatal apparatus）分布，它是调节水分蒸腾和进行气体交换的结构（图2-3）。气孔器由两个特化的保卫细胞（guard cell）围合而成，彼此间形成一个开口，称为气孔（stoma），根外施的肥料和喷洒的农药由此进入。保卫细胞比周围的表皮细胞小，细胞质丰富，细胞核明显，含叶绿体，呈肾形、半月形（双子叶植物）或哑铃形（单子叶植物），细胞壁不均匀加厚，靠近开口一侧的壁厚，外侧较薄，这种结构与气孔的开闭有密切关系。某些植物如禾本科、莎草科、景天科、石竹科等，保卫细胞的侧面或周围，有一至数个与表皮细胞形状不同的细胞，称为副卫细胞（subsidiary cell）（图2-4）。

2. 周皮　大多数草本植物器官的表面终生具有表皮。但双子叶木本植物和裸子植物只有叶表面始终有表皮，它们的根和茎具次生生长，能不断增粗，表皮被撕裂，这时表皮下的某些薄壁细胞（茎中多由皮层或韧皮部的薄壁细胞发育而来，少数由表皮细胞发育而来；根中一般由中柱鞘细胞产生）脱离成熟状态重新恢复分裂能力，形成次生分生组织——木栓形成层，并向外分裂形成木栓层，向内分裂形成栓内层，三者一起就构成了次生的保护组织——周皮（periderm），这时表皮的保护作用被周皮所代替（图2-5）。木栓层是由多层细胞构成的，无胞间隙，细胞成熟时，原生质体解

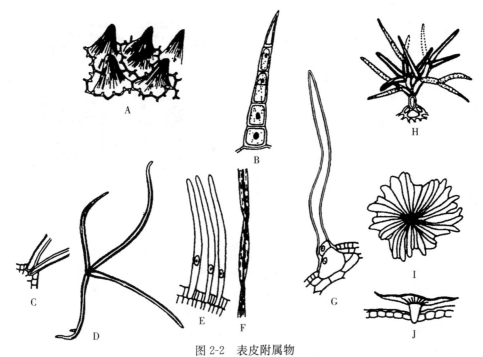

图 2-2 表皮附属物

A. 三色堇花瓣上的乳头状毛 B. 南瓜的多细胞表皮毛 C、D. 棉叶上的簇生毛
E、F. 棉籽上的表皮毛（E. 幼期 F. 成熟期） G. 大豆叶上的表皮毛
H. 薰衣草叶上的分支毛 I、J. 橄榄的盾状毛（I. 顶面观 J. 侧面观）

（引自强胜，2006）

体，成为死细胞，细胞壁高度栓化，水、光、气均不透，从而具有更强的保护作用；栓内层为生活的薄壁细胞，在茎中细胞内常含叶绿体，又称绿皮层。

在周皮形成时，位于气孔下面的木栓形成层较为活跃，向外分生许多排列疏松的类圆形薄壁细胞，形成补充组织（complementary tissue）。补充组织细胞不断增加，逐渐向外突出，最后撑破表皮和木栓层，形成皮孔（lenticel）。皮孔形态各异，是周皮上的通气结构，位于周皮内的生活细胞能通过皮孔与外界进行气体交换（图2-5）。

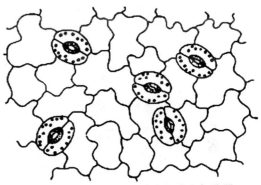

图 2-3 双子叶植物叶表皮细胞和气孔器

（引自李扬汉，1984）

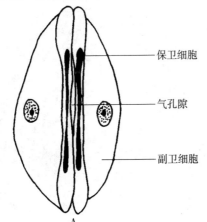

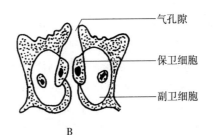

图 2-4 禾本科植物的气孔器

A. 气孔器纵切 B. 气孔器横切

（二）薄壁组织

薄壁组织（parenchyma）也称基本组织（ground tissue），广泛分布于植物根、茎、叶、花、果实中，在植物体内所占分量最多，具有同化、储藏、通气、传递和吸收等功能。其细胞形状较大，壁较薄，细胞间隙发达，细胞分化程度较低，在一定条件和一定部位上，可以转化为次生分生组织。因此对创伤的恢复、不定根和不定芽的产生、插枝繁殖和嫁接成活以及组织培养等均有实际意义。

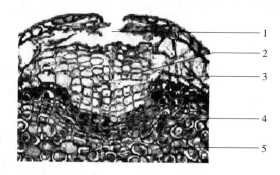

图 2-5　周皮和皮孔
1. 皮孔　2. 补充组织　3. 木栓层　4. 木栓形成层　5. 栓内层

根据生理功能的不同，可将薄壁组织分为同化组织、储藏组织、吸收组织、通气组织和传递细胞五类。

同化组织（assimilating tissue）是由充满了大量叶绿体的薄壁细胞所构成，能进行光合作用制造有机物。在植物体的绿色部分都有同化组织存在，它是叶片中最主要的组织。

储藏组织（storage tissue）由储存大量营养物质或其他代谢产物的薄壁细胞所构成，如水稻、小麦的胚乳细胞，马铃薯块茎中的含淀粉细胞（图 2-6）。在肉质植物，如仙人掌茎中，有非常巨大的薄壁细胞，内含大量水分，称为储水组织，使植物能够适应干旱条件。

通气组织（ventilating tissue, aerenchyma）由具有发达细胞间隙的薄壁细胞所构成，含有大量空气，有利于气体的交换，且具漂浮和支持作用（图 2-7），如水稻、莲和一些水生植物，它们的根、茎和叶中有着发达的通气组织。

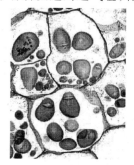

图 2-6　马铃薯块茎的储藏组织

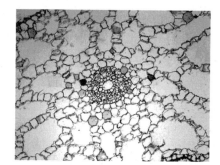

图 2-7　黑藻的通气组织

吸收组织（absorptive tissue）的主要生理功能是从外界吸收水分和营养物质，并将吸入的物质转送到输导组织中，如根尖的根毛就能从土壤中吸收水分及溶于水的营养物质，带土移栽，保护根毛不受损伤是提高移栽成活率的重要手段。

传递细胞（transfer cell）是一些特化的薄壁细胞，其细胞壁内突生长形成了"壁-膜器"（wall-membrane apparatus）结构，使其质膜的表面积大大增加，从而有利于细胞对物质的吸收与传递（图 2-8）。传递细胞都出现在植物体内溶质集中的部位，与溶质的强烈局部运转有密切关系，起着短途运输的作用。例如，叶的小叶脉中的输导分子周围存

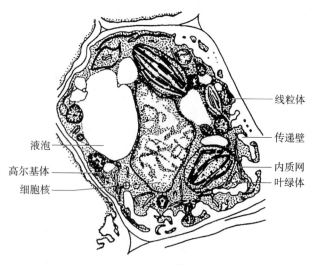

图 2-8　传递细胞
（仿 Esau，1982）

在传递细胞，成为叶肉和输导分子之间的物质运输桥梁；在植物茎或花序轴节部的维管组织、分泌结构，种子的子叶、胚乳或胚柄等中均有传递细胞存在。

（三）机械组织

机械组织（mechanical tissue）是在植物体内起巩固、支持作用的一类组织。植物器官的幼嫩部分的机械组织不发达，随着器官的成熟，逐渐分化出机械组织。机械组织的共同特点是细胞壁局部或全部加厚，有的还发生木质化。根据细胞的形态结构和细胞壁加厚的方式不同，机械组织可分为厚角组织和厚壁组织。

1. 厚角组织　厚角组织（collenchyma）一般分布于幼茎和叶柄内，如薄荷茎的四棱，就是厚角组织密集的部位。其细胞的细胞壁在角隅处加厚，细胞是生活的，常含有叶绿体，可进行光合作用，并有一定的分裂潜能（图 2-9）。厚角组织的细胞壁主要由纤维素组成，具有一定的坚韧性、可塑性和延伸性，既有支持作用，又不影响所在部位的生长。

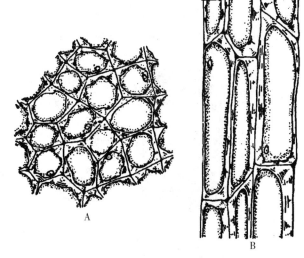

图 2-9　薄荷茎的厚角组织
A. 横切面　B. 纵切面
（引自李扬汉，1984）

2. 厚壁组织　厚壁组织（sclerenchyma）的细胞都具有加厚的次生壁，并大都木质化，细胞成熟时，原生质体通常死亡分解，成为只留有细胞壁的死细胞。根据细胞形状的不同，厚壁组织又可分为纤维和石细胞。

纤维（fiber）一般是两头尖的细长形细胞，细胞壁厚，胞腔狭窄或几乎没有。造成细胞壁加厚的是纤维素和木质素，常较坚硬。细胞末端彼此嵌插并沿器官长轴成束分布，有效增强了支持作用。根据存在的部位纤维又可分为韧皮纤维和木纤维（图 2-10）。韧皮纤维常成束存在于韧皮部，细胞较长，常出现同心层纹，细胞壁加厚的物质主要是纤维素，韧性大，拉力强，如苎麻、大麻、亚麻等韧皮部的纤维；木纤维仅存在于被子植物的木质部中，而在裸子植物的木质部中无木纤维，由管胞行使运输水分和支持作用，说明裸子植物比被子植物原始。

石细胞（stone cell）多为等径或略为伸长的细胞，有些呈星芒状不规则分支，有的较细长（图 2-11）。一般是由薄壁细胞经过细胞壁的强烈增厚分化而来，细胞成熟时原生质体通常消失，只留下空而小的细胞腔，细胞壁显著增厚且木质化，具有坚强的支持作用。

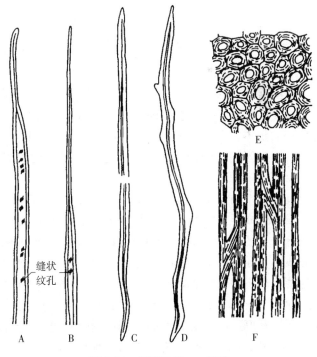

图 2-10　厚壁组织——纤维
A. 苹果的木纤维　B. 白桦的木纤维　C. 黑柳的韧皮纤维
D. 苹果的韧皮纤维　E、F. 向日葵的韧皮纤维
（E. 横切面　F. 纵切面）
（引自强胜，2006）

石细胞广泛分布于植物的茎、叶、果实和种子中,有增加器官的硬度和支持的作用,常单个散在或数个集合成簇包埋于薄壁组织中,有时也可连续成片分布,如梨果肉中坚硬的颗粒,便是成簇的石细胞,它们数量的多少是梨品质优劣的一个重要指标。茶、桂花的叶片中,具有单个的分支状石细胞,散布于叶肉细胞间。核桃、桃、椰子果实中坚硬的果核,便是由多层连续的石细胞组成。在某些植物的茎的皮层、髓或维管束中也有成堆或成片的石细胞分布。

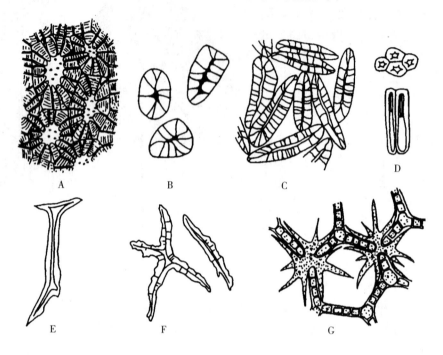

图 2-11 厚壁组织——石细胞

A. 桃内果皮的石细胞　B. 梨果肉的石细胞　C. 椰子内果皮的石细胞　D. 菜豆种皮表皮层中的石细胞
E. 茶叶片中的石细胞　F. 茶叶柄中的石细胞　G. 萍蓬草叶柄中的石细胞

(引自强胜,2006)

(四) 输导组织

输导组织 (conductive tissue) 是植物体内长距离运输物质的组织,其细胞长管状,相互贯通成为统一的整体。根据输导组织的结构和所运输的物质不同,可将其分为运输水分和无机盐的导管 (vessel) 和管胞 (tracheid),以及运输有机同化物的筛管 (sieve tube) 和筛胞 (sieve cell) 两大类。

1. 导管　导管普遍存在于被子植物的木质部,由许多长管状的、细胞壁木质化的死细胞纵向连接而成,组成导管的每个细胞称为导管分子 (vessel element, vessel member)。导管形成过程中,导管分子直径显著增大,细胞内出现大液泡,细胞的侧壁形成不同形式的次生加厚并木质化。当加厚完成时,导管分子发生胞溶现象,液泡膜破裂,释放出水解酶,原生质体分解,使上下相连的两个导管分子之间的端壁溶解消失,形成上下通达的连续长管。

导管分子的端壁消融,结果形成不同形式的穿孔 (perforation)。有的端壁几乎完全消失,或多少剩下一圈痕迹,形成一个大的穿孔,称单穿孔 (simple perforation);有的由数个孔穴组成复穿孔 (compound perforation)。穿孔的出现有利于水分和溶于水中的无机盐的纵向运输。此外,导管也可以通过侧壁上的未增厚部分或纹孔与相邻的其他细胞进行横向运输。

根据导管分子发育的先后和次生壁木质化增厚的方式,可将导管分为环纹导管 (annular vessel)、螺纹导管 (spiral vessel)、梯纹导管 (scalariform vessel)、网纹导管 (reticulated vessel) 和孔纹导管 (pitted vessel) 五种类型 (图 2-12)。

环纹导管和螺纹导管是在器官的初生生长早期形成的，位于原生木质部，其导管分子细长而腔小（尤其是环纹导管），侧壁分别呈环状或螺旋状木质化加厚，输水能力弱，有时同一条导管的不同部分可出现环纹与螺纹增厚。

梯纹导管、网纹导管和孔纹导管是在器官的初生生长中后期和次生生长过程中形成的，位于后生木质部和次生木质部，其导管分子短粗而腔大，输水效率高（尤其是孔纹导管）。梯纹导管和网纹导管的侧壁分别呈梯状和网状增厚，孔纹导管的侧壁则大部分木质化增厚，未加厚的部分则形成纹孔。

一方面，导管并非无限延长的，达到一定长度后即行闭合，形成盲端。上下相连接的导管以其盲端互相重叠衔接，液流自下而上通过导管向盲端侧壁上的纹孔运输，如此，植物体内水溶液的运输不是由一根导管从根部直达上端，形成直流，而是经过许多导管曲折连贯向上运输。另一方面，导管的输导功能并非是永久保持的。随着植物的生长以及新导管的产生，邻接导管的薄壁细胞通过导管壁上未增厚的部分或纹孔侵入导管腔内，并为单宁、树脂、树胶、淀粉、晶体等物质所填充，形成大小不等的囊泡状突出物，称为侵填体（tylosis）（图2-13）。侵填体的形成造成导管堵塞、输导能力下降甚至丧失输导能力。当植物体受到病菌侵害时，侵填体充塞导管，可防止病情扩大。此外，侵填体的形成，可增强木材的致密程度和耐水性能。

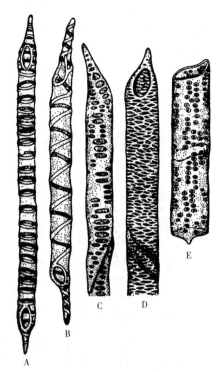

图 2-12 导管的类型
A. 环纹导管　B. 螺纹导管　C. 梯纹导管
D. 网纹导管　E. 孔纹导管
（引自李扬汉，1984）

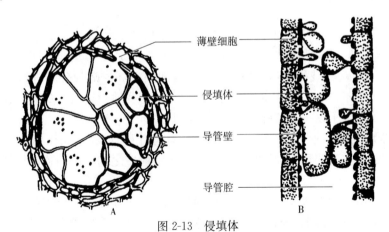

图 2-13 侵填体
A. 导管及其周围薄壁细胞的横切面　B. 导管及其周围薄壁细胞的纵切面
（引自强胜，2006）

2. 管胞 管胞是绝大部分蕨类植物和裸子植物的唯一输水结构，而被子植物则以导管为主，管胞为辅。管胞是两端斜尖、长梭形的细胞，成熟时，原生质体解体成为死细胞。细胞壁的增厚也有环纹、螺纹、梯纹、网纹和孔纹五种类型（图2-14）。与导管不同，管胞直径较小，端壁不形成穿孔，而是靠细胞壁上的纹孔相连通，因此输导水分的能力比导管要小得多。

3. 筛管与伴胞和筛胞 筛管是被子植物输送有机养料的组织，存在于韧皮部中，由一些管状活细胞以端壁纵向连接而成，组成筛管的每个细胞称为筛管分子（sieve-tube element, sieve-tube member)。筛管分子是具原生质体的活细胞,细胞壁由纤维素和果胶质组成。在相邻两细胞的横壁上形成许多小孔,称为筛孔(sieve pore),具有筛孔的凹陷区域称为筛域(sieve area),分布着一至多个筛域的横壁,称为筛板(sieve plate)。相邻两个细胞的细胞质通过筛孔而彼此相连,形成丝状联络索(connecting strand)。某些植物的筛管在侧壁也有筛孔,细胞质也可以通过侧壁上的筛孔彼此相连(图 2-15)。

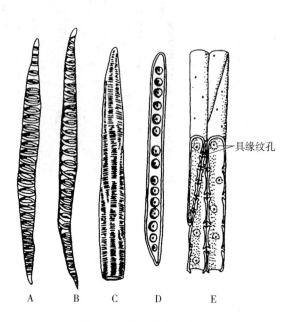

图 2-14 管胞的主要类型
A. 环纹管胞 B. 螺纹管胞 C. 梯纹管胞 D. 孔纹管胞
E. 4 个毗邻孔纹管胞的一部分(示纹孔的分布与管胞的连接方式)
(A、B、D、E 引自强胜,2006;C 引自李扬汉,1984)

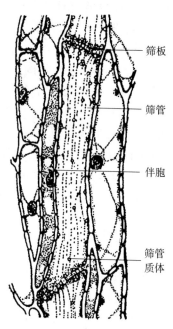

图 2-15 烟草茎韧皮部的筛管与伴胞纵切面
(引自李扬汉,1984)

筛管分子发育早期,细胞中有细胞核,浓厚的细胞质中有线粒体、高尔基体、内质网、核糖体、质体和黏液体等。黏液体为筛管细胞所特有,含有具 ATP 酶活性的 P 蛋白质,可能与物质的运输有关。在筛管分子成熟过程中,细胞核解体,液泡膜破坏,筛管分子进行有选择性的自溶作用,导致核糖体、高尔基体、微管、微丝等消失,保留了与物质运输有关的线粒体、质体和黏液体等。因此,成熟的筛管分子是一种特殊的无核生活细胞。

在筛管分子的侧面常有一个或多个狭长的细胞,称为伴胞(companion cell)。伴胞也是生活细胞,有着较浓厚的细胞质和明显的细胞核,与筛管相接的侧壁之间有胞间连丝贯通,与筛管运输物质有关。

在筛管分化过程中,筛板形成时,常有一种称为胼胝质(callose)的物质(黏性糖类),沿着筛孔周围,环绕联络索而积累起来。随着筛管的成熟老化,胼胝质不断增多,以至成垫状沉积在整个筛板上。联络索则相应收缩变细,以至完全消失,这种垫状物称为胼胝体(callosity)。胼胝体形成后,将筛孔堵塞,联络索被中断,筛管的输导功能也就丧失了。有些植物如椴树,筛管在冬季形成胼胝体,到翌年春季,胼胝体又溶化,筛管的功能又逐渐恢复。此外,当植物受到损伤等外界刺激时,筛管分子也能迅速形成胼胝质,封闭筛孔,阻止营养物的流失。一般植物筛管的输导功能只能维持一两年,但竹类等单子叶植物筛管的输导功能可维持多年。

筛胞是裸子植物和蕨类植物体内主要承担输导有机物的细胞,它不像筛管由许多细胞连成纵行的长管,而是单个的细胞聚集成群。筛胞通常比较细长,末端渐尖,细胞侧壁和先端有筛域出现,筛胞之间以侧壁上的筛域相通,行使输导功能,无筛板形成。其输导功能较差,与筛管相比是一种比较原始的类型。

(五) 分泌结构

有些植物在新陈代谢过程中，细胞能合成一些特殊物质，如挥发油、树脂、乳汁、蜜汁、黏液和其他汁液等，这些细胞称为分泌细胞（secretory cell），能产生分泌物质的有关细胞或特化的细胞组合称为分泌结构（secretory structure）。根据分泌物是排出植物体外，还是留在体内，可把分泌结构分成外分泌结构和内分泌结构两类。

1. 外分泌结构　外分泌结构（external secretory structure）分布在植物器官的外表，其分泌物排到植物体外，如腺毛（glandular hair）、腺鳞（glandular scale）、蜜腺（nectary）和排水器（hydathode）等（图 2-16）。

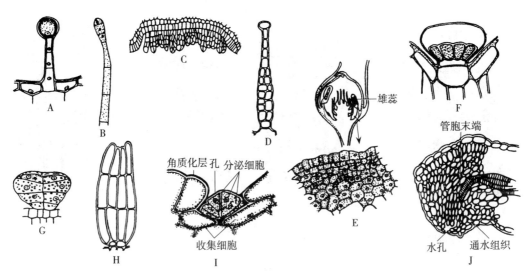

图 2-16　外分泌结构
A. 天竺葵茎上的腺毛　B. 烟草具多细胞头部的腺毛　C. 棉叶主脉处的蜜腺　D. 蓖麻花萼的蜜腺毛
E. 草莓的花蜜腺　F. 百里香叶表皮上的球状腺鳞　G. 薄荷的腺鳞　H. 大酸模的黏液分泌毛
I. 柽柳叶上的盐腺　J. 番茄叶缘的排水器
（引自 Esau，1982）

腺毛由柄部和头部组成，柄部常由不具分泌功能的薄壁细胞组成，头部由单个或多个分泌细胞组成，棉花、烟草、天竺葵、薄荷等植物的茎和叶上的腺毛均是如此。腺毛的分泌物一般为黏液或精油，对植物具有一定的保护作用。捕虫植物如茅膏菜，其腺毛分泌黏液和酶类，能黏住昆虫并将虫体消化吸收。

腺鳞也是一种腺毛，只是柄部极短，顶部分泌细胞较多，呈鳞片状，常见于唇形科、菊科、桑科植物中。

蜜腺是一种分泌糖液的外分泌结构，可分为两类：一类生长于花部，称为花蜜腺（floral nectary），如油菜、草莓、刺槐花托上的蜜腺，其分泌物招引昆虫取食，与植物传粉有关，许多虫媒花均具有花蜜腺；另一类生长于茎、叶等营养体上，称为花外蜜腺（extrafloral nectary），如棉叶中脉、蚕豆托叶及蔷薇科李属植物的叶缘上，均有花外蜜腺存在。蜜腺分泌糖液的功能是对虫媒传粉的适应，特别是花蜜腺发达和蜜汁分泌量多的植物，可作为良好的蜜源植物，如紫云英、洋槐等植物。

排水器常存在于植物的叶缘或叶尖，是植物将体内过多的水分直接排出体外的结构，这种排水过程称为吐水现象（guttation）。暖湿的夜间或清晨较易发生吐水现象，在叶缘或叶尖形成水滴，可作为根系正常活动的一种标志。

2. 内分泌结构　内分泌结构（internal secretory structure）常存在于基本组织内，其分泌物积储于植物体内，常见的有分泌细胞（secretory cell）、分泌腔（secretory cavity）、分泌道（secretory canal）以及乳汁管（laticifer）等（图 2-17）。

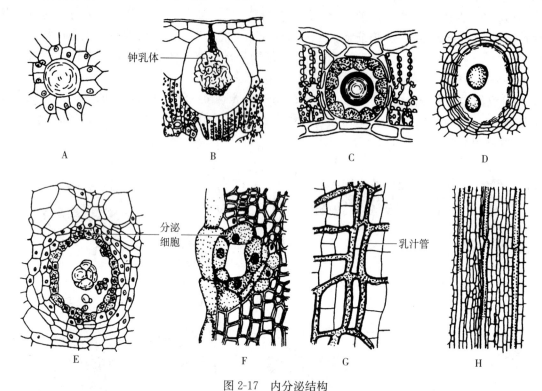

图 2-17　内分泌结构

A. 鹅掌楸芽鳞中的分泌细胞　B. 三叶橡胶叶中的含钟乳体异细胞　C. 金丝桃叶中的裂生分泌腔
D. 柑橘果皮中的溶生分泌腔　E. 漆树的漆汁道　F. 松树的树脂道　G. 蒲公英的无节乳汁管
H. 大蒜叶中的有节乳汁管

（引自强胜，2006）

分泌细胞可以是生活细胞，也可以是非生活细胞，但在细胞腔内都积聚有特殊的分泌物。分泌细胞一般为薄壁细胞，单个分散于其他细胞之中，细胞体积通常明显地较周围细胞大，尤其在长度上更为显著，因此也称为异细胞（idioblast）。根据分泌物质不同，分泌细胞可分为油细胞（如樟科、木兰科、蜡梅科）、黏液细胞（如仙人掌科、锦葵科、椴树科）、含晶细胞（如山茶科、石蒜科、鸭跖草科）、鞣质细胞（如葡萄科、景天科、豆科）以及芥子酶细胞（如白花菜科、十字花科）等。

分泌腔是植物体内由多细胞组成的储藏分泌物的囊状结构，一般位于植物器官表皮之下或接近器官表面部位，常形成透明的小斑点，肉眼可见，其分泌物通常是具各种芳香味的挥发油。分泌腔有两种形成方式：一种为溶生型，即由具有分泌能力的薄壁细胞群细胞壁破裂而形成的腔室，分泌物积储在腔中，如柑、橘、橙、柚等芸香科植物的果皮和叶中，棉花的茎、叶中均有此类分泌腔；另一种为裂生型，是由具分泌能力的细胞群因胞间层溶解，细胞相互分开而形成的腔室，如桉树属、金丝桃属植物的叶中有此类分泌腔。

分泌道是一种分支复杂的管状构造，管道内储存分泌物质，其形成方式与分泌腔相同，也可分为溶生型和裂生型两种，只不过分泌道是由排成束状的长列细胞群溶解或胞间层分离形成的。松柏类植物的分泌道称为树脂道（resin canal），其内周为一层具分泌作用的薄壁细胞，由它们向树脂道内分泌树脂。树脂的产生增强了木材的耐腐性能。漆树的树脂道含漆汁，特称漆汁道（lacquer canal）。树脂、漆汁都是重要的工业原料。

乳汁管是植物体内分泌乳汁的管状结构，可分为无节乳汁管（non-articulate laticifer）和有节乳汁管（articulate laticifer）。无节乳汁管起源于单个细胞，以后随着植物的生长而伸长、分支，贯穿于植物体各器官内，如桑科、大戟科植物的乳汁管。有节乳汁管是由多数分泌细胞连接而成的，当连接处的壁解体后，则形成相互通连的管道系统，如莴苣、三叶橡胶树等植物的乳汁管。乳汁通常呈白色或黄色，成分复杂，主要有橡胶、植物碱、糖类、蛋白质（包括酶）、单宁、树脂、脂肪、无机盐等，其中大多都具有一定的经济价值。

第二节 复合组织和组织系统

一、简单组织

植物个体发育中，由同种类型细胞构成的组织，称为简单组织（simple tissue），如分生组织、薄壁组织、机械组织等。

二、复合组织

由多种类型细胞构成的组织，称为复合组织（compound tissue），如木质部、韧皮部、维管束等。

植物体内由导管、管胞、木纤维和木薄壁细胞等组成的结构，称为木质部（xylem）；韧皮部（phloem）则一般包括筛管、伴胞或仅筛胞（蕨类及裸子植物）、韧皮纤维、韧皮薄壁细胞等。木质部、韧皮部的组成包含输导组织、薄壁组织和机械组织等，所以它们被认为是一种复合组织。由于木质部或韧皮部的主要组成分子都是管状结构，因此，通常将木质部和韧皮部或其中之一称为维管组织（vascular tissue）。当维管组织在器官中成分离的束状结构存在时，就称为维管束（vascular bundle）。如叶片中的叶脉、柑橘果皮内的橘络等都是维管束。植物体内各器官中的维管组织（或维管束）互相联系组成强大的输导和支持系统，称为维管系统（vascular system）。

根据维管束内形成层的有无，可将维管束分为有限维管束（closed bundle）和无限维管束（open bundle）两类。

有些植物原形成层分裂产生的细胞，全部分化为木质部和韧皮部，没有留存形成层，称为有限维管束。这类维管束不能产生次生组织。大多数单子叶植物中的维管束为有限维管束。

有些植物原形成层分裂产生的细胞，除大部分分化为木质部和韧皮部外，在二者之间还保留有形成层，称为无限维管束。这类维管束能产生次生组织。大多数双子叶植物和裸子植物中的维管束为无限维管束。当然，无限维管束并非绝对"无限"，少数一年生双子叶植物，维管束中虽有束内形成层，但一般不分裂，或活动极有限。此外，木本植物的增粗生长，受多种因素控制，也并非是无限的。

另外，根据木质部与韧皮部的位置和排列情况，可将维管束分为下列几种类型（图2-18）。

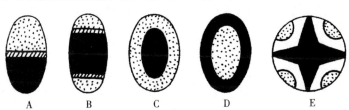

图 2-18 维管组织的排列类型
A. 外韧维管束　B. 双韧维管束　C. 周韧维管束　D. 周木维管束　E. 辐射维管束
（缀点部分表示韧皮部，黑色部分表示木质部，斜线表示形成层）

外韧维管束（collateral bundle）的韧皮部排列在外侧，木质部排列在内侧，二者内外并生成束。绝大多数种子植物的茎具有这种维管束。

双韧维管束（bicollateral bundle）的韧皮部存在于木质部的内外两侧，如葫芦科、茄科等植物茎的维管束属于这种类型。

周木维管束（amphivasal bundle）的韧皮部位于中央，木质部包围其外呈同心圆，如芹菜、胡椒科的一些植物的茎具有这种维管束。

周韧维管束（amphicribral bundle）的木质部在中央，韧皮部包围其外呈同心圆，如被子植物的花丝，秋海棠、酸模的茎以及蕨类植物根状茎中有这种维管束，是一种较原始的类型。

幼根的木质部和韧皮部呈辐射状相间排列，习惯上称其为辐射维管束。其实幼根的初生结构中，木质部分成若干辐射角，韧皮部间生于辐射角之间，二者交互排列，并不连接成束状的维管束，故宜将二者合称为辐射排列的维管组织或维管柱。

三、组织系统

植物器官或植物体中，由一些复合组织进一步在结构和功能上组成的复合单位，称为组织系统。通常将植物体中的各类组织归纳为皮组织系统、维管组织系统和基本组织系统三种。

皮组织系统（dermal tissue system），简称皮系统，包括表皮、周皮和树皮，覆盖于植物体外表，在植物个体发育的不同时期，分别对植物体起着不同程度的保护作用。

维管组织系统（vascular tissue system），简称维管系统，是植物全部维管组织的总称。维管组织错综复杂，贯穿于整个植物体中，组成一个结构和功能上的完整单位。

基本组织系统（fundamental tissue system），简称基本系统，主要包括各类薄壁组织、厚角组织和厚壁组织，分布于皮系统和维管系统之间，是植物体的基本组成部分。

延伸阅读

樊明寿，张福锁，2002. 植物通气组织的形成过程和生理生态学意义. 植物生理学通讯，6：615-618.

郝霞，祝建，2006. 植物管状分子发育中的细胞凋亡. 西北植物学报，5：1059-1065.

刘连，王义，史植元，等，2018. 植物干细胞培养研究进展. 生物工程学报，34（11）：1734-1741.

王碧霞，曾永海，王大勇，等，2010. 叶片气孔分布及生理特征对环境胁迫的响应. 干旱地区农业研究，28（2）：122-126.

王跃平，李英慧，关荣霞，等，2007. 植物根毛生长发育及分子调控机理. 遗传，4：413-419.

张继伟，赵杰才，周琴，等，2018. 植物表皮毛研究进展. 植物学报，53（5）：726-737.

JAVELLE M, VERNOUD V, ROGOWSKY P M, et al, 2011. Epidermis: The formation and functions of a fundamental plant tissue. New Phytologist, 189: 17-39.

LEROUX O, 2012. Collenchyma: A versatile mechanical tissue with dynamic cell walls. Annals of Botany, 110（6）: 1083-1098.

复习思考题

一、名词解释

1. 组织 2. 维管束 3. 维管组织 4. 维管系统 5. 侵填体 6. 胼胝体 7. 传递细胞 8. 气孔器 9. 周皮 10. 皮孔 11. 输导组织 12. 木质部 13. 韧皮部 14. 厚角组织 15. 原分生组织

二、判断题

1. 成熟的导管分子和筛管分子都是死细胞。
2. 有限维管束无形成层，无限维管束有形成层。
3. 表皮是一层不含质体的死细胞。

4. 植物幼嫩的茎通常呈现绿色，是由于其表皮细胞含有叶绿体。
5. 分生组织的细胞较大，储藏组织的细胞较小。
6. 所有的植物细胞均可以脱分化转变成分生组织。
7. 花生入土结实是由于顶端分生组织活动的结果。
8. 禾本科植物的拔节主要是居间分生组织活动的结果。
9. 气孔是表皮上的通气结构，皮孔是周皮上的通气结构。
10. 周皮由木栓层、木栓形成层和栓内层三部分构成，起保护作用的主要是木栓层。
11. 纺织用的棉花纤维属于棉花的韧皮纤维。
12. 厚角组织和厚壁组织都是次生壁增厚的死细胞。
13. 组织是指来源相同、形态结构相似、生理功能一致的细胞群。
14. 构成植物体结构和功能的基本单位是组织。
15. 伴胞存在于韧皮部中。

三、选择题

1. 被子植物中，具有功能的死细胞是____。
   A. 导管分子和筛管分子　　B. 筛管分子和纤维　　C. 导管分子和纤维　　D. 纤维和伴胞
2. 在蕨类和裸子植物中，运输有机物的结构是____。
   A. 导管和管胞　　B. 管胞　　C. 筛管　　D. 筛胞
3. 次生分生组织可由____直接转变而成。
   A. 原分生组织　　B. 初生分生组织　　C. 侧生分生组织　　D. 薄壁组织
4. 周皮上的通气结构是____。
   A. 气孔　　B. 皮孔　　C. 穿孔　　D. 纹孔
5. 由分生组织向成熟组织过渡的组织是____。
   A. 原分生组织　　B. 初生分生组织　　C. 次生分生组织　　D. 薄壁组织
6. 水稻和小麦等禾本科植物拔节、抽穗时，茎迅速长高，是借助____的活动。
   A. 顶端分生组织　　B. 侧生分生组织　　C. 次生分生组织　　D. 居间分生组织
7. 腺毛属于____。
   A. 分泌结构　　B. 分泌腔　　C. 分泌道　　D. 乳汁管
8. 下列哪种组织常含有叶绿体，能进行光合作用？____
   A. 厚壁组织　　B. 厚角组织　　C. 输导组织　　D. 分泌组织
9. 下列哪种组织常存在于正在生长的器官中？____
   A. 厚角组织　　B. 纤维　　C. 石细胞　　D. 厚壁组织
10. 草本植物体内数量最多、分布最广的组织是____。
    A. 输导组织　　B. 薄壁组织　　C. 机械组织　　D. 厚壁组织
11. 韭菜叶切割后，能继续生长，是因为____的结果。
    A. 顶端生长　　B. 侧生生长　　C. 居间生长　　D. 产生离层
12. 下列哪一种导管木质化程度最高？____
    A. 孔纹导管　　B. 网纹导管　　C. 螺纹导管　　D. 梯纹导管
13. 与植物器官增粗有关的分生组织是____。
    A. 初生分生组织　　B. 次生分生组织　　C. 居间分生组织　　D. 顶端分生组织
14. 与植物器官伸长无关的分生组织是____。
    A. 初生分生组织　　B. 次生分生组织　　C. 居间分生组织　　D. 顶端分生组织
15. 稻、麦等粮食作物为人类所利用的组织主要是____。
    A. 薄壁组织　　B. 输导组织　　C. 机械组织　　D. 保护组织

四、问答题

1. 什么是组织？植物有哪些主要的组织类型？植物组织与细胞和器官之间的关系如何？
2. 简述分生组织的特点。分生组织按位置和来源划分为几种？各有何生理功能？
3. 传递细胞的特征与功能是什么？
4. 从细胞形态和在植物体内分布位置分析厚角组织与厚壁组织有何异同。
5. 薄壁组织有什么特点？根据功能的不同可分为哪几类？对植物生活有什么意义？
6. 从输导组织的结构和组成来分析被子植物比裸子植物更高级的原因。
7. 从外观上如何区别具表皮的枝条和具周皮的枝条？
8. 试举4个以上例子说明高等植物组织的形态结构与功能的统一性。
9. 什么是复合组织？什么是组织系统？植物体内有几类组织系统？

第二部分

>>> 被子植物的个体发育

[植物学]

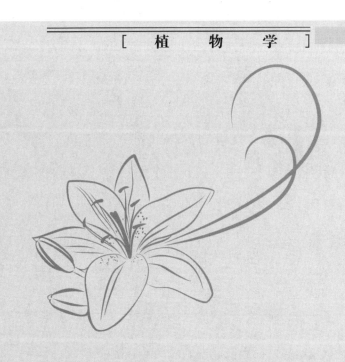

第三章 种子与幼苗

学习目标

1. 掌握种子的基本结构及基本类型。
2. 掌握幼苗的类型及特点。
3. 了解种子萌发必需的外界条件及种子萌发形成幼苗的过程。

种子（seed）在植物学上属于繁殖器官，是种子植物前一代的终点，也是新一代的起点，从种子萌发形成幼苗到子代种子产生，要经过一系列生理、形态和结构的复杂变化。在农业生产上，作物种植大多从播种种子、培育幼苗开始，通常还以收获种子为目的。

第一节　种　子

一、种子的基本结构

不同植物种子的形态、大小、颜色等存在着明显的差异，其形状有圆形、心形和肾形；其质量从数千克到不足 1 μg；颜色变化也很大，有白色、黄色、绿色和黑色等，许多种子还有花纹，可谓色彩斑斓。虽然种子在形态上变化如此之大，但基本结构是一致的，一般都由种皮、胚和胚乳三部分组成。

（一）种皮

种皮（seed coat）是种子外面的保护层（由珠被发育而成），包被于胚和胚乳之外，具有保护种子不受外力机械损伤和防止病虫害入侵的作用。种皮的层数、厚薄、色泽和附属物等因植物种类不同而异。成熟的种子在种皮的一定部位通常有种脐（种子从果实上脱落后留下的痕迹）和种孔（珠孔留下的痕迹）。

（二）胚

胚（embryo）是由受精卵（合子）发育而成的新一代植物体的雏形（原始体），是种子最重要的组成部分，包括胚芽（plumule）、胚轴（hypocotyl）、子叶（cotyledon）和胚根（radicle）四部分。

胚芽位于胚的顶端，是未来植物茎叶系统的原始体，将来发育成为植物的地上部分。胚轴位于胚芽和胚根之间，并与子叶相连，以后形成根茎相连的部分。胚轴可分为上胚轴（epicotyl）和下胚轴（hypocotyl）两部分，连接子叶节（胚轴上着生子叶的部位）和胚芽的部分为上胚轴，连接子叶节和胚根的部分为下胚轴。在种子萌发时，胚轴的生长对某些种子的子叶出土有很大的帮助。胚根位于胚轴之下，呈圆锥状，是种子内主根的雏形，将来发育成植物的主根，并形成植株的根系。

子叶是植物体最早的叶，位于胚轴的侧方，有两片的，也有一片的，还有多片的。有两片子叶的植物称为双子叶植物，如豆类、瓜类、棉花和油菜等；只有一片子叶的植物称为单子叶植物，如水稻、小麦、玉米等；裸子植物的胚具有多片子叶，如松属具子叶 3~18 片。

此外，在禾本科植物的胚中，胚根和胚芽外分别有套状的胚根鞘（coleorhiza）和胚芽鞘（coleoptile）包被，单片的子叶又称为盾片（scutellum）；由于有胚芽鞘的存在，芽鞘节（胚轴上着生胚芽鞘的部位）和盾片节（子叶节）之间的胚轴称为中胚轴（mesocotyl），上胚轴为芽鞘节至胚芽的一段，下胚轴与双子叶植物的一样，为盾片节至胚根的一段。

（三）胚乳

胚乳（endosperm）是种子内储藏营养物质的组织，在种子萌发时，其营养物质被胚消化、吸收和利用。在被子植物种子中，胚乳是普遍存在的；在兰科植物的种子中，胚乳只有很少几个细胞；柳叶菜科、河苔草科和菱科植物的种子不具胚乳；蚕豆、豌豆和花生等豆科植物，种子发育初期虽有胚乳，但后期完全被发育中的胚吸收消耗了，因此种子成熟时不具胚乳或者只在种皮下残存1～2层胚乳细胞，这种无胚乳的种子，胚具有肥厚而肉质的子叶，在种子萌发时为胚提供营养。

少数植物种类的种子在形成和发育过程中，胚珠的珠心组织并不被完全吸收消失，而有一部分残留，构成种子的外胚乳（perisperm）。外胚乳在种子中作为养分储藏的主要场所，如甜菜种子；也有胚乳和外胚乳并存的，如睡莲、芡等。

种子内储藏的营养物质随植物种类而异，主要有糖类、脂类和蛋白质，以及少量无机盐和维生素，同一种植物的种子所含营养成分也不是单纯的一种。糖类包括淀粉、可溶性糖和半纤维素等，其中淀粉最为常见。不同种子淀粉的含量不同，有的较多，成为主要的储藏物质，如水稻、小麦，含量往往可达70%左右。种子中储藏的可溶性糖大多是蔗糖，这类种子成熟时有甜味，如玉米、板栗等。以半纤维素为储藏养料的植物种类并不多，这类植物的种子中胚乳细胞壁特别厚，由半纤维素组成，种子在萌发时，半纤维素经水解成为简单的营养物质，被幼胚吸收利用，如天门冬、柿等。种子中以脂类为储藏物质的植物种类很多，有的储藏在胚乳部分，如蓖麻；也有的储藏在子叶部分，如花生、油菜等。蛋白质也是种子内储藏养料的一种，如大豆子叶内含蛋白质较多。

二、种子的基本类型

根据成熟种子中胚乳的有无，可将种子分为有胚乳种子（albuminous seed）和无胚乳种子（exalbuminous seed）两类。

（一）有胚乳种子

有胚乳种子由种皮、胚和胚乳三部分组成。蓖麻、番茄、烟草、柿等双子叶植物的种子，水稻、小麦、玉米、洋葱等单子叶植物的种子和裸子植物的种子，都属于这种类型。下面以蓖麻、小麦和华山松种子为例，分别说明双子叶植物、单子叶植物和裸子植物有胚乳种子的结构。

1. 蓖麻种子的结构 蓖麻的种子具两层种皮，外种皮坚硬光滑并有花纹，内种皮膜质乳白色。种子的一端有由外种皮延伸而成的海绵状突起结构，称为种阜（caruncle），有吸水作用，利于种子萌发；种孔被种阜遮盖；腹面中央有一纵棱，称为种脊（rhaphe），是倒生胚珠的胚柄与珠被愈合处留于种皮上的痕迹。种皮以内是含有大量脂肪的白色胚乳，占据较大空间。种子的胚成薄片状被包在胚乳的中央，其两片子叶大而薄，上有明显脉纹，两片子叶的基部与短短的胚轴相连，胚轴的下方是胚根，上方的小突起是胚芽，胚芽夹在两片子叶的中间（图3-1）。

2. 小麦种子的结构 小麦籽粒的外围保护层并不单纯是种皮，除种皮外，还有果皮与之合生，二者相互愈合，不易分离，因此小麦的籽粒实际上是果实，在果实的分类上，称为颖果。

小麦籽粒或黄或白，其一端有果毛，腹面有一纵行的腹沟。胚乳发达，占籽粒的绝大部分，由含蛋白质的糊粉层和大量储藏淀粉的胚乳细胞组成。胚位于籽粒基部的一侧，体积较小，仅占小部分位置。

胚由胚芽、胚轴、胚根和子叶四部分构成。胚芽和胚根由极短的胚轴上下连接，胚芽位于胚轴的上方，由顶端的生长点和包被在生长点之外的数片幼叶组成，幼叶外被胚芽鞘包围。胚根在胚轴的下方，由顶端的生长点和根冠组成，外方包被的为胚根鞘。胚轴的一侧与一片盾状的子叶（盾

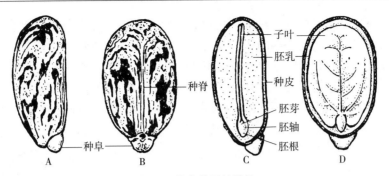

图 3-1　蓖麻种子的结构
A. 种子外形的侧面观　B. 种子外形的腹面观
C. 与子叶面垂直的正中纵切　D. 与子叶面平行的正中纵切
(引自陆时万等，1992)

片）相连，盾片的另一侧紧靠胚乳，所以盾片夹在胚乳和胚轴之间。盾片在与胚乳相接近的一面，有一层排列整齐的细胞，称为上皮细胞或柱形细胞。当种子萌发时，上皮细胞分泌酶到胚乳中，把胚乳内储藏的营养物质加以分解，然后由上皮细胞吸收，并转运到胚的生长部位供利用。在胚轴的另一侧与盾片相对处，还有一小突起，称为外胚叶或外子叶（epiblast）（图 3-2）。

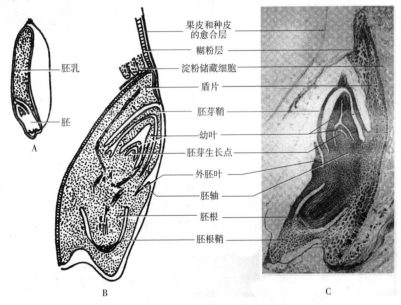

图 3-2　小麦籽粒纵切（示胚的结构）
A. 籽粒纵切面　B、C. 胚的纵切面
(引自强胜，2006)

其他禾本科植物的种子，如水稻、玉米、大麦等，也有类似的结构。

3. 华山松种子的结构　华山松的种子椭圆形，成熟时比较坚硬。种皮分为 3 层：外层肉质（不发达）、中层石质、内层纸质。成熟的胚具有胚芽、胚轴、胚根和 7～10 片长条形子叶。胚的外面包有胚乳，含有丰富的营养物质，可食用。

（二）无胚乳种子

无胚乳种子由种皮和胚两部分组成，缺乏胚乳。双子叶植物如豆类、瓜类、油菜、棉花、桃、柑橘的种子和单子叶植物如慈姑、泽泻等的种子，都属于这一类型。下面以蚕豆和慈姑的种子为例，分别说明双子叶植物和单子叶植物无胚乳种子的结构。

1. 蚕豆种子的结构　蚕豆的种皮淡绿色，干燥时坚硬，浸水后转为柔软革质。种子宽阔的一端有一条黑色眉条状的斑痕，称为种脐，是种子脱落后留下的痕迹。种脐一端有一细小种孔，与种孔相对的另一端隆起部分为种脊。剥去种皮，可以见到两片肥厚、扁平、相对叠合的白色肉质子叶，几乎占种子的全部体积。在宽阔一端的子叶叠合处一侧，有一个锥形的小突起，与两片子叶相连，这是胚根。分开叠合的子叶，可以见到与胚根相连的另一个小结构夹在两片子叶之间，状如几片幼叶，这是胚芽。胚根与胚芽之间同样具有粗短的胚轴连接，两片子叶直接连在胚轴上（图3-3）。

2. 慈姑种子的结构 慈姑的种子很小，仅有种皮和胚两部分，种皮极薄，仅一层细胞，胚弯曲，胚根的顶端与子叶端紧紧靠拢，子叶一片长柱形（图3-4）。

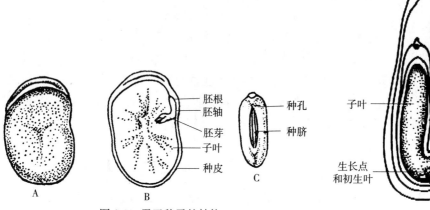

图3-3 蚕豆种子的结构
A. 种子外形的侧面观 B. 切去一半子叶显示内部结构
C. 种子外形的顶面观
（引自陆时万等，1992）

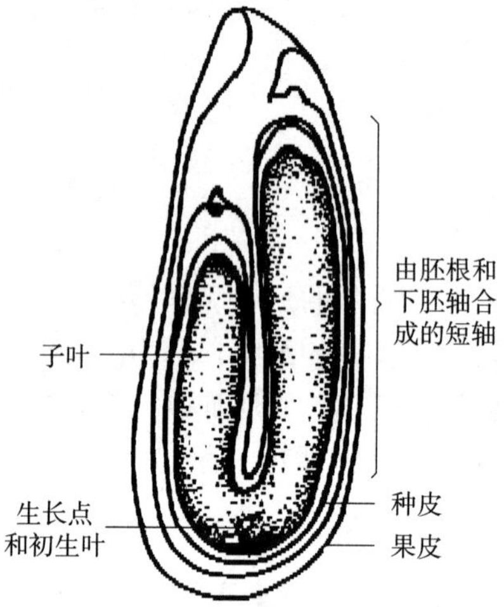

图3-4 慈姑瘦果纵切面（示种子的结构）
（引自陆时万等，1992）

总结以上所述内容，典型种子的基本结构可概括如下：

种子的基本结构
- 种皮：包被在种子外围，是种子的保护层。禾本科植物种子的种皮和果实的果皮紧密愈合不能分开
- 胚
  - 胚芽：由生长点和幼叶（也有幼叶缺少的）组成，禾本科植物种子的胚芽被胚芽鞘包围
  - 胚轴：连接胚芽、胚根和子叶的短轴，可分为上胚轴和下胚轴，禾本科植物还有中胚轴
  - 胚根：由生长点和根冠组成，禾本科植物种子的胚根外有胚根鞘包围
  - 子叶：双子叶植物的胚有两片子叶，单子叶植物的胚只有一片子叶，禾本科植物种子的一片子叶称为盾片
- 胚乳：种子中储藏营养物质的组织。有胚乳种子的胚乳发达；无胚乳种子的胚乳养料早期为胚吸收，养料转入子叶中储藏。有些植物种子还具有外胚乳

三、种子的寿命及萌发

（一）种子的寿命与休眠

1. 种子的寿命 种子的寿命是指种子在一定条件下保持生活力的最长期限，通常以达到60%以上发芽率的储藏时间为种子寿命的依据。不同植物种子寿命的长短取决于植物本身的遗传特性和发育是否健壮，同时也和种子储藏期的条件有关。例如，在正常储藏条件下，玉米、小麦、油菜种子的寿命一般为2～3年；水稻约4年；蚕豆、绿豆、南瓜的寿命稍长，为4～6年。但在生产上一般种子只保存1年。许多杂草的种子埋在土壤中，经过多年仍能存活，如车前的种子在土壤中能存活10年左右；马齿苋的种子寿命可达20～40年；莲的种子寿命更长，可保持150年以上。与此相反，也有些种子的生活力极短，如橡胶树、柳树的种子，仅有几周的寿命。

种子的储藏条件对种子寿命的长短有十分明显的影响。创造有利于种子储藏的条件，可延长种子的寿命，对优良种质的保存有重要意义。低温、低湿、黑暗以及空气中的低含氧量是一般种子储藏的理想条件。这是因为在理想的储藏条件下，种子的呼吸作用极微弱，种子内营养的消耗少，有

利于延长种子寿命。反之，如湿度大、温度高，将会加强呼吸作用，消耗大量储藏养分，种子寿命便缩短。例如，葱种子在自然条件下，不到3年就会死亡；若将种子含水量降至6%，温度控制在5℃以下来储藏，20年后仍有发芽能力。所以，许多作物的种子入库储藏时，对含水量有一个安全含水量标准，如水稻种子储藏的安全含水量约为14%，小麦、大豆为12%，棉花为9%~10%。

2. 种子的休眠　大多数植物的种子成熟后，如果得到适宜的环境条件就能萌发。例如水稻、小麦的种子成熟后，遇到阴雨高温的气候时，在植株上就能发芽。但也有些植物的种子，即使是环境条件适合，也不立即萌发，需要隔一段时间才能发芽，这种现象称为休眠（dormancy）。休眠的种子是处在新陈代谢十分缓慢而近于不活动的状态。种子休眠是植物本身适应环境和延续生存的一种特性，是种子植物进化的一种稳定对策。种子休眠具有重要的生态学意义，能有效地调节种子萌发的时空分布。研究种子的休眠特性和机制及其解除方法，有助于农业生产和植物多样性保护。

种子休眠有多种原因。一类植物在开花结实后，种子虽然脱离母体，但种子中的胚并没有发育完全，在脱离母体后还要经过一段时期的发育和生理变化才能成熟，这种现象称为种子的后熟作用（after-ripening），如银杏（白果）和人参的种子。另一类植物当种子脱离母体时，虽然胚已发育成熟，但有的是由于种皮过厚不易通气透水而限制种子萌发，有的则由于种子内部产生抑制萌发的物质，如有机酸、植物碱和某些植物激素等，种子虽处于适宜萌发的条件下，也不能萌发。只有当这些抑制物质消除后才能萌发，如番茄、黄瓜等新鲜果实内有抑制自己种子萌发的物质，所以这类种子只有脱离果实后才能萌发。

在农业生产上，为了提高种子的生活力，使种子发芽整齐迅速，幼苗生长健壮，或加快作物发育，使其提早成熟并提高产量等目的，对种子进行不同处理，统称为种子处理。例如，采用晒种、浸种和药物肥料混合拌种等措施，以及应用化学药剂、微量元素、植物激素、超声波、红外线、紫外线和激光等方法处理种子，对提高作物产量和改进品质起了很大作用。

种子处理虽然种类很多，但不外是物理因素处理、化学物质处理和生长调节物质处理三个方面。处理的目的是促进种子后熟，加强种皮透水能力，加速种子内部物质的生物化学变化，促进酶的活动，提高种子的发芽势和发芽率，加速幼苗生长以及减少种子和幼苗被病虫侵害等。

（二）种子的萌发

种子萌发（seed germination）是指种子从吸水到胚根突破种皮期间所发生的一系列生理生化变化过程。从形态上看，种子萌发是具有生活力的种子吸水后，胚生长突破种皮并形成幼苗的过程，通常以胚根突破种皮作为种子萌发的标志。从生理上看，萌发是无休眠或已解除休眠的种子吸水后由相对静止状态转为生理活动状态，呼吸作用加强，储藏物质被分解并转化为可供胚利用的物质，引起胚生长的过程。从分子生物学角度看，萌发的本质是水分、温度等因子使种子的某些基因表达和酶活化，引发一系列与胚生长有关的反应。

1. 种子萌发的条件　种子萌发的前提是种子成熟，具有生活力，含有丰富的营养物质，解除休眠。除此以外，还需要一定的外界条件，主要是充足的水分、适宜的温度和足够的氧气。少数植物种子萌发还受光照有无的调节，如莴苣、烟草的种子萌发需光，而番茄、洋葱、瓜类的种子只有在黑暗条件下才能顺利萌发。

充足的水分是种子萌发的首要条件。干燥的种子除有微弱的呼吸作用外，其他各种生理活动大部分停止。种子吸水后，种皮软化，氧气易透过种皮，增强呼吸作用，将储藏的营养物质进行分解，供胚利用。胚和胚乳吸水后，体积增大，柔软的种皮在胚和胚乳的挤压下易于破裂，为胚根和胚芽突出种皮、向外生长创造了条件。

种子萌发还要求有适当的温度。随着种子的吸水萌动，种子的生命活动增强，表现在酶的催化活性加强，物质转化和能量转化加快，种子内部发生一系列生化反应，而酶的催化活动必须在一定的温度范围内进行。种子萌发所要求的温度有最低温度、最适温度和最高温度（"温度三基点"）。在最适温度下，种子萌发速度最快，发芽率最高；超出最低温度或最高温度时，种子发芽率很低，甚至不能萌发。种子萌发的温度三基点常随植物不同而异，一般冬作物种子萌发的温度三基点较低，而夏作物较高。种子萌发的温度与植物的原产地不同也有关系，原产北方地区的作物和果树，种子萌发的温度范围较低；而起源于南方低纬度地区的作物和果树，种子萌发的温度范围较高。

了解作物种子萌发的温度三基点对农业生产上适时播种很有参考价值。但在实际应用最适温度时，应考虑种子萌发和形成幼苗生长健壮的综合因素，将适宜的播期和种子萌发的适宜温度统一起来。例如，棉花种子15 ℃时播种后约15 d出苗，20 ℃时播种后7~9 d即可出苗，但生产上都以地温稳定在12 ℃左右播种，因为12 ℃时播种所出苗较20 ℃时的苗苗壮，发育快。

除了水分和温度外，足够的氧气是种子萌发的另一必要条件。种子萌发时生命活动活跃，其所需的养分和能量都来自呼吸作用。在种子得到足够的氧气时，呼吸作用加强。种子中的有机物被氧化分解，并释放能量，供各种生理活动之用，从而保证种子的正常萌发。如果氧气不足，则导致种子无氧呼吸，储藏物质消耗过快，还可引起酒精中毒，使种子萌发受到严重影响。不同作物种子萌发时需氧量不同，大多数作物种子需要空气中的含氧量在10%以上才能正常萌发，尤其是含脂肪较多的种子（如花生）要求更多的氧气。因此，在播种时若土壤板结，播种太深，都会因氧气不足而影响种子萌发。

上述水分、温度和氧气等条件对于种子的萌发和出苗都很重要，三者缺一不可，它们互相联系，互相影响，起着综合性作用。农业生产上采取的栽培措施都是要满足种子萌发的条件，如在播种前进行整地、松土，播种时选择适当播期和播种深度，其目的就是合理调整各种萌发条件之间的关系，为种子顺利萌发创造良好的环境条件。

2. 种子萌发形成幼苗的过程　种子从外界吸收足够的水分后，原来干燥、坚硬的种皮逐渐变软，整个种子因吸水而膨胀，将种皮撑破。吸水后的种皮增强了氧和二氧化碳的渗透性，有利于呼吸作用的进行。在一定的温度条件下，种子内的各种酶加强活动，将储藏在胚乳或子叶里的不溶性大分子化合物分解成简单的可溶性物质，运往胚根、胚芽、胚轴等部分，供细胞吸收利用。在一般情况下，种子萌发时，胚根首先突破种皮，向下生长，形成主根。在直根系的植物种类中，这一主根也就成为成长植株根系的主轴，并由此生出各级侧根。但在须根系的植物种类中，如小麦、水稻、玉米等禾本科植物，在胚根伸出不久，又有数条与主根粗细相仿的不定根，由胚根基部伸出，组成植株的须根系（图3-5）。种子萌发时先形成根，可使早期幼苗固定在土壤中，及时吸取水分和养料。

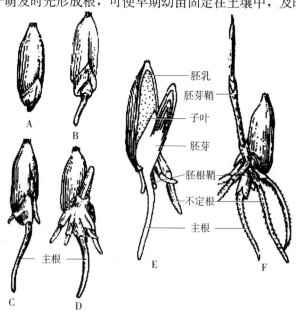

图 3-5　小麦籽粒的萌发过程

A. 萌发前的籽粒　B. 萌动初期的籽粒，胚根穿出种皮和果皮　C. 胚根向下伸长，并在两侧出现不定根，胚芽鞘开始露出　D. 胚芽鞘继续长大，不定根的数目也有增加　E. 幼苗纵切面（示结构）　F. 须根系形成，第一片真叶穿出胚芽鞘

(引自陆时万等，1992)

胚根伸出不久，胚轴细胞也相应生长和伸长，把胚芽或胚芽连同子叶一起推出土面。胚轴将胚芽推出土面后，胚芽发展为新植株的茎叶系统。有些植物的种子，子叶随胚芽一起伸出土面，展开后转为绿色，进行光合作用，待胚芽的幼叶张开行使光合作用后，子叶不久也就枯萎脱落。

至此，一株能独立生活的幼植物体（幼苗）全部长成。可见，由种子开始萌发到幼苗形成这一阶段的生长过程，主要是有赖于种子内的现成有机养料为营养使胚长成为独立生活的幼小植株。所以说，种子内已孕育着新植物的雏体，这个雏体就是胚。

第二节 幼 苗

一、幼苗的类型

不同植物种类的种子在萌发时，由于胚体各部分，特别是胚轴部分的生长速度不同，形成的幼苗在形态上也不一样，常见的植物幼苗有子叶出土幼苗（epigaeous seedling）和子叶留土幼苗（hypogaeous seedling）两种类型。

（一）子叶出土幼苗

在种子萌发时，胚根首先突破种皮，向下生长，接着下胚轴迅速伸长，将子叶和胚芽带离种壳并推出地面。子叶出土后变为绿色，暂时进行光合作用，并逐渐长大而展开。此后，胚根、胚芽则相继发育为地下的根系和地上茎叶系统。双子叶植物中的蓖麻、大豆、油菜、向日葵、棉花、瓜类以及单子叶植物的洋葱等的种子萌发时均形成子叶出土幼苗（图3-6）。

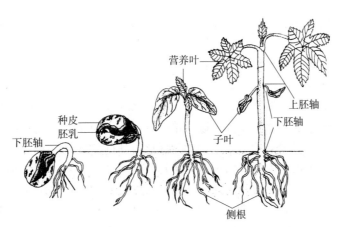

图 3-6 蓖麻种子的出土萌发
（引自 Peter Raven，1986）

（二）子叶留土幼苗

有些植物的种子萌发时，仅子叶以上的上胚轴或中胚轴伸长生长，它们连同胚芽向上伸出地面，形成植物的茎叶系统。而下胚轴并不伸长或伸长极其有限，使子叶和种皮藏留于土壤中，直到养料耗尽死去。如双子叶植物蚕豆、豌豆、柑橘、荔枝的无胚乳种子，核桃、三叶橡胶树的有胚乳种子以及单子叶植物的水稻、小麦、玉米的有胚乳种子，它们萌发形成的幼苗均属于子叶留土幼苗（图3-7）。

二、幼苗形态学特征在生产上的应用

了解子叶出土和子叶留土两类幼苗的特点，在农业生产上可作为正确掌握种子播种深度的参考。一般情况下，子叶留土幼苗的种子播种可以稍深；子叶出土幼苗的种子播种宜浅一些，以利于

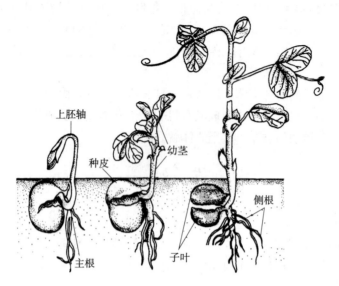

图 3-7　豌豆种子的留土萌发
(引自 Peter Raven, 1986)

下胚轴伸长，将子叶和胚芽顶出土面。但同属于子叶出土类型的幼苗，其种子的播种深浅还需根据具体植物下胚轴顶土力的强弱而定。例如，菜豆的下胚轴顶土力较强，可适当深播；棉花的顶土力较弱，必须浅播。另外，也要考虑种子的大小、土壤湿度和土块的大小等条件，选择适宜的播种深度，以提高出苗率和培育健壮的幼苗。

化学除草是作物栽培管理中的一个重要环节。由于杂草苗期的耐药性差，此时正确识别各种杂草幼苗，针对不同杂草，选择相应的除草剂进行化学防除，可以发挥除草剂的最高效力。杂草幼苗的形态在遗传特征和科、属系统方面常具有相对稳定性，通常主要以幼苗萌发方式，子叶、初生叶及上胚轴、下胚轴等形态特征作为鉴别依据。

杂草幼苗萌发时，子叶出土类型多见于双子叶植物杂草，只有少数单子叶植物杂草属于此类；而子叶留土类型则在双子叶植物杂草中占少数，单子叶植物杂草则多属此类。子叶出土后，除了在出苗后 20～30 d 尚可增大一些外，其大小一般较为稳定，所以可以作为某些杂草种属的参考依据。各种杂草的子叶形状固定并各有特色，如扁蓄为条形、野灯心草针形、圆叶牵牛二裂形、苍耳披针形等。另外，子叶柄的有无、子叶的色泽以及有无毛状体或白霜（蜡被）等，也可作为鉴定依据。

上胚轴和下胚轴的长短、色泽、是否有毛，在不同杂草的幼苗上存在差别。十字花科、伞形科、毛茛科和报春花科等植物的许多种类，在幼苗期其上胚轴均极不发达，幼苗呈莲座状，大车前的叶片能直接从两片子叶中间长出来；有的杂草，如藜、繁缕等的上胚轴则明显伸长；又如鹅不食草的上胚轴无毛，而空心莲子草、水苋等的上胚轴有毛。

幼苗的初生叶（子叶以上的第一片或第一对真叶）与成年叶一样，也有对生、互生、轮生等排列方式，其形态有的与成年叶相同，有的则完全不同。例如，天蓝苜蓿、草木樨、车轴草等的初生叶为单叶，以后长出的成年叶则为三出复叶。

此外，幼苗真叶的色泽、叶边缘的形状、植物体的气味和分泌物、植物体的生长习性等，都是鉴定幼苗种类时的重要参考。

延伸阅读

刘福平，张小杭，崔寿福，2015. 植物人工种子研究概况. 江西科学，33 (4)：484-490.

刘慧娜，张克亮，赵大球，等，2020. 种子休眠与萌发综述. 分子植物育种，18（2）：621-627.

宋松泉，刘军，徐恒恒，等，2020. 脱落酸代谢与信号传递及其调控种子休眠与萌发的分子机制. 中国农业科学，53（5）：857-873.

ANGELAT M, MARK W, 2010. Seedling survival and seed size: A synthesis of the literature. Journal of Ecology, 92 (3): 372-383.

BASKIN J M, BASKIN C C, LI X, 2000. Taxonomy, anatomy and evolution of physical dormancy in seeds. Plant Species Biology, 15: 139-152.

FINKELSTEIN R, REEVES W, ARIIZUMI T, et al, 2008. Molecular aspects of seed dormancy. Annual Review of Plant Biology, 59 (1): 387-415.

WILLIAM F S, GERHARD L M, 2006. Seed dormancy and the control of germination. New Phytologist, 171: 501-523.

复习思考题

一、名词解释

1. 有胚乳种子 2. 无胚乳种子 3. 子叶出土幼苗 4. 子叶留土幼苗 5. 上胚轴 6. 下胚轴 7. 种子休眠 8. 种子寿命 9. 种子萌发

二、判断题

1. 一粒稻谷就是一粒种子。
2. 双子叶植物的种子都没有胚乳，单子叶植物的种子都有胚乳。
3. 无胚乳种子的养料储存在子叶中。
4. 种子的基本构造包括胚芽、胚轴、胚根和子叶四部分。
5. 所有的种子都具有种皮、胚和胚乳这三部分。
6. 禾本科植物的胚中，胚根和胚芽外分别有套状的胚根鞘和胚芽鞘。
7. 豆科植物的种子，营养物质主要储藏在子叶中。
8. 面粉主要是由小麦的子叶加工而成。
9. 子叶出土的幼苗是由上胚轴伸长，将子叶推出土面。
10. 种子萌发时，所谓"出芽"或"露白"就是指种子露出了胚根。

三、选择题

1. 在植物学上称为种子的是____。
   A. 玉米籽粒   B. 高粱籽粒   C. 向日葵籽粒   D. 花生仁
2. 双子叶植物种子的胚包括____。
   A. 胚根、胚芽、子叶、胚乳   B. 胚根、胚轴、子叶、胚乳
   C. 胚根、胚芽、胚轴   D. 胚根、胚轴、胚芽、子叶
3. 种子中最主要的部分是____。
   A. 胚   B. 胚乳   C. 种皮   D. 子叶
4. 下列哪种植物的种子属于有胚乳种子？____
   A. 大豆   B. 蚕豆   C. 花生   D. 蓖麻
5. 小麦的子叶又称____。
   A. 外胚叶   B. 盾片   C. 胚芽鞘   D. 糊粉层
6. 蚕豆种子萌发时首先突破种孔的是____。
   A. 胚芽   B. 胚根   C. 下胚轴   D. 上胚轴
7. 小麦、玉米的籽粒是____。

A. 果实   B. 胚   C. 种子   D. 子叶

8. 大豆种子萌发形成子叶出土的幼苗，其主要原因是由于____生长迅速。

A. 上胚轴   B. 下胚轴   C. 中胚轴   D. 胚根

9. 豌豆种子萌发形成子叶留土的幼苗，其主要原因是由于____生长迅速。

A. 上胚轴   B. 下胚轴   C. 中胚轴   D. 胚根

10. 瓜类种子不可能在果实内萌发，是因为种子____。

A. 缺乏氧气   B. 种皮太厚   C. 胚未成熟   D. 受抑制物质影响

四、问答题

1. 种子在结构上包括哪几个重要的组成部分？不同的种子在结构上又有哪些不同的地方？为什么说种子内的胚是新一代植物的雏体？
2. 什么是种子的休眠？种子休眠的原因是什么？如何打破种子的休眠？
3. 影响种子生活力的因素有哪些？
4. 什么叫萌发？种子萌发需要哪些内外条件？了解种子萌发的内外条件有何意义？
5. 什么是幼苗？由种子萌发到形成幼苗的变化过程如何？
6. 子叶出土幼苗与子叶留土幼苗主要区别在哪里？
7. 了解幼苗形态学特征，对农业生产有什么指导意义？

第四章 被子植物营养器官的形态建成

> **学习目标**
> 1. 掌握根尖的分区及形态结构与其功能的统一性。
> 2. 掌握双子叶植物根和茎的初生结构特点,理解结构与功能的统一性。
> 3. 了解双子叶植物根和茎的增粗生长过程。
> 4. 掌握单子叶植物根和茎的结构特点。
> 5. 掌握叶的基本结构及不同生态环境下叶在形态、结构与功能上的适应性变化。
> 6. 了解营养器官之间的相互联系,理解"根深叶茂,本固枝荣"的辩证关系。

植物细胞经分裂、生长后逐渐分化形成不同的组织,多种组织相互有机结合起来,构成具有特定生理功能和形态结构的器官(organ)。被子植物的植物体一般由根、茎、叶、花、果实和种子六种器官组成,其中根、茎、叶担负着吸收、运输、制造营养物质等功能,与植物的营养生长有密切关系,称为营养器官(vegetative organ);花、果实和种子具有繁衍后代、延续种族的功能,与植物的生殖有密切关系,称为生殖器官(sexual organ, reproductive organ)。植物各器官之间在生理、结构和功能方面有着明显的差异,但彼此间又密切联系,相互协调,共同构成一个完整的植物体。

第一节 根系的形态结构与建成过程

一、根的生理功能和基本形态

(一) 根的生理功能

根是植物在长期的系统演化过程中适应陆生生活而形成的地下营养器官,其主要的生理功能是吸收和固定,兼有支持、输导、合成、分泌及储藏功能。

1. 吸收作用 吸收作用是植物根(系)的主要生理功能,根吸收土壤中的水和无机盐。植物体内所需要的物质,除一部分由叶和幼嫩的茎从空气中吸收外,大部分都是由根从土壤中吸收。

2. 固着与支持作用 植物地下部分根系具有强大的分枝能力,每个分枝除了先端具有吸收功能的幼嫩部位外,绝大部分是庞大、结实的老根,这些老根植于土壤之中,把植物牢牢地固定在适宜的生态环境中生长发育,并对植物地上部分同样庞大分枝的枝叶、花果起着支持作用。目前,在治理退化生态系统时就是利用植物强大的固着与支持功能,护坡护坎,固土固沙,防止山地、荒坡水土的大量流失,重建良好的生态平衡系统。

3. 输导作用 由根吸收的水分和无机盐,通过根的维管组织输送到枝和叶,而叶所制造的有机养料,经过茎输送到根,再经根的维管组织输送到根的各部分,维持根的生长和生活需要。

4. 合成作用 根吸收的无机盐并不是不加变化地运输到地上器官,而是有相当一部分先在根内进行初步同化,转化成有机物。例如,氮主要以 NO_3^- 或 NH_4^+ 形式被根吸收,但在许多植物的伤流液中有 30%～50% 的氮是有机氮；根吸收的无机磷和无机硫在根内也有一部分可分别转变为有机磷化物（如核苷酸、磷脂及核糖核酸等）和有机硫化物（如硫胺素、谷胱甘肽和甲硫氨酸等）。根也是合成植物激素的重要场所之一，细胞分裂素、生长素、脱落酸、赤霉素、乙烯都可以在根中合成，这些激素对植物地上部分的生长发育有重大影响。

5. 分泌作用 根尖分泌黏液物质，减少根尖与土壤间的摩擦损伤，溶解难溶解的矿物质，促进根系代谢和吸收，调节和控制地上部分的生长和发育。根能分泌多种物质，包括糖类、氨基酸、有机酸、维生素、核苷酸和酶等，具有分解和化感作用，有助于分解、吸收矿质和影响周围植物及微生物群落等。

6. 储藏与繁殖作用 不少植物的根能膨大形成规则或不规则的结构，具有储藏和繁殖的功能。例如，萝卜、胡萝卜、甘薯、地瓜等植物的根都具有储藏功能，可以食用；人参、葛、牡丹、大黄、党参、何首乌、甘草等植物的根可以药用；甜菜根含有大量的糖可作制糖原料，甘薯可制淀粉。许多植物（如甘薯）的根还能产生不定芽，常被用来进行繁殖。

（二）根的类型

根的类型很多，按不同的标准可以分成不同的类型，主要有以下几种划分类型。

1. 按照根的发生部位划分

（1）定根。发生部位确定的根称为定根（normal root）（图 4-1A），包括主根（main root）和侧根（lateral root）。种子萌发时，胚根突破种皮，不断垂直向下生长形成主根。如蚕豆种子萌发时，突破种皮向外伸出呈白色条状的就是胚根，以后不断向下生长即形成主根。

当主根生长到一定长度后，在其特定部位产生分枝，形成侧根。侧根在生长过程中，可能再分枝，形成新的侧根，这就是第二级侧根。当然还可以产生第三级侧根、第四级侧根等多级新的侧根，因此，同一株植物中的侧根可以有很多条，但主根只有一条。

（2）不定根。从植物的茎、叶、老根和胚轴上产生的根，这些根产生的位置不固定，统称为不定根（adventitious root）（图 4-1B），不定根也可能产生侧根。例如，玉米近地表的密集节上，常常生长很多的不定根延伸入土壤，起到支持的作用；甘蓝叶扦插后从叶柄基部生长出的根，垂柳枝条扦插后从茎上长出的根，都是不定根。

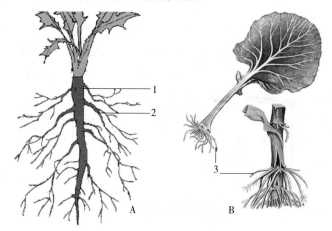

图 4-1 定根和不定根
A. 定根 B. 不定根
1. 主根 2. 侧根 3. 不定根

2. 按照根系形态划分 一株植物所有根的总和，称为根系（root system）。按照形态不同，将根系分为两种类型。

（1）直根系。由主根和侧根共同构成，但在外观上，主根发育强盛，在粗度与长度方面极易与侧根区别，这种根系称为直根系（tap root system）（图 4-2A），例如，雪松、石榴、蚕豆、蒲公英等双子叶植物的根系。直根系在土壤中的分布相对较深，又称为深根系，尤其是在透气良好、土层深厚、地下水位较低的土壤中，分布得更深。

（2）须根系。整个根系主要由不定根和侧根构成。主根不发达，早期即停止生长或枯萎，由茎的基部生出许多较长而粗细大致相同的、呈须状或纤维状的不定根，这种根系称为须根系（fibrous root system）（图 4-2B），例如，水稻、玉米、小麦以及水仙、葱、蒜等植物的根系。须根系主要生长在浅层土壤中，又称为浅根系。

农业生产上，常根据不同植物根系的特点，将深根系植物和浅根系植物套种在一起，有利于吸收不同土层的水分和无机盐。

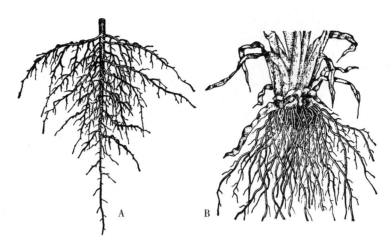

图 4-2　直根系和须根系
A. 直根系　B. 须根系
（引自李扬汉，1984）

二、根尖的分区及其生长动态

根尖（root tip）是指从根的顶端到着生根毛的部分，不论是主根、侧根还是不定根都具有根尖。根尖是根伸长生长、分枝和吸收活动最重要的部位，因此根尖的损伤会影响到根的继续生长和吸收作用的进行。根尖从顶端到着生根毛的区域可分为四个部分：根冠（root cap）、分生区（meristem zone）、伸长区（elongation zone）和成熟区（maturation zone），成熟区由于具有根毛又称根毛区（root-hair zone）。各区的细胞形态结构及发育程度不同，从分生区到根毛区逐渐分化成熟，除根冠外，各区之间并无严格的分界线（图4-3）。

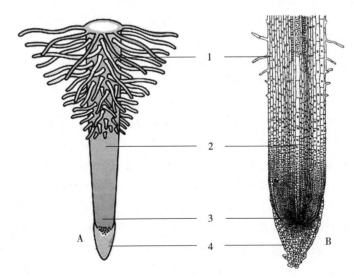

洋葱根尖纵切

图 4-3　根尖及其分区
A. 根尖外形　B. 根尖解剖
1. 根毛区　2. 伸长区　3. 分生区　4. 根冠

（一）根冠

根冠是套在根尖最前端的帽状结构。它在分生区外面，保护其内幼嫩的分生组织细胞不暴露在土壤中，是根适应在土壤中生长的产物。根冠由3种形态、位置、功能不同的薄壁细胞构成（图4-4）。

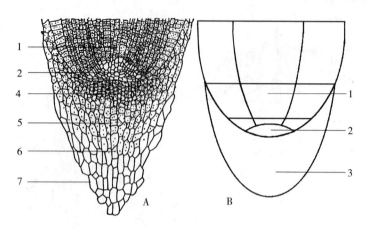

图 4-4 根冠与分生区
A. 细胞图 B. 轮廓图
1. 分生区 2. 静止中心 3. 根冠 4. 根冠原 5. 根冠中央细胞 6. 平衡石 7. 根冠外部细胞
（仿 Moore 等，1995）

1. 根冠分生细胞 根冠分生细胞又称根冠原，与分生区相连，位于根冠上端的中央部位，细胞小，有一定的分裂能力，产生的新细胞用于补充根冠外侧不断被磨损的细胞，以保持根冠一定的厚度和形状。

2. 根冠中央细胞 根冠中央细胞又称根冠柱，细胞体积较大，纵向排列整齐，质体和线粒体丰富，有显著的造粉体，其中充满了淀粉粒；电子显微镜观察表明，细胞核和其他细胞器位于细胞的上方，内质网和富含淀粉粒的造粉体多位于根冠中央细胞的下方，有感受重力的作用，因此，这些淀粉粒又称为平衡石，与根的向地性生长有关。

3. 根冠外部细胞 根冠外部细胞排列疏松，在根冠表面形成一层黏液鞘，以减少根尖向地性生长时与土壤摩擦导致的损伤，保护根尖在土壤中生长；黏液能溶解和螯合某些矿物质，有利于根细胞的吸收；黏液丰富的营养可以促进根际微生物迅速生长，这些微生物的代谢有助于土壤基质中营养物质的释放。随着根尖向地性的持续生长，根冠外层细胞与土壤颗粒摩擦，不断脱落、死亡，根冠分生细胞不断分裂，产生新细胞补充到根冠，根冠中央细胞逐步外移，补充不断死亡的根冠外部细胞，使根冠的细胞数量和厚度保持相对恒定。

（二）分生区

分生区也称生长锥或生长点（growing point），位于根冠之后，全部由顶端分生组织细胞构成，分裂能力强。在植物的一生中，分生区的细胞始终保持着旺盛的分裂能力。经分裂产生的细胞一部分补充到根冠，以补充根冠中损伤脱落的细胞，大部分细胞进入根后方的伸长区，是产生和分化根部多样结构的基础。同时，仍有一部分分生细胞保持原分生区的体积和功能。

根的分生区由原分生组织和初生分生组织两部分组成。原分生组织位于最前端，由原始细胞组成，细胞排列紧密，无胞间隙，细胞小，壁薄，核大，质浓，液泡化程度低，是一群近等径的细胞，分化程度低，具有很强的分裂能力。原分生组织分裂所衍生的细胞有一部分继续分裂不发生分化，使原分生组织自我永续；另一部分细胞在分裂的同时开始了细胞的初步分化，发展为初生分生组织，位于原分生组织的后方。初生分生组织细胞分裂的能力仍很强，根据其细胞的位置、大小、形状及液泡化程度的不同，可划分为原表皮层（protoderm）、基本分生组织（ground meristem）和原形成层（procambium）三个部分。原表皮层细胞扁长方体形，径向分裂，位于最外层，以后发育形成表皮（epidermis）；基本分生组织细胞多面体形，细胞大，可以进行各个方向的分裂，以后形成皮层（cortex）；原形成层细胞小，有些细胞为长形，位于中央区域，以后发育形成中柱（central cylinder）。

许多关于原分生组织的研究发现，在根尖分生区的最远端中心区域存有一团分裂频率显著低或不分裂的细胞，大约比其周缘细胞分裂慢10倍，经细胞化学与放射自显影等技术研究发现，这些细胞中少有DNA合成，有丝分裂处于几乎停止状态，这个惰性区域称为不活动中心或静止中心（quiescent center）（图4-4）。在胚根和幼小侧根原基时期，没有不活动中心；在较老根中，顶端分生组织的中心区域细胞分裂减弱或停止，细胞器减少，蛋白质和核酸合成速度降低，形成静止中心，有丝分裂活跃的原始细胞位于不活动中心的周围。不活动中心的细胞并非完全丧失细胞分裂能力，当根损伤、除去根冠或冷冻引起休眠再恢复时，又能重新使这部分细胞进行分裂。大量研究表明，不活动中心是不断变动的，可以随发育进程而出现，进一步增大或变小，是一群不断更新的细胞群，是合成激素和储藏分生组织的场所。不活动中心周围呈圆屋顶形的原分生组织细胞分裂迅速，每12~36 h分裂一次，每天可产生2万个以上的新细胞。

（三）伸长区

伸长区长2~10 mm，位于分生区的后方，由分生区细胞发育而成，细胞分裂活动逐渐减弱，多数细胞已停止分裂，细胞分化程度逐步加强。突出的特点是细胞纵向显著伸长，液泡合并逐渐增大，细胞质呈一薄层位于细胞的边缘部位，线粒体、高尔基体及内质网等细胞器逐渐发育，特别是核糖体与光滑内质网结合成粗糙内质网。伸长区外观形态上较为透明，可与白色不透明的分生区相区别；此区细胞虽无分裂能力但能扩大细胞体积，细胞伸长的幅度可为原有细胞的数十倍。伸长区是从分生区向成熟区的过渡，开始出现原生韧皮部的筛管和原生木质部的环纹导管。由于伸长区众多细胞的同时伸长生长，导致根尖伸长区迅速伸长，成为根尖不断向土壤深处推进的主要动力之一，每天可使根冠和分生区向土层深处推进4 cm左右。

（四）成熟区

成熟区由伸长区细胞分化形成，位于伸长区的后方，细胞停止分裂和伸长生长，分化出各种成熟组织。成熟区显著的特点是外表密被根毛，故又称根毛区（图4-5A、B）。根毛是由表皮细胞外侧壁向外伸长生长形成的先端封闭的管状结构，长5~10 mm，细胞核和部分细胞质移到了管状根毛的先端，中央为一大液泡，细胞质沿壁分布，细胞器丰富。根毛的生长发育是顶端生长方式，细胞壁有两层，外层覆盖整个根毛，薄而柔软，内层不达根毛顶端，厚而硬，壁物质主要是纤维素和果胶质，细胞壁中黏性的物质与吸收功能相适应，使根毛在穿越土壤空隙时，能和土壤颗粒紧密地结合在一起。根毛基部先增厚并钙化，新形成的根毛钙化程度低，更易与土粒紧贴。

根毛的生长速度快、数量多，每平方厘米可达数万条根毛，如玉米约为4.2万条，苹果约为3万条。据报道，1株小麦的根毛总长度可达

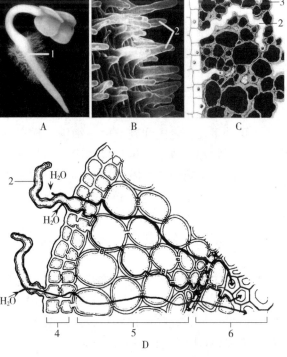

图4-5 根毛及其吸收功能

A. 萝卜幼根上的根毛区　B. 根毛区扫描电子显微镜图
C. 根毛在土壤颗粒间的延伸　D. 水分在根毛区的吸收路径
1. 根毛区　2. 根毛　3. 土壤颗粒　4. 表皮　5. 皮层　6. 中柱
（A~C引自杨世杰，2000；D引自Peter等，1986）

10 km，根毛的存在扩大了根的吸收表面积，根毛能沿着土壤孔隙曲折生长，与土粒紧密结合（图 4-5C），这不仅使根有利于吸收水分和矿质营养，还加强了根的固着能力。

根毛的寿命很短，一般 10~20 d 死亡。根毛区上部的根毛逐渐死亡，下部又产生新的根毛，不断更新。随着根尖的生长，根毛区则向土壤深层推进，从而改变了根在土壤中的吸收位置。另外，根毛与土壤颗粒接触并能分泌有机酸，使土壤中难溶性的盐类溶解，这大大增加了根的吸收效率。所以，在移栽树苗时应带土移植，尽量减少幼根的损伤，移栽后马上浇透水分，使根毛紧贴土壤颗粒，及时吸收水分以维持体内水分平衡。

三、根的伸长——根的初生生长与初生结构

根尖的成熟区已分化形成各种成熟组织，这些成熟组织是由顶端分生组织细胞经过分裂、生长和分化形成的，这种生长过程称为根的初生生长（primary growth），在初生生长过程中形成的各种成熟组织共同组成的结构称为初生结构（primary structure）。从根毛区做横切面，可观察根的初生结构。

（一）双子叶植物根的初生结构

毛茛根横切

从横切面观察，双子叶植物根的初生结构可划分为表皮（epidermis）、皮层（cortex）和中柱（central cylinder）（图 4-6）三大部分。

1. 表皮　表皮是根最外一层生活细胞，由原表皮层发育而来。每个表皮细胞的形态近长方体形，其长轴与根的纵轴平行，在横切面上近似于长方形，细胞排列紧密，细胞壁薄，由纤维素和果胶组成，有利于水分和溶质的渗透和吸收。外壁通常无或仅有一薄层角质层，无气孔器分布。部分表皮细胞的外侧壁向外延伸形成根毛，扩大了根的吸收面积。根毛的发生有两种情况，有的植物根表皮细胞有长短之分，长细胞为一般的表皮细胞，短细胞发育为生毛细胞，生毛细胞再进一步发育出根毛；有的植物则所有表皮细胞的形态是一致的，其中多数细胞都能形成根毛。对幼根来说，表皮的吸收作用远比保护作用更为重要，表皮细胞与根毛细胞一样具有吸收功能。水生植物和少数陆生植物根的表皮不具根毛，某些热带兰科附生植物的气生根（aerial root）的表皮亦无根毛，但表皮细胞平周分裂，形成多层细胞紧密排列的根被（velamen），能够从潮湿空气中吸收水分，发育后期，细胞死亡，细胞壁次生加厚，执行减轻蒸腾和机械保护的功能。

2. 皮层　皮层位于表皮和维管柱之间，由基本分生组织分化而来，由外皮层、皮层薄壁细胞和内皮层构成。

（1）外皮层。有些植物皮层最外一至数层细胞排列紧密，无细胞间隙，称为外皮层（exodermis）。当根毛枯死，表皮被破坏后，外皮层的细胞壁增厚并栓化，起临时保护作用。

（2）皮层薄壁细胞。由多层薄壁细胞组成，在幼根中占有较大比例。细胞排列疏松，有明显的细胞间隙，细胞中常有淀粉粒等后含物。皮层薄壁细胞除了有储藏

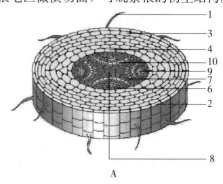

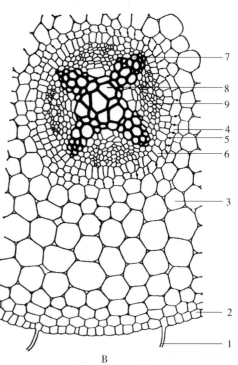

图 4-6　双子叶植物根的初生结构
A. 三维立体结构模式图　B. 横切面平面结构
1. 根毛　2. 表皮　3. 皮层　4. 内皮层　5. 凯氏带
6. 中柱鞘　7. 原生木质部　8. 后生木质部
9. 初生韧皮部　10. 形成层原始细胞
（A 引自 Kids，1996；B 引自李扬汉，1984）

营养物质的功能外，还有横向运输水分和矿物质至中柱的作用。水生植物和湿生植物在皮层中可形成气腔和通气道等通气组织，用于储藏植物生长发育所需要的气体。另外，根的皮层薄壁细胞还是合成作用的主要场所，可以合成一些特殊的物质。

（3）内皮层。皮层中最内的一层细胞，排列整齐紧密，无细胞间隙，称为内皮层（endodermis）（图4-7）。在内皮层细胞的径向壁（两侧壁）和横向壁（上下端壁）的一定部位上有一条木化和栓化的带状增厚，称为凯氏带（Casparian strip），在横切面上常仅见点状，故也称凯氏点。凯氏带区域的细胞质膜厚而平直，紧贴细胞壁；没有凯氏带的区域，细胞质膜薄而弯曲。质壁分离时，凯氏带区与质膜仍然紧密地贴在一起。

当水分和矿质元素被根吸收以后，沿着两条途径向中柱内横向运输。一条是沿着细胞壁和细胞间隙的质外体途径；另一条是通过质膜和原生质的共质体途径。当进入两条途径的水分和溶质到达内皮层时，

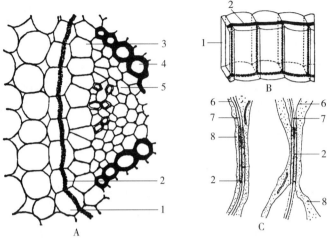

图4-7　内皮层的结构
A. 根的横切面　B. 内皮层细胞的立体结构及正常细胞的凯氏带区
C. 质壁分离细胞凯氏带区的超微结构
1. 内皮层　2. 凯氏带　3. 中柱鞘　4. 初生木质部
5. 初生韧皮部　6. 质膜　7. 胞间层　8. 细胞质
（仿李扬汉，1984）

由于内皮层细胞排列紧密和凯氏带的存在，水与溶质不能从质外体通过内皮层，必须通过内皮层细胞具有选择透性的质膜进入原生质中，经共质体途径进入中柱。因此，内皮层凯氏带阻断了皮层与中柱之间水分和溶质运输的质外体途径，对进入中柱的水分和矿质营养加以控制。还有研究表明，内皮层具有防止中柱内溶质倒流入皮层的作用，以维持维管组织中的流体静压力，使水和溶质源源不断地进入导管（图4-5D）。

有些植物根的内皮层可以进一步发育，除外切向壁，其他的细胞壁都显著加厚并木质化，只有正对着初生木质部辐射角处的内皮层细胞仍然保持着薄壁状态，这种细胞称为通道细胞（passage cell），是皮层与中柱之间物质交流的快速通道。

3. 中柱　中柱也称维管柱，是内皮层以内中轴部分的柱状体结构，起源于原形成层，由中柱鞘（pericycle）、初生木质部（primary xylem）、初生韧皮部（primary phloem）、薄壁组织等四部分组成（图4-8）。中柱的细胞一般较小而密集，没有细胞间隙，易与皮层区别。

（1）中柱鞘。位于中柱外围，与内皮层内侧相毗连，由一层或几层薄壁细胞组成，有潜在的分裂能力，在特定的生长阶段和适当的条件下，能形成侧根、不定芽、乳汁管以及部分维管形成层和木栓形成层。

（2）初生木质部。位于根的中央，主要由导管和管胞组成，横切面上呈辐

图4-8　毛茛根初生结构的中柱
1. 中柱鞘　2. 原生木质部　3. 后生木质部
4. 形成层原始细胞　5. 初生韧皮部　6. 内皮层　7. 皮层
（杨晓红摄）

射状。表皮细胞及根毛从土壤中吸收的水分和矿物质，经过皮层后进入中柱，经木质部的导管和管胞输送到地上部分的各个器官。初生木质部具有辐射角（木质部束），辐射角的尖端为原生木质部（protoxylem），是较早分化成熟的环纹导管和螺纹导管，口径较小而壁较厚。靠近轴心的是较晚分化的后生木质部（metaxylem），导管口径较大，多为梯纹、网纹或孔纹导管。根的初生木质部这种由外向内依次分化成熟的方式，称为外始式（exarch），这是根初生结构的一个重要特征，在生理上具有适应意义。最先形成的导管接近中柱鞘和内皮层，缩短了水分横向输导的距离；而后期形成的导管，管径较大，提高了输导效率，更能适应植株长大时对水分供应量增加的需要。在木质部的分化过程中，如果后生木质部分化至中柱的中央，便没有了髓（pith）。有些双子叶植物的主根直径较大，后生木质部没有分化到中柱的中央，原形成层分化为薄壁细胞就形成了髓，如花生和蚕豆的主根。

初生木质部的束数称为原型数（arch）。双子叶植物主根的初生木质部一般是2~5束。在同种植物中，初生木质部的束数是相对稳定的，例如，萝卜、胡萝卜等根的初生木质部有2束，称为二原型；豌豆、紫云英的主根有3束，称为三原型；棉花、蚕豆、向日葵的主根有4束，称为四原型；苹果、梨、茶有5束，称为五原型等。但同种植物的不同品种间，或同一植物的不同根中，初生木质部的束数也常发生变化。例如，花生的主根为四原型，侧根则为二原型；甘薯的主根为四原型，侧根及不定根中却出现五原型或六原型。单子叶植物的根一般在六原型以上。

（3）初生韧皮部。分布于初生木质部辐射角之间，与初生木质部束相间排列，也有原生韧皮部和后生韧皮部之分，其发育方式也是外始式。原生韧皮部在外，一般由筛管组成，常缺少伴胞；后生韧皮部在内，主要由筛管和伴胞组成，只有少数植物有韧皮纤维。原生韧皮部的生活时间较短，在后生韧皮部形成后不久，即被破坏。

（4）薄壁细胞。在初生韧皮部与初生木质部之间，常有几层薄壁细胞，其中一层是原形成层保留的细胞，在次生生长开始时，这一层原形成层保留的细胞能形成维管形成层的主要部分。

（二）禾本科植物根的结构

禾本科植物的根同样由表皮、皮层、中柱（维管柱）三部分组成，但各部分的结构却各有其特点，特别是不产生维管形成层和木栓形成层，没有次生生长和次生结构。下面以小麦和水稻根为例（图4-9），说明禾本科植物根的结构特点。

小麦根横切

水稻根横切

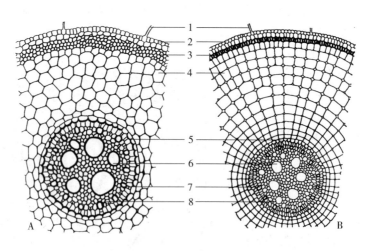

图4-9 禾谷类作物幼根解剖结构

A. 小麦幼根　B. 水稻幼根

1. 根毛　2. 表皮　3. 外皮层　4. 皮层薄壁细胞
5. 内皮层　6. 后生木质部　7. 原生木质部　8. 初生韧皮部

（仿李扬汉，1984）

1. 表皮 表皮为根最外的一层细胞，寿命较短，当根毛枯死后，往往解体而脱落。

2. 皮层 在皮层中靠近表皮的一至数层细胞较小，排列紧密的称为外皮层。在根发育后期常形成栓化的厚壁组织，替代表皮行使支持与保护作用。

外皮层以内则为数量较多的皮层薄壁细胞。水稻幼根中的皮层薄壁细胞呈明显的同心辐射状排列，细胞之间形成较大的间隙，后期形成通气组织（图4-10），以适应水湿环境。

内皮层在发育后期其细胞壁常呈五面增厚，留下外切向壁保持薄壁状态。在横切面上，增厚的细胞壁呈马蹄形。对着初生木质部辐射角的内皮层细胞常停留在具凯氏带的阶段，称为通道细胞（passage cell），是根中内外物质运输的唯一通道。

3. 中柱（维管柱） 中柱也分为中柱鞘、初生木质部和初生韧皮部等几部分。初生木质部一般为多原型，由原生木质部和后生木质部组成。原生木质部在外侧，由一至数个小型导管组成，后生木质部位于内方，仅有1个大型导管。初生韧皮部由少数筛管和伴胞组成，与原生木质部相间排列。原生韧皮部通常只有1个筛管和2个伴胞，其内方有1~2个大型的后生韧皮部筛管。在整个生育时期都具有输导功能。中柱中央为薄壁细胞组成的髓，但小麦幼根的中央部分有时被1个或2个大型后生导管所占据。在水稻老根的中柱内，除韧皮部外，所有的组织都木质化增厚，整个中柱既保持输导功能，又有坚强的机械支持作用（图4-10）。

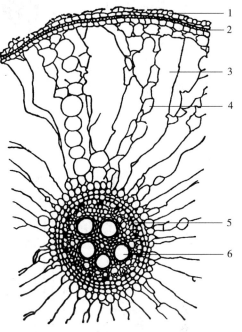

图4-10 水稻老根（示发达的通气组织）
1. 表皮 2. 外皮层 3. 气腔
4. 通气组织 5. 内皮层 6. 导管
（引自李扬汉，1984）

四、根的分枝——侧根的发生及形成

不论主根还是不定根，在经过了初生生长之后都要产生分枝，形成侧根。侧根上又依次长出各级侧根，使根系在适宜条件下可以不断地向新的土壤中扩展与分布，从而扩大了吸收范围与面积，同时加强了根的固着、支持、输导等作用。

（一）侧根的发生部位与分布规律

在初生生长过程中，根毛区中柱鞘上一定部位的细胞恢复分生能力，不断地产生侧根。但并不是所有的中柱鞘细胞都能产生侧根，与初生木质部的束数有关。在二原型的根中，侧根发生于初生木质部与初生韧皮部之间；在三原型、四原型的根中，侧根多正对初生木质部；在多原型的根中，侧根多正对初生韧皮部而发生（图4-11）。因此，侧根在母根表面常是较规则的纵行排列。

（二）侧根的发生过程

当侧根开始发生时，中柱鞘相应部位的几个细胞发生变化，细胞质变浓，液泡变小，恢复分裂活动。首先进行切向分裂，增加细胞层数，继而进行各个方向的分裂，向母根皮层一侧产生一团突起的新细胞，发育为侧根原基（lateral root primordium）；侧根原基的细胞继续各方向的分裂，其顶端分化出生长点和根冠。由于侧根分生区持续分裂新细胞所产生的机械压力和根冠的分泌物使皮层和表皮细胞溶解，侧根不断向前推进，最终穿过皮层和表皮，伸出母根，进入土壤，成为侧根（图4-12）。侧根与母根一样，在分生区之后形成伸长区和根毛区，根毛区内的原形成层分化形成维管组织与母根相连。当旧侧根长到一定阶段后，新的侧根接着发育，如此往复，形成植物地下部分具有各级分枝的庞大根系。

蚕豆侧根发生

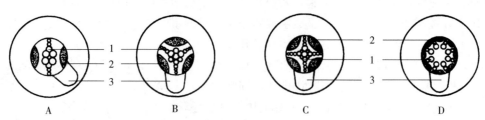

图 4-11 侧根发生位置图解
A. 二原型根 B. 三原型根 C. 四原型根 D. 多原型根
1. 初生木质部 2. 初生韧皮部 3. 侧根
（仿杨世杰，2000）

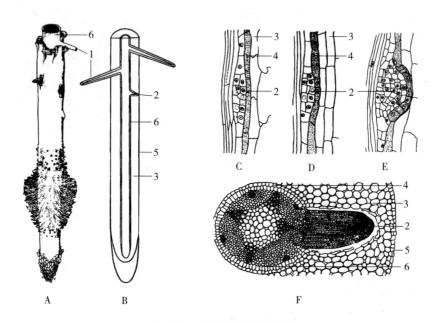

图 4-12 侧根的发生与发育
A. 根尖及侧根 B. 侧根发生发育解剖线条图
C～E. 侧根发育的纵切面 F. 侧根发育的横切面
1. 侧根 2. 侧根原基 3. 皮层 4. 内皮层 5. 表皮 6. 中柱
（仿 Esau，1965）

侧根与主根有着密切的联系，二者的生长有一定的相关性。当主根被切断或损伤时，常促进侧根的发生和生长。在农林、园艺生产中常在移苗时切断主根，以引起更多侧根发生，使根系发育更加旺盛，保证植株生长更加健壮。

由于侧根的发生来源于中柱鞘一定部位的细胞，是从根内深层部位发生的，称为内起源（endogenous origin）。

不定根的形成基本和侧根相同，但发生的位置不固定，一般在茎、叶或老根上，可由中柱鞘、韧皮部、射线等处的薄壁细胞发生，也称内起源。

五、根的增粗——根的次生生长与次生结构

大多数双子叶植物和裸子植物的主根和较大的侧根在进行一段伸长生长以后，由根毛区一端开始发生向根的近地面方向逐渐增粗的生长，使这些根形成上粗下细的形态，这种增粗的生长称为次生生长（secondary growth），所形成的结构称为次生结构（secondary structure）。单子叶植物没有次生生长和次生结构。

（一）维管形成层的发生与次生维管组织的形成

在根毛区内，当次生生长开始时，位于初生韧皮部内侧的保持未分化状态的薄壁细胞恢复分裂能力，形成维管形成层的主要部分。在根的横切面上，初期维管形成层仅片段存在，然后逐渐向两侧扩展，直到与中柱鞘相接，形成弧状形成层。此时，正对原生木质部射角外的中柱鞘细胞也恢复分裂能力，成为维管形成层的一部分，并与弧状形成层连接。至此，维管形成层连成波浪状，环绕在初生木质部的外围。由于韧皮部内侧的形成层先进行分裂活动，向内产生的次生维管组织细胞多，这就不断把该处的形成层向外推移，最后形成一个圆环状的形成层（图4-13）。

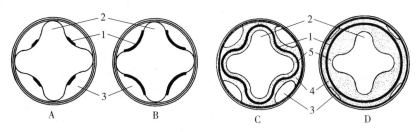

图 4-13 形成层的发生与发育
A. 片段状形成层 B. 弧状形成层 C. 波浪状形成层 D. 圆环状形成层
1. 形成层 2. 初生木质部 3. 初生韧皮部 4. 次生韧皮部 5. 次生木质部
（仿杨世杰，2000）

维管形成层发生后，主要进行切向分裂。向内分裂产生的细胞形成新的木质部，加在初生木质部的外方，称为次生木质部，由导管、管胞、木纤维、木薄壁细胞组成；向外分裂产生的细胞形成新的韧皮部，加在初生韧皮部的内方，称为次生韧皮部，由筛管、伴胞、韧皮纤维、韧皮薄壁细胞组成（图4-14）。

形成层活动产生的次生木质部数量远多于次生韧皮部，因此在横切面上，次生木质部所占比例要比次生韧皮部大得多。在根的增粗过程中，初生木质部位于中心不受挤压，数量保持基本不变，但输导水分和矿质的功能由次生木质部承担；初生韧皮部由近中心部位被推至次生韧皮部的外方，由于初生韧皮部比较柔弱，大部分被挤毁，有时只剩下压碎后的韧皮纤维，其输导同化产物的功能则转由次生韧皮部来担任。

维管形成层除产生次生木质部和次生韧皮部外，在正对初生木质部辐射角处，由中柱鞘发生的形成层则分裂产生薄壁细胞，呈径向排列，称为次生射线或维管射线。分布在次生木质部中的射线称为木射线，在次生韧皮部中的称为韧皮射线。维管射线在根的次生加粗生长过程中，起着横向运输水分和养料的作用，并兼有储藏的作用。

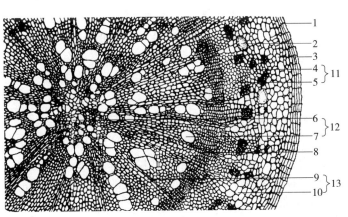

棉花根横切
（示次生结构）

图 4-14 棉花老根横切面（示次生结构）
1. 周皮 2. 分泌腔 3. 皮层 4. 初生韧皮部 5. 次生韧皮部
6. 初生木质部 7. 次生木质部 8. 形成层 9. 木射线 10. 韧皮射线
11. 韧皮部 12. 木质部 13. 次生射线
（引自徐汉卿，1996）

随着根的增粗，形成层细胞除进行平周分裂外，还有少量的垂周分裂，增加本身细胞数量，使圆周扩大，以适应根的增粗。

多年生双子叶植物根的形成层寿命长，终生都可活动。在每年的生长季节里，形成层的细胞分裂活跃，不断产生新的次生维管组织，其中次生木质部呈同心圆环状，称为生长轮或年轮，次生韧皮部和外围的组织构成树皮，根因此逐年得以增粗。

（二）木栓形成层的发生与周皮的形成

当维管形成层的活动使根的直径不断扩大时，常使表皮和皮层等中柱以外的成熟组织因受压挤而破裂脱落。在这些外层组织破坏前，部分中柱鞘细胞恢复分裂能力，形成木栓形成层（cork cambium, phellogen）（图 4-15A）。木栓形成层进行切向分裂，向外产生木栓层（cork），向内产生少数几层薄壁细胞，称为栓内层（phelloderm），三者共同构成周皮（periderm）（图 4-15B）。

在多年生植物的根中，每年都产生新的木栓形成层，进而形成新周皮，多年产生的周皮逐年积累，可以形成较厚的树皮。木栓形成层的发生位置最早是中柱鞘细胞，随后逐年向根内推移，最后可由次生韧皮部或韧皮射线的薄壁细胞发生。

维管形成层和木栓形成层活动的结果，形成了根的次生结构，自外而内依次

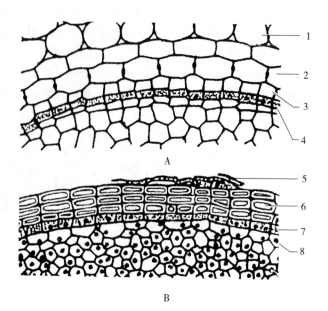

图 4-15　根的木栓形成层（A）及其分裂产物（B）
1. 皮层　2. 内皮层　3. 中柱鞘　4. 木栓形成层　5. 皮层残留部分
6. 木栓层　7. 木栓形成层　8. 栓内层
（引自徐汉卿，1996）

为周皮（含木栓层、木栓形成层和栓内层）、初生韧皮部（常被挤毁）、次生韧皮部（含韧皮射线）、维管形成层、次生木质部（含木射线）、初生木质部。老根形成次生结构后，根的直径显著增粗，但呈辐射状态的初生木质部仍然保留于根的中心，成为识别老根的重要特征，也是区分老根与老茎的重要标志。

六、根瘤与菌根

植物根系与土壤中根际微生物的关系十分密切。植物通过根部的分泌物吸引和影响根际微生物的区系组成；同样，根际微生物也可以产生一些刺激植物生长的物质，直接或间接地影响根的生长发育。有些土壤微生物能侵入某些植物根部，与宿主植物形成互助互利的共生关系。根瘤和菌根是高等植物的根系和土壤微生物之间形成的典型共生关系。

（一）根瘤

在豆科植物，如蚕豆、花生、大豆、苜蓿、紫云英等的根上，有形状、大小和颜色不同的瘤状物，称为根瘤（root nodule），是豆科植物与根瘤细菌之间形成的共生结构。在豆科植物的幼苗时期，原来生存于土壤中的根瘤细菌侵入根毛到达根内，刺激皮层细胞迅速分裂，使皮层细胞的数目显著增加，细胞的体积显著增大。同时，根瘤细菌在皮层薄壁细胞内大量繁殖，这样皮层局部体积膨大和凸出，形成了一个个瘤状突起物，即根瘤（图 4-16）。根瘤菌从植物根细胞中摄取生活所需的水分和养料维持自身的生命活动，然后把空气中的游离氮（空气中含氮量约为 78%，但植物不能直接利用）固定下来，转变为植物所能利用的含氮化合物，进行固氮作用。据计算，大豆在整个生长期，由于根瘤菌的活动每公顷地可以从空气中固定 202.5 kg 氮素，相当于 1 012.5 kg 硫酸铵。

根瘤菌和豆科植物的共生是有选择性的，一种豆科植物通常只能与一种或几种根瘤菌相互适应而共生，如大豆根只能与大豆根瘤菌共生形成根瘤。

根瘤除为豆科植物提供氮素外，根瘤脱落后还可增加土壤中的氮素含量，为其他植物的根所利

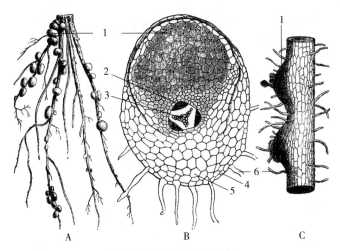

图 4-16 根瘤的形态解剖
A. 具根瘤的根系　B. 根瘤解剖　C. 膨大中的根瘤
1. 根瘤　2. 初生韧皮部　3. 初生木质部　4. 表皮　5. 皮层　6. 根毛

用,所谓"种豆肥田"就是这个道理。在农业生产中利用根瘤菌的固氮作用,进行豆科植物与其他作物轮作、间作,并将许多豆科植物,如紫云英、苕子、苜蓿、豌豆、田菁作为绿肥使用。另外,播种时可用相应的根瘤菌制剂拌种,为根瘤的形成创造条件。这种措施可使大豆、花生等至少增产10%。

现已发现自然界有100多种非豆科植物也能形成根瘤,如桦木科、木麻黄科、蔷薇科、胡颓子科等植物中的一些种及裸子植物的苏铁、罗汉松等植物,禾本科的早熟禾属、看麦娘属植物也能形成根瘤,这些根瘤也具有固氮作用。但是,与非豆科植物共生的固氮菌多为放线菌类。如何通过现代生物技术手段,让非豆科主要作物如小麦、玉米、棉花等获得固氮能力,是现代生物学研究的一个重要课题。

(二) 菌根

菌根 (mycorrhiza) 是高等植物的根与某些真菌共生形成的共生体,根据真菌菌丝在根中生长、分布的不同,可分为外生菌根、内生菌根和内外生菌根三种类型。

1. 外生菌根　真菌的菌丝大部分生长在幼根的表面,形成白色丝状外套,部分菌丝侵入表皮和皮层细胞的间隙中,但不伸入到细胞内,称为外生菌根(图4-17A)。具有外生菌根的根一般较粗,顶端二叉分枝,根毛少或无,由外被的菌丝代替根毛的吸收作用。许多木本植物,如马尾松、油松、冷杉、云杉、栓皮栎、桉树、毛白杨等常有这种外生菌根。

2. 内生菌根　真菌的菌丝侵入到皮层细胞内,并在其中形成一些树枝状菌丝体——丛枝(arbuscular),有时也形成泡囊(vesicular),这样的菌根称为内生菌根,又称丛枝菌根、泡囊丛枝菌根或VA菌根(图4-17B)。具有内生菌根的植物很多,如禾本科、蔷薇科、芸香科、桑科等植物。

3. 内外生菌根　有些真菌的菌丝不仅包着

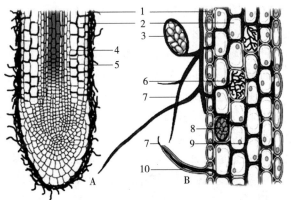

图 4-17 外生菌根与内生菌根
A. 外生菌根　B. 内生菌根(丛枝菌根)
1. 表皮　2. 皮层　3. 孢子　4. 哈蒂氏网　5. 菌鞘
6. 丛枝　7. 根外菌丝　8. 泡囊　9. 根内菌丝　10. 根毛
(引自 Backyard Gardener, 2006)

植物的幼根根尖，而且也侵入细胞间隙和皮层细胞内，称为内外生菌根，如桦木属、柳属的植物。

在菌根中，特别是丛枝菌根，专一性小，能与大多数植物种类形成共生关系，有时数种真菌与一种植物形成菌根，因而成为植物界中存在最广泛的一种共生体。它们对植物的生长发育有较强的促进作用。在农业生产中，如在小麦播种前接种菌根真菌可增产27%，使种子含磷量增加35%。种植玉米、大豆、牧草等采用此法也取得增产效果。柑橘、桑树苗圃接种丛枝菌根真菌，在贫瘠缺水山地中，可以提高植物对磷素和水分的吸收，促进苗木生长，改善柑橘果实和桑叶的品质。另外在荒山造林和石漠化地区的播种育苗中，接种菌根真菌，能提高树苗的成活率，促进植被的恢复和生态系统的重建。

菌根在促进植物对土壤磷的吸收和改善植物的磷营养方面具有突出的效果已被证实。特别是在含磷量低的土壤上，作物形成菌根以后，能明显增加吸磷量，并可提高植物对锌和铜的吸收与含量，从而提高产量和改善品质。在干旱条件下，菌根能缓解水分胁迫，增强植物的抗旱性。而且菌根对一些重金属如镉、镍等有较强的结合能力，尤其是外生菌根的菌丝壳对寄主植物忍耐重金属和抗污染方面有重要的意义。近年来将菌根技术应用于污染土壤的生物修复方面已经取得一定的效果。

七、根系特性与农业生产的关系

了解作物根系的特点和分布状况对于采取恰当的措施来提高农作物产量有重要意义。植物根的生长和根系分泌物对土壤常起良好作用，根系发育能促进根际微生物的增加和活动，改良土壤性状。根系残体被分解后可增加土壤水稳性团粒和提高土壤肥力。

深根系和浅根系作物间作或套作，能够分别吸收利用不同深度土层中的水分和矿质营养，有利于提高单位面积的产量。例如，玉米和大豆间作可以增产，因为玉米的须根系主要分布在土壤浅层，而大豆的直根系分布在土壤深层，大豆的根瘤还可以提供氮素；桃与半夏亦是良好的搭配，桃是喜阳的木本植物，能为喜阴的草本植物半夏创造荫蔽的环境，同时桃的根系较深，而半夏的根系分布在较浅的土层中。

具有发达根系的植物可防止水土流失，固沙护堤。目前，交通线路的护坡主要利用具发达根系的植物。

保护好根系是农作物和果树苗木移植成活的关键因素之一，生产上常用苗木根部打包，带土移植以及适当剪去主根，除去根的顶端优势，使植物移植后多发新根等措施来提高植物的成活率。

多数植物都有发达的根系，一般植物根系的表面积常为茎叶的5~15倍，有的甚至更多，果树根系在土壤中的扩张范围，一般都为其树冠范围的2~5倍。根系分布范围的大小是合理密植和确定施肥位置的重要依据之一。

土壤条件不同，植物用途不同，对植物根系也有不同的要求，如用于防风林的树种要深根性的，而用于草皮的植物则要求浅根性的，以便移栽和管理。

根系为地上部分提供水、矿质元素，而地上器官为根提供有机物，它们相互依赖。但根系和地上器官在各自的生长过程中有时又会相互竞争和相互制约，农业生产中常用根冠比（根重／茎叶重）作为控制、协调根系和地上器官的一种参考数据。以甘薯为例，在生长前期应施用适量的氮肥，供应充足水分，使茎叶充分生长，才能多制造养分，根冠比应控制在1∶5左右；而在生长后期则应减少氮肥供应，增施磷、钾肥，其目的是减弱地上部的生长，促进光合产物向下运输，以利于块根形成，根冠比应增加到2∶1左右，才能获得丰产。

第二节　茎的形态结构与建成过程

茎（stem）是联系根和叶，输送水分、无机盐和有机养料的轴状结构。茎除少数生于地下外，一般是植物体生长在地上的营养器官。多数植物茎的顶端能无限地向上生长，陆续产生叶和侧枝，构成植物地上部分庞大的枝系。高大的乔木和藤本植物的茎，往往长达几十米，甚至百米以上；而矮小的草本植物茎，短缩得几乎看不出来。

一、茎的生理功能及其形态特征和生长习性

（一）茎的生理功能

茎的功能是多方面的，主要是支持和输导作用。

1. 支持作用 茎是植物体的支架，主茎和各级分枝支持着叶、芽、花和果实，使它们合理地在空间布展，有利于通风透光、传粉、果实与种子的传播。

2. 输导作用 茎是植物体物质上下运输的通道。根吸收的水、无机盐通过茎向上运输到叶、花和果实中；同时叶的光合产物通过茎向下、向上运输至根和其他器官中。

3. 储藏作用 茎具储藏功能，尤其对多年生植物而言，茎内储藏的物质为翌年春芽的萌动提供养料，如马铃薯的块茎、莲的根状茎等都是营养物质集中储藏的部位。

4. 繁殖作用 茎可作为扦插、压条、嫁接等营养繁殖的材料。扦插枝（也可插根或叶）、压条枝在合适的土壤中，生出不定根后可形成新的个体；用某种植物的枝条或芽（接穗）嫁接到另一种植物上（砧木），可改良植物的性状。

5. 光合作用 绿色的幼茎可进行光合作用，而叶片退化、变态的植物，如仙人掌科植物，其光合作用主要在茎中进行。

（二）芽及其类型

芽分布于枝条的顶端或叶腋内，是未发育的枝条或花和花序的原始体。芽的基本结构包括生长锥、叶原基、腋芽原基或花部原基，将来分别发育出叶、枝和花或花序，形成新的枝叶或花。按照芽生长的位置、性质、结构和生理状态，可将芽分为以下几种类型（图4-18）。

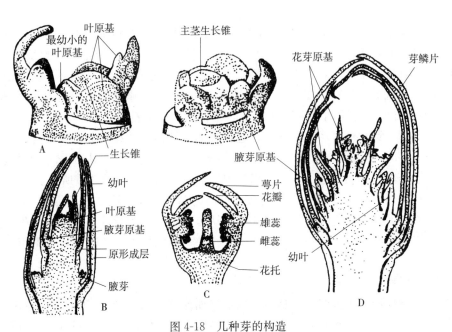

图4-18 几种芽的构造
A. 葡萄的叶芽外形 B. 忍冬的叶芽纵剖面
C. 桃的花芽纵剖面 D. 苹果的混合芽纵剖面
（引自金银根，2006）

1. 定芽和不定芽 这是根据芽在枝条上的生长位置划分的。定芽（normal bud）生长在枝的一

定位置上，生长在枝条顶端的称为顶芽（terminal bud），生长在枝条侧面叶腋内的称为侧芽（lateral bud），也称腋芽。此外，还有一些芽不是生于枝顶或叶腋，而是由老茎、根、叶或创伤部位产生的，这些在植物体上没有固定着生部位的芽称为不定芽（adventitious bud）。例如，甘薯、刺槐的根上长的芽；桑茎被砍伐后，在伤口周围产生的芽；落地生根叶缘上长出的芽。农业生产上常利用植物能产生不定芽这一特性进行营养繁殖。

2. 叶芽、花芽和混合芽 根据芽发育后所形成器官的不同，分为叶芽、花芽和混合芽。

叶芽（leaf bud）是植物营养生长期所形成的芽，是未发育的营养枝的原始体。从茎顶端的叶芽来看，芽尖即为茎尖。从纵切面上观，茎尖上部节与节间的距离最近，界限不明，周围有许多叶原基和腋芽原基的突出物，以后分别发育为叶片和枝条（即侧枝）；在茎尖下部，节与节间开始分化，叶原基发育为幼叶，把茎尖包围着。

当植物从营养生长转入生殖生长时，即开始形成花芽。花芽（flower bud）是花或花序的原始体，外观常较叶芽肥大，内含花或花序各部分的原基。

有些植物还具有一种既有叶原基和腋芽原原基，又有花部原基的芽，称为混合芽（mixed bud），外观也较叶芽肥大，将来发育为枝、叶和花（或花序）。如梨和苹果短枝上的顶芽即为混合芽。

3. 裸芽和鳞芽 根据芽有无保护结构划分为裸芽和鳞芽。外面没有芽鳞片保护的芽称为裸芽（naked bud），而具有芽鳞片保护的芽称为鳞芽（scaly bud）。裸芽多见于草本植物（尤其是一年生植物），如大豆、棉花等作物的芽。生长在热带和亚热带潮湿环境下的木本植物也常形成裸芽。而生长在温带的木本植物的芽大多为鳞芽，如杨；只有少数温带树种具有裸芽，如枫杨。

4. 叠生芽、并列芽和柄下芽 根据芽的着生方式划分，在一个节上长有若干个彼此重叠的芽，称为叠生芽，如桂花和忍冬的每个叶腋有2~3个上下重叠的芽，最下方的一个为正芽（normal axillary bud），其他的为副芽（accessory bud）；在一个节上长有若干个彼此并列的芽，称为并列芽，如桃的每个叶腋有3个芽并生，中间一个为正芽，两侧的为副芽；有的芽着生在叶柄下方，并被其基部延伸的部分所覆盖，叶柄若不脱落，即看不见芽，这种芽称为柄下芽，如悬铃木叶柄下的芽。

5. 活动芽和休眠芽 根据芽的生理活动状态可划分为活动芽和休眠芽。通常认为能在当年生长季节中萌发形成枝、花或花序的芽称为活动芽（active bud）。一般一年生草本植物当年所产生的多数芽都是活动芽。在生长季节里，温带的多年生木本植物上的芽，通常是顶芽和距离顶芽较近的腋芽萌发，而大部分靠近下部的腋芽往往是不活动的，暂时保持休眠状态，这种芽称为休眠芽（dormant bud）。在秋末生长季结束时，温带和寒带的植物所有的芽都进入长达数月的季节性休眠。有些多年生植物，其休眠芽长期潜伏，不活动，这种长期保持休眠状态的芽，也称为潜伏芽。只有在植物受到创伤或虫害时，潜伏芽才打破休眠，开始萌发形成新枝。芽的休眠是植物对逆境的一种适应，亦与遗传因素有关，或由顶端优势导致植株内生长素不均匀分布的效应所致。

一个具体的芽，由于分类依据不同，可给予不同的名称。如水稻主茎顶端的芽，可称为顶芽、定芽、活动芽；其芽无鳞片包裹，又可称裸芽；在幼苗开始生长的营养生长期，可称叶芽；在生殖生长期，分化发育成稻穗，又可称花芽。同样，梨的鳞芽可以是顶芽或腋芽，也可以是休眠芽，又可以是混合芽。

（三）茎的形态特征

多数植物茎呈圆柱形，少数植物的茎呈三角形（如莎草）、方柱形（如蚕豆、薄荷）。茎内有机械组织和维管组织，具有支持和防御的能力。在相同体积下，圆柱体表面积最小，有利于支持、减少水分蒸腾和风的阻力。

有些植物茎的分枝变为刺，如山楂、皂荚的茎刺，具有保护作用。有的植物一部分枝变为茎卷须，具攀缘作用，如南瓜、葡萄等，幼卷须内机械组织和输导组织不发达，在接触支撑物后数分钟即可做出卷曲、缠绕反应。

茎上着生叶的部位，称为节。两个节之间的部分，称为节间（图4-19）。着生叶和芽的茎，称为枝或枝条，因此，茎就是枝上除去叶和芽所留下的轴状部分。

在植株生长过程中，枝条生长的强弱影响节间的长短。植物的种类不同，节间的长度也不同。在木本植物中，节间显著伸长的枝条称为长枝；节间短缩，各个节间紧密相接，甚至难于分辨的枝条称为短枝。短枝上的叶呈簇生状态，例如，银杏，长枝上生有许多短枝，叶簇生在短枝上；果树如梨和苹果，在长枝上生有许多短枝，花多着生在短枝上，因此短枝就是果枝；有些草本植物的节间缩短，叶排列成基生的莲座状，如车前、蒲公英的茎等。在果树栽培上，十分重视果枝的生长状况，常采取一些措施来控制果枝的生长发育，以达到高产稳产的目的。

禾本科植物（如甘蔗、毛竹、水稻、玉米等）和蓼科植物（如蓼蓝、水蓼等）的茎，由于节部膨大，节特别显著。少数植物（如莲），粗壮的根状茎（藕）上的节也很显著，但节间膨大，节部缩小。大多数植物的节部，稍微膨大。

多年生落叶乔木和灌木的冬枝，除了节、节间和芽以外，还可以看到叶痕、维管束痕、芽鳞痕和皮孔等（图4-20）。

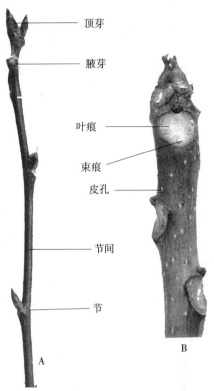

图4-19 毛白杨和香椿的枝条
A. 毛白杨 B. 香椿
（王瑞云摄）

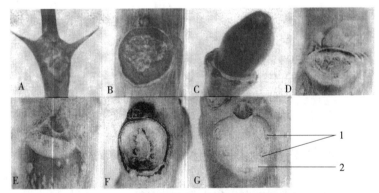

图4-20 不同植物茎上的叶痕和维管束痕
A. 刺槐 B. 青桐 C. 悬铃木 D. 龙桑 E. 毛白杨 F. 梓树 G. 香椿
1. 维管束痕 2. 叶痕
（王瑞云摄）

植物叶落后，在茎上留下的叶柄痕迹称为叶痕。叶痕内由茎通往叶的维管束断离后留下的痕迹，称为维管束痕（简称束痕），也称叶迹。有的植物茎上还可以看到芽鳞痕，是顶芽（鳞芽）的芽鳞片脱落后留下的痕迹；顶芽一般每年春季展开一次，因此，可以根据芽鳞痕来辨别茎的生长量和生长年龄。有的茎上还可以看到皮孔，这是茎与外界气体交换的通道。

（四）茎的生活习性

茎的生活习性是植物在长期适应环境的过程中形成的，根据茎的木质化程度的高低，可将植物分为木本植物和草本植物两种类型。

1. 木本植物 茎的木质化程度高，一般比较坚硬，其寿命较长，又可分为乔木（tree）和灌木

（shrub）两类。

（1）乔木。有明显的主干，通常树干高大，如水杉、银杏等。

（2）灌木。主干不明显，比较矮小，常由基部分枝，如紫荆、月季等。

2. 草本植物 茎的木质化程度低，质地较柔软。根据生活周期的长短，草本植物可分为以下三类。

（1）一年生草本（annual herb）。生活周期在一年内完成，如水稻、花生等。

（2）二年生草本（biannual herb）。生活周期在两个年份内完成，第一年生长，在第二年才开花、结实，而后枯死，如冬小麦、萝卜、白菜等。

（3）多年生草本（perennial herb）。植物的地下部或整个植物能生活多年，如莲、狗芽根等。

（五）茎的生长习性

不同植物的茎在长期的进化过程中适应不同的外界环境，产生了各式各样的生长习性，使叶在空间合理分布，尽可能地充分接受日光照射，制造本身生活需要的营养物质，以完成繁殖后代的生理功能。根据茎的生长习性，可将茎分为以下几种类型（图4-21）。

1. 直立茎 茎垂直于地面向上生长，如银杏、小麦等。

2. 平卧茎 茎平卧于地面，如蒺藜等。

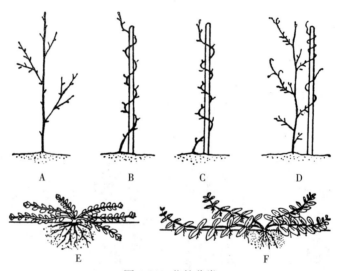

图4-21 茎的分类

A. 直立茎 B、C. 缠绕茎 D. 攀缘茎 E. 平卧茎 F. 匍匐茎

（引自强胜，2006）

3. 匍匐茎 茎平卧于地面，节上生根，如草莓、甘薯等。

4. 攀缘茎 借助于茎、叶等的变态器官攀缘于其他物体上，如黄瓜、葡萄等。

5. 缠绕茎 茎缠绕于其他物体上，如牵牛、豇豆等。

（六）茎的分枝

茎顶端的叶芽开放后，即生长形成枝条，这一过程称为分枝。分枝的方式依不同的植物类型而不同，种子植物常见的分枝方式有单轴分枝（monopodial branching）、合轴分枝（sympodial branching）、假二叉分枝（false dichotomy branching）和分蘖（tiller, tillow）四种类型（图4-22）。

1. 单轴分枝 单轴分枝又称总状分枝（racemose branching），是具有明显主轴的一种分枝方式。其特点是主茎的顶芽活动始终占优势，芽生长后使植物体保持一个明显的主轴，而侧枝的生长一直处于劣势，较不发达，结果使植物形成锥形（塔形）。这种分枝方式比较原始，常见于松、杉、柏等裸子植物中。被子植物中，红麻和黄麻也是单轴分枝。

2. 合轴分枝 合轴分枝是主轴不明显的一种分枝方式。其特点是主茎的顶芽生长到一定的时

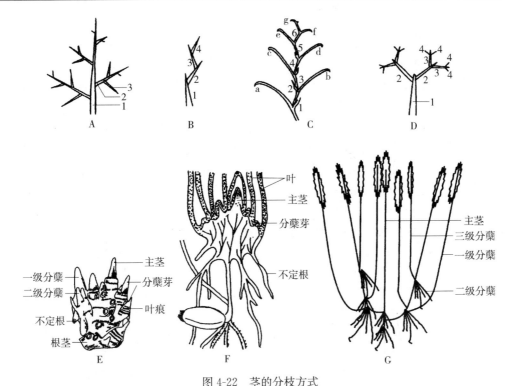

图 4-22 茎的分枝方式
A～D. 分枝方式图解（A. 单轴分枝　B、C. 合轴分枝　D. 假二叉分枝）
E～G. 小麦的分蘖节（E. 剥去叶的分蘖节外形　F. 纵切面　G. 示意图）

期，渐渐失去生长能力，由顶芽下部的侧芽代替顶芽生长，迅速发展为新枝，并取代了主茎的位置。不久新枝的顶芽又停止生长，再由其旁边的侧芽所代替，以此类推。结果主干是由一段茎与各级侧枝组成。合轴分枝的节间比较短，可多开花、多结果，是丰产的分枝形式。有些植物（如茶树和一些果树）幼年期主要是单轴分枝，到生殖阶段才出现合轴分枝。棉花的植株上也有单轴分枝的营养枝和合轴分枝的果枝。

3. 假二叉分枝　顶芽生长到一定程度即停止或缓慢生长，由顶芽下部两个对生的侧芽继续生长而超过它，这种依次往上的分枝形式即为假二叉分枝。这种分枝方式在被子植物中较普遍，实际上是合轴分枝方式的一种变化。

4. 二叉分枝　顶芽发育到一定程度即发育减慢（或停止向前生长），均匀地分裂为两个侧芽，侧芽发育到一定程度，又再各分裂形成两个侧芽，这种依次往上的分枝方式即为二叉分枝（dichotomy branching），常见于较低级的植物类群中，如地钱。

上面所介绍的几种分枝方式，二叉分枝是比较原始的，单轴分枝在蕨类植物和裸子植物中占优势，合轴分枝（包括假二叉分枝）是被子植物的主要分枝方式，这说明合轴分枝是较为进化的。顶芽的依次死亡是极其合理的适应，因为顶芽有抑制腋芽的作用，顶芽的死亡改变了植物生长素分布的状态，促进大量腋芽的生成和发育，从而保证枝叶繁茂，光合面积扩大。在果树和农作物丰产方面，合轴分枝是最有意义的；但在林木用材方面，单轴分枝可以获得粗壮而挺直的用材，在生产上应保持顶芽生长的优势。

5. 分蘖　分蘖是禾本科植物的一种特有分枝方式。禾本科植物（如水稻、小麦）在生长初期，茎的节间很短，节很密集，而且集中于基部，每个节上都有一片幼叶和一个腋芽，当幼苗出现4、5片幼叶的时候，有些腋芽即开始活动形成新枝并在节位上产生不定根，这种分枝方式称为分蘖。产生分枝的节称为分蘖节。分蘖产生新枝后，在新枝的基部又形成新的分蘖节，进行分蘖活动，依次产生各级分枝和不定根。水稻和小麦分蘖力较强，在一定条件下，可以大量地持续分蘖，但玉米、高粱的分蘖力比较弱，一般没有分蘖。

二、茎尖的结构

(一) 苗端分生组织

苗端也称枝端或茎端，为茎顶端分生组织。苗端分生组织的活动产生了茎的有关结构，包括节和节间、叶、腋芽以及以后转变成生殖生长的结构。

苗端分生组织中夹杂着分化程度不同的组织。在细胞和组织的发育过程中，从分生组织状态过渡到成熟组织状态，是由不分化逐渐变为分化的。因而，苗端分生组织的最先端部分，包括原始细胞及其衍生细胞，称为原分生组织。在原分生组织下面，随着不同分化程度的细胞出现，逐渐分化出原表皮、基本分生组织和原形成层，总称初生分生组织（图4-23）。初生分生组织活动和分化后形成成熟组织。因此，苗端分生组织是由原分生组织和初生分生组织组成的。苗端分生组织由许多细胞组成，有着多种方式的排列，目前主要有原套-原体学说、细胞分区概念和茎端干细胞概念。

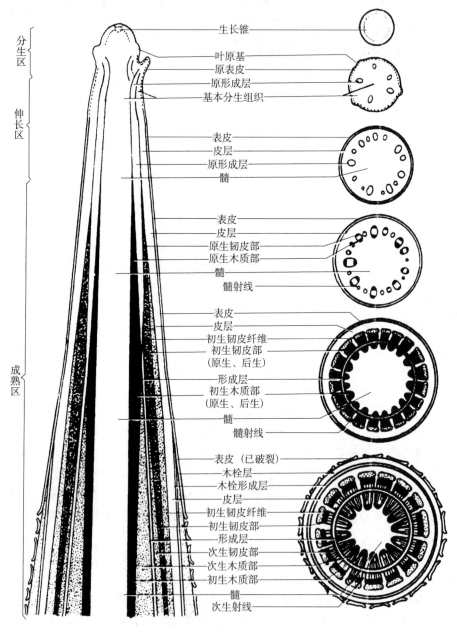

图 4-23　茎初生结构至次生结构的发育过程

（引自李扬汉，1984）

1. 原套-原体学说　原套-原体学说是史密特（Schmidt）于1924年提出的苗端原始细胞分层理论。苗端分生组织的原始区域包括原套和原体两个部分。组成原套的一层或几层细胞只进行垂周分裂，保持表面生长的连续进行；组成原体的多层细胞进行平周和各个方向的分裂，不断增加体积，使苗端增大。这样，原套就成为表面的覆盖层，覆盖着下面的原体（图4-24）。原套和原体都存在着各自的原始细胞。原套的原始细胞位于轴的中央位置上，原体的原始细胞位于原套的原始细胞下面。这些原始细胞都能经过分裂产生新的细胞，并归入各自的部分。原套和原体都不能无限扩展或无限增大，因为当它们形成新细胞时，较老的细胞就开始分化，并和苗端分生组织下面的茎的成熟组织结合在一起。

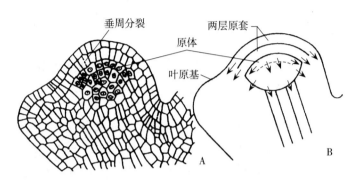

图4-24　豌豆属苗端纵切面（示原套和原体）
A. 细胞图　B. 图解（箭头为分裂方向）
（引自 Esau，1977）

2. 细胞分区概念　在裸子植物中，除南洋杉属和麻黄属外，苗端没有原套状的结构，原套-原体学说不适合。1938年，福斯特（Foster）在银杏的苗端观察到有显著的细胞分区现象（图4-25）。银杏苗端表面有一群原始细胞即顶端原始细胞群，其下为中央母细胞区，由顶端原始细胞群衍生而成。中央母细胞区向下有过渡区。中央部位再向下衍生成髓分生组织，以后形成肋状分生组织；原始细胞群和中央母细胞向侧方衍生的细胞形成周围区（或周围分生组织区）。中央母细胞区的细胞特征是染色较淡、液泡化和较少分裂。过渡区的细胞在活动高潮时，进行有丝分裂。髓分生组织一般只有几层，细胞液泡化，能横向分裂，衍生的细胞形成纵向排列的肋状分生组织。周围区染色较深，有丝分裂活跃，其局部分裂活动形成叶原基。周围区平周分裂引起茎的增粗，垂周分裂引起茎的伸长。

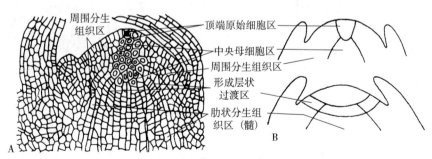

图4-25　苗端纵切面（示细胞组织分区）
A. 细胞图　B. 简图
（A仿Esau，1977；B仿Clowes，1975）

3. 茎端干细胞概念　植物的地上部分来自于茎尖分生组织，为半球状穹形结构，由原套和原体组成。其中，位于茎分生组织中心区域（central zone）、有丝分裂活动不旺盛的细胞称为干细胞（stem cell）。中心区域干细胞分裂后产生两部分细胞，一部分仍然保留在中心区域的称干细胞后裔

(progeny of stem cell)，保持多潜能性，始终保留在原位置；另一部分随着干细胞的分裂将离开中心区域逐渐推进到分生组织周边区域（peripheral zone）的称子细胞（daughter cell），在周边快速分裂，并维持一定的细胞总量，可以分化成为新的器官原基。在干细胞之下的一个小细胞群称干细胞组织中心（stem cell organizing centre）（图4-26）。因此，在细胞水平上，可以把分生组织细胞分为四个群体：干细胞、干细胞的组织者细胞、中心区域的子细胞、周围启动器官的前体细胞（founder cell）。由此可见分生组织中细胞的来源是干细胞，这一组细胞是唯一改变着的恒定结构。

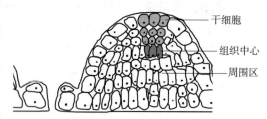

图4-26 茎尖分生组织横切面（示茎尖干细胞和干细胞组织中心）

（引自Singh和Bhalla，2006）

茎顶端分生组织中细胞的形成、生长及分化的正常运行，受到植物激素、转录因子及胞间信号微RNA（microRNA）等网络结构间的协作调控。

（二）茎尖分区

枝芽是短缩的枝条，通过枝芽做纵切面可以看到茎尖分为分生区、伸长区和成熟区三个部分。

1. 分生区 分生区位于茎尖的前端，由原分生组织及其衍生的初生分生组织构成，前者具有很强的分裂能力，后者具一定的分裂能力并开始分化形成原表皮、基本分生组织和原形成层。在茎尖顶端以下的四周，有叶原基和腋芽原基。

叶是由叶原基逐步发育而成的。在双子叶植物中，一般在苗端分生组织表面的第二层或第三层发生叶原基的细胞分裂，其细胞平周分裂，促使叶原基侧面突起。突起的表面出现垂周分裂，以后这种分裂在较深入的各层中和平周分裂同时进行（图4-27）。单子叶植物叶原基的发生，则由表层细胞平周分裂开始。

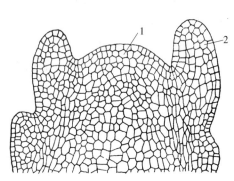

图4-27 枝芽顶端的纵切面（示叶原基）
1. 顶端分生组织 2. 叶原基
（引自陆时万等，1992）

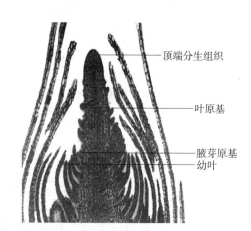

图4-28 双子叶植物的叶原基和腋芽原基
（王瑞云摄）

原套或原体的衍生细胞，都可分裂形成原基。原套较厚时，整个叶原基即可由原套的衍生细胞发生。否则，叶原基由原套和原体的衍生细胞共同产生。

顶芽发生在苗端（茎端或枝端），包括主枝和侧枝上的苗端分生组织，而腋芽起源于腋芽原基。大多数被子植物的腋芽原基，发生在叶原基的叶腋处，腋芽原基的发生迟于其外的叶原基。

茎上的叶和芽起源于分生组织表面第一层或第二、三层细胞，这种起源方式称为外起源。不定芽的发生和顶芽、腋芽有别，不定芽可以发生在插条或近伤口的愈伤组织、形成层或维管柱的外围、表皮、根、茎、下胚轴和叶上。不定芽的起源依照发生的位置可以分为外生的（靠近表面发生的）和内生的（深入内部组织中发生的）两种。

2. 伸长区 伸长区的特点是细胞迅速伸长，其内部已由原表皮、基本分生组织和原形成层三种初生分生组织逐渐分化出一些初生组织，并且细胞的有丝分裂活动逐渐减弱。

3. 成熟区 成熟区内部的解剖特点是各种组织基本分化成熟，细胞的有丝分裂和伸长生长停止，具备幼茎的初生结构。

三、茎的伸长——茎的初生生长与初生结构

茎的初生生长可分为顶端生长和居间生长两种方式。

在生长季节里，苗端分生组织不断进行分裂、伸长生长和分化，使茎的节数增加，节间伸长，同时产生新的叶原基和腋芽原基。这种由于苗端分生组织的活动而引起的生长，称为顶端生长。

某些植物茎的伸长除了以顶端生长方式进行外，还有居间生长。这是由于在顶端生长时，在节间留下了称为居间分生组织的初生分生组织区，这时的节间很短。随着居间分生组织细胞的分裂、生长（主要是伸长）与分化成熟，节间才明显伸长，这种生长方式称为居间生长。

（一）双子叶植物茎的初生结构

苗端分生组织不断进行分裂、生长和分化而形成的结构，称为茎的初生结构。从横切面观察，双子叶植物茎的初生结构也可划分为表皮、皮层和中柱（图4-29、图4-30）三大部分。

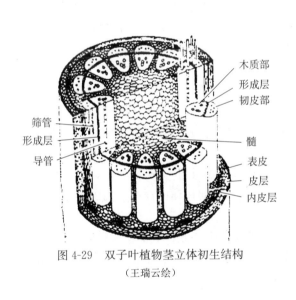

图4-29 双子叶植物茎立体初生结构
（王瑞云绘）

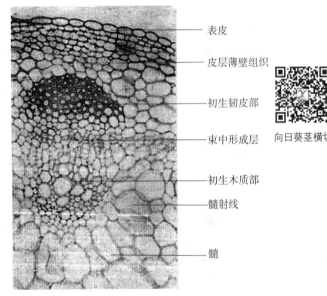

图4-30 双子叶植物幼茎横切面的一部分
（示初生结构）
（王瑞云摄）

1. 表皮 表皮位于茎的最外面，单层细胞，由原表皮发育而来，为初生保护组织。一般不具叶绿体，起着保护内部组织的作用。有些植物茎的表皮细胞含花青素，因而茎有红色、紫色等。表皮细胞在横切面上呈长方形或方形，纵切面上呈长方形，是一种狭长形的细胞，长径和茎的纵轴平行，细胞腔内有发达的液泡。暴露在空气中的切向壁，比其他部分厚且角质化，具角质层。蓖麻、甘蔗等的茎有时还有蜡质，能防止蒸腾，增强表皮的坚韧性。旱生植物茎表皮的角质层显著增厚。

表皮除表皮细胞外往往还有气孔，它是水分和气体出入的通道。此外，表皮上有时还分化出各种形式的毛状体，包括分泌挥发油、黏液等的腺毛。毛状体中较密的茸毛可以反射强光、降低蒸腾，坚硬的毛可以防止动物伤害，而具钩的毛可以使茎具攀缘作用。

2. 皮层 皮层位于表皮内方，由基本分生组织分化而来的多层细胞组成，是表皮和中柱之间的部分。紧贴表皮内方一至数层皮层细胞，常分化为厚角组织，连续成层或分散成束。在方形（如薄

荷、蚕豆）或多棱形（如芹菜）的茎中，厚角组织常分布在四角或棱角部分（图 4-31）。厚角组织细胞排列紧密，内含叶绿体，故幼茎呈绿色。这些厚角组织细胞既能起机械作用，又能进行光合作用。其内为薄壁组织，大都不含叶绿体，细胞排列疏松，主要起储藏作用。水生植物茎皮层的薄壁组织胞间隙发达，构成通气组织。有些植物茎皮层中还具有分泌腔（如棉花、向日葵）、乳汁管（如甘薯）或其他分泌结构，有的具有含晶体和单宁的细胞（如桃、花生），有的具有纤维（如南瓜）和石细胞（如桑树）。

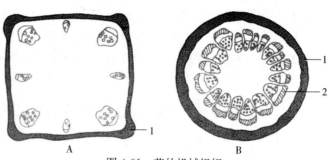

图 4-31 茎的机械组织
A. 方形茎内的机械组织　B. 圆形茎内的机械组织
1. 厚角组织　2. 厚壁组织
（引自陆时万等，1992）

通常幼茎皮层的最内层不具根的内皮层特点，只有部分植物的地下茎或水生植物的茎才有；一些草本双子叶植物如益母草属、千里光属，在开花时皮层最内层才出现凯氏带；有些植物如旱金莲、南瓜、蚕豆等茎的皮层最内层，即相当于内皮层处的细胞富含淀粉粒，因此称为淀粉鞘。

3. 中柱　中柱是皮层以内的中央柱状部分，由维管束、髓和髓射线组成。

（1）维管束。维管束是由原形成层分化而来的，由初生木质部、初生韧皮部和束中形成层组成的束状结构。在横切面上，多束维管束作单环状排列。每束为外韧维管束（少数为双韧维管束，如南瓜、茄等），初生韧皮部为外始式，初生木质部与根中的相反，为内始式。在木质部与韧皮部之间有由原形成层保留下来的束中形成层，以后茎的增粗生长中起主要作用，因此这种维管束称为无限维管束（open bundle）。

（2）髓。位于中柱中央的薄壁组织称为髓（pith），由基本分生组织产生，所占比例较大，常含有丰富的营养物质，主要起储藏作用。有的植物髓中含有如石细胞、晶细胞、单宁细胞等异形细胞；有的植物的髓在生长过程中被破坏而留下髓腔，如葫芦科植物；有的形成髓腔时还留下有片状的髓组织，如胡桃、枫杨等。

（3）髓射线。髓射线是位于维管束之间的薄壁组织，由基本分生组织发育而来，连接皮层和髓，在横切面上呈放射状。髓射线除具有储藏作用外，还可作为横向运输的途径，有的髓射线细胞可转变为束间形成层。

以上所述的初生结构是茎的节间部分，而茎包括节间和节部两部分，节部着生叶，结构复杂。叶内的维管束通过节部和茎内维管束相连，节部维管组织的排列比节间的复杂，叶片和腋芽分化出来的维管束都在节部转变汇合，具体过程将在茎和叶的联系中详细讨论。

（二）单子叶植物茎的初生结构

单子叶植物与双子叶植物茎的结构有明显差异，且结构的变异较大。现以禾本科植物为例说明其基本特征。禾本科植物茎中的维管束散生分布，没有皮层和中柱的界限，大体可分为表皮、基本组织和散生维管束三部分（图 4-32、图 4-33）。

1. 表皮　表皮在茎的最外方。从横切面看，细胞排列整齐。从纵切面看，表皮由长短不同的细胞组成，长细胞夹杂着短细胞。长细胞是角质化的表皮细胞，构成表皮的大部分；短细胞位于两个长细胞之间，分为木栓化的栓质细胞和含有二氧化硅的硅质细胞。此外，表皮上还有少量气孔。

2. 基本组织　表皮以内、维管束以外的所有区域皆为基本组织。基本组织主要由薄壁组织构成，水稻、小麦、竹等植物的茎的中央薄壁组织解体形成髓腔；水稻茎的维管束之间还有裂生通气道；与表皮毗连处常有几层机械组织，或相连成环带（玉米、水稻），或被光合组织隔开（小麦）。

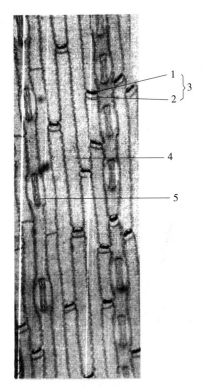
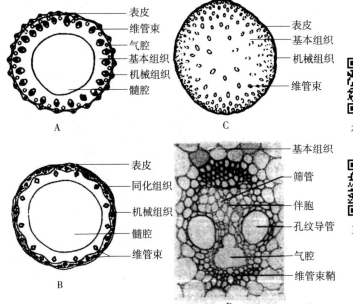

图 4-32　玉米茎的表皮
1. 栓质细胞　2. 硅质细胞　3. 短细胞
4. 长细胞　5. 气孔器
（王瑞云摄）

图 4-33　禾本科植物茎的结构
A. 水稻茎横切面　B. 小麦茎横切面
C. 玉米茎横切面　D. 玉米茎中一个维管束放大

3. 维管束　维管束分散排列于基本组织中。在中空的茎（如小麦、水稻）中，其维管束大体排列为内外两环。外环的维管束较小，位于茎的边缘，大部分埋藏于机械组织中；内环的维管束较大，周围为基本组织所包围。在实心结构的茎（如甘蔗、玉米）中，维管束分散排列于基本组织中，由外向内，维管束的直径逐渐增大，各束间的距离则越来越远。不论何种类型的茎，其维管束均由维管束鞘、初生木质部和初生韧皮部组成，不具形成层，称为有限维管束（closed bundle）。

（1）维管束鞘。包围在维管束外面的厚壁组织，由一至多层细胞组成鞘状结构，称为维管束鞘。

（2）初生木质部。位于维管束的近轴部分，横切面的轮廓呈 V 形，这是禾本科植物茎中较明显的结构。在 V 形的基部为原生木质部，包括一至几个环纹或螺纹导管及少量木薄壁细胞，生长过程中这些导管常遭破坏，形成气腔；在 V 形的两臂上，各有一个属于后生木质部的大型孔纹导管，之间有木薄壁细胞或厚壁细胞，有时也有管胞。

（3）初生韧皮部。位于初生木质部的外方，发育后期原生韧皮部常被挤毁，后生韧皮部由筛管和伴胞组成。

四、茎的增粗——双子叶植物茎的次生生长与次生结构以及单子叶植物茎的增粗

（一）双子叶植物茎的次生生长与次生结构

大多数双子叶植物的茎与根一样，在初生生长的基础上，由维管形成层和木栓形成层进行次生生长，使茎不断增粗。但这两种次生分生组织的发生和所形成的次生结构的某些特征，又与根有不同之处。

1. 维管形成层的产生及其活动

（1）维管形成层的来源。在维管束的初生木质部和初生韧皮部之间，留下了一层具有分生潜力的组织，即束中形成层（fascicular cambium）（图4-34）。当次生生长开始时，与束中形成层相对应的那部分髓射线细胞恢复分生能力，成为束间形成层（interfascicular cambium）。束中形成层和束间形成层连成一环，共同构成维管形成层。

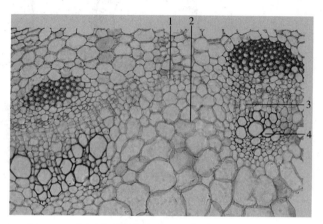

图4-34 束间形成层的发生以及与束中形成层的衔接
1. 束间形成层 2. 髓射线 3. 束中形成层 4. 初生木质部
（王瑞云摄）

维管形成层由两种细胞组成：一种是横切面扁平、纵切面两端尖斜的长纺锤形细胞，其长度超过宽度数十倍至数百倍，称为纺锤状原始细胞；另一种是近等径的小细胞，称为射线原始细胞。

（2）维管形成层的活动。维管形成层开始活动时，纺锤状原始细胞进行切向分裂，向外形成次生韧皮部，添加在初生韧皮部的内方，向内形成次生木质部，添加在初生木质部的外方，次生韧皮部和次生木质部共同构成纵向的次生组织系统。同时，射线原始细胞也进行切向分裂，产生维管射线，处于木质部的称为木射线，处于韧皮部的称为韧皮射线，构成径向的次生组织系统（图4-35）。

维管形成层每次切向分裂所产生的两个子细胞中，一个仍保留分裂能力，另一个就分化为次生维管组织的细胞。通常总是产生次生木质部的细胞多，产生次生韧皮部的细胞少，因此，木本茎的大部分是由次生木质部构成的。

维管形成层细胞不断向内产生次生木质部，茎的直径不断增粗，位于次生木质部外围的维管形成层细胞通过本身径向分裂以扩大周径，适应内部体积的增加。纺锤状原始细胞还能进行径向分裂，产生新的射线原始细胞加入维管形成层环中；或进行倾斜的垂周分裂，继而进行顶端侵入生长，新产生的细胞插入相邻的细胞之间，添加到维管形成层环中。随着次生木质部不断增加并向外扩展，维管形成层的位置也逐渐外移。

（3）维管形成层的季节性活动和年轮。维管形成层

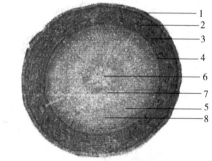

图4-35 棉花老茎的横切面（示次生结构）
A. 茎的横切面 B. 横切面的一部分放大
1. 周皮 2. 次生韧皮部 3. 韧皮射线 4. 形成层
5. 次生木质部 6. 髓 7. 初生木质部 8. 木射线
（王瑞云摄）

的活动受季节影响很大。在春季，随着气候逐渐变化，雨水充足，形成层的分裂活动逐渐增强，所形成的次生木质部较多，细胞口径较大而壁薄，这部分木材质地较疏松，颜色较浅，称为早材（early wood）或春材（spring wood）。到了夏末秋初，气温和水分等条件逐渐不适宜树木的生长，维管形成层的活动逐渐减弱，所形成的次生木质部较少，细胞口径较小而壁厚，这部分木材质地较坚实，色泽较深，称为晚材（late wood）、夏材（summer wood）或秋材（autumn wood）（图4-36）。到了冬天，形成层停止活动，树木也停止了生长。这样，在同一年内所产生的早材和晚材就构成一个年轮（annual ring），也称生长轮（growth ring）。

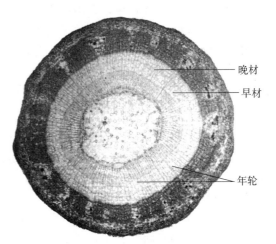

图4-36 椴树三年生茎的横切面
（王瑞云摄）

到第二年春季，维管形成层的活动又开始旺盛起来，所产生的早材紧接去年的晚材，二者细胞形态差别较大，很容易区分出来，其间有一条明显的分界线，即年轮的分界线。这样，形成层又经过一年的活动，又再生产不同细胞形态的早材和晚材，由早材和晚材再构成一个年轮。年复一年，年轮逐年增多。

生长在季节性气候显著地区的树木，一般都有年轮。而生长在四季气候差别不大地区的树木，年轮不显著。也有一些植物，在一年内的正常生长中，不止形成一个年轮，例如，柑橘属植物的茎，一年中可产生三个年轮，称为假年轮（false annual ring）。此外，气候的异常、虫害的发生、出现多次寒暖或叶落的交替，造成树木内形成层活动盛衰的起伏，使树木的生长时而受阻，时而复苏，都可能形成假年轮。没有干湿季节变化的热带地区，树木的茎内一般不形成年轮。

多年生的木本植物，在树干的横切面上，木材的边缘部分颜色较浅，是近几年形成的次生木质部，具有活的、能行使储藏作用的木薄壁细胞，导管能够担负输导作用，称为边材（sap wood）；木材的中央部分颜色较深，是较老的次生木质部，其导管由于侵填体的堵塞而失去输导作用，木薄壁细胞也由于单宁、树脂等有机物的积累而死亡，失去储藏作用，称为心材（heart wood）。

形成层每年产生的次生木质部形成新的边材，而内层的边材部分，因逐渐失去输导作用和细胞死亡，转变成心材。因此，心材逐年增加，而边材的厚度却较为稳定。心材和边材的比例，以及心材的颜色和明显程度，不同植物有着较大的差异。少数木本植物在生长后期，心材被菌类侵入而腐蚀，形成空心树干，但仍能生活，只是机械强度减弱，易为外力折断。

要充分地理解茎的次生木质部结构，就需要从横切面、切向切面和径向切面三种切面上进行比较观察（图4-37）。

横切面是与茎的纵轴垂直方向所做的切面。在横切面上所见到的导管、管胞、木薄壁细胞和木纤维

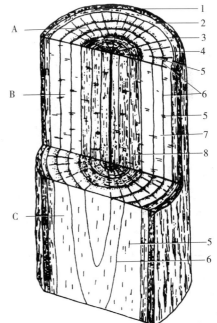

图4-37 木材的三种切面
A. 横切面 B. 径向切面 C. 切向切面
1. 外树皮 2. 内树皮 3. 形成层 4. 次生木质部
5. 射线 6. 年轮 7. 边材 8. 心材
（引自陆时万等，1992）

等,都是它们的横切面,可以看出细胞直径的大小和横切面的形状;所见到的射线为辐射状条形,这是射线的纵切面,显示了射线的长度和宽度。

切向切面,也称弦向切面,是垂直于茎的半径所做的纵切面。在切向切面上所见到的导管、管胞、木薄壁细胞和木纤维等,都是它们的纵切面,可以看到细胞的长度、宽度和细胞两端的形状;所见到的射线是横切面,轮廓呈纺锤状,显示了射线的高度、宽度、细胞的列数和两端细胞的形状。

径向切面是通过茎的中心即直径所做的纵切面。在径向切面上,所见到的导管、管胞、木薄壁细胞、木纤维和射线等,都是纵切面;细胞较整齐,尤其是射线的细胞与纵轴垂直,长方形的细胞排成多行,显示了射线的高度和长度。

在这三种切面中,射线的形状最为突出,可以作为判别切面类型的指标。

2. 木栓形成层的产生及其活动 维管形成层的活动使茎的直径不断加粗,导致表皮等初生组织受到挤压,甚至死亡、脱落,这时茎内某些部位的细胞,恢复分生能力,形成木栓形成层。木栓形成层进行切向分裂,向外产生木栓层,向内产生栓内层,三者共同组成周皮(图4-38)。

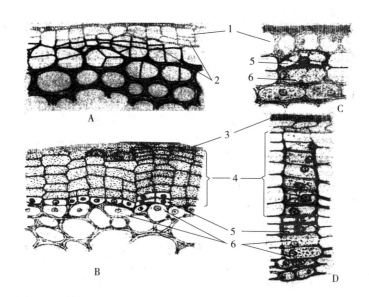

图4-38 梨(A、B)和梅(C、D)茎的木栓形成层发生与活动产物
1. 具角质层的表皮层 2. 开始发生周皮时的分裂 3. 挤碎的具角质层的表皮细胞
4. 木栓层 5. 木栓形成层 6. 栓内层
(引自 Esau, 1977)

木栓形成层的发生位置因植物种类不同而异,多数是在皮层,可在近表皮处(如杨、榆)或皮层厚角组织中(如花生、大豆),也可在皮层深处(如棉花);有的是在初生韧皮部内(如茶);也有些可直接由表皮细胞转变而成(如柳、苹果)。一年中,木栓形成层活动所持续的时间一般仅两三个月或略长,到第二年,即由其更里面的薄壁细胞恢复分裂能力,产生新的木栓形成层,逐年往内。较老的茎中,木栓形成层可以发生于次生韧皮部。

木栓层细胞排列紧密,一般呈褐色,细胞内的原生质体解体,壁较厚且高度栓质化,具有不透水、不透气、抗菌、耐磨、耐腐蚀、绝缘、隔热和富弹性等特性,可作软木塞、救生圈、隔音板及绝缘材料等。

栓内层的细胞层数一般仅1～3层,有类似皮层的功能。

在周皮的形成过程中,原来茎表皮的气孔之下的木栓形成层向外产生一些圆球状的排列疏松的薄壁细胞,称为补充细胞或填充细胞;随着补充细胞的增多,突破了外围的细胞层,而形成突破口,这个突破口即为皮孔(lenticel)。皮孔的形成,使植物老茎的内部组织与外界进行气体交换得到了保证。皮孔有具封闭层和无封闭层的两种类型。具封闭层的类型,在结构上有显著的分层现象，这是由排列紧密的栓化细胞所形成的封闭层，把内方疏松而非栓化的补充组织细胞包围着。以后，补充细胞的增生，破坏了老封闭层，而又产生新封闭层，推陈出新，以此类推，就形成了几个层次的交替排列。尽管封闭层因补充组织的增生而连续遭到破坏，但其中总有一个封闭层是完整的。这种类型常见于梅、山毛榉、桦、刺槐等植物的茎上。无封闭层的类型，结构简单，无分层，前期细胞壁薄，胞间隙大；后期壁厚，栓质化，胞间隙小。这种类型常见于接骨木、栎、椴、杨、木兰等植物的茎上（图4-39）。

多年生植物的茎，每年都产生新的木栓形成层，进而形成新周皮，多年产生的周皮逐年积累成较厚的树皮。关于树皮的概念，有狭义和广义的两种说法。狭义的树皮是指历年所形成的周皮以及周皮以外的死亡组织。广义的树皮是指伐木时从树干上剥下的皮，是从树干的形成层区和木质部分离的，包括次生韧皮部和可能存留在它外方的初生组织、周皮以及周皮外的一切死组织。广义的树皮又可分为软树皮和硬树皮两部分。软树

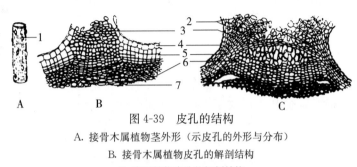

图 4-39 皮孔的结构
A. 接骨木属植物茎外形（示皮孔的外形与分布）
B. 接骨木属植物皮孔的解剖结构
C. 李属植物皮孔的解剖结构
1. 皮孔 2. 封闭层 3. 补充组织 4. 表皮
5. 木栓层 6. 木栓形成层 7. 栓内层
（引自Devaux, 1986）

皮包括木栓形成层、栓内层和韧皮部，质地较软；硬树皮包括新的木栓层及其外方的死亡组织，质地较硬，常呈条状剥落，又称落皮层。

（二）单子叶植物茎的增粗

1. 初生增粗生长 少数单子叶植物（如玉米、甘蔗、棕榈等）的茎，也有明显的增粗，但和双子叶植物茎的增粗机制不同。其增粗的原因有两方面：一方面，初生组织内数以万计的细胞长大，导致总体体积增大；另一方面，在茎尖的正中纵切面上可以看到，在叶原基和幼叶的内方，有几层由扁长形细胞组成的初生增粗分生组织（primary thickening meristem）（图4-40）。初生增粗分生组

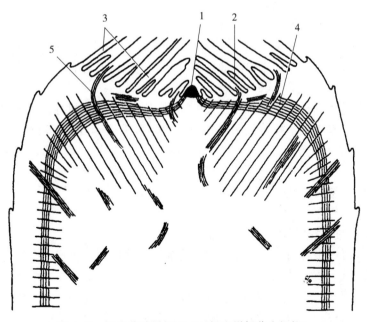

图 4-40 玉米苗端纵切面（示初生增粗分生组织）
1. 顶端分生组织 2. 叶原基 3. 幼叶 4. 初生增粗分生组织 5. 原形成层
（引自刘穆，2010）

织整体如套筒状，它们和茎表面平行，主要进行平周分裂，产生薄壁组织以及原形成层束（以后分化为维管束），通过薄壁组织细胞的增大和原形成层束的分裂、生长和分化，而使茎轴增粗，但这种增粗是有限的。初生增粗分生组织由顶端分生组织衍生，属于初生分生组织，其活动产生的加粗生长称为初生增粗生长。

2. 异常的次生生长 由于单子叶植物的维管束为有限维管束，其茎秆不能进行次生生长。不过也有少数单子叶植物，如龙血树、朱蕉、丝兰等也产生形成层，但其起源和活动情况与双子叶植物有所不同。如龙血树的形成层是从初生维管束外方的薄壁组织中产生，向内产生次生的周木维管束和薄壁组织，向外仅产生少量的薄壁组织（图4-41）。

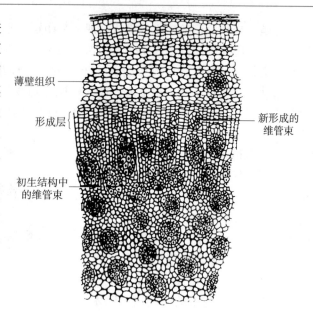

图4-41 龙血树茎横切面（示异常的次生生长）
（引自徐汉卿，1996）

五、茎的生长特性与农业生产的关系

（一）枝条生根与人工营养繁殖

用营养器官进行的繁殖为营养繁殖。一些植物具有特殊的营养器官，有自然营养繁殖功能。此外，人们还可利用一些植物枝条易于发生不定根和不定芽的特性进行扦插、压条来进行人工营养繁殖。营养繁殖方式有利于保持植物优良品质，并能加速后代的繁殖；对一些不能产生种子或产生种子过少的植物，如香蕉、无花果、葡萄、甘薯等，营养繁殖是主要的繁殖方法。

对苹果插条生根的解剖学研究表明，不定根原基多成群发生于射线与形成层交叉处。另一些研究指出，具有较多的储藏组织、茎外围较少厚壁组织或厚壁组织较分散的植物较易生出不定根，取自健壮、年幼植株的枝条成活率较高等。

（二）茎的创伤愈合与嫁接

嫁接是利用植物具有创伤愈合能力的特性进行的人工营养繁殖。这是将一株植物的枝条或芽（接穗），接到另一株存有根系并切去上部的植株（砧木）上，使它们逐渐愈合成为一个新植株（嫁接苗）。

嫁接苗既可保持接穗品种的优良特性，又可利用砧木的一些有利特性改变接穗果实的品质、植株的抗逆性等。如以海棠作砧木嫁接苹果可提早结果；黄瓜接于云南黑籽西瓜上可防黄瓜枯萎病；洋姜根系吸收力强，向日葵光合效率高，以前者作砧木，后者作接穗，所形成的嫁接苗地下所结洋姜块大，地上的向日葵籽粒饱满。嫁接法尤其适宜于不易繁殖，用扦插、压条等法又不易成功的植物种类，因而广泛用于果树繁殖。

嫁接成功与否的关键在于砧木和接穗的组织是否愈合，以及两者的维管组织是否成功联结。

（三）芽和枝的特性与整枝技术

农林、园艺生产实践中常用整枝、摘心和修剪等技术使作物、花卉、果树等形成理想的株形或树冠，以合理利用空间，提高光合效率，或调整营养生长与生殖生长，或根据对产品器官质量要求，加以促、控；合理修剪还能防止果树早衰，延长结果年限，减轻病虫害的发生。

整枝、修剪必须对枝和芽的特性充分了解。单轴分枝的植物由于顶端优势的作用，主干生长势强，如向日葵、黄麻和松柏类，就要设法促进顶芽优势，便可使葵花盘硕大、健壮，麻纤维长而韧，松材长而挺直。而棉花则要及时摘心（去顶芽），才能促使侧芽形成更多的果枝；果树幼年达到一定高度时,也要剪去顶部,以后逐年皆要合理修剪,使其保持适于多结果又便于管理的树冠。修剪时辨明长、短枝和枝龄以及芽的各种特性十分重要。

(四) 茎的结构特征与倒伏

作物的倒伏,尤其是稻、麦茎秆的倒伏常导致不同程度的减产。倒伏有遗传因素(有抗与不抗倒伏品种之分),也有管理因素(如肥、水过大,密植不当)。这些因素的影响往往在茎的结构上有所反映。如有人对多个抗倒伏性不同的杂交玉米品种的研究发现:第一、二节间中的外围维管束的长、宽和维管束内厚壁组织的厚度,及维管束束数与田间倒伏率呈显著负相关。又有研究表明:随着播种量增加,茎壁厚度减小,维管束数减少,机械组织发育程度下降,显然倒伏的危险也随之增加。

第三节 叶的形态结构与建成过程

一、叶的生理功能

叶(leaf)的主要生理功能是光合作用和蒸腾作用,在植物的生活中有着重要作用。

(一) 光合作用

绿色植物叶片吸收日光能量,利用二氧化碳和水合成有机物质,将光能转变为化学能储藏起来,同时释放出氧气的过程,称为光合作用(photosynthesis)。典型的植物叶扁平状,表面积大,有利于和周围环境进行气体交换。如一株树干直径 1 m 的槭树,约有 10 万片树叶,总面积达 2 000 m^2。植物通过光合作用所产生的葡萄糖,是植物生长发育所必需的有机物质,也是植物进一步合成蛋白质、脂肪、纤维素及其他有机物的原料。对人和动物来说,光合作用的产物是食物直接或间接的来源,该过程释放的氧又是生物生存的必要条件之一。农业生产中无论是粮食作物还是经济植物,单位面积的产量都直接与叶的光合作用有关。因此叶的发育和总叶面积的大小,对植物的生长发育、作物的稳产高产都有极其重要的影响。

(二) 蒸腾作用

植物体内的水分以气体状态从叶片逸散到大气中的过程,称为蒸腾作用(transpiration)。叶是蒸腾作用的主要器官,植物根部吸收的水分,绝大部分通过叶面散失到体外。蒸腾作用在植物生活中具有重要的意义,是根系吸收水分和植物运转水分的重要动力,水分的运转又能促进植物体内矿质元素的运输;蒸腾作用还可以降低叶表面温度,使植物叶免遭过强光照的灼伤。但是过强的蒸腾作用会使植物体失水太快,不利于生长发育。

此外,叶具有吸收能力。例如,喷施农药,可通过叶表面吸收到体内;又如向叶面喷洒一定浓度的肥料,叶片表面也能吸收。叶片具有吸收功能是叶面喷施农药防治植物病害,以及叶面施肥促进植物生长的重要依据。有少数植物的叶还具有繁殖能力,如落地生根,在叶缘上产生不定芽,芽落地后便可长成新植株。

在适应了特殊环境后,植物叶的功能更加多样化。如洋葱的叶具有储藏作用,豌豆的叶卷须具有攀缘作用,猪笼草捕虫叶可以捕捉昆虫,三颗针的叶刺具有保护作用。

叶有多种经济价值,如白菜、生菜、菠菜、韭菜的叶可作蔬菜食用,薄荷、枇杷的叶可药用,葱、蒜的叶可作食用调料,香樟、白千层、桉树叶中的芳香油经济价值高,剑麻的叶可作造纸原料等。

二、叶的组成和形态

(一) 叶的基本组成

双子叶植物的叶一般由叶片、叶柄和托叶三个部分组成。三者齐全的称为完全叶(complete leaf),缺少其中任何一部分者,称为不完全叶(incomplete leaf)(图 4-42)。如棉花的叶有叶片、叶柄和托叶，为完全叶；台湾相思树的叶没有叶片，叶柄扩展成叶片状，为不完全叶；桑叶无托叶，莴苣叶无叶柄等，都为不完全叶。

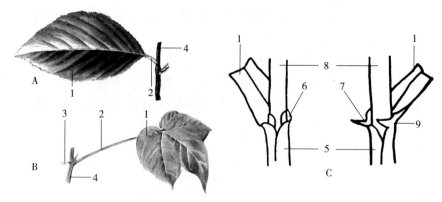

图 4-42　叶的组成
A、B. 双子叶植物叶　C. 禾谷类植物叶
1. 叶片　2. 叶柄　3. 托叶　4. 枝条
5. 叶鞘　6. 叶舌　7. 叶耳　8. 茎秆　9. 叶环
（A、B 引自李东来等，1983；C 杨晓红绘）

禾谷类植物的叶与双子叶植物的叶差别较大，分为叶片和叶鞘两大部分。叶片为线状、条状或狭带状，叶脉纵向平行。叶片下延形成长而抱茎的叶鞘，具有保护、输导和支持的功能。有些禾谷类植物的叶，其叶片与叶鞘连接处的腹面（向轴面）中央、两侧都可能有突起物，中央的突起物一般为舌状、膜质，称叶舌，可以防止水分、昆虫和病菌孢子落入叶鞘内方。叶舌的两侧有一对突起物，是叶片基部边缘伸出的耳状结构，称叶耳；叶舌、叶耳的有无、形状、大小、色泽等，常常是鉴定禾谷类植物类群，甚至物种的重要依据之一。如水稻和稗草，前者有叶舌、叶耳，后者没有叶舌、叶耳，很容易从稻田中把稗草识别出来；又如大麦、小麦和燕麦，叶耳在大麦中较大，在小麦中较小，在燕麦中没有。叶片、叶鞘连接处的背面（远轴面）有不同色泽的环状结构，称叶环、叶颈或叶枕（图 4-42）。叶环有弹性和延展性，可以适应光照的方向来调节叶片的位置。生产中，将麦（稻）穗下方的第一片叶称为旗叶，旗叶的叶环与第二片叶的叶环之间的距离称叶环距。依据叶环距的长短，可初步判断幼穗的分化进程。

（二）叶的形态

植物界叶片多样性特征十分显著，不同的植物其叶片形态很不一样，主要反映在大小、形状上。叶片的长度由几毫米到几米（如棕榈、香蕉的叶片），王莲的巨大漂浮叶直径达 2 m，可载一个小孩。叶片的形状变化可以从叶尖、叶基、叶缘、叶裂、脉序等特征上体现。

1. 叶尖　植物的叶尖（leaf apex）有不同的类型，如尾尖（caudate）、渐尖（acuminate）、锐尖（acute）和钝尖（obtuse）等（图 4-43）。在热带雨林和季雨林中，植物的叶片适应靠重力排出叶面上过多的水分，都发育有非常尖锐的叶尖。有些植物如凹叶厚朴的叶尖不是尖的，而是内凹的。不同的植物其叶尖内凹的程度各不相同，有的还呈不规则的缺刻。

2. 叶基　叶片的基部绝大多数是左右对称的，但有少数植物的叶基（leaf base）是斜歪的，例如，金缕梅科和桦木科的许多植物。叶基的形态，常见的有楔形（cuneate）、圆形（rounded）、心形（cordate）、耳垂形（auriculate）和戟形（hastate）等（图 4-43）。某些植物的叶由于无叶柄，叶基向前延伸抱茎，并且左右愈合，形成了穿茎的叶基，如元宝草。还有些植物的叶具柄，叶基在叶柄上端扩展愈合，形成伞状结构，盾状着生，如莲、莼菜、芡实和旱金莲。

3. 叶缘　叶缘（leaf margin）是指叶片的边缘，从叶片基部直达叶尖。根据叶缘的完整程度和侧脉延伸情况，可把叶缘分为全缘（entire）、波状（undulate）、锯齿（serrate）、钝齿（obtusely

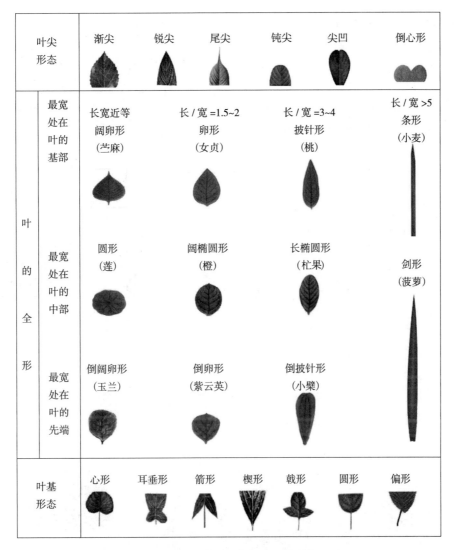

图 4-43 叶片、叶尖、叶基的形态

serrate）和牙齿（dentate）等类型（图 4-44）。

图 4-44 叶缘的形态

（仿李扬汉，1984）

4. 叶裂 如果叶缘下陷部分加深、加宽使叶片分裂成不同的片状，称为叶裂。叶裂按照裂片深度不同分为浅裂（lobed）、深裂（parted）和全裂（divided）；按照裂片排列规律的不同分为掌状和羽状。叶片深度不到叶片宽度的 1/4 为浅裂，超过叶片宽度的 1/4 为深裂，叶裂到达主脉附近为全裂；裂片在叶柄顶端呈近似辐射状排列的称为掌状分裂，裂片在叶柄两侧排列的称为羽状分裂（图

4-45)。

5. 脉序 叶片中的维管束称为叶脉（leaf vein）。最大的叶脉称为主脉（main vein），主脉上的分支称为侧脉（lateral vein），其余的细小叶脉为细脉（tiny vein）。叶脉在叶片中的排列秩序称为脉序（venation）。植物的脉序一般分成网状脉序（reticulate venation）、平行脉序（parallel venation）、射出脉序（radiate venation）和叉状脉序（dichotomous venation）四大类（图4-46）。

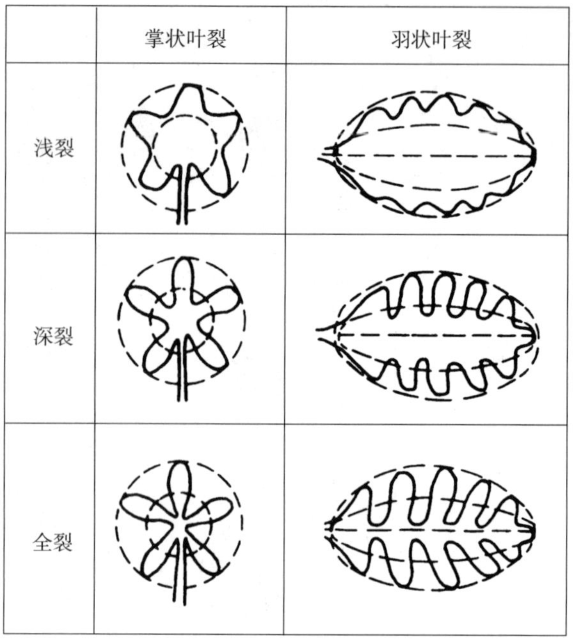

双子叶植物的叶脉一般为网状脉序。侧脉掌状的称为掌状脉（palmate vein），侧脉呈羽状的称为羽状脉（pinnate vein）。

禾谷类植物的叶一般为平行脉序，如水稻、小麦、玉米的叶脉，侧脉从叶片基部直达叶尖近平行排列，各侧脉间没有细脉相连，称为直出平行脉（straight parallel vein）。香蕉、芭蕉的叶片中，所有侧脉平行且垂直于主脉，称为侧出平行脉（lateral parallel vein）。蒲葵叶片中，主脉不显著，所有叶脉都从叶柄顶端出发，呈射线状排列，称为射出脉（radiate vein）。银杏叶片中叶脉是二叉分枝状，称叉状脉（dichotomous vein）。

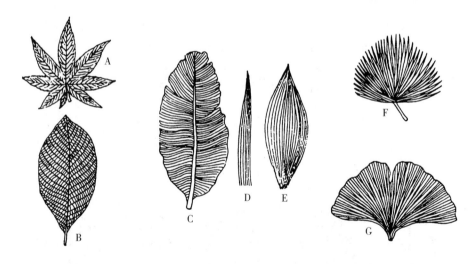

图 4-45 叶 裂
（引自李扬汉，1984）

图 4-46 脉 序
A、B. 网状脉序（A. 掌状脉　B. 羽状脉）
C～E. 平行脉序（C. 侧出平行脉　D. 直出平行脉　E. 弧形脉）
F. 射出脉　G. 二叉脉

（三）叶序

叶序（phyllotaxy）是叶在枝条上排列的秩序或规律。植物通过一定的叶序，使叶均匀地、适宜地排列在枝条上，充分接受阳光，相互不重叠遮光，有利于光合作用的进行，叶的这种有序排列现象称为叶镶嵌（leaf mosaic）。常见的叶序有互生（alternate）、对生（opposite）、轮生（verticillate）、簇生（fascicled）、基生（basal）等（图4-47）。

图 4-47 叶 序
A. 互生叶序 B. 对生叶序 C. 轮生叶序 D. 簇生叶序 E. 基生叶序

互生是指茎或枝条的每个节上只着生 1 枚叶，如大豆、棉花和玉米等。

对生是指茎或枝条的每个节上相对着生 2 枚叶，如丁香、女贞和一串红等。当上下相邻的两个节上的对生叶着生方向互相垂直时，称交互对生，如唇形科植物。有些植物的枝条上本来是交互对生的叶序，但由于枝条的水平伸展，所有叶柄发生了扭曲，使得叶片排在同一水平面上呈二列状，都与光线保持垂直。

轮生是指在茎或枝条的同一个节上有 3 枚或 3 枚以上的叶着生，如夹竹桃、黑藻等。

簇生是指多枚叶以互生叶序密集着生于枝条的顶端，如海桐；或多枚叶以互生叶序着生于极度缩短的短枝上，如金钱松、银杏和梨等。

基生是指多枚叶以互生或对生叶序密集着生于茎基部或近地表面的短茎上，如车前和蒲公英等。

(四) 叶的类型

根据叶柄的上端与叶片之间是否有关节存在，可将叶分为单叶（simple leaf）和复叶（compound leaf）两大类型（图 4-48）。

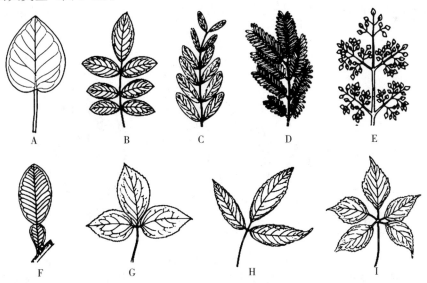

图 4-48 单叶和复叶
A. 单叶 B~E. 羽状复叶（B. 一回奇数羽状复叶 C. 一回偶数羽状复叶
D. 二回偶数羽状复叶 E. 三回奇数羽状复叶） F. 单身复叶 G、H. 三出复叶
(G. 三出掌状复叶 H. 三出羽状复叶) I. 掌状复叶

1. 单叶 单叶是指一个叶柄上只着生1枚叶片,并且在叶片与叶柄之间没有关节的叶,如桃、女贞和悬铃木等。

2. 复叶 复叶是指在一个分枝或不分枝的叶轴上着生一至多枚具关节的小叶。复叶的典型特征是:所有的小叶与叶轴交界处有清晰的关节;排列在同一平面上;落叶时,小叶先脱落,最后叶轴脱落。

根据复叶的形态结构不同,分为羽状复叶(pinnately compound leaf)、掌状复叶(palmately compound leaf)、三出复叶(ternately compound leaf)和单身复叶(unifoliate compound leaf)。

叶柄或分枝的叶柄两侧成对着生小叶的复叶称为羽状复叶。顶端为1枚小叶时称为奇数羽状复叶,顶端有2枚小叶时称为偶数羽状复叶,叶柄不分枝时称为一回羽状复叶,有1次分枝时称为二回羽状复叶,有2次分枝时称为三回羽状复叶。

小叶4枚以上,有柄或无柄,着生在总叶柄的顶端呈掌状排列,称为掌状复叶,如五加、七叶树、牡荆的复叶。

小叶3枚,着生在叶柄的顶端或近顶端称为三出复叶,1枚小叶顶生,2枚小叶侧生,如果顶生小叶叶柄较长,两侧小叶向叶轴靠拢,夹角较小,排列呈羽状,称为羽状三出复叶,如大豆、菜豆、苜蓿等的叶;如果顶生小叶与侧生小叶叶柄等长,两侧小叶与顶生小叶间夹角较大,排列呈掌状,称为三出掌状复叶,如酢浆草、三叶草等的叶。

形似单叶,但叶柄与叶片之间有明显的关节,称为单身复叶,如橘、橙、柚等的叶。单身复叶可能是由三出复叶中两枚侧生小叶退化,仅留一顶生小叶所致。

三、叶的发生和生长

(一)叶的发生

叶由叶原基(leaf primordium)生长分化而来。当芽形成和生长时,在芽的生长锥近顶端,周缘分生组织区的外层细胞不断分裂,形成侧生的突起。这些突起是叶分化发育的起点,因而称为叶原基。叶原基是一团原分生组织细胞,将朝着长、宽、厚三个方向进一步生长,逐渐形成具有叶片、叶柄、托叶等结构雏形的幼叶,最终发育成为成熟叶(图4-49)。叶的这种起源发育方式称为外起源。

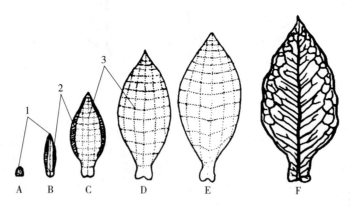

图4-49 烟草叶的发育模式图
A. 叶原基 B. 芽内叶的顶端生长 C. 芽内叶的边缘生长 D、E. 芽外叶的居间生长 F. 成熟叶片
1. 顶端分生组织 2. 边缘分生组织 3. 居间分生组织

(仿Esau,1977)

(二)叶的生长

叶原基的进一步发育与生长的过程包括了顶端生长(apical growth)、边缘生长(marginal growth)和居间生长(intercalary growth)三个阶段。

叶原基形成后，首先进行顶端生长，不断伸长为圆柱状的结构，称为叶轴。叶轴是尚未分化的叶柄和叶片。具有托叶的植物，叶原基上部形成叶轴，基部细胞分裂较上部快，且发育较早，分化成为托叶，包围着上部叶轴，起到保护作用。具有叶鞘的植物（如禾本科），叶原基基部生长活跃，侧向延伸可以包围整个茎端分生组织。

叶轴伸长时，叶轴两侧边缘的细胞开始分裂，进行边缘生长（边缘生长进行一段时间后，顶端生长停止）使叶轴变宽，形成具有背腹性的、扁平的叶片雏形；如果是复叶，则通过边缘生长形成多数小叶片。没有进行边缘生长的叶轴基部分化为叶柄，当幼叶叶片展开时叶柄才随之迅速伸长。

当幼叶由芽内逐渐伸出、展开时，边缘生长逐渐停止，整个叶片进入居间生长，最后发育成熟。大多数幼叶叶片的生长基本上是等速生长，但有些幼叶各部分细胞的生长速度并非完全一致，因而在叶的生长过程中，便出现了不同的叶缘、叶形等。叶片在不断增大的同时，伴随着内部组织的分化成熟。

在边缘生长时期，叶轴两侧的边缘分生组织经垂周分裂产生原表皮，将来发育成为表皮；近边缘分生组织平周分裂和垂周分裂交替进行，形成了基本分生组织和原形成层。在一种植物中叶肉的层数基本是恒定的，是由平周分裂决定的。在各层形成后，细胞停止了平周分裂，只进行垂周分裂，增大叶片面积，但不增加叶片厚度。

一般说来，叶的生长期是有限的，这和具有形成层的无限生长的根、茎不同。叶在短期内生长到一定大小后，即停止生长。但有些单子叶植物叶的基部保留着居间分生组织，可以有较长期的居间生长。如禾本科植物的叶鞘可以随节间生长而伸长，葱、韭菜等剪去上部叶片，叶仍可继续生长（即割一茬又长一茬），就是叶基部居间分生组织活动的结果。

四、叶的结构

（一）叶柄的结构

叶柄是连接叶片和茎之间的细长柄状部分，起着支持叶片和运输物质的功能。叶柄的内部结构多呈两侧对称，主要由表皮、基本组织和维管束等组成，结构类似于幼茎。表皮是最外面的一层近方形的薄壁细胞，排列紧密，由表皮细胞和气孔器等组成。表皮内侧为基本组织，紧靠表皮的几层基本组织中常有厚角组织成束存在，它既能增强叶柄的支持作用，又不妨碍伸长、弯曲和摆动，是叶片形成叶镶嵌的主要原因。叶柄的维管束与茎的维管束相连，包埋在基本组织中，维管束的数量以及排列方式因植物种类的不同有差异，但一般多为弧形，缺口向上（图4-50）。维管束的结构与幼茎中的维管束结构相似，主要由木质部和韧皮部组成，二者之间有微弱的形成层原始细胞，在叶发育的中期经短暂活动后即停止细胞分裂。由于叶柄是幼茎的侧向分支，因此，木质部从幼茎的内侧转为叶柄中的上方位置，韧皮部由幼茎中的外侧转为叶柄中的下方位置。

图 4-50 三种叶柄横切面

（维管束中白色为韧皮部，斜线为木质部）

（二）双子叶植物叶的结构

双子叶植物的叶片虽然在形态上表现出多种多样，但其内部组织结构却基本相似，可分为表皮（epidermis）、叶肉（mesophyll）和叶脉（vein）三部分（图4-51）。

1. 表皮 表皮由原表皮发育而来，包被在整个叶的外表，一般有背腹之分，在腹面的称上表

海桐叶横切

皮，在背面的称下表皮。表皮通常由一层细胞组成，但也有少数植物叶片的表皮由多层细胞组成，称为复表皮（multiple epidermis），如夹竹桃和印度橡胶树的表皮就是复表皮。叶的表皮由表皮细胞、气孔器、附属物和排水器等组成。

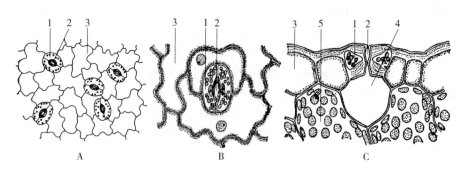

图4-51　双子叶植物叶的表皮
A. 表皮顶面观　B. 气孔器顶面观放大　C. 气孔器横切面
1. 保卫细胞　2. 气孔　3. 表皮细胞　4. 气孔下室　5. 叶肉细胞
（仿李扬汉，1984）

（1）表皮细胞。一般为形状不规则的扁平细胞，侧壁常凹凸不平，细胞间彼此互相嵌合，紧密相连，没有间隙。表皮外面覆盖角质层，能降低植物体内水分的蒸腾散失，保护植物不受细菌和真菌的侵害，也能通过其较强的折光性，防止强日光引起的伤害。异面叶上表皮细胞的外壁常具有发达的角质层，而下表皮的角化程度一般较低。表皮细胞内不含叶绿体，但一些水生或阴生植物中可能有。有的植物表皮细胞内还含有花青素，使叶片呈现红、紫、蓝等颜色。

（2）气孔器。气孔器（stomatal apparatus）是植物气体交换和水分出入的主要通道，分散在表皮细胞之间，由两个肾形的保卫细胞（guard cell）围合而成，保卫细胞中含有一些叶绿体，可以进行光合作用。两个保卫细胞之间的裂生胞间隙称为气孔（stoma）。有些植物如甘薯等，在保卫细胞之外还有较整齐的副卫细胞。保卫细胞的细胞壁在靠近气孔的部分增厚，上下方都有棱形突起，而邻接表皮细胞一侧的细胞壁较薄。当光合作用所累积的淀粉转变为简单的糖分时，保卫细胞中细胞液的浓度增加，保卫细胞向周围的表皮细胞吸入水分而膨胀。由于它们细胞壁厚薄不均匀，两边的延伸性不同，近气孔的细胞壁较厚，扩张较少，而邻接表皮细胞的细胞壁较薄，扩张较多，致使两个保卫细胞相对地弯曲，其间的气孔裂缝得以张开。当保卫细胞失去水分，紧张度降低，保卫细胞就萎蔫而变直，其间的气孔裂缝就关闭起来。

一般植物在正常的气候条件下，昼夜之间，气孔的开闭具有周期性。气孔常于晨间开启，有利于进行光合作用；上午9~10时增至最大，此时，气孔蒸腾也迅速增强，保卫细胞失水渐多；中午时分，气孔渐渐关闭；下午，当叶内水分渐渐增加之后，气孔又再张开；到傍晚后，因光合作用停止，气孔则完全闭合。气孔开闭的周期性，随气候和水分条件、生理状态和植物种类（如一些肉质植物气孔在夜间开放）而有差异。了解气孔开闭的昼夜周期变化和环境的关系，对于选择根外施肥的时间，有实际指导意义。

眼子菜叶横切

气孔器在表皮上的数目、气孔器与表皮细胞的相对位置、保卫细胞的大小和分布等随植物的种类而异，也与生态条件有关。大多数植物下表皮平均有气孔器100~300个/mm²。一般来说，草本双子叶植物如棉花、马铃薯、豌豆的气孔器，下表皮多而上表皮少；有些植物的气孔器主要集中在下表皮，如木本双子叶植物中的茶、桑等。湿生或水生植物的浮水叶，气孔器通常只分布在上表皮，如睡莲。沉水植物的叶，一般没有气孔器，如眼子菜、金鱼草。在同一植株上，位置愈高的叶，其单位面积的气孔器数目愈多，保卫细胞愈小；在同一叶片上，单位面积气孔器的数目在近叶尖、叶缘部分较多。这是因为叶尖和叶缘的表皮细胞较小，而气孔器与表皮细胞的数目常有一定比例的缘故。

多数植物叶的气孔器与其周围的表皮细胞处在同一平面上，但旱生植物的气孔器位置常稍下陷，而生长于湿地的植物其气孔器位置常稍升高（图 4-52）。气孔的这些特点，都是对光照、水分等不同环境条件的适应。

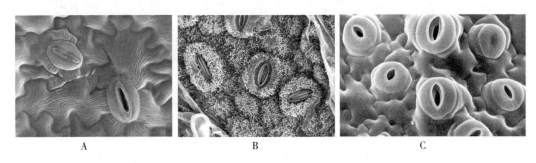

图 4-52　气孔器与表皮细胞位置关系的扫描电子显微镜照片
A. 中生植物叶气孔器与表皮几乎在同一个平面　B. 旱生植物叶气孔器在表皮中下陷
C. 湿生植物叶气孔器高出表皮细胞

（3）附属物。在许多植物的叶片上有一些形态各异的附属物，主要有表皮毛、鳞片和腺体，其功能主要是保护和分泌等。

表皮毛是植物表皮最常见的附属物，有单细胞的，如苹果叶片上的毛；有多细胞的，如马铃薯叶片上的毛；有的是分枝的，如悬铃木叶片上的毛。

鳞片是指位于叶片表皮上扁平的附属物，常由多细胞组成，可以是鳞片的一端着生，也可为盾状着生，如胡颓子科植物的鳞片较发达。

腺体是指位于表皮之上或表皮之中的具有分泌功能的附属物，绝大多数的腺体是在表皮之上的，如腺鳞和腺毛。

（4）排水器。有些植物在叶尖和叶缘有一种排出水分的结构称为排水器（hydathode）。在温暖的夜晚和清晨，空气湿度较大时，叶片的蒸腾微弱，植物体内的水分就从排水器溢出，在叶尖和叶缘上积成水滴，这种现象称为吐水。

2. 叶肉　叶肉由基本分生组织发育而来，在表皮内方，主要由含叶绿体的薄壁细胞组成，偶有分泌腔等。叶肉是叶片内最发达、最重要的部分，是绿色植物进行光合作用的主要场所。大多数双子叶植物的叶片，多向水平方向伸展，所以，上下两面受光不同，上面（腹面或近轴面）为向光的一面，深绿色，下面（背面或远轴面）呈浅绿色；叶肉细胞分化为栅栏组织和海绵组织两部分（图4-53）。具有这种结构的叶称为背腹叶（dorsiventral leaf），也称异面叶（bifacial leaf）。有的植物，如棉花还有分泌腔，茶有大型骨状石细胞等分布其中。

（1）栅栏组织。在异面叶中，栅栏组织（palisade tissue）位于上表皮之下，由 1~4 层长柱形、含大量叶绿体的薄壁细胞组成，其长轴与表皮垂直，细胞排列紧密。栅栏组织的层数与细胞长度因植物不同而异，如棉花的为 1 层，长达叶片厚度的 1/3~1/2；甘薯 1~2 层；茶树因品种不同而有 1~4 层的变化。细胞内的叶绿体能随光照条件的变化而移动。在弱光下，叶绿体分散在细胞质中，以扁平的宽面对着阳光，充分利用散射光；在强光下，叶绿体移向侧壁，减少受光面积，避免灼伤。

（2）海绵组织。海绵组织（spongy tissue）是位于栅栏组织与下表皮之间的同化组织。含叶绿体较少，细胞的大小和形状不规则，形成短臂状突起并互相连接而形成较大的细胞间隙。由于这些特点，使叶片背面色泽浅于腹面。叶片的叶肉细胞间隙与气孔器的气孔下室一起，形成曲折而连贯的通气系统，有利于光合作用及与其有密切关系的气体交换，即二氧化碳的进入与暂时储存、氧气及水汽的逸出等。

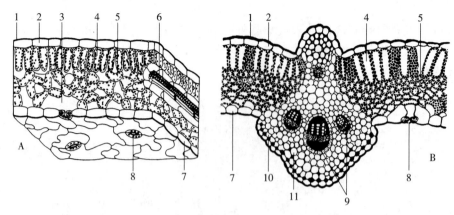

图 4-53 向日葵叶的解剖结构
A. 叶片非主脉部位的三维结构 B. 叶片主脉及附近部位的横切面
1. 角质层 2. 上表皮 3. 气孔下室 4. 栅栏组织 5. 海绵组织 6. 侧脉维管束
7. 下表皮 8. 气孔器 9. 主脉维管束 10. 厚角组织 11. 基本组织
(仿刘穆，2010)

(3) 叶脉。叶脉是由原形成层发育而来的。双子叶植物的叶脉为网状脉序，主脉分出侧脉，侧脉分出各级细脉，大小叶脉错综分支，相互交织成网状。叶脉分布在叶肉组织中，起输导和支持作用。叶脉的内部结构随叶脉的大小而不同。主脉或大的侧脉中含有一条（或几条）维管束，其中木质部位于上方（近叶腹面），韧皮部位于下方（近叶背面），二者之间有分裂能力较弱的形成层，活动时间短。维管束的周围具含有少量叶绿体的薄壁细胞，叶片上下表皮内侧还常有厚角组织（如甘薯）或厚壁组织（如棉花、柑橘）分布，有加强机械支持的作用。主脉或有些大的侧脉在叶背面表皮内侧的机械组织非常发达，主脉和大的侧脉在叶背面常向外隆起。

较小的叶脉中，在维管束的外围有一圈薄壁细胞或厚壁细胞组成的维管束鞘，维管束鞘将由小脉一直延伸到叶脉末梢，使得脉梢的维管组织很少暴露在叶肉细胞间隙中（排水器例外）。维管束鞘还可以延伸到表皮下方，构成维管束鞘延伸区，既具备支持功能，也担负起从维管束鞘至表皮的短途运输功能。小叶脉分支相互连接呈网状，把叶肉分隔成区，最小的区域被最细的叶脉包围成网孔状。有的植物网孔内有游离的脉梢，称开放脉序；有的植物网孔内没有自由的脉梢，称闭锁脉序。

随着叶脉的逐渐变细，维管束的结构愈加简化。首先是形成层和机械组织消失，其次是木质部和韧皮部的组成分子渐渐减少。脉梢处的木质部与韧皮部结构更为简化，韧皮部中有的只有数个狭短的筛管分子和增大的伴胞，常常是筛管小而伴胞大；木质部则仅有 1~2 个螺纹管胞，但比韧皮部延伸得更远。最后有的只有 1~2 个薄壁细胞。脉梢是向木质部泄放蒸腾流的终点，又是收集、输送叶肉光合产物的起点。因此，许多植物叶片中的小叶脉附近有特化的、具有吸收和运输物质作用的传递细胞（transfer cell），它们能更有效地把叶肉细胞生产的光合产物输送到筛管分子。

（三）禾本科植物叶的结构

禾本科植物叶一般斜向上举，没有背腹之分，上下两面都能接受光照进行光合作用，称为等面叶。与双子叶植物叶一样，也由表皮、叶肉和叶脉三部分组成，但各部分的细胞组成和形态结构都显著不同（图 4-54）。

1. 表皮

(1) 表皮细胞。禾本科植物表皮细胞一般沿着长轴纵向有序排成列状，细胞形态和气孔器结构较双子叶植物复杂。表皮细胞近长方形，分为长细胞（long cell）和短细胞（short cell）。细胞壁栓化的短细胞称栓质细胞（cork cell），细胞壁硅化的短细胞称硅质细胞（silica cell），栓质细胞和硅质细胞在同一细胞列上沿着长轴有规律地相间排列。水稻叶的硅质细胞中充满硅质胶状物，容易识

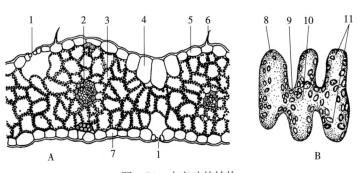

图 4-54 小麦叶的结构
A. 部分叶片横切面 B. 一个叶肉细胞
1. 气孔器 2. 叶脉 3. 叶肉 4. 泡状细胞 5. 上表皮 6. 表皮毛
7. 下表皮 8. 峰 9. 谷 10. 腰 11. 环
（A 引自李东来，1983；B 引自李扬汉，1984）

别。许多禾本科植物表皮中的硅质细胞常常向外突出成齿状或刚毛状，使表皮坚硬而粗糙，能够提高抗病、抗虫害的能力。长细胞的长轴与叶片纵轴平行，垂周壁细波纹状，与相邻细胞密切镶嵌，一般几个长细胞列相邻，数个长细胞列与 1 个短细胞列相间排列，或者是 1 个长细胞和 2 个短细胞交互排成长列（图 4-55）。

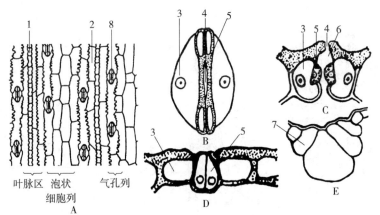

图 4-55 禾谷类植物叶表皮结构
A. 上表皮 B. 气孔器顶面观 C. 气孔器中部横切面
D. 气孔器上部横切面 E. 泡状细胞排成扇形
1. 短细胞 2. 长细胞 3. 副卫细胞 4. 气孔
5. 哑铃形保卫细胞 6. 气孔下室 7. 泡状细胞 8. 气孔器

（2）泡状细胞。位于两个相邻平行叶脉之间的上表皮处有 3～7 列大型薄壁细胞，细胞长轴与叶脉平行，横切面扇形排列，称为泡状细胞（bulliform cell）或扇形细胞（sector cell），中间细胞最大，两侧的细胞依次渐小。泡状细胞为体积较大的薄壁细胞，垂周壁薄，液泡大，主要与叶片的卷曲、伸展有关。当气候干燥时，叶片蒸腾失水过多，泡状细胞外壁向内收缩，引起叶片向上卷曲成筒状，缩小蒸腾面积，降低叶面蒸腾量；叶面卷曲一般是可逆的，当空气湿度升高，蒸腾强度降低时，叶片两侧向外打开，恢复平展，故泡状细胞也称为运动细胞（motor cell）。

（3）气孔器。气孔器在叶表皮中常常轴向排成 1～2 列，与长细胞按照一定的规律排列，由保卫细胞、副卫细胞、气孔和气孔下室组成。气孔器内，2 个保卫细胞为哑铃形，在保卫细胞的外侧，各有 1 个近似菱形的副卫细胞。成熟的保卫细胞形状狭长，两端膨大、壁薄，中部细胞壁特别增厚。当保卫细胞吸收膨胀时，薄壁的两端膨大，相互撑开，气孔开放；缺水时，两端萎缩，气孔闭合。

禾本科植物叶片较为直立，上下两面都能进行光合作用，气孔器的数量在禾本科植物叶片的上下表皮中相差不大，但是，叶缘和叶尖部分的气孔器密度较大。气孔器密度大的地方光合作用强，蒸腾失水也多。水稻插秧后往往发生叶尖枯黄，就是因为根系暂时受损、吸水量不足，而叶尖蒸腾失水过多所致。因此，有经验的农民常常把秧苗叶尖割掉，减少蒸腾失水，保持叶片绿色。

2. 叶肉 禾谷类植物的叶没有背腹之分，上下表皮内侧都没有栅栏组织或海绵组织的分化，其中的薄壁细胞就是叶肉。水稻、小麦叶片中，叶肉细胞排列成整齐的纵行，胞间隙小。叶肉细胞形态不规则，细胞壁内陷，形成具有"峰、谷、腰、环"的结构，称为多环细胞，从而扩大细胞表面积，有利于叶绿体排列在细胞边缘，易于接受光照和吸收二氧化碳，促进光合作用。相邻多环细胞峰、谷相对时，细胞间隙加大，有利于气体交换。

禾本科植物的叶肉里含有大量的叶绿体，当氮肥充足、营养生长旺盛时，合成高于分解，物质积累增加，叶绿素合成提高，叶色深绿。相反，氮肥不足时，植物生长缓慢，不利于叶绿素合成，类胡萝卜素的黄橙色显现，使叶色呈黄绿色。因此，叶色的变化是水稻等农作物叶片中叶绿素含量变化的指示色，能够反映植株新陈代谢的一定特点。作物叶色变化的规律，是看苗管理的可靠依据，采取适当的处理措施后，能够促进作物高产稳产。

3. 叶脉 禾本科植物的叶脉是平行脉序，各纵向叶脉间有横向细脉连接，中脉皆向叶背隆起。叶脉维管束中没有形成层，为有限外韧维管束，由韧皮部、木质部和维管束鞘组成。维管束鞘的结构有两种类型（图4-56）。

玉米叶横切

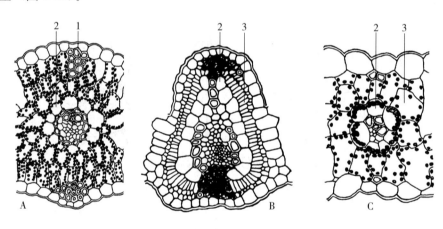

图4-56 三种禾本科植物叶维管束鞘的形态结构
A. 小麦（C_3植物）叶脉 B. 格兰马草属（C_4植物）叶脉 C. 玉米（C_4植物）叶脉
1. 纤维细胞组成的维管束鞘 2. 薄壁细胞组成的维管束鞘 3. 排列整齐的叶肉细胞
（引自李扬汉，1984）

小麦和大麦等植物的维管束鞘由2层细胞组成，外层细胞较大，壁薄，含有的叶绿体数量少于叶肉细胞；内层细胞小，由纤维细胞组成，细胞壁厚，不含叶绿体；其光合作用的第一个产物是三碳化合物——磷酸甘油酯，称为C_3植物。C_3植物在自然界分布较广，数量较多。

玉米、高粱等植物的维管束鞘由单层薄壁细胞组成，细胞大，排列整齐，内含较大的叶绿体和丰富的线粒体、微体等细胞器；其光合作用的第一个产物是四碳化合物——苹果酸等，称为C_4植物。有的C_4植物维管束鞘的外侧密接一些环状排列的较大的叶肉细胞，与内侧的维管束鞘薄壁细胞共同组成花环状结构。C_4植物主要分布在热带高温干旱的环境中，数量比C_3植物少得多。

（四）裸子植物叶的结构

与双子叶植物和单子叶植物比较，裸子植物叶的形态和结构具有鲜明的特征。松树类植物叶常为针形，二针、三针或五针一束，横切面为半圆形或三角形。杉树类植物叶多为短披针形，柏树类植物的叶多为鳞片形，红豆杉类植物叶为条形，银杏叶为扇形，苏铁叶为大型羽状全裂叶。

以松叶为代表介绍裸子植物叶的解剖结构。松叶的横切面分为表皮、下皮层、叶肉和维管束四部分（图4-57）。表皮由一层排列紧密的细胞组成，细胞腔小，细胞壁厚，外壁具有较厚的角质膜。气孔器在松针上纵向密集排列，形成气孔线，保卫细胞下陷至表皮内方的下皮层部位，被副卫细胞拱盖。下皮层一至多层，发育初期为薄壁细胞，后来逐渐木质化，形成硬化的厚壁组织。叶肉细胞壁向内凹陷形成很多褶襞，叶绿体沿褶襞分布，扩大了叶绿体的分布面积，提高了光合能力。叶肉中有规律地分布着树脂道（resin canal），分布的位置和数目是鉴定植物的重要依据之一。树脂道是由外层的鞘细胞和内层的上皮细胞构成的裂生型管道，只有上皮细胞才能分泌树脂储存于树脂道内。叶脉维管组织位于叶的中央，包埋在叶肉中，围绕维管组织外围与叶肉毗邻处有一层排列紧密、近长方形的细胞，称为内皮层，细胞内含有淀粉粒。叶脉维管组织有1~2个维管束，主要由初生木质部和初生韧皮部组成。初生木质部在维管束内方，初生韧皮部在维管束外方，属于有限外韧并生维管束。韧皮部由筛胞、韧皮薄壁细胞组成，横切面上细胞扁平；木质部由管胞和木薄壁细胞组成，在径向方向有规律地相互间隔排列，形成整齐的径向行列。

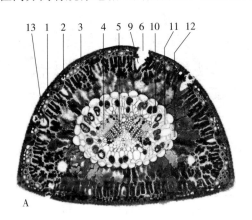 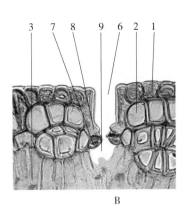

图4-57 裸子植物（黑松）针叶结构
A. 针叶横切面 B. 针叶气孔器结构
1. 表皮 2. 下皮层 3. 叶肉 4. 韧皮部 5. 木质部 6. 气孔 7. 保卫细胞
8. 副卫细胞 9. 气孔下室 10. 管胞 11. 蛋白细胞 12. 内皮层 13. 分泌腔

在维管束与内皮层之间有特殊的传输组织，它们包围着维管束，由管胞、薄壁细胞以及蛋白细胞组成。靠近维管束的管胞横向延伸，壁薄，少有木质化；远离维管束的管胞与薄壁细胞形状相似。管胞的这种变形与其位于维管束与叶肉之间、担负物质交换功能密切相关。管胞是无内含物的死细胞，壁稍厚并轻微木质化，壁上有具缘纹孔；薄壁细胞在生活后期常充满鞣质；蛋白细胞也是生活的薄壁细胞，含有浓厚的细胞质，一般成堆地分布在韧皮部的一侧。

五、叶的衰老与脱落

植物的叶具有一定的寿命，在其生命期终结来临前，叶就会变得衰老，到了一定的时候就会从枝上脱落下来，这种现象称为落叶。一般一年生植物，叶随植物体一起死亡；多年生草本植物和落叶的木本植物，其叶的寿命只有一个生长季。只有一个生长季的多年生木本植物的叶，在冬天来临时全部脱落，这样的树称为落叶树（deciduous tree），如桃、苹果、杨、柳、银杏等；而柑橘、枇杷、雪松、桂花等植物的叶寿命较长，可以活一年或几年，在春、夏季时，新叶发生后，老叶才逐渐脱落，互相交替，终年常绿，这样的树称为常绿树（evergreen tree）。实际上，落叶树和常绿树都是要落叶的，只是落叶的时间有差异。落叶是植物度过不良环境（如低温、干旱）的一种适应形式。冬季寒冷干旱，根系吸水困难，叶脱落可以减少蒸腾度过不良环境使植物得以生存。

落叶时，靠近叶柄基部的几层细胞发生细胞学和化学上的变化，细胞进行分裂，形成几层小型的薄壁组织细胞，这个区域称为离区（abscission zone）。从外表看，有的植物叶柄基部有一个浅的凹槽，有的没有凹槽但是此处的表皮具有不同颜色，这个部位就是离区。离区细胞和邻近细胞相比，体积小，缺乏扩张能力，离区内的维管组织通常集中在叶柄中心，机械组织不发达或没有，组织分化程度低。落叶前在离区范围内进一步分化产生离层（abscission layer）和保护层（protective layer）。离层细胞壁中果胶酸钙转化为可溶性的果胶和果胶酸而导致胞间层溶解，细胞间失去黏结力，随后整个细胞分解，叶片逐渐失绿枯萎，以后由于风吹雨打等机械力量，使叶柄自离层处折断，叶子脱落。在离层折断处的细胞壁栓质化，有时还有胶质、木质等物质沉积于细胞壁和胞间隙内，形成类似周皮的保护层，覆盖在叶柄的断痕处，保护叶脱落后所暴露的表面不受干旱和病虫害的侵袭。有的植物在落叶后的疤痕下继续产生周皮，增强保护作用。离层部位的周皮和幼茎的周皮最后相连成一整体（图4-58）。

离层不仅产生在叶柄上，也可产生在花梗和果柄上，导致花和果实的脱落。

叶衰老和脱落的原因很多，植物激素含量的变化是调控叶衰老的重要因素之一。叶衰老时，代谢活动降低，水分不足，自根部运输到叶的细胞分裂素浓度降低，脱落酸含量升高，促进气孔关闭，叶绿素分解，光合效率下降，叶内同化产物和可溶性蛋白质向叶外运输量降低，叶黄素和胡萝卜素含量升高，叶片逐渐变黄。有些植物在落叶前细胞中有花青素产生，绿叶变为红叶。

叶在衰老脱落之前，将储藏的矿质元素和有机物质主动转移至休眠芽、茎、根和果实等部位，成为来年新器官发生

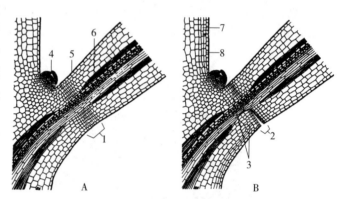

图4-58 落叶前后离区（A）、离层和保护层（B）的形成
1. 离区 2. 离层 3. 保护层 4. 腋芽
5. 叶柄 6. 叶柄维管束 7. 周皮 8. 表皮

发育时的重要营养来源。尽管没有绿叶为其提供光合产物，春天最早解除休眠的花芽，依赖上一年落叶前转储的糖类和氨基酸也能满足正常的生长和发育。

六、叶的生长特性与农业生产的关系

（一）叶片与作物产量的关系

叶片是植物通过光合作用将光能转化为化学能、积累糖类的主要部位，叶片的数量、面积、生长状况、光合能力和光合时间将直接影响到作物的产量。一般来讲，作物每个果实或籽粒都需要一定数量的功能叶片供给其光合产物才能充分发育成熟，作物的这个比值是相对稳定的。因此，农业生产上要采取多种措施促进植物叶片的生长发育、增加叶片数量、扩大单叶面积、提高光合能力、延长叶片寿命、延长光合作用时间、促进花芽分化，以提高坐果率和结实率，来提高作物产量和品质。有些作物如茶、白菜、烟草等，其叶片为收获部位，抑制这些作物的生殖生长，促进叶片营养生长，就能直接提高作物（叶片）产量。衰老的叶片光合作用降低，并有抑制花芽分化的作用，因此在生产上要经常摘除老叶。秋天早霜等不正常因素导致叶片不正常脱落，必将影响次年的开花量和结果量。

（二）叶片与绿枝扦插及苗木移栽的关系

叶片是蒸腾作用的主要场所，植物体内逸失到空气中的大部分水分都是通过叶片的蒸腾作用实现的。农业生产中进行绿枝扦插、苗木移栽时，植物根系受到伤害，水分吸收功能减弱，而叶片的蒸腾作用因叶片面积的不变化而毫不降低，植物体失水多于吸入体内的水，叶片萎蔫，光合作用减弱，生长停止，严重时叶片枯萎，植株死亡。因此，移栽苗木时最重要的是要保持植物体内的水分平衡，减少水分的过度蒸腾。绿枝扦插或苗木移栽时，一般是剪掉扦插绿枝或苗木的部分叶片，维

持植株的水分平衡，提高成活率。

（三）叶片与作物水分的关系

叶片是植物体水分平衡与否的天然指示器官，一旦植物失水过多，叶片就表现萎蔫或内卷。禾谷类植物叶片 2 个叶脉之间的上表皮中具扇形排列的泡状细胞（运动细胞），细胞壁薄，对环境水分的变化反应敏感。环境中水分充足时，泡状细胞吸水膨胀，叶片舒展；环境缺水时，泡状细胞失水而萎缩，叶片内卷，减少蒸腾面积，降低蒸腾作用。因此，生产中若发现禾谷类植物叶片内卷，表明植物体内缺水，应及时灌水或浇水，防止植物的进一步失水萎蔫。

第四节　营养器官的整体性及其对环境的适应性

植物营养器官根、茎、叶的高度分工是在长期适应陆生环境的过程中逐渐形成的，是自然选择的结果。但各器官间又是密切相关的，每种器官所有的功能均需在其他器官的协同和整体调控下才能完成；在结构上也是相互贯通，生长上彼此协调，使植物体表现出整体性。

一、营养器官的整体性

（一）营养器官间结构的联系

细胞是组成植物体的基本结构单位，植物体的所有生活细胞之间通过胞间连丝连成一个整体；虽然根、茎、叶的结构不尽相同，但彼此间相互贯通，紧密联系，表现出植物体结构上的整体性（图 4-59）。

1. 根和茎维管系统的联系　种子萌发时，胚轴的一端发育为主根，另一端发育为主茎，二者之间通过下胚轴相连。然而根的维管组织的特点（即间隔排列和外始式木质部）与茎的特点（环状排列的外韧维管束和内始式木质部）明显不同，所以，在根、茎的交界处，维管组织必须从一种形式逐步转变为另一种形式，发生转变的部位称为过渡区，一般在下胚轴的一定部位。

维管组织由根部向茎部转变时，中柱有增粗的变化过程，维管组织中木质部或韧皮部，或两者都发生分叉、旋转、靠拢和合并的变化过程。转变之后的维管组织在根茎间建立起统一的联系。

以四原型根转变为具有 4 个外韧维管束的茎为例：首先每个维管束的木质部分为二叉，转向 180°，每一分叉与相邻维管束的一分叉汇合成束，同时逐渐移位到各韧皮部之内侧。韧皮部的位置始终不变，就形成了木质部和韧皮部内外并生、环状排列的茎中的 4 个维管束（图 4-60）。

2. 茎与分枝及叶维管系统的联系　茎与分枝的结构基本相似，其维管系统的联系是通过枝迹。茎维管束分枝，通过皮层进入枝的这段维管束，称为枝迹。枝迹的上方留下空隙，由薄壁组织填

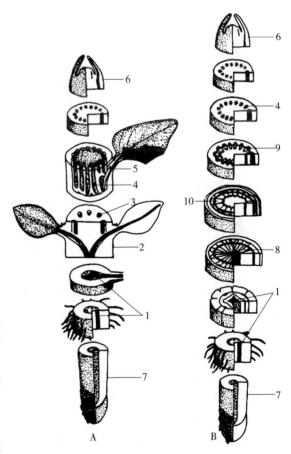

图 4-59　双子叶植物体维管系统的结构统一性
A. 初生结构　B. 次生结构
1. 根维管束　2. 根茎过渡区　3. 维管束　4. 茎维管束
5. 叶迹　6. 茎尖　7. 根尖　8. 根次生维管束
9. 开始次生生长　10. 茎次生维管束
（仿李扬汉，1984）

图 4-60 根茎过渡区维管组织的分化与联系
A. 根维管束（木质部与韧皮部相间排列） B. 木质部分叉 C. 木质部旋转
D. 木质部在韧皮部内侧靠拢 E. 木质部合并后形成茎中木质部和韧皮部内外排列的并生维管束
（引自 Esau，1977）

充的区域，称为枝隙。枝迹进入分枝后联合在一起，形成和茎相同形式的维管束（图 4-61）。

茎和叶的联系类似茎与分枝的联系，其维管系统的联系是通过叶迹。茎维管束在节处分枝，穿过皮层到叶柄基部的这一段维管束称为叶迹。叶迹上方留下空隙，由薄壁组织填充的区域，称为叶隙。不同植物的叶迹由茎伸入叶柄的方式不同，有的由茎中维管束伸出，在节部直接进入叶柄与叶维管束相连；有的从茎中维管束伸出后，和其他叶迹汇合，再沿着皮层上升穿越一节或多节，才进入叶柄与叶维管束相连。

由此可见，植物体内的维管组织从根中通过过渡区和茎相连，再通过枝迹和叶迹与枝和叶中的维管束相连，构成完整的维管系统，从而保证了植物体生活中所需水分、矿质元素和有机物质的输导和转移。

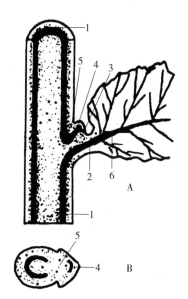

图 4-61 茎节部、叶维管束的分化与联系
A. 茎节部纵切面 B. 茎节部横切面
1. 茎维管束 2. 叶迹 3. 叶隙
4. 枝迹 5. 枝隙 6. 叶柄维管束
（引自 Raven 等，2012）

（二）营养器官间功能的协同性

1. 植物体内水分与矿物质的吸收、输导和蒸腾 陆生植物生长发育所需要的水分和矿物质，主要是通过根系从土壤中吸收。水分进入根毛后，一方面以细胞间渗透的方式依次通过幼根的表皮、皮层、内皮层、中柱鞘而进入导管中；另一方面由于植物地上部分，特别是叶的巨大蒸腾作用，产生强大的蒸腾拉力，由叶、茎、根的导管一直传到根毛区的细胞，使根毛区细胞的吸水力增加，不断地从土壤中吸收水分。可见，根系的吸水活动与茎的输导和叶的蒸腾都有密切的关系（图 4-62）。

2. 植物体内有机物质的制造、运输、利用和储藏 植物体内有机物质是由光合作用所制造的。叶是进行光合作用的重要场所，所制造的有机物除少数供应本身利用外，大量运输到根、茎、花、果、种子等器官中去。这种有机物的运输，是通过韧皮部的筛管进行的。同时，根系合成的氨基酸、酰胺等含氮有机物也经筛管运输到地上部分。有机物的运输与呼吸作用密切相关，都要通过呼吸作用中形成的腺苷三磷酸（ATP）提供能量。有些植物具有储藏大量有机物的能力，将叶片制造、运来的有机物积蓄于块茎、块根等储藏器官以及结实器官的果实和种子中。以上说明在植物体内有机物的制造、运输、利用和储藏过程中，植物所进行的光合作用、输导作用、呼吸作用以及生长发育等各种生理功能都是相互依存的。同时植物的这些生理活动又与植物器官的形态结构统一协调。

（三）营养器官间生长的相关性

1. 地下部分与地上部分的相关性 "根深叶茂，本固枝荣"，这句话反映了植物地上部分与地下部分存在着生长相关性。植物的地上部分把光合产物和生理活性物质输送到根部，供其利用，而根

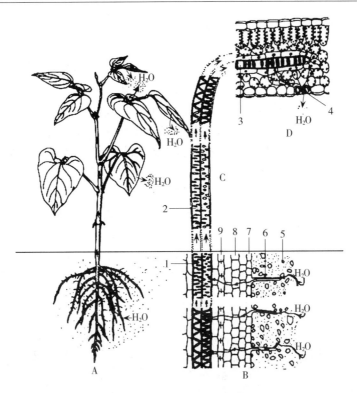

图 4-62 植物体内水分移动的途径
A. 植株 B. 水分被植物根系吸收 C. 水分在茎中输导 D. 水分在叶片上蒸腾
1. 根中木质部输导组织 2. 茎中木质部输导组织 3. 叶脉中输导组织
4. 气孔器 5. 土壤 6. 根毛 7. 表皮 8. 皮层 9. 内皮层

系从土壤中吸收的水分、矿质和氮素及其合成的氨基酸等重要物质，又往上部输送，供给地上部分的需要。植物根系与枝叶之间生理上的密切相关，必然使二者在生长上保持一定的比例关系，即根冠比。作物地上部分与地下部分的生长对外界条件的要求不同，反应也不一样。如小麦、水稻分蘖期，地上部分主要是长叶和蘖芽，地下部分相应地形成新蘖根并向四周扩展；拔节抽穗时，随着茎秆迅速伸长，根系向纵深发展，使根冠比维持在正常范围。如果栽种过密，植株间通风透光不良，或施氮肥过多，常导致枝叶徒长而根系发育被抑制，降低了根条比率，最终影响产量。

2. 主干与分枝的相关性 顶芽对腋芽、主根对侧根有抑制作用，也反映了器官的生长相关性。顶芽发育得好，主干就长得快，而腋芽却受到抑制，不能发育成新枝或发育得较慢。如果去掉顶芽，便可促使腋芽开放，发育为新枝。这种顶芽生长占优势、抑制腋芽生长的现象，称为顶端优势。顶端优势的存在实质上是生长素对腋芽生长活动的抑制作用。主根对侧根也有类似的顶端优势。

3. 营养生长与生殖生长的相关性 一年生植物进入生殖生长时，营养生长常因此中止或削弱，幼叶和茎不仅在果熟期减缓合成和停止输入光合产物，而且通过物质的重新分配，输出一部分积累的碳素与无机物。这一过程加速植株的衰老，最终导致植株死亡。而多年生植物仅将部分营养物质用于生殖生长，使结实枝条仍保持健壮，即使死亡，亦有新枝取代；或同时将部分营养物质转储地下的储藏根、根茎等处，仅地上部死亡，来年生长季仍能再度萌发。运用植物营养生长与生殖生长的相关性原理，农业生产中依据收获作物器官的不同，适时调整营养生长和生殖生长的关系，提高作物产量和质量。

二、营养器官对环境的适应性

长期生长在不同环境下的植物，其植物体各部分结构都会发生变化，这是植物对不同生境的适应。叶是植物暴露在空气中面积最大的器官，其形态结构最易随生态环境的不同而发生变异，光照度和有效水分对叶片的解剖结构有明显的影响。

(一) 旱生植物叶

旱生植物（xerophyte）是指在气候干燥、土壤水分缺乏的干旱环境中生长，忍受较长时间干旱仍能维持体内水分平衡和正常发育的植物，叶片的结构特点主要是朝着降低蒸腾和储藏水分两个方向演化。在形态上表现为叶小而厚或多茸毛。在结构上，叶的表皮细胞壁厚，角质层发达。有些种类表皮由多层细胞组成，称为复表皮。表皮中气孔下陷或生于气孔窝中。栅栏组织层数往往较多，海绵组织和胞间隙却不发达，机械组织和输导组织发达，叶脉比较稠密，如夹竹桃的叶（图4-63A）。这些形态结构上的特征，有利于减少蒸腾。另外，由于原生质体的少水性以及细胞液的高渗透压，使旱生植物具有高度的抗旱力，以适应干旱的生长环境。

肉质植物是旱生植物中的特化类型，如芦荟、龙舌兰、景天、马齿苋、猪毛菜等（图4-63B）。其叶片肥厚多汁，叶内有发达的储水组织，保水能力强。有些旱生植物的叶退化，如仙人掌的叶片退化成针刺，茎肥厚多汁，抗旱力极强，光合作用由绿色茎代替进行。光合作用在暗中进行，特点是夜间气孔张开并吸入相当多的 CO_2，白天气孔关闭，减少蒸腾，利用已固定的 CO_2。

夹竹桃叶横切

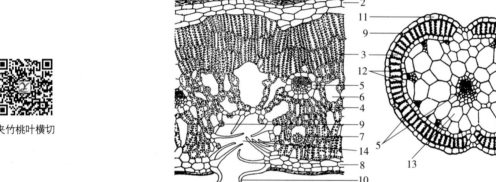

图 4-63 旱生植物叶结构
A. 夹竹桃叶结构　B. 猪毛菜叶结构
1. 角质层　2. 上复表皮　3. 栅栏组织　4. 海绵组织　5. 叶脉　6. 胞间隙　7. 晶体
8. 下复表皮　9. 气孔器　10. 表皮毛　11. 表皮　12. 黏液层　13. 薄壁细胞　14. 气孔窝
（A引自李扬汉，1984；B引自刘穆，2010）

(二) 水生植物叶

水生植物（hydrophyte）是指植物体或植物体的一部分浸没在水中的植物，按照叶片与水面的位置关系不同，将水生植物分为叶片露出水面的挺水植物、叶片浮在水面的浮水植物和叶片沉入水中的沉水植物三种类型。在长期适应水生环境的过程中，水生植物的体内形成了一些特殊的结构，其叶片结构的变化尤为显著。叶片通常较薄（沉水叶常裂为丝状），表皮细胞外壁不角质化，没有角质层或角质层很薄，有吸收作用，内含叶绿体；浮水叶只有上表皮具少量气孔，沉水叶无气孔。叶肉不发达，没有栅栏组织和海绵组织分化，通气组织发达，便于呼吸通气。叶脉很少，机械组织和维管组织退化，尤其是木质部极不发达，没有明显的导管分化（图4-64）。

(三) 阳生植物叶

叶是直接接受光照的器官，因此，其形态结构受光的影响也很大，光照度就是影响叶片结构的重要因素之一。许多植物的光合作用适合在强光下进行，而不能忍受荫蔽，这类植物称为阳生植物（sun plant），其叶称为阳叶（sun leaf），大多数农作物，如玉米、水稻和棉花都属于这种类型。阳叶常倾向于旱生植物叶的结构，叶片小而厚，角质层较厚，有的叶片表面密生茸毛或银白色鳞片，可以反射强光；气孔器小而密集，常下陷；叶肉中栅栏组织发达而海绵组织较少，有时在叶上下表皮内侧都有栅栏组织；机械组织发达，叶脉长而细密。

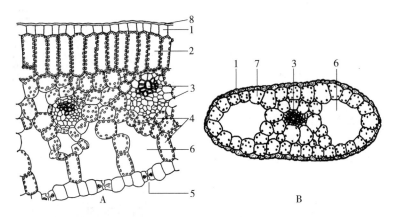

图 4-64　水生植物叶结构
A. 挺水植物叶（荷花）　B. 沉水植物叶（角果藻）
1. 表皮　2. 栅栏组织　3. 叶脉　4. 海绵组织
5. 气孔器　6. 气腔　7. 叶肉　8. 角质层

（四）阴生植物叶

有些植物的光合作用适合在较弱光照下进行，在全日照条件下，光合效率反而降低，这类植物称为阴生植物（shade plant），其叶称为阴叶（shade leaf），许多林下植物属于这种类型。阴叶常倾向于水生植物叶的结构，叶片大而薄，表皮细胞常有叶绿体，角质层较薄，气孔器较少；栅栏组织发育不良，细胞间隙发达。这些特点，适应于荫蔽条件下吸收和利用散射光进行光合作用。

阳生植物的叶片在排列上常与直射光成一定角度，叶镶嵌性不明显。而阴生植物的叶柄或长或短，叶形或大或小，使叶成镶嵌状排列在同一平面上以利用不足的阳光。

在同一植株上不同部位的叶片，由于所处的环境不同，其形态结构也出现差异，近顶部的叶和向阳面的叶，趋向于阳叶的结构特点，而荫蔽的叶趋向于阴叶的结构特点。水稻的旗叶一般有较高的光合作用水平，其内在原因之一就是具备了阳叶的结构特点。所以，栽培水稻时要防止叶片早衰，保证旗叶和上部二、三叶的持续生长，使其更有效地进行光合作用，使幼穗源源不断得到光合产物的供应，达到籽粒饱满。

（五）盐生植物叶

我国内陆干旱和半干旱地区以及海滨地区，广泛分布着盐碱化土壤，一般植物都不能生长在这种含盐量高的土壤中。但是也有一类特殊的植物能在这种环境中生长，并形成了一系列适应盐碱环境的趋向于旱生植物叶的形态结构特征：叶高度退化，叶面积减少，如柽柳的叶退化为鳞片状；表皮细胞排列紧密，角质层较厚，有的还有蜡被，气孔器不同程度下陷；叶片肉质化，储水组织发达，有利于维持植物细胞正常活动所需要的水分，同时可保持体内较低的盐分浓度；着生不同形式的泌盐结构，如灰绿藜叶背面着生有泡状毛，吸入盐分后，泡状毛脱落，将盐分从体内排出。

三、营养器官的变态

某些植物在系统演化过程中，营养器官由于长期适应某种特殊的生态环境条件，在形态、结构或生理功能上发生了非常大的变化，并可以一代代的遗传下来，成为该种植物的遗传性状，这种变化称为营养器官的变态（modification of vegetative organ）。根、茎、叶都有多样性的变态。

（一）根的变态

根为适应生态环境条件的变化在形态结构、生理功能上发生的可遗传的、正常的变化称为根的变态，这样的根称为变态根（modification of root）。根据变态根的来源、形态结构、生理功能、所处的位置以及与环境植物的关系不同，分为储藏根、气生根和寄生根三大类。

1. 储藏根 变态根内储藏有大量营养物质的根称为储藏根（storage root）。根据其来源和形态上的差异，分为肉质直根和块根两种（图4-65）。

（1）肉质直根。由下胚轴和主根共同膨大发育而成的、形态规则的储藏根，称为肉质直根（fleshy taproot）。一株植物一般只产生1个肉质直根，储藏着大量的营养物质和水分。如萝卜、胡萝卜以及甜菜等的变态器官由两部分发育而成，上部没有侧根的部位由下胚轴发育而成，下部由主根基部发育而成。

（2）块根。由不定根或侧根发育而成的、形态不规则的肉质储藏根，称为块根（root tuber）。一株植物可以产生多个块根。块根中储藏有大量营养物质，如甘薯、何首乌等的根属于块根。

无论是肉质直根还是块根，根的肉质膨大发育都是基于根内的三生生长（tertiary growth）所导致的三生结构（tertiary structure）的形成（图4-66）。根生长时，形成层不断向内增生次生木质部，向外增生次生韧皮部，中柱内部不断扩大，使形成层的位置渐向外移。次生木质部中分布许多导管，呈放射状排列，其间为薄壁组织。在肉质直根生长前期，次生木质部一些导管周围的薄壁细胞恢复分生能力，成为次生形

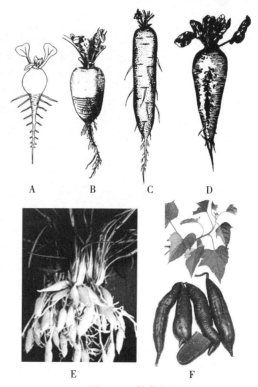

图4-65 储藏根
A. 萝卜球形肉质直根　B. 萝卜圆柱形肉质直根
C. 胡萝卜圆柱形肉质直根　D. 甜菜的肉质直根
E. 麦冬的块根　F. 甘薯的块根

成层（也称额外形成层），由次生形成层产生三生木质部和三生韧皮部共同组成根的三生结构。三生结构不仅增加了薄壁细胞的数量，而且三生韧皮部自上而下的贯通成为叶部同化产物转运到肉质直根的重要通道。

三生结构中的维管束称为三生维管束或异型维管束（abnormal vascular bundle）。次生形成层可与原来的形成层同心排成环状，不断产生的新形成层环自始至终保持分生能力，并使层层同心排列的异型维管束不断长大而呈年轮状，如萝卜、甜菜、商陆的肉质直根；有时，不断产生的新形成层环仅最外一层保持有分生能力，而内面各同心形成层环于异型维管束形成后即停止活动，如川牛膝。

次生形成层有时与原有的形成层环不同心。多个新形成层环在原有的形成层环外侧四周的皮层部分同时产生，并分别形成各自的异型维管束，如甘薯、何首乌等。

2. 气生根 凡露出地面、生长在空气中的根，均称为气生根（aerial root）。根据气生根的形态结构、担负的生理功能不同又可分为以下几类。

（1）支持根。主要生理功能是支持植株，也可以从土壤中吸收水分和无机盐的根，称为支持根（prop root）。如玉米、高粱、甘蔗下部近地面的茎节上长出的不定根属于支持根，露兜树露在空气中的强大根系既是呼吸根也是支持根（图4-67A）。

（2）攀缘根。凌霄花和常春藤都是攀缘植物，其茎细长柔弱、不能直立。在这类植物茎上生有许多短的不定根，能分泌黏液，碰着墙壁或其他植物体时就黏着其上，借以攀缘生长，这类根称为攀缘根（climbing root）（图4-67B）。

（3）呼吸根。生长在沼泽地区的植物，由于其根淹没在淤泥里，通气不良，能垂直向上生长，

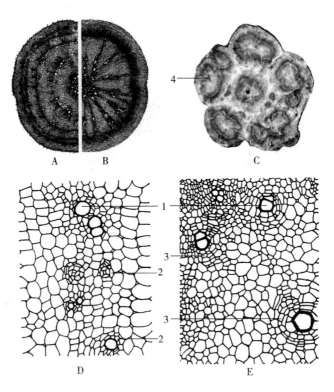

图 4-66　肉质直根横切面（示三生结构）

A. 同心多环三生结构　B. 同心单环三生结构　C. 不同心三生结构

D. 次生木质部中导管附近次生形成层的起源

E. 次生木质部中导管附近次生形成层发育

1. 导管　2. 次生形成层起源　3. 次生形成层发育　4. 三生维管束

(仿刘穆，2010)

露出地面以进行气体交换，这类根称为呼吸根（respiratory root）。如红树林和分布在广东沿海一带的海桑就生有这类呼吸根（图 4-67C）。

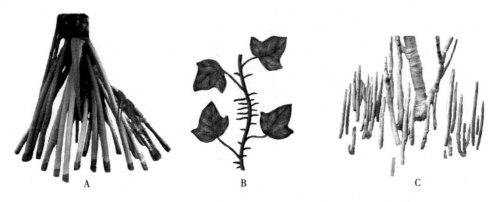

图 4-67　气生根

A. 露兜树的支持根　B. 常春藤的攀缘根　C. 红树林的呼吸根

3. 寄生根　寄生植物的根发育出吸器伸入寄主植物的根或茎中，吸收其中的水分和养料以维持本身的生活，这种不定根称为寄生根（parasitic root）。旋花科的菟丝子属、列当科的列当属和樟科的无根藤属等寄生植物，它们的叶退化，不能进行光合作用，需要吸收寄主体内的有机物质。菟丝子对豆类作物危害很大，它的缠绕茎上生出许多不定根，与寄主接触后，吸器伸入寄主，维管组织连通后即可从寄主体内摄取营养（图4-68）。

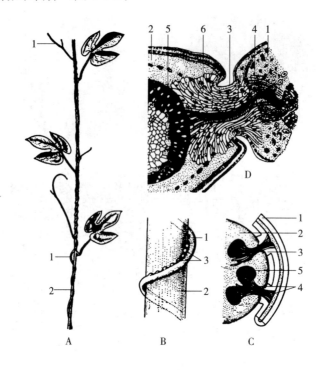

图4-68 菟丝子的寄生根
A. 菟丝子茎缠绕在寄主植物茎上　B、C. 菟丝子茎伸出吸器侵入寄主茎
D. 菟丝子寄生根维管组织与寄主维管组织连接的解剖结构
1. 菟丝子茎　2. 寄主（豆科植物）茎　3. 菟丝子吸器　4. 菟丝子吸器中的维管束
5. 寄主茎中维管束　6. 菟丝子吸器中的薄壁细胞
(仿刘穆，2010)

（二）茎的变态

茎由于长期适应特殊生态环境而在形态结构、生理功能上发生的可遗传的、正常的变化，称为茎的变态，这种茎称为变态茎（modification of stem）。由于空间分布、形态结构、生理功能等存在着很大的差异，变态茎的形态结构具有多样性特征。

1. 地下茎的变态　有些植物的部分茎生长于土壤中，称为地下茎（subterraneous stem）。多年生草本植物多借助于这种地下茎来度过寒冷的冬季。地下茎可以发生很多的变态，常见的有根状茎、块茎、球茎和鳞茎四种，可以储藏大量的营养物质（图4-69）。

（1）根状茎。横向匍匐于一定深度的土壤中、外形与根相似的变态茎称为根状茎（root stock，rhizome）。尽管根状茎与根相似，但两者有着本质的区别。根状茎的顶端有顶芽，茎上有节和节间，节上有无色或褐色的退化叶，称为鳞叶（scale leaf），鳞叶的叶腋有腋芽，腋芽展开后可以发育成地上枝或地下枝（根状茎）。不过，薯蓣（*Dioscorea opposita*）（也称山药）的根状茎是例外，其顶端没有顶芽，茎上没有节和节间，也没有腋芽，只有鳞叶或鳞叶痕，外形酷似根，内部分散排列的维管束证明它不是根，而是与茎同源的根状茎。

根状茎具有不同的形状，有的节间长，如芦苇、白茅、竹子等。有的短而肥，如姜、菊芋等。根状茎节间的长度一般与其粗度成反比，即节间越长，根状茎越细，反之越粗。多数根状茎内储藏有大量的营养物质，如藕，粗大的根状茎含有丰富的淀粉。耕锄时，根状茎被切断后，每一节上的腋芽仍可发育为新的植株，所以一般具根状茎的禾本科杂草不但蔓延迅速，而且不易根除。

（2）块茎。由植物侧枝顶芽积累营养物质后逐渐膨大发育成的、形态不规则的、短而肥大的肉质茎，称为块茎（tuber），马铃薯块茎最为典型。夏末时，马铃薯植株基部的腋芽开始发育，在地

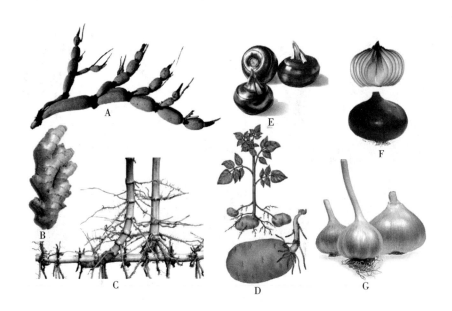

图 4-69 茎的变态——地下茎
A. 藕的根状茎 B. 姜的根状茎 C. 竹子的根状茎
D. 马铃薯的块茎 E. 荸荠的球茎 F. 洋葱的鳞茎 G. 大蒜的鳞茎

下形成地下枝。地下枝生长到一定程度后，顶端积累营养物质膨大，形成形态不规则的块茎。块茎顶端生有顶芽，四周有很多凹陷，称为芽眼，作螺旋排列。芽眼内通常生有三个芽，将来只有当中的一个芽发育，两侧芽为休眠芽。块茎幼时具鳞叶，长大后鳞叶脱落，在芽眼的上方留下叶痕，称为芽眉。每一个芽眼所在处实际上即相当于茎节，相邻的两个芽眼之间即为节间。

（3）球茎。植物主茎基部膨大而成的圆球形或扁圆球形的肉质地下茎，短而肥大，称为球茎（corm）。唐菖蒲、藏红花、荸荠、慈姑的地下茎都是球茎。球茎顶端有粗壮的顶芽，有时还有幼嫩的绿叶生于其上。节与节间明显，节上有干膜状的鳞叶和腋芽。球茎储藏大量的营养物质，可用作营养繁殖。

（4）鳞茎。由鳞叶或腋芽与节间高度缩短的半圆形或圆锥体形的变态茎（称鳞茎盘）共同组成的复合结构称为鳞茎（bulb），一般鳞叶或腋芽是肉质膨大的，含有大量的营养物质，鳞茎盘不膨大。鳞茎上部为顶芽，四周被生长在节部的鳞叶层层包裹着，鳞叶腋有腋芽，鳞茎盘下端生有不定根。

鳞茎多见于单子叶植物，如洋葱、大蒜都生有鳞茎，两者的主要区别是：前者的肉质部分为鳞叶，腋芽不甚发达；后者的肉质部分为腋芽（即大蒜瓣），鳞叶长成后干燥呈薄膜质，包围着腋芽。常见的药用植物百合和贝母也具有鳞茎。

2. 地上茎的变态 植物为了适应气候的变化，地上部分的茎在形态结构上常常发生多种多样的变态，这种变态茎还有较强的营养繁殖能力。其类型较多，常见的有肉质茎、叶状茎、茎卷须和茎刺等（图 4-70）。

（1）肉质茎。肉质肥大多汁的茎称为肉质茎（succulent stem）。肉质茎常为绿色，可以进行光合作用；茎上的叶退化，可减少蒸腾失水；茎内部具有特别发达的薄壁组织，可以储藏水分和营养物质。具肉质茎的植物适于生长在干旱地区，形态多样，包括球状、多棱柱状、鞭状或饼状，如仙人掌科的植物都具有肉质茎；薯蓣和秋海棠的腋芽，常成肉质小球状，可从茎上脱离形成繁殖体。

（2）叶状茎。有些植物叶退化，不能执行叶的主要功能，但是茎为绿色，扁平或叶状，变态成叶的形状，执行叶的功能，这类变态茎称为叶状茎（phylloclade），如假叶树、竹节蓼、昙花等植株上都有叶状茎。

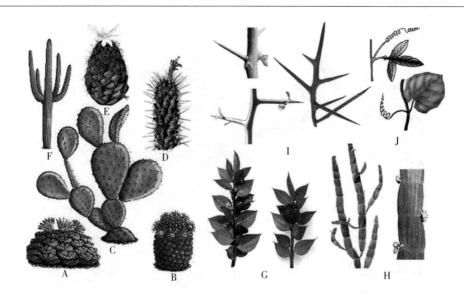

图 4-70 茎的变态——地上茎
A~F. 仙人掌科肉质茎 G. 假叶树叶状茎 H. 竹节蓼叶状茎 I. 不同形态的茎刺 J. 茎卷须

(3) 茎卷须。攀缘植物的茎细而长，不能直立，一部分茎变为卷曲的细丝状，其上不生叶，用来缠绕在其他物体上帮助植物体直立，引导植物得以攀缘生长，这种结构称为茎卷须（stem tendril），如丝瓜、苦瓜和葡萄等的茎上都有茎卷须。

(4) 茎刺。茎的一部分变为针状的尖锐突起，或其顶端分枝为针状的尖锐突起的结构称为茎刺（stem thorn）。如柑橘、山楂、梅、石榴、皂荚的刺都是由茎变态而来，具有保护植物体免被动物侵害的作用。蔷薇、月季等茎上的刺，数目较多，分布无规律，这是茎表皮的突出物，称为皮刺。

卷须和刺状物可能是茎的变态，也可能是叶的变态。来源究竟为何主要观察其着生部位，或者是否有节和节间。如果卷须或刺状物着生在枝条的顶端或叶腋或叶痕的内侧，或与叶对生，或者有明显的节和节间，这类的卷须或刺状物都是茎的变态。

（三）叶的变态

由于生长环境和生长部位的不同，叶的形态结构和生理功能在本质上都发生了非常大的变化，叶的这种变化称为叶的变态，这种叶称为变态叶（modification of leaf）。在根、茎、叶三种营养器官中，叶的可塑性最大，变化最多，形成的变态也较多，主要有以下六种类型（图4-71）。

1. 叶卷须 一些攀缘植物的叶片，或托叶，或复叶的一部分小叶，能够变成卷须状，称为叶卷须（leaf tendril）。叶卷须攀缘在附近的物体或其他植物上帮助自己直立起来以适应攀缘生长。如豌豆复叶顶端的二、三对小叶及苕子复叶顶端的一片小叶，变为卷须，其他小叶未发生变化。西葫芦的整个叶片完全变态为卷须。

2. 叶刺 有些植物叶或叶的某部分变态为刺，称为叶刺（leaf thorn）。如仙人掌属的一些植物在扁平的肉质茎上生有叶刺，这是对干旱环境条件的一种适应形式；马甲子、刺槐的刺为托叶的变态，称为托叶刺；钩骨、十大功劳等叶缘的齿特别发达，变态成针刺形，也称叶刺。

3. 鳞叶 叶变态成鳞片状，称为鳞叶。鳞叶有三种情况：一种是木本植物鳞芽外的鳞叶，也称芽鳞（bud scale）；另一种是变态器官如根状茎、球茎、块茎上退化的鳞叶或鳞片；第三种是百合、洋葱、大蒜、水仙等的鳞茎上肉质、肥厚的鳞叶。

4. 苞片 生在花下面、四周或外围的变态叶称为苞片（或苞叶）。如棉花外面的副萼为3枚苞片；苞片多数而聚生在花序外围的，称为总苞，如向日葵花序外着生的绿色叶状结构，玉米雌花序外面的黄绿色变态叶等都属于总苞。苞片或总苞具有保护花和果实的作用。

5. 叶状柄 在叶柄和叶片没有明显区别的叶中，从个体发育的角度来看，相当于叶柄的部分，

图 4-71 叶的变态
A~C. 叶卷须　D~G. 叶刺　H. 洋葱肉质鳞叶　I. 大蒜膜质鳞叶和肉质鳞叶
J. 玉兰芽的鳞叶　K~N. 苞叶（K. 红掌　L. 棉铃　M. 向日葵　N. 玉米）
O. 叶状柄　P~R. 捕虫叶（P. 猪笼草　Q. 毛毡苔　R. 捕蝇草）

起着和叶片相同的生理作用，这种结构的叶柄称为叶状柄（phyllode）。其叶片大多退化，而叶状柄本身多呈扁平状，如台湾相思树的叶柄，食虫植物猪笼草叶柄的基部段也为扁平的片状结构，都为叶状柄。

6. 捕虫叶　有些植物叶发生变态，能捕食小虫，这类变态叶称为捕虫叶（insect-catching leaf, insectivorous leaf）。沼泽地区被水浸透，植物生活必需的氮素养料非常缺乏，叶特化形成的捕虫叶能捕捉并消化某些小虫，以满足对氮素的需要。如猪笼草的叶柄很长，基部为扁平的假叶状，中部细长如卷须状，上部变为瓶状，叶片生于瓶口如一小盖，瓶内生有腺毛，能分泌消化液，将落入的小虫消化利用；毛毡苔叶面具有分泌强黏性物质的黏毛，当受到刺激时，这些黏附力强的叶片和触毛迅速发生反应而把昆虫包围住；捕虫能力最强的捕蝇草，当昆虫触动其叶面的触毛时，离主脉不远处发生强烈的纵向弯曲反应，使叶片沿着主脉迅速对折闭合以捕捉昆虫。

（四）同功器官与同源器官

外形相似、功能相同，但来源不同的变态器官称为同功器官；形态和功能不同，但来源相同的器官称为同源器官。这是植物营养器官在自然选择下趋同进化或趋异进化的结果。来源不同的器官长期适应某种环境，执行相似的生理功能，就逐渐发生同功变态（趋同进化），如茎刺和叶刺、茎卷须和叶卷须等都属于同功器官；来源相同的器官，长期适应不同的环境而执行不同的功能，就逐渐发生同源变态（趋异进化），如茎刺和茎卷须、根状茎和鳞茎等都属于同源器官。

一般可根据下列几方面辨别变态器官的起源：

①根据其着生位置判断。如变态刺着生于叶腋，可判断为茎的变态，因该处原为分枝的位置；若生于叶的两侧，则为托叶的变态。萝卜的变态部位占据了部分主根的位置，故认为萝卜是根的变态。

②根据变态器官上的侧生器官类型或外部特征辨别。如萝卜中下部着生有成列的侧根，判断为主根的变态；姜有明显的节与节间，节上还有退化的叶，辨别为茎的变态；皂荚的刺从叶腋生出，像茎一样分枝，辨别为茎的变态；洋葱的肉质部分从鳞茎盘上叶的部位长出，辨别为叶的变态。

③根据内部结构辨别。一些变态器官开始时有正常的初生生长和初生结构，如甘薯块根，可根据其横剖面的中央具有外始式的、辐射状排列的初生木质部束，而辨别其与根同源，是根的变态。

④从器官发生与形成过程辨别。如马铃薯最初由近地面的芽发展为入土的地下茎，用不同发育程度的几个地下茎做比较，就会发现它们前端几个节与节间逐渐膨大，由此形成了变态的块茎。

延伸阅读

陈青云，李有志，樊宪伟，2017. 植物气孔发育的分子调控机制. 遗传，39（4）：302-312.
伏彩娟，2016. 扦插繁殖技术在林业生产中的应用. 北京农业，5：86.
何艳，2014. 厚朴活树半环剥技术. 北京农业，18：143.
侯云龙，高淑芹，马晓萍，等，2017. 大豆根瘤共生固氮分子机制研究进展. 农业与技术，37（21）：34-36.
赵春德，张迎信，刘群恩，等，2015. 水稻叶片衰老分子机制研究进展. 分子植物育种，13（3）：680-688.
CLOWES F A L, 2000. Pattern in root meristem development in angiosperms. New Phytologist, 146：83-94.
HÉCTOR T M, GUSTAVO R A, SHISHKOVA S, et al, 2019. Lateral root primordium morphogenesis in angiosperms. Frontiers in Plant Science, 10（206）：1-19.
NICOTRA A B, LEIGH A, BOYCE C K, et al, 2011. The evolution and functional significance of leaf shape in the angiosperms. Functional Plant Biology, 38：535-552.
ROSELL J A, CASTORENA M, LAWS C A, et al, 2015. Bark ecology of twigs vs. main stems：Functional traits across eighty-five species of angiosperms. Oecologia, 178：1033-1043.

复习思考题

一、名词解释

1. 初生生长 2. 初生结构 3. 次生生长 4. 次生结构 5. 外始式 6. 内起源 7. 根瘤 8. 菌根 9. 不定根 10. 凯氏带 11. 通道细胞 12. 外起源 13. 年轮 14. 髓射线 15. 维管射线 16. 边材 17. 心材 18. 春材 19. 秋材 20. 单轴分枝 21. 合轴分枝 22. 分蘖 23. 内始式 24. 等面叶 25. 异面叶 26. 完全叶 27. 不完全叶 28. 离层 29. 同源器官 30. 同功器官

二、判断题

1. 在初生根的横切面上，初生木质部和初生韧皮部各三束，故为"六原型"。
2. 根系有两种类型，直根系由主根发育而来，须根系由侧根发育而来。
3. 根的中柱鞘细胞具有凯氏带。
4. 根中初生木质部发育方式为内始式，而韧皮部为外始式。
5. 根毛与侧根的来源是一致的。
6. 通过根尖伸长区作一横切面可观察到根的初生结构。
7. 侧根起源于根毛区中柱鞘的一定部位，即总是发生于原生木质部与原生韧皮部之间的地方。
8. 根瘤是种子植物的根与真菌共生，菌根是种子植物的根与细菌共生。
9. 幼根的表皮和幼茎的表皮一样，主要起保护作用。
10. 植物的幼嫩茎通常呈现绿色，是因为其表皮细胞具有叶绿体。
11. 侧根与侧枝的起源方式不同，前者为内起源，后者为外起源。
12. 根的初生木质部成熟方式为外始式，而在茎中则为内始式。

13. 维管束在初生木质部和初生韧皮部之间有形成层的称为有限维管束，无形成层的称为无限维管束。
14. 纺锤状原始细胞经平周分裂后可形成次生木质部和次生韧皮部。
15. 植物的次生生长就是产生周皮和次生维管组织的过程。
16. 部分禾本科植物茎也能有一定程度的加粗，是由于维管束中也具有形成层。
17. 根与茎的木栓形成层最早起源于中柱鞘细胞。
18. 木质茎具有次生生长，草质茎不具有次生生长。
19. 多年生木本植物茎在次生生长过程中，心材直径逐渐加大，边材则相对地保持一定宽度。
20. 早材又称春材或心材，晚材又称秋材或边材。
21. 边材属次生木质部，心材属初生木质部。
22. 一段木材，肉眼可见具有V形的纹理，据此可断定这是木材的切向切面。
23. 水生植物叶小而厚，多茸毛，叶的表皮细胞厚，角质层也发达。
24. 禾本科植物叶下表皮的泡状细胞可能参与叶片的伸展和卷曲。
25. 会落叶的树叫落叶树，不会落叶的树叫常绿树。
26. 叶一般正面颜色深，是因为上表皮细胞含叶绿体多。
27. 胡萝卜、红（甘）薯的肉质直根均由下胚轴发育而来。
28. 胡萝卜是变态根，主要食用其次生韧皮部。
29. 菟丝子的寄生根属不定根。
30. 变态器官的形态结构和正常的器官不同，因此也是一种病态。
31. 甜菜根的加粗是由于形成层和额外形成层活动的结果。
32. 花生与马铃薯的果实均在土壤中发育成熟。
33. 南瓜和葡萄的卷须都是茎卷须。
34. 竹鞭和莲藕都是根状茎。
35. 豌豆的卷须是小叶变态，属叶卷须。

三、选择题

1. 扦插、压条是利用枝条、叶、地下茎等能产生____的特性。
   A. 初生根　　　　B. 不定根　　　　C. 次生根　　　　D. 三生根
2. 玉米近地面的节上产生的根属于____。
   A. 主根　　　　　B. 侧根　　　　　C. 不定根　　　　D. 定根
3. 根的木栓形成层最初由____细胞恢复分裂而形成。
   A. 表皮　　　　　B. 外皮层　　　　C. 内皮层　　　　D. 中柱鞘
4. 根的吸收作用主要在____。
   A. 根冠　　　　　B. 分生区　　　　C. 根毛区　　　　D. 伸长区
5. 下列哪些部分与根的伸长生长有直接关系？____
   A. 根冠和分生区　　　　　　　B. 分生区和伸长区
   C. 伸长区和根毛区　　　　　　D. 只有分生区
6. 根毛是____。
   A. 表皮毛　　　　　　　　　　B. 根表皮细胞分裂产生的
   C. 毛状的不定根　　　　　　　D. 表皮细胞外壁突起伸长形成的
7. 凯氏带是____的带状增厚。
   A. 木质化和栓质化　　　　　　B. 木质化和角质化
   C. 栓质化和角质化　　　　　　D. 木质化和矿质化
8. 根部形成层产生过程中，首先开始于____。

A. 初生韧皮部内方的薄壁细胞　　　　　　　B. 初生木质部脊处的中柱鞘细胞
C. 初生韧皮部外方的薄壁细胞　　　　　　　D. 原生木质部细胞

9. 根瘤细菌与豆科植物根的关系是____。
   A. 共生　　　　　　B. 寄生　　　　　　C. 腐生　　　　　　D. 竞争

10. 菌根是高等植物的根与____形成的共生结构。
    A. 细菌　　　　　　B. 真菌　　　　　　C. 黏菌　　　　　　D. 放线菌

11. 种子植物的侧根起源于____的一定部位。
    A. 分生区　　　　　B. 伸长区表皮　　　C. 根毛区中柱鞘　　D. 根尖原始细胞

12. 观察根的初生结构，最好是在根尖的____作横切制片。
    A. 分生区　　　　　B. 伸长区　　　　　C. 根毛区　　　　　D. 根冠

13. 果树、蔬菜等带土移栽比未带土移栽的成活率高，主要原因是保护了____。
    A. 叶　　　　　　　B. 枝　　　　　　　C. 芽　　　　　　　D. 幼根和根毛

14. 根的初生木质部的发育方式为____。
    A. 外始式　　　　　B. 内始式　　　　　C. 外起源　　　　　D. 内起源

15. 茎的初生木质部的发育方式为____。
    A. 外始式　　　　　B. 内始式　　　　　C. 外起源　　　　　D. 内起源

16. 在进行嫁接时，必须使砧木与接穗之间的____相吻合，才易成活。
    A. 韧皮部　　　　　B. 形成层　　　　　C. 表皮　　　　　　D. 皮层

17. 茎上叶和芽的发生属于____。
    A. 外始式　　　　　B. 内始式　　　　　C. 外起源　　　　　D. 内起源

18. 苹果、梨等木本植物茎的增粗，主要是____细胞增多。
    A. 韧皮部　　　　　B. 形成层　　　　　C. 木质部　　　　　D. 皮层

19. 主茎顶芽不断向上生长形成主干，侧芽形成侧枝，这种分枝方式是____。
    A. 单轴分枝　　　　B. 合轴分枝　　　　C. 二叉分枝　　　　D. 分蘖

20. 营造用材林，应选择具有____方式的树种。
    A. 单轴分枝　　　　B. 合轴分枝　　　　C. 假二叉分枝　　　D. 分蘖

21. 植物茎木质部中无输导能力的是____。
    A. 早材　　　　　　B. 晚材　　　　　　C. 边材　　　　　　D. 心材

22. 水稻叶包括____等部分。
    A. 叶柄、叶鞘、叶片、托叶　　　　　　　B. 叶柄、叶舌、叶耳、叶片
    B. 叶鞘、叶舌、叶耳、叶片　　　　　　　D. 托叶、叶舌、叶耳、叶片

23. 银杏叶的脉序为____。
    A. 平行脉序　　　　B. 网状脉序　　　　C. 叉状脉序　　　　D. 掌状脉序

24. 每一节上着生一片叶，各叶开度为180°，称此叶序为____。
    A. 互生叶序　　　　B. 对生叶序　　　　C. 轮生叶序　　　　D. 交互对生叶序

25. 栅栏组织属于____。
    A. 薄壁组织　　　　B. 分生组织　　　　C. 保护组织　　　　D. 机械组织

26. 叶片较大而薄，表皮的角质层薄，气孔较少，是____叶的特点。
    A. 沉水植物　　　　B. 旱生植物　　　　C. 阴地植物　　　　D. 阳地植物

27. 禾本科植物的叶卷曲与____有关。
    A. 栓质细胞　　　　B. 硅质细胞　　　　C. 长细胞　　　　　D. 泡状细胞

28. 马铃薯的食用部分是____。
    A. 块根　　　　　　B. 块茎　　　　　　C. 果实　　　　　　D. 肉质根

29. 生姜属于变态的____。
A. 根　　　　　　　　B. 茎　　　　　　　　C. 叶　　　　　　　　D. 果实
30. 下列属于同源器官的是____。
A. 马铃薯和红薯　　　　　　　　　　　　B. 葡萄和豌豆的卷须
C. 月季和仙人掌的刺　　　　　　　　　　D. 莲藕和荸荠

四、问答题

1. 根有哪些主要生理功能？试述根的形态结构对生理功能的适应性。
2. 根系有哪些类型？环境条件如何影响根系的分布？了解根系的特点对农业生产有何指导意义？
3. 为什么水稻秧苗移栽后生长暂时受抑制和部分叶片会发黄？
4. 小苗为什么要带土移栽？果树带土移栽为什么要剪去次要枝叶？
5. 根尖可分为哪几个区？各区有哪些特征？与根的生长有何关系？
6. 绘简图说明双子叶植物根和茎的初生结构，并比较二者的异同。
7. 试分析根表皮、皮层和中柱的结构是如何与其吸收功能相适应的。
8. 简述禾本科植物根和茎的结构特点。
9. 简述双子叶植物根和茎的增粗生长过程。
10. 为何甘蔗、玉米和高粱的茎也会增粗？这种增粗与双子叶植物茎的增粗有何不同？
11. 简述侧根发生的部位与形成过程。
12. 什么是根瘤和菌根？在农业生产上有何实践意义？
13. 豆科植物为什么能够肥田？
14. 用植物解剖学知识解释"树怕剥皮，不怕烂心"的道理。
15. 年轮是怎样形成的？为什么说生长轮比年轮这一名词更为准确？
16. 植物有哪些分枝方式？举例说明农业生产上对植物分枝规律的利用和控制。
17. 怎样区别单叶和复叶？
18. 比较等面叶和异面叶的异同。
19. 通常叶下表皮气孔多于上表皮，在生理上有何意义？沉水植物的叶为何无气孔？
20. 叶的形态结构是如何适应其生理功能的？
21. C_3植物和C_4植物在叶的结构上有何区别？
22. 简述落叶的原因及其生物学意义。
23. 简述禾本科植物叶的形态结构特点。在稻田中怎样区分秧苗与稗草？
24. 旱生植物和水生植物的叶在其构造上形成哪些结构与其生态条件相适应？
25. 为什么说马铃薯是茎的变态，而甘薯则为根的变态？
26. 为什么说"根深叶茂，本固枝荣"？举例说明其间的辩证关系。

第五章 被子植物生殖器官的形态建成

学习目标

1. 了解花的组成和花芽的分化过程。
2. 掌握花药的结构与花粉的发育形成过程。
3. 掌握胚珠的结构与胚囊的发育形成过程。
4. 掌握双受精过程及其生物学意义。
5. 掌握种子和果实的形成过程，了解种子和果实对传播的适应。

植物经过一定时间的营养生长后，才开始形成花芽，以后经过开花、传粉、受精，结出种子和果实。花、果实和种子是植物的生殖器官（reproduction organ），它们的形成和生长过程则属于生殖生长。从营养生长转到生殖生长是植物生长期的重大转换，也是植物生产上的关键时刻。掌握植物生殖器官的形态建成和有性生殖过程的规律，对于进一步协调植物营养生长和生殖生长的关系，提高作物产量，发展农业生产，无论在理论上还是实践上都是十分重要的。

第一节 花的组成和发生

一、花的概念及其在植物个体发育和系统发育中的意义

从植物形态学角度来看，花（flower）是节间极短而不分枝的、适应于生殖的变态短枝。萼片和花瓣是不育的变态叶，雄蕊和心皮是能育的变态叶。虽然它们在形态和功能上与平常的叶差别很大，但它们的发生、生长方式和维管系统则与叶相类似。

在植物个体发育中，花的分化标志着植物从营养生长转入生殖生长，花是被子植物所特有的有性生殖器官，是形成雌、雄性生殖细胞和进行有性生殖的场所。被子植物通过花器官完成受精、结果、产生种子等一系列生殖过程，以繁衍后代，延续种族。同时，果实和种子也是被子植物有性生殖的产物，与植物的遗传、育种有着密切的关系。果实和种子也是很多农作物的主要收获对象，直接或间接地影响农产品的质和量。因此，研究被子植物生殖器官的形态、结构和发育过程，在农业生产上也具有十分重要的意义。

从系统发育上来认识，花器官的形成及其生殖作用是植物繁殖方式中最进化的类型。植物发展到一定阶段，通过一定方式，从它自身产生新的个体来延续后代，这个过程称为繁殖（reproduction）。繁殖可使植物延续种族，是植物的重要生命活动之一。繁殖和生殖两词虽然可以通用，但繁殖一词的含义较广。生殖（reproduction）是指以生殖细胞发育成为下一代新个体的方式。植物有多种形成新个体的繁殖方式，通常归类为营养繁殖（vegetative multiplication）、无性生殖（asexual reproduction）和有性生殖（sexual reproduction）。

营养繁殖是植物体营养器官（根、茎、叶）的一部分从母体分离（有时不立即分离）而直接形成

新个体的繁殖方式。营养繁殖时，不产生生殖细胞，亦称克隆生长。植物界普遍存在营养繁殖，如单细胞藻类植物以细胞分裂的方式产生新的个体；多细胞的藻类植物体发生断裂，每一裂片形成一新个体；在植物界最高等类群被子植物中还保留这种初级繁殖方式的特性，特别是多年生植物营养繁殖的能力很强，植株上的营养器官或脱离母体的营养器官具有再生能力，能生出不定根、不定芽，发育成新的植株。还有一些被子植物的变态营养器官如块根、块茎、鳞茎及根状茎等有很强的营养繁殖能力。营养繁殖往往比用种子繁殖的速度快，如竹子一生（数十年）中仅开花一次，营养繁殖是其最主要的繁殖方式，有些人工栽培的植物不能产生种子或不能产生有效种子，以营养繁殖繁衍后代，如菠萝、香蕉等。这些繁殖一般称为自然营养繁殖。长期以来，人们在生产实践中，利用分离植株（分株）、扦插（cutting）、压条（layering）和嫁接（grafting）等技术繁殖植物；以植物细胞全能性为理论基础建立的植物细胞与组织培养技术，现已成为植物快速繁殖的有效途径，这种繁殖称为人工营养繁殖。营养繁殖是无性的过程，所产生的后代较少变异，与母体有很相近的遗传性状，使母体的优良性状得以保留。

随着植物的进化，有些植物在其生活史中的某一时期，形成具有繁殖能力的无性的特化细胞，称为孢子（spore）。孢子从母体脱离后，不经两性的结合可直接发育成新的植物体，这种繁殖方式称为无性生殖或孢子生殖（sporogony）。孢子生殖是藻类、苔藓和蕨类植物的主要繁殖方式，不产生种子，称为孢子植物（多数孢子植物也有有性生殖）。种子植物虽通过有性过程产生种子，但也会产生孢子，也具有无性过程。被子植物虽也能产生孢子（珠心中的大孢子和花粉囊中的小孢子），但它们的孢子并不能独立自养，实际上是进行异养的寄生生活。植物的营养繁殖和孢子生殖都是无性的方式，不经过有性过程，其遗传物质来自单一亲本，子代的遗传信息与亲代基本相同，有利于保持亲代的遗传特性。无性过程的繁殖速度快，产生孢子的数量大，有利于快速繁衍种族；但由于无性生殖的后代来自同一基因型的亲本，生活力往往会有一定程度的衰退。

有性生殖是更进化的繁殖方式，植物体中产生特殊的有性别差异的配子（gamete），其中分化程度最高的为雄配子（精子）和雌配子（卵），两性配子进行结合，形成合子（zygote）或受精卵（fertilized egg），再发育成新个体。由于有性生殖的合子具备了双亲的遗传性，从而增强了后代的生活力和更广泛的适应性。被子植物花器官的出现带来了双受精作用和胚包被于子房中等诸多进化特征，更有利于保护种族的生存和发展，使植物的有性生殖达到较为完善的阶段，这对整个植物界的系统演化产生了深远的影响。

二、花的组成

一朵完全花（complete flower）由花梗（pedicel）、花托（receptacle）、花萼（calyx）、花冠（corolla）、雄蕊群（androecium）和雌蕊群（gynoecium）组成（图5-1），有的植物的花缺少其中一

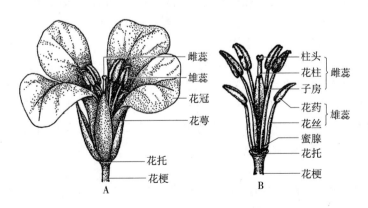

图 5-1　油菜花的组成
A. 花的全貌　B. 除去花萼与花冠（示雄蕊和雌蕊）
（引自李扬汉，1984）

个或多个部分，称为不完全花（incomplete flower）。许多植物的花中还有蜜腺，能分泌蜜汁，适应于昆虫传粉。

一朵花中雌蕊和雄蕊均具备的称为两性花（bisexual flower）。仅有雄蕊或雌蕊的称为单性花（unisexual flower），只有雌蕊的称为雌花（pistillate flower），只有雄蕊的称为雄花（staminate flower）。如果雌花和雄花生在同一植株上，称为雌雄同株（monoecism）；如果雌花和雄花生在不同的植株上，称为雌雄异株（dioecism）；在同一植株上兼有单性花和两性花，功能上与雌雄同株植物相似，称为杂性同株（polygamomonoecism）；如果雄花和两性花或雌花和两性花分别生在不同的植株上，功能上为雌雄异株植物，则称为杂性异株（polygamodioecism）。花中既无雄蕊，又无雌蕊的花称为无性花（asexual flower）或中性花（neutral flower）。

（一）花梗与花托

花梗又称花柄，是着生花的小枝，它支持着花，使花展布于一定的空间位置，同时又是茎和花相连的通道。当果实形成时，花梗发育成果柄。花梗的长短，因植物种类而异，有的植物花梗很短，甚至没有花梗。

花托位于花柄顶端，一般略膨大，花的其他部分按一定方式排列在它上面。在不同植物中，花托呈现不同形状（图5-2）。例如，草莓的花托膨大呈圆锥状；玉米的花托伸长呈圆柱状；莲的花托呈倒圆锥形，果期发育成内含果实的莲蓬；蔷薇的花托为壶状；柑橘的花托扩展呈盘形；桃的花托凹陷呈杯状；花生的花托受精后迅速伸长，形成雌蕊柄或子房柄，将着生在花托先端的子房插入土中，发育为果实。

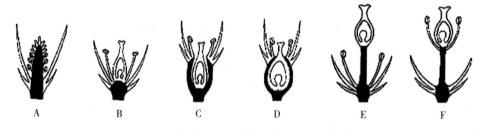

图5-2 几种不同形状的花托
A. 柱状花柱　B. 圆顶状花托　C. 杯状花托　D. 杯状花托与子房壁愈合
E. 雌蕊柄（花托在雌蕊群和雄蕊群之间延伸成柄）　F. 雌雄蕊柄（花托在雄蕊群和花冠之间延伸成柄）
（仿强胜，2006）

（二）花萼

花萼是花最外一轮变态叶，由若干萼片（sepal）组成，常呈绿色，其结构类似叶，但栅栏组织和海绵组织分化不明显，一般具有保护幼花、幼果的作用并兼行光合作用。萼片各自分离的称离萼（chorisepal），如油菜。萼片彼此连合的称合萼（gamosepal），萼片下端的联合部分为萼筒（calyx tube），上部未合生的部分称萼裂片（calyx lobe），如茄。有些植物萼筒下端向一侧延伸成管状的距（spur），如飞燕草。也有的植物在花萼之外，还有一轮绿色的瓣片，称副萼，如棉花，副萼为3片大型的叶状苞片。花萼的生存期变化较大，有的植物（如丽春花）在开花时即脱落。一般植物中，花萼与花冠脱落时间是一致的，但有些植物的花萼和果实一起发育并保留到果实成熟，称为宿萼，如茄、辣椒等。有的植物花萼变成冠毛，如蒲公英等菊科植物，以利于果实的散布。

（三）花冠

花冠位于花萼的内侧，由若干花瓣（petal）组成，排列成一轮或几轮。花瓣细胞内含有花青素或有色体而具有鲜艳颜色。有的花瓣有香气，或有蜜腺分泌蜜汁。花瓣也有分离和联合之分，前者称为离瓣花，后者称为合瓣花，合瓣花的每一裂片称为花瓣裂片。花冠除保护花内部的雄蕊和雌蕊外主要是招引昆虫传粉。杨、栎等植物的花冠多退化，以利于风力传粉。

1. 花冠的类型 花冠的形态多种多样，根据花瓣数目、形状、离合状态，以及花冠筒的长短、花冠裂片的形态等特点，通常分为以下几种类型（图 5-3）。

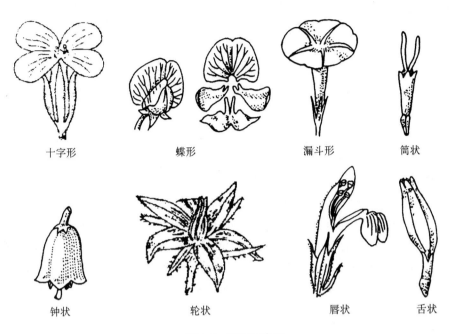

图 5-3 花冠的类型
（引自李扬汉，1984）

(1) 十字形 (cruciform)。由 4 个花瓣两两相对成"十"字形，如油菜、萝卜等十字花科植物。

(2) 蝶形 (papilionaceous)。花瓣 5 片，排列成蝶形，最上一瓣称为旗瓣；两侧的两瓣称为翼瓣，为旗瓣所覆盖，且常较旗瓣小；最下两瓣位于翼瓣之间，其下缘常稍合生，称为龙骨瓣，如大豆、蚕豆、花生和豌豆等豆科植物。

(3) 漏斗状 (funnel-shaped)。花冠下部成筒状，并由基部渐渐向上扩大成漏斗状，如甘薯、蕹菜等旋花科植物。

(4) 筒状 (tubular)。花冠大部分成管状或圆筒状，花冠裂片向上伸展，如向日葵花序的盘花。

(5) 钟状 (campanulate)。花冠筒宽而短，上部扩大成钟形，如南瓜、桔梗等植物。

(6) 轮状 (rotate)。花冠筒短，裂片从基部向四周扩展，状如车轮，如茄、番茄等植物。

(7) 唇形 (labiate)。花冠略成二唇形，如丹参、一串红等唇形科植物。

(8) 舌状 (ligulate)。花冠基部成一短筒，上面向一边张开成扁平舌状，如蒲公英等菊科舌状花亚科的植物。

筒状、漏斗状、钟状、轮状以及十字形花冠，各花瓣的形状、大小基本一致，常为辐射对称，又称整齐花 (regular flower)；蝶形、唇形和舌状花冠，各花瓣的形状、大小不一致，常成两侧对称，又称不整齐花 (irregular flower)；也有些植物的花是不对称的，如美人蕉等。

花萼和花冠总称为花被 (perianth)，二者齐备的花称为双被花 (dichlamydeous flower)；二者缺一的花称为单被花 (monochlamydeous flower)；不具花被的花称为无被花 (achlamydeous flower)，又称裸花 (naked flower)。

2. 花被片在花芽中的排列方式 花被片（花瓣和萼片）在花芽内卷叠排列的方式，常依植物种类而异（图 5-4）。

(1) 镊合状 (valvate)。花瓣或萼片各片的边缘彼此接触，但不覆盖，如茄、番茄等。

(2) 旋转状 (contorted)。花瓣或萼片每一片的一边覆盖着相邻一片的边缘，而另一边又被另

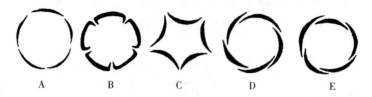

图 5-4 花被片排列方式
A~C. 镊合状 D. 旋转状 E. 覆瓦状

一相邻片的边缘所覆盖,如棉花、牵牛等。

(3) 覆瓦状 (imbricate)。和旋转状相似,只是各片中有一片或两片完全在外,另一片完全在内,如油菜、蚕豆等。

(四) 雄蕊群

雄蕊群位于花冠内方,是一朵花内所有雄蕊 (stamen) 的总称,由多数或一定数目的雄蕊组成,是花的重要组成部分之一。雄蕊由花药 (anther) 和花丝 (filament) 两部分组成。花药是花丝顶端膨大的囊状部分,是产生花粉的地方,是雄蕊的主要部分,通常由 4 个或 2 个花粉囊组成,分为左右两半,中间以药隔相连。花粉囊里产生许多花粉,花粉成熟时,花粉囊破裂,散放出花粉。花丝细长,多呈柄状,基部着生在花托或贴生在花冠上,支持花药使之伸展于一定空间,以利散发花粉。

1. 雄蕊的类型 雄蕊的数目和形态类型变化很大,常随植物不同而异。组成雄蕊的花丝和花药相互间离生和联合方式的不同,也造成雄蕊类型的多样性,现选出其主要的类型介绍如下(图 5-5)。

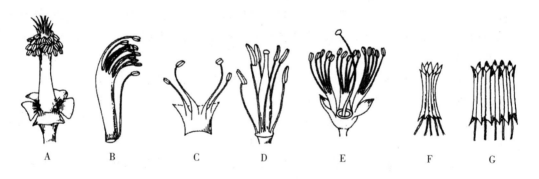

图 5-5 雄蕊的类型
A. 单体雄蕊 B. 二体雄蕊 C. 二强雄蕊 D. 四强雄蕊 E. 多体雄蕊 F、G. 聚药雄蕊
(引自强胜, 2006)

(1) 单体雄蕊 (monadelphous stamen)。一朵花中有多枚雄蕊,花丝联合成一体,如棉花等锦葵科植物。

(2) 二体雄蕊 (diadelphous stamen)。一朵花中的 9 枚雄蕊的花丝联合, 1 枚单生,成二束,如蚕豆等豆科的蝶形花亚科植物。

(3) 多体雄蕊 (polyadelphous stamen)。一朵花中的雄蕊的花丝联合成多束,如金丝桃、蓖麻等。

(4) 聚药雄蕊 (syngenesious stamen)。花药合生,花丝分离,如菊科植物。

(5) 二强雄蕊 (didynamous stamen)。雄蕊 4 枚, 2 枚长, 2 枚短,如唇形科植物。

(6) 四强雄蕊 (tetradynamous stamen)。雄蕊 6 枚, 4 枚长, 2 枚短,如十字花科植物。

2. 花药着生的方式 花药在花丝上着生的方式主要有以下几种类型 (图 5-6)。

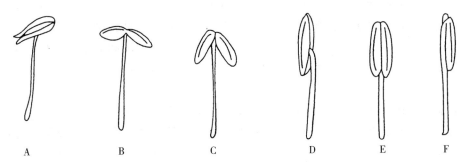

图 5-6 花药着生方式
A. 丁字药 B. 广歧药 C. 个字药 D. 背着药 E. 基着药 F. 全着药
(引自曲波和张春宇，2011)

(1) 基着药（basifixed anther）。花药仅基部着生于花丝的顶端，如望江南、莎草、小檗和唐菖蒲等。

(2) 背着药（dorsifixed anther）。花药背部着生于花丝上，如桑、苹果、油菜和水稻等。

(3) 丁字药（versatile anther）。花药背部中央一点着生于花丝顶端而易动摇，如小麦、水稻和百合等。

(4) 广歧药（divaricate anther）。花药基部张开几乎成水平线，顶部着生于花丝顶端，如洋地黄、地黄等；若花药张开成"个"字，为个字药（divergent anther），如凌霄等。

(5) 全着药（adnate anther）。花药背部全部贴生于花丝上，或称为贴着药，如莲、玉兰等。

3. 花药开裂的方式　花药成熟后开裂散出花粉，开裂方式主要有以下几种（图5-7）。

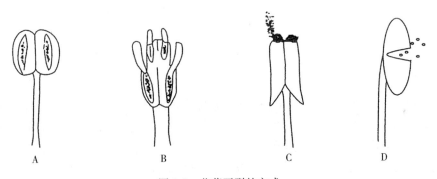

图 5-7 花药开裂的方式
A. 纵裂 B. 瓣裂 C. 孔裂 D. 横裂
(引自曲波和张春宇，2011)

(1) 纵裂（longitudinal dehiscence）。沿两花粉囊交界处纵行开裂，是最常见的一种，如小麦、油菜等。

(2) 孔裂（poricidal dehiscence）。药室顶端开一小孔，花粉由此散开，如茄、马铃薯、杜鹃等。

(3) 瓣裂（valvate dehiscence）。药室有2个或4个活板状的盖，花粉由掀开的盖孔散出，如小檗、香樟等。

(4) 横裂（transverse dehiscence）。沿花药中部横向裂开，如木槿、蜀葵等。

(五) 雌蕊群

雌蕊群着生于花的中央或花托顶部，是一朵花中雌蕊（pistil）的总称，是花的另一个重要组成部分。雌蕊由柱头（stigma）、花柱（style）、子房（ovary）三部分组成。柱头位于雌蕊的顶端，是承受花粉的场所，常扩展成各种形状。风媒花的柱头多呈羽毛状，增加柱头接受花粉的表面积。多数植物的柱头常分泌水分、脂类、酚类、激素和酶等物质，有的能分泌糖类及蛋白质，有助于花粉的附着和萌发。柱头分泌物的化学成分和浓度，随植物种类而异，从而对来源不同的花粉表现出不同的生理效应，具有选择性。花柱位于柱头和子房之间，是花粉管进入子房的通道，对花粉管的生长能提供营养及某些趋化物质，有利于花粉管进入胚囊，其长短随植物种类而不同。子房是雌蕊基部膨大的部分，外为子房壁，内为一至多数子房室，着生在子房内的卵形小体称为胚珠，每一个子房内胚珠的数目，各种植物不同，由1个到数十个不等，受精后整个子房发育成果实，子房壁成为果皮，胚珠发育为种子。

1. 心皮的概念和雌蕊的类型　心皮（carpel）是构成雌蕊的基本单位，为适应生殖的变态叶。心皮形成雌蕊时，由1个心皮的二缘向内卷合或数个心皮边缘互相联合而形成雌蕊。心皮边缘联合处为腹缝线（ventral suture），心皮中央相当于叶片中脉的部位为背缝线（dorsal suture）。在腹缝线和背缝线处均有维管束通过，分别称为腹束（ventral carpellary bundle）和背束（dorsal carpellary bundle）（图5-8）。

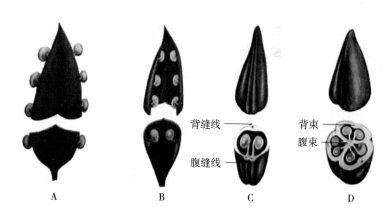

图5-8　心皮发育为雌蕊
A～C. 由一个张开的心皮逐渐内卷，边缘进行愈合形成雌蕊的过程
D. 三心皮形成的雌蕊

有些植物一朵花中的雌蕊由1个心皮构成，称为单雌蕊（simple pistil），如豆类植物；有些植物一朵花中的雌蕊由几个心皮构成，这些心皮彼此分离，所形成的雌蕊也是分离的，称为离生雌蕊（apocarpous pistil）或离生单雌蕊，如毛茛、草莓等；有些是由2个或2个以上心皮相互连接构成的雌蕊，称为复雌蕊（compound pistil），又称合生雌蕊（syncarpous pistil），如油菜、茄等多数被子植物。复雌蕊中心皮的合生情况不一，有的子房合生而花柱、柱头分离，如蓖麻、梨和石竹；有的子房与花柱合生而柱头分离，如红麻、向日葵、荞麦等植物；还有的子房、花柱、柱头全部合生，如油菜、番茄、柑橘等植物（图5-9）。

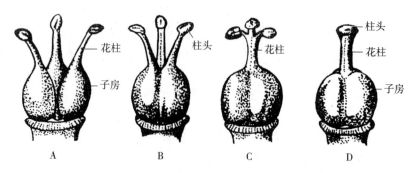

图5-9　雌蕊的类型
A. 离生雌蕊　B～D. 不同程度联合的复雌蕊
（引自强胜，2006）

2. 子房位置的变化　子房着生于花托上，与花其他组分（花萼、花冠、雄蕊群）的相对位置，常因植物种类而不同，通常有3种类型（图5-10）。

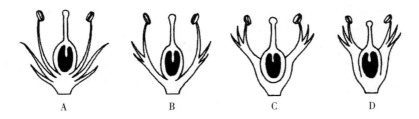

图 5-10　子房的位置
A. 上位子房（下位花）　B. 上位子房（周位花）　C. 半下位子房（周位花）　D. 下位子房（上位花）

（1）上位子房（superior ovary）。雌蕊的子房仅以底部连生于花托顶端。花的其他组分的生长情况则有两种：一种是花萼、花冠、雄蕊群生于子房下方，称为上位子房下位花，如油菜、棉花和大豆等；另一种是花萼、花冠、雄蕊群下部愈合成杯状花筒（hypanthium）（又称托杯），它们仍生于子房下方，但上部各自分离环绕于子房周围，称为上位子房周位花，如桃、李和梅等。

（2）半下位子房（half-inferior ovary）。子房下半部陷生于花托中，并与其愈合，花萼、花冠、雄蕊群环绕子房四周而着生于花托边缘，故称为半下位子房，这种花则为周位花，如甜菜、石楠等。

（3）下位子房（inferior ovary）。子房全部陷生于深杯状的花托或花筒中，并与它们的内侧愈合，仅柱头和花柱外露，花萼、花冠、雄蕊群着生于子房以上的花托或花筒边缘，此即为下位子房，这种花则称为上位花。子房陷生于花托的植物较少，一般见于葫芦科、仙人掌科、番杏科和檀香科等少数科中；多数植物的下位子房是被花筒包围而发育形成，如苹果、梨等。

3. 胎座的类型　雌蕊的子房中，着生胚珠的部位称为胎座（placenta）。由于心皮的数目和联合情况以及胚珠着生的部位等不同，形成不同的胎座类型（图5-11）。

（1）边缘胎座（marginal placenta）。为单雌蕊，子房一室，胚珠着生于腹缝线上，如豆科植物。

（2）中轴胎座（axile placenta）。为复雌蕊，数个心皮边缘内卷，汇合成隔，直达子房中央，将子房分为数室，胚珠着生于中央交汇处的周围，如棉花、番茄和百合等。

（3）侧膜胎座（parietal placenta）。为复雌蕊，子房一室或假数室，胚珠着生于腹缝线上，如油菜（假2室）、西瓜、黄瓜等。

（4）特立中央胎座（free-central placenta）。为复雌蕊，子房的分隔消失成为子房一室，子房中央有一向上伸出但未达子房顶部的短轴，胚珠着生其上，如石竹科、报春花科和马齿苋等。

（5）基生胎座（basal placenta）。胚珠着生于子房的基部，如向日葵、大黄等。

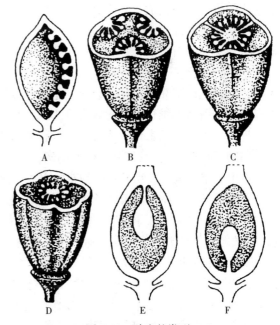

图 5-11　胎座的类型
A. 边缘胎座　B. 侧膜胎座　C. 中轴胎座
D. 特立中央胎座　E. 顶生胎座　F. 基生胎座
（引自杨世杰，2000）

（6）顶生胎座（apical placenta）或悬垂胎座（suspended placenta）。胚珠着生于子房室的顶部，

如桑、榆等。

4. 胚珠的类型 胚珠发育时，由于各部生长速度的变化，形成不同类型的胚珠（图 5-12）。

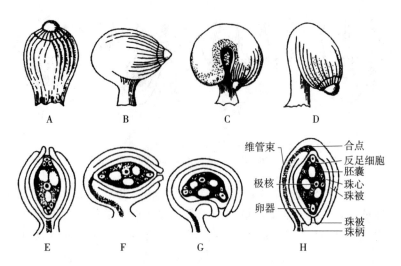

图 5-12 胚珠的类型
A～D. 胚珠的外形　E～H. 胚珠纵切
A、E. 直生胚珠　B、F. 横生胚珠　C、G. 弯生胚珠　D、H. 倒生胚珠
（引自强胜，2006）

（1）直生胚珠（orthotropous ovule）。胚珠的各部均匀生长，珠孔、珠心纵轴、合点和珠柄成一直线，如荞麦、大黄和胡桃等。

（2）横生胚珠（hemitropous ovule）。胚珠的一侧生长较快，胚珠横卧，珠孔、珠心纵轴和合点所连成的直线与珠柄成直角，如花生、锦葵和梅等。

（3）弯生胚珠（campylotropous ovule）。胚珠下部直立，上部略弯，珠孔偏下，珠孔、珠心纵轴和合点不在一直线上，如油菜、柑橘、蚕豆、豌豆和菜豆等。

（4）倒生胚珠（anatropous ovule）。是直生胚珠的倒转，虽然珠孔、珠心纵轴、合点都在一直线上，但珠孔向下靠近珠柄，合点向上，外珠被与珠柄贴合的部分很长，形成一条外隆的纵脊，其中有经珠柄引入的维管束，此纵脊称为珠脊。这种类型的胚珠广泛存在于被子植物中，如菊、向日葵、瓜类、棉花以及水稻、小麦等禾本科植物的胚珠。

（六）禾本科植物的花及小穗的结构

以上介绍的是一般双子叶植物花的组成，而水稻、小麦、大麦、玉米、高粱及粟等禾本科植物的花与之不同。小花（floret）通常由 2 枚浆片（lodicule）、3 枚或 6 枚雄蕊、1 枚雌蕊及 1 枚外稃（lemma）和 1 枚内稃（palea）组成。浆片由花被片退化而成；外稃为花基部的苞片变态而成，其中脉常外延成芒（awn）；内稃为小苞片，是苞片和花之间的变态叶。开花时，浆片吸水膨胀，撑开外稃和内稃，使花药和柱头外露，适应于风力传粉。由 1 个至多个小花着生于一小穗轴（rachilla）上，连同基部的 2 枚颖片（glume）共同组成小穗（spikelet）（图 5-13、图 5-14）。小穗实质上是小型的穗状花序，是禾本科植物花的基本单位，不同的禾本科植物可再由许多小穗集合成不同的花序类型。

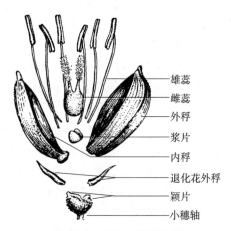

图 5-13 水稻小穗的组成
（引自李扬汉，1984）

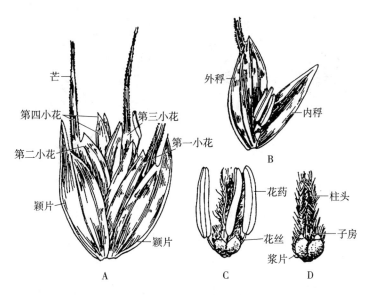

图 5-14 小麦小穗的组成
A. 小穗 B. 小花 C. 剥去外稃和内稃的小花 D. 雌蕊和浆片
(引自李扬汉，1984)

（七）花程式和花图式

在研究被子植物花的复杂多样的形态特征时，常采用一种公式或图解来科学地进行描述和记载，前者称花程式，后者称花图式，这两种方法有助于简洁、直观地描述、记载植物类群花的特征。

花程式（flower formula）是用一些字母、符号和数字，按一定顺序列成公式以表达花的特征。通常用 K 代表花萼（源自德文 Kelch 首个字母），用 C 代表花冠（corolla）[用 Ca 代表花萼（calyx）时，则用 Co 代表花冠]，A 为雄蕊群（androecium），G 为雌蕊群（gynoecium），P 为花被（perianth）。花各部分的数目用阿拉伯数字表示，写于字母的右下角，其中以"∞"表示数目多而不定数；若为某字母的倍数时，可在数字之后以"S"表示；"0"表示缺少某部分；在数字外加上括号"（ ）"，表示该部为联合状态。在同一部分中出现不同情况时，可用"·"表示"或者"的意义。某部分由数轮或数组组成时，则在各轮或各组的数字之间用"＋"相连。关于子房的位置，用 G 表示子房上位，$\overline{G}$ 为子房下位，$\overline{\underline{G}}$ 为子房半下位，G 的右下角数字依次表示组成雌蕊的心皮数、子房室数和每室的胚珠数，它们之间用"："号相连。花程式最前面冠以"＊"表示辐射对称花，"↑"表示两侧对称花，"♂"为雄花，"♀"为雌花，"⚥"为两性花（两性花的符号有时略而不写），"♂♀"表示雌雄同株，"♂/♀"表示雌雄异株。

现举例说明如下：

棉花的花程式为：＊ $K_{(5)} C_5 A_{(\infty)} \underline{G}_{(3\sim5:3\sim5:\infty)}$，其含义是花辐射对称，花萼的萼片 5 枚合生，花冠的花瓣 5 枚离生，雄蕊多数合生，雌蕊的子房上位，由 3～5 个心皮合生而成，子房 3～5 室，每室含多数胚珠。

大豆的花程式为：↑ $K_{(5)} C_{1+2+(2)} A_{(9)+1} \underline{G}_{1:1:\infty}$，其含义是花两侧对称，花萼的萼片 5 枚合生，花冠包括 1 枚旗瓣、2 枚翼瓣和 2 枚龙骨瓣（稍联合），二体雄蕊，雌蕊的子房上位，由 1 个心皮构成，子房 1 室，含多数胚珠。

花图式（flower diagram）是花的各部分垂直投影所构成的平面示意图（图 5-15）。花图式中花的各部分横切面简图，表示它们的数目、离合状态、排列情况以及胎座类型等特征。如为顶生花，则可不绘花轴和苞片。

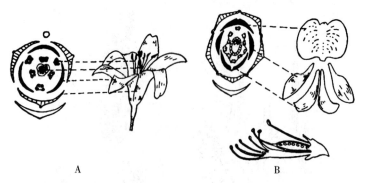

图 5-15 花图式
A. 百合科的花图式 B. 豆科中蝶形花亚科的花图式
(引自李扬汉，1984)

三、花序

有些被子植物，如玉兰、莲、芍药等的花，是一朵花单生在茎上，称单生花，而大多被子植物是许多花按一定的方式和顺序排列在花序轴上。这种许多花按一定顺序排列的花枝称为花序（inflorescence）。花序轴亦称花轴，是花序的主轴，可以分枝或不分枝。花序中没有典型的营养叶，有时仅在每朵花的基部形成一小的苞片，有些植物花序的苞片密集在一起组成总苞，位于花序的最下方，如向日葵的花序。

根据花序轴的生长情况、分枝方式、开花顺序和花梗的长短，可将花序分为无限花序（indefinite inflorescence）和有限花序（definite inflorescence）两大类。

（一）无限花序

无限花序的开花顺序是花序轴基部的花先开，然后由下向上依次开放。花序轴能较长时间保持顶端生长能力，能继续向上延伸，并不断产生苞片和花芽。如果花序轴很短，各花密集排成平面或球面时，则由边缘向中央依次开花。无限花序的生长分化属单轴分枝式的性质，常又称为总状类花序，有时也称为向心花序（图 5-16）。

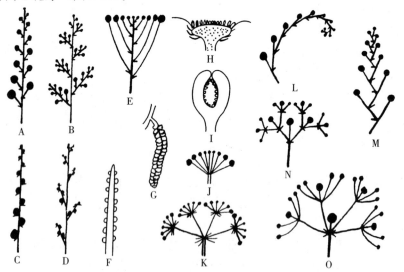

图 5-16 花序的类型
A. 总状花序 B. 圆锥花序 C. 穗状花序 D. 复穗状花序 E. 伞房花序 F. 肉穗花序
G. 柔荑花序 H. 头状花序 I. 隐头花序 J. 伞形花序 K. 复伞形花序 L. 螺旋聚伞花序
M. 蝎尾状聚伞花序 N. 二歧聚伞花序 O. 多歧聚伞花序
(引自周云龙，2011)

1. 简单花序 简单花序又称单总状类花序，是指花序轴不分枝的总状类花序。

（1）总状花序（raceme）。花序轴较长，由下而上生有近等长花梗的两性花，如油菜、花生、紫藤等。

（2）伞房花序（corymb）。花序轴较短，基部花的花梗较长，越近顶部的花梗越短，各花分布近于同一水平上，如梨、苹果、山楂等。

（3）伞形花序（umble）。花序轴短缩，各花自轴顶生出，花梗等长，花序如伞状，如五加、人参和韭菜等。

（4）头状花序（capitulum）。花序轴缩短成球形或盘状，上面密生许多近无柄或无柄的花，苞片常聚成总苞，生于花序基部，如三叶草、菊花、向日葵等。

（5）隐头花序（hypanthium）。花序轴肉质，特别肥大并内凹成头状囊体，许多无柄单性花隐生于囊体的内壁上，雄花位于上部，雌花位于下部。整个花序仅囊体前端留一小孔，可容昆虫进出以行传粉，如无花果、薜荔等。

（6）穗状花序（spike）。花序轴较长，其上着生许多无柄的两性花，如车前、马鞭草等。

（7）柔荑花序（ament，catkin）。花序轴上着生许多无柄或具短柄的单性花，通常雌花序轴直立，雄花序轴柔软下垂，开花后，一般整个花序脱落，如杨、柳和枫杨等。

（8）肉穗花序（spadix）。花序轴膨大，肉质，其上着生许多无柄的单性花，外包有大型苞片，如玉米、香蒲的雌花序，以及半夏、天南星等。

2. 复合花序 复合花序又称复总状类花序，花序轴有分枝，各分枝的排列特点和开花顺序均为总状式，并且每一分枝是简单花序中的一种。

（1）圆锥花序（panicle）。圆锥花序又称复总状花序，花序轴的分枝作总状排列，每一分枝相当于一个总状花序，如女贞、水稻等。

（2）复伞房花序（complex corymb）。花序轴的分枝作伞房状排列，每一分枝再为伞房花序，如花楸、石楠等。

（3）复伞形花序（complex umble）。花序轴顶端分出伞形分枝，各分枝之顶再生一伞形花序，如胡萝卜、芹菜和小茴香等伞形科植物。

（4）复穗状花序（complex spike）。花序轴依次穗状式着生分枝，每一分枝相当于一个穗状花序，如小麦。

（二）有限花序

有限花序的开花顺序是顶端花先开，基部花后开；或者是中心花先开，侧边花后开。花序轴顶端较早丧失生长能力，不能继续向上延伸。有限花序的生长分化属合轴分枝式性质，常又称为聚伞类花序，有时也称为离心花序。

1. 单歧聚伞花序 单歧聚伞花序（monochasium）是花序轴顶端先生一花，然后在顶花下的一侧形成侧枝，继而侧枝顶端又生一花，其下方再生一侧枝，如此依次开花，形成合轴分枝式的花序。如果各分枝都朝一个方向生长，使整个花序呈卷曲状，称为螺状聚伞花序或卷伞花序，如附地菜、勿忘草等；如果各次分枝是左右相间生长，整个花序左右对称，称为蝎尾状聚伞花序，如唐菖蒲、美人蕉等。

2. 二歧聚伞花序 二歧聚伞花序（dichasium）的顶花先形成，然后在其下方两侧同时发育出两个等长的侧枝，每一分枝顶端各发育出一花，然后又以同样方式产生侧枝，如石竹、卷耳、大叶黄杨等。

3. 多歧聚伞花序 多歧聚伞花序（pleiochasium）顶花下同时发育出 3 个以上分枝，各分枝再以同样方式进行分枝，如藜、泽漆等。

4. 轮状聚伞花序 轮状聚伞花序（verticillaster）是生于对生叶的叶腋中的聚伞花序，如一串红、益母草等唇形科植物。

被子植物的花序形态一般作上述分类，但其类型比较复杂，有的外形为某种无限花序，而开花次序却具有有限花序的特点。如葱的花序伞形,苹果的花序呈伞房状,水稻花序为圆锥状,但它们又具有限花序顶花先开的特点。

四、花芽分化

花和花序均由花芽发育而来,花芽分化的开始是被子植物从营养生长进入生殖生长的重要标志。花芽分化是芽内生长锥分化成花原基或花序原基,进而发育为花或花序的过程。植物在营养生长过程中,感受了一定的光周期、温度、营养条件等调节发育因素的刺激,使一些芽的分化发生了质的变化,在茎上一定部位的顶端分生组织(生长锥)不再产生叶原基,而分化出花的各部分原基或花序各部分原基,最后发育形成花或花序。在花芽的分化过程中,顶端分生组织从无限生长变成有限生长,也是一个顶端分生组织的最后一次活动。花原基在分化成花的过程中,如果一朵花中的雄蕊和雌蕊都分化并发育则为两性花,如果雄蕊或雌蕊不分化或分化后败育则形成单性花。农业生产上利用这一特性使花的性别向人类需要的方向分化,如黄瓜,人们需要的是雌花,可在花芽分化发育时给予促进雌蕊分化的条件(温度、生长素、光照),使雌花增加从而提高产量。

(一)花芽分化的时期

植物在花熟状态之前的时期称为幼年期(juvenile phase)。幼年期的长短,随植物的种类而不同,有的植物如牵牛、油菜等几乎没有幼年期,种子发芽后2～3 d就可以接受外界条件的诱导,形成花芽;绝大多数植物具有较长的幼年期,一年生草本植物的幼年期稍短,一生只能开花一次,如辣椒、茄在播种后一个月已接受环境条件的诱导而开始花芽分化;一些二年生植物,在第一年主要是营养生长,第二年继续完成生殖生长;木本植物的幼年期较长,如桃2～3年,梨及苹果3～4年或更长,梅5年,竹需数十年之久才开始花芽分化。大多数多年生草本植物和木本植物到达成熟期后,能每年形成花芽,但竹类一生中只能开花一次,花后植株往往死亡。

植物进入成花的年龄后,不同植物花芽分化的时间又与特定季节、环境条件和植物生长状况有关。相同植物在同一地区,每年花芽分化的时期大致接近。这样才会出现在相同纬度地区,同种植物具有相近的开花期。如在南方,3月开桃花,4月开樱花,7月开荷花,基本上是相对稳定的。

许多果树的花芽在开花前数月便已分化完成。如桃、梨和苹果等一般落叶树种,从开花前一年的夏季即开始花芽分化,以后转入休眠,到次年春季,未成熟的花部继续发育直至开花。柑橘、油橄榄等春夏开花的常绿树木,它们的花芽分化大多在冬季或早春进行,而秋冬开花的种类如油茶、茶等则在当年夏季进行花芽分化。此外,同株植物中每朵花的分化时间,也因枝条的类型和花芽的位置不同而有先后。

(二)花芽分化时顶端分生组织的变化

植物进入生殖生长时,茎尖顶端稍有伸长,基部加宽,呈圆锥形,如为花原基,茎尖便逐渐增宽变平;如为花序原基,则茎尖增大呈半圆锥形或圆锥形,并且不同植物所形成的花序不同,继续发生形态上的变化。

花芽分化时,茎尖各区的分生组织也会发生相应的变化。中央母细胞区下部及髓分生组织区上部之间的这部分细胞,最早出现活跃的有丝分裂,接着中央母细胞区的细胞分裂速度增快,与周围分生组织区的界限模糊;与此同时,茎尖中央髓分生组织区的细胞分裂速度明显下降,细胞体积增大,出现大液泡,逐渐分化成髓部的薄壁细胞。

从细胞生物学上看,在向生殖生长转化过程中,茎尖生长锥细胞中的高尔基体、线粒体的数量增加,琥珀酸氢化酶活性加强,表明呼吸强度增大。同时,可溶性糖也有增加,特别是氨基酸和蛋白质含量增加,核糖体数量增多,核酸的合成速度加快,从而提高了细胞分裂的速度。

原体的相对体积也会改变,或原套和原体的分界变得不清,不易识别。水稻在营养生长期,原套层数从1层增加到2层,到幼穗分化期,原套内层细胞体积增大,细胞质变浓,分裂方向零乱,于是原套减少为1层,有时为不清晰的2层。这种单层原套的出现,标志着水稻小穗分化的开始。

茎尖原套在细胞内部活动变化的基础上，花萼、花冠、雄蕊群和雌蕊群逐渐开始发生，常常发生于茎周缘分生组织区的第二层或第三层细胞，也就是原套的第二层或原套的外层细胞。在禾本科植物中则可以发生于第一层原套细胞，分化开始时，有关部位的细胞先进行平周分裂，接着进行垂周分裂，使各原基逐渐突起，各原基有顶端生长、边缘生长和居间生长等，但它们的生长量是相对有限的。复雌蕊在发生时，心皮原基常先各自突起，然后再按不同的方式连接，形成一个复雌蕊。当心皮原基形成雌蕊后，茎尖顶端的分生组织便不复存在。

（三）花芽分化的过程

花芽各部分的分化顺序，通常由外向内进行，萼片原基发生最早，以后依次向内产生花瓣原基、雄蕊原基、雌蕊心皮原基。但由于植物种类不同，花部形态多样，它们的分化顺序也会出现一些变化，现举例说明如下。

1. 桃的花芽分化　桃的花芽着生在腋芽的两侧，桃花具有5枚萼片、5枚花瓣、多数雄蕊和1枚单心皮雌蕊。萼片、花瓣和雄蕊的上部分各自分离，下部贴生成托杯（hypanthium），着生在花托上，托杯与中央的雌蕊分离。花芽分化时，生殖生长锥渐呈宽圆锥形，顶部增宽，渐趋平坦，首先在生长锥的周围产生5个小突起，这就是萼片原基，接着在萼片原基的内方，相继出现5个花瓣原基和外轮的雄蕊原基，以后，茎尖近中央的周围部分不断凹入，其外侧的托杯部分伸长或升高，在外轮雄蕊原基的下方，继续分化数轮雄蕊原基，最后，生长锥中央逐渐向上突起，形成雌蕊原基（图5-17）。桃花的雌、雄蕊原基在当年秋季至次年早春继续发育。雄蕊的发育要比雌蕊的发育快得多。雄蕊在秋季即分化出花药和花丝，花药中有造孢细胞的出现，随后有药壁组织的分化。雌蕊原基经伸长，逐渐形成花柱和子房，但胚珠的珠心组织的出现和柱头的增大开始于第二年的早春，然后，花粉成熟，胚珠发育，直至开花。

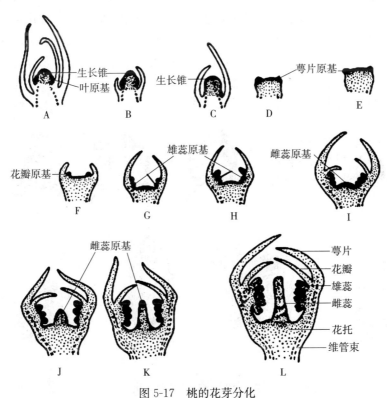

图 5-17　桃的花芽分化
A. 营养生长锥　B、C. 生殖生长锥分化初期　D、E. 萼片原基形成期
F. 花瓣原基形成期　G、H. 雄蕊原基形成期　I～L. 雌蕊原基形成期
（引自李扬汉，1984）

2. 棉花的花芽分化　棉花的花芽分化起源于每一节果枝的顶端，即由其顶芽发育而来。花芽分化之初，首先分化出3个副萼（苞片）原基，副萼原基增大迅速，后期发育成3个大型叶状副萼包

于花外，使花蕾呈三角形。在此过程中，内轮出现基部联合，上端形成5个突起的花萼原基，以后发育为5浅裂的花萼。花瓣原基与雄蕊原基为共同起源，故成熟的花中，花瓣基部与雄蕊管基部相连。在雄蕊管向上生长的同时，花芽的中央部分出现3～5个心皮原基（图5-18），以后，心皮原基继续增大，相互愈合，分化出柱头、花柱和子房，最后形成具有3～5室中轴胎座的复雌蕊。

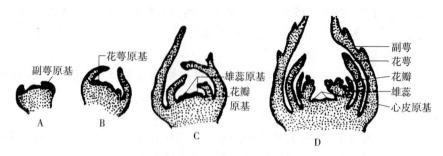

图5-18 棉花的花芽分化
A. 副萼原基的分化 B. 花萼原基的分化 C. 花瓣原基的分化 D. 心皮原基的分化
（引自徐汉卿，1996）

3. 水稻的幼穗分化 由于水稻为圆锥花序，穗轴有1～2次总状分枝，分枝称为枝梗，枝梗的先端着生有柄的小穗，整个花序呈圆锥状。水稻茎生长锥开始幼穗分化时，在剑叶原基的内方，出现一环状突起，即第一苞叶原基，接着依次发生第二苞叶原基、第三苞叶原基等一系列苞叶原基，这些苞叶原基是幼穗分化时，早期退化的变态叶，以后逐渐消失，在它们的腋部各分化出一次枝梗原基。随之，在一次枝梗上再分化出二次枝梗原基，此时，幼穗外被苞毛，肉眼易于辨认。然后，在一次枝梗及二次枝梗上，进行小穗原基的分化，水稻小穗原基的各部分分化顺序为先出现2个颖片原基和2片退化花的外稃原基，再依次产生发育花的外稃、内稃、浆片、雄蕊和雌蕊原基。水稻小花有6枚雄蕊，雄蕊原基分为外、内二轮，每轮各形成3个原基。当雄蕊分化出花药和花丝，雌蕊分化出柱头、花柱和子房时，幼穗和小穗的雏形已清楚可辨，随着幼穗和小穗继续增长，小花各部分发育成熟，最后雌、雄生殖细胞分化形成（图5-19）。由于水稻一次枝梗和二次枝梗为总状分

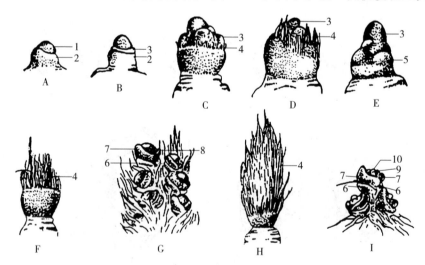

图5-19 水稻的幼穗分化
A. 第一苞叶原基分化 B. 一次枝梗原基分化初期 C. 一次枝梗原基分化后期
D. 二次枝梗原基分化时的幼穗外形 E. 从D剥下的一个枝梗 F. 小穗原基分化时的幼穗外形
G. 从F剥下的一个枝梗 H. 雌、雄蕊形成时的幼穗外形 I. 从H剥下的一个枝梗
1. 生长锥 2. 第一苞叶原基 3. 一次枝梗原基 4. 苞毛 5. 二次枝梗原基 6. 颖片原基
7. 外稃原基 8. 内稃原基 9. 雄蕊原基 10. 雌蕊原基
（引自徐汉卿，1996）

枝,枝梗的先端着生有柄小穗,故发育成熟的整个花序为圆锥花序。

4. 小麦的幼穗分化 小麦的花序是复穗状花序,小穗无柄,着生在穗轴的两侧,每小穗含数朵小花。分化开始时,茎的半球形生长锥显著伸长,扩大成圆锥形。在生长锥继续伸长的同时,生长锥的基部两侧自下而上地出现一系列环状突起,这就是苞叶原基,此阶段称为单棱期。接着,从幼穗中部开始,以向基和向顶的次序发育,在各苞叶原基的叶腋分化出小穗原基。由于小穗原基也呈隆起,与苞叶原基构成二棱,故称为二棱期。以后,小穗原基继续增大,苞叶原基不再发育,而为小穗原基所覆盖,最后逐渐消失。

小穗中小花的分化从幼穗的中部开始,先在基部分化出2个颖片原基,随后在小穗的两侧自下而上地进行小花的分化,出现小花原基。小花的分化则依次形成1片外稃原基、1片内稃原基、2个浆片原基、3个雄蕊原基及1个雌蕊原基。小麦的雌蕊由2枚心皮组成,雌蕊原基初发生时,心皮合生,呈环状结构,包围着突起的单生胚珠,以后环状结构闭合,上部形成两个花柱,并发育出柱头毛(图5-20),但每小穗上部小花的雌、雄蕊常退化,成为不孕花。

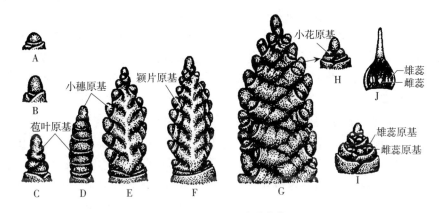

图 5-20 小麦的幼穗分化
A. 生长锥未伸长期 B. 生长锥伸长期 C. 苞叶原基分化期(单棱期)
D. 小穗原基分化初期(二棱期)开始 E. 小穗原基分化末期 F. 颖片分化期 G. 小花原基分化期
H. 一个小穗(正面观) I. 雄蕊分化期(示每小花有3个雄蕊原基) J. 雌蕊形成期
(引自徐汉卿,1996)

五、花的生长特性与农业生产的关系

在农业生产上,许多粮食作物、油料作物、瓜果类蔬菜、果树等均以收获果实和种子为栽培目的,而果实和种子的形成与花或花序的分化密切相关。因此,掌握各种植物花芽和花序分化形成的特性,以及对环境条件的要求,在花芽分化前采取相应的农业栽培技术措施,如适时播种、合理施肥和灌溉、及时修剪和防治病虫害等,能为花芽分化创造条件,为丰产奠定基础。

植物在花芽分化前,需要一定的光条件(光周期、光质、光照度)、温度、水分和肥料等良好的营养条件。可以按各种作物要求的不同,在花芽或花序分化前,或分化中的某一阶段,采取相应的措施。例如,水稻在二次枝梗分化前,巧施穗肥或花前肥,及时地促进生殖生长,为花芽分化、争取穗大粒多创造有利的条件,从而奠定丰产的基础。对温室栽培的瓜果类蔬菜和多种花卉,可以人为地喷洒某种植物生长调节剂,以促进或延迟花芽分化,调节开花和结果的时间,这对蔬菜的周年供应、弥补淡季不足、丰富品种供应能起到积极的作用;对许多花卉,也可调节市场供应的时间,或可使原来在不同季节开花的名贵花卉,于节日同时开放,这对美化环境和提高精神文明都有意义。此外,如用乙烯利处理幼小的花芽,可改变瓜类蔬菜如黄瓜、瓠子等的性别分化的途径,使雄花的分化减少,而雌花的分化增多,可以显著地提高瓜类的产量。

第二节 雄蕊的发育和结构

一、花丝和花药的发育

雄蕊由花药和花丝组成，雄蕊是由雄蕊原基发育而来的，在花芽分化过程中，雄蕊原基细胞分裂，体积逐渐增大，以后顶端膨大发育成花药，基部伸长形成花丝。

花丝的结构通常比较简单，最外为一层表皮，内为薄壁组织，中央有一个维管束自花托经花丝通入花药中央的药隔（connective）。花丝在芽中常不展开，临开花前或在开花时，以居间生长的方式迅速伸长，将花药送出花外，以利花粉散播。

花药是雄蕊的主要部分，通常由4个（少数植物为2个）花粉囊（pollen sac）组成，分为左右两半，中间由药隔相连，来自花丝的维管束进入药隔中。花粉囊是产生花粉的场所，囊外由囊壁包围，内生许多花粉（pollen）。花药的中部为药隔，除表皮外，有很多薄壁细胞，其中有一个维管束自花丝通入，药隔连着花粉囊，并供应花药发育所需的水分和养料。花药成熟后，药隔每侧的两个花粉囊之间的壁破裂，花药开裂，花粉散出，开始传粉。

幼小的花药结构简单，由一群具有分生能力的细胞组成，外层为一层原表皮，内侧为一群基本分生组织，随着花药的生长，形成具有四棱外形的花药雏形，以后在四棱角处的原表皮下面分化出一列或多列细胞体积和细胞核均较大、胞质浓、径向壁较长、分裂能力较强的孢原细胞（archesporial cell）。随后孢原细胞进行平周分裂，成内、外两层，外层为初生周缘层（primary parietal layer），又称周缘细胞（parietal cell）；内层为初生造孢细胞（primary sporogenous cell），又称造孢细胞（sporogenous cell）。造孢细胞一般经过几次分裂以后形成花粉母细胞（pollen mother cell），但也有少数植物造孢细胞不经分裂直接形成花粉母细胞。周缘细胞继续进行平周分裂和垂周分裂，逐渐形成药室内壁（endothecium）、中层（middle layer）及绒毡层（tapetum），三者与表皮共同组成花粉囊壁。花药中部的细胞逐渐分裂，分化形成维管束和薄壁细胞，构成药隔（图5-21）。

百合花药横切

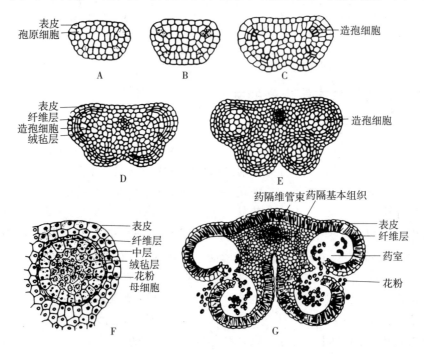

图 5-21 花药的发育与结构

A～E. 花药的发育过程　F. 一个花粉囊放大（示花粉母细胞）　G. 已开裂的花药（示药的结构和成熟花粉）

（引自李扬汉，1984）

药室内壁位于表皮下方，通常只有一层细胞，初期常储藏大量的淀粉和其他营养物质，在花药接近成熟时，细胞径向扩展，细胞内的储藏物质逐渐消失，细胞壁除了与表皮细胞接触一面的外切向壁外，其他各面的壁多产生斜向条纹状次生壁（有的植物为螺旋状加厚），加厚部分一般为纤维素，成熟时略为木化，因此，在发育后期又称为纤维层（fibrous layer）。药室内壁在形成纤维层时，常在同侧两个花粉囊交接处的细胞保持薄壁状态，无条纹状加厚，这些细胞称为唇细胞（lip cell）。在花药成熟时，药室内壁失水，由于细胞壁的加厚特点所产生的拉力，致使花药在抗拉力弱的薄壁细胞处裂开，花粉囊随之相通，花粉沿裂缝散出。花药孔裂的植物以及一些水生植物、闭花受精植物，它们的药室内壁不产生条纹状加厚细胞壁，花药成熟时也不开裂。

中层位于药室内壁内方，通常由 1~3 层较小的细胞组成，初期可储存淀粉等营养物质，随花粉母细胞减数分裂，储藏物质逐渐减少，同时由于花粉囊内部细胞增殖和长大所产生的挤压，中层细胞变扁平，较早解体而被吸收。所以，在成熟的花药中一般不存在中层。但有些植物如百合的花药，可保留部分中层，并发生纤维层那样的条纹状加厚。

绒毡层是花粉囊壁最内一层细胞，与花粉囊内的造孢细胞直接毗连，细胞较大，细胞质浓，细胞器丰富。在花药发育初期绒毡层细胞为单核，后来则常形成双核、多核或多倍体核的结构。绒毡层具有分泌细胞的特点，含较多的 RNA 及蛋白质，并含丰富的油脂、类胡萝卜素和孢粉素等物质，可为花粉的发育提供营养物质和结构物质。它们合成和分泌的胼胝质酶能适时分解花粉母细胞和四分体的胼胝质壁，使幼期单核花粉相互分离而保证其正常发育；合成的孢粉素对花粉外壁的形成有一定的作用；合成的蛋白质运转至花粉的外壁上，构成花粉外壁蛋白，这是一种识别蛋白，在花粉与雌蕊的相互识别中，对决定亲和与否起着重要的作用；此外花粉壁外的一些脂类物质也来自绒毡层。由于绒毡层对花粉的发育具有多种重要作用，所以如果绒毡层的发育和活动不正常，常会导致花粉败育，出现雄性不育现象。在花粉成熟时，绒毡层细胞逐渐退化解体而消失，或仅存痕迹，花药壁仅存有表皮和纤维层，有些植物的表皮也破损仅余残迹。

二、花粉的发育

花粉发育的全过程包括花粉的发生和雄配子体的形成。

（一）花粉的发生

在周缘细胞进行分裂、分化出花粉囊壁的同时，花粉囊内部的造孢细胞一般经过几次分裂后形成许多花粉母细胞（小孢子母细胞），但也有少数植物（如锦葵科和葫芦科的某些植物）不经分裂直接发育形成花粉母细胞。花粉母细胞的体积较大，排列紧密，初期常呈多边形，稍后渐近圆形，细胞核较大，细胞质浓，没有明显的液泡。花粉母细胞之间，以及与绒毡层细胞之间有胞间连丝存在，保持结构和生理上的密切联系。在相邻的花粉母细胞间，常形成直径为 1~2 μm 的胞质管（cytoplasmic channel），将同一花粉囊的花粉母细胞连成合胞体（syncytium），并发现有染色质、内质网片段等细胞器和营养物质通过胞质管进行物质交流。这种连接现象与花粉囊中的花粉母细胞的减数分裂同步化与营养物质、生长物质的迅速运输及分配有关。在花粉囊壁的中层和绒毡层逐渐解体和消失的过程中，花粉母细胞发育到一定时期便进入减数分裂阶段。

减数分裂开始，花粉母细胞在质膜与细胞壁之间积累胼胝质壁（β-1,3-葡聚糖），并逐渐加厚，致使胞间连丝和胞质管被阻断。花粉母细胞经过减数分裂后形成 4 个染色体数目减半的单核幼期花粉（小孢子），它们仍被包围于共同的胼胝质壁之中，而且在各小孢子之间也有胼胝质分隔（图 5-22）。胼胝质是低渗透的，能允许营养物质通过，但对细胞间信息大分子的交换可能有阻止作用，因而保持了减数分裂后基因重组与分离后的小孢子之间的独立性，对于植物遗传与进化都有着重要的意义。

花粉母细胞减数分裂时的胞质分裂有两种类型（图 5-23）。一种为连续型（successive type），在减数分裂的先后两次核分裂时，均相继伴随细胞质的分裂，即第一次分裂形成 2 个细胞的二分

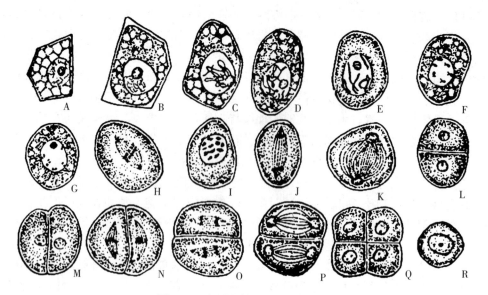

图 5-22 水稻花粉母细胞减数分裂
A. 细线期 B. 凝线期 C. 染色体聚集呈花朵状 D. 偶线期 E. 粗线期 F. 双线期 G. 终变期
H、I. 中期Ⅰ J. 后期Ⅰ K. 末期Ⅰ L. 二分体（减数分裂间期） M. 前期Ⅱ N. 中期Ⅱ
O. 后期Ⅱ P. 末期Ⅱ Q. 四分体 R. 幼龄单核花粉
（引自李扬汉，1984）

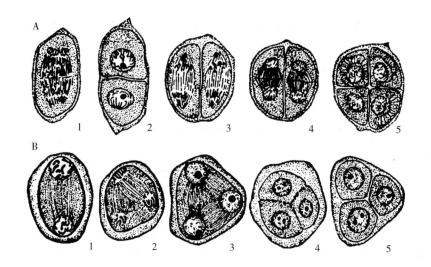

图 5-23 花粉母细胞减数分裂的胞质分裂类型
A. 小麦的连续型胞质分裂（1. 减数分裂后期Ⅰ 2. 产生分隔壁，形成二分体 3. 后期Ⅱ 4. 末期Ⅱ 5. 四分体形成）
B. 蚕豆的同时型胞质分裂（1. 减数分裂后期Ⅰ 2. 后期Ⅱ 3. 末期Ⅱ 4. 产生分隔壁 5. 四分体形成）
（引自胡适宜，1982）

体，第二次分裂形成四分体；四分体排列在同一个平面上，成为等双面体。连续型多存在于如水稻、小麦、玉米、百合等单子叶植物中，但双子叶植物如夹竹桃也有连续型存在。另一种为同时型（simultaneous type），在减数分裂第一次核分裂时不伴随胞质分裂，仅形成一个2核细胞，不出现二分体阶段；当第二次分裂形成4核之后，才同时发生胞质分裂形成四分体；四分体中的4个子细胞不分布在一个平面上，而是成为四面体排列，多见于棉花、烟草、油菜等双子叶植物，但少数单子叶植物如薯蓣科、百合科、棕榈科的一些属、种也有同时型存在。

花粉母细胞在减数分裂的过程中，生理上处于十分活跃状态，一般农作物、果树和蔬菜等在此期间对环境条件的变化十分敏感，如遇低温、干旱、光照不良或供肥不当等都可能影响减数分裂的正常进行，从而影响花粉的形成和发育，以致不能正常的传粉结实，降低产量，因此，花粉减数分裂时期是农业生产上加强管理的重要阶段。

为了掌握花粉母细胞的减数分裂时期，除可以用花药进行压片，在显微镜下进行细胞学检查外，通常还可以利用一些形态学指标或计算方法进行预测。对水稻、小麦等禾本科植物来说，常可根据剑叶叶环与下一叶叶环之间的叶环距数值、小穗的长度、幼穗的长度、幼穗开始分化后的天数和积温指数来判断。例如，水稻当剑叶和下一叶叶环重叠，叶环距为0，颖花长度达到全长的55%～60%时为花粉减数分裂盛期。棉花花粉减数分裂时，其花蕾长度3～4 mm，花瓣即将露出花萼；金冠苹果花粉进行减数分裂时，混合芽的幼叶展开，从短于芽鳞增长为芽鳞长的1.5倍，花蕾自芽鳞中露出。但有时因品种、地区不同，花粉减数分裂盛期还会出现稍许变动，故宜参照数种方法，综合分析，将更能提高预测的准确性。

（二）雄配子体的形成

随着花药的发育，绒毡层分泌胼胝质酶，将四分体的胼胝质壁溶解，幼期花粉从四分体中释放出来。此时单核花粉体积较小，细胞壁薄，细胞质浓厚，无明显液泡，细胞核位于中央（单核居中期）；继续从解体的绒毡层细胞中取得营养和水分，随后，细胞体积迅速增大，细胞质明显液泡化，逐渐形成中央大液泡，细胞核随之移到一侧（单核靠边期）（图5-24）。

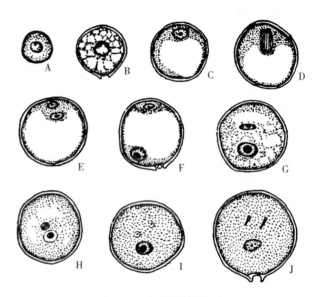

图5-24 水稻花粉的发育
A. 单核花粉 B. 单核花粉，核居中央，外壁及萌发孔形成，出现小液泡 C. 单核花粉，核靠壁，中央大液泡出现 D. 单核花粉，有丝分裂 E. 二细胞型花粉，生殖细胞（靠壁的一个）及营养细胞形成 F. 二细胞型花粉，营养核移向萌发孔 G. 二细胞型花粉，营养核移向中央 H. 生殖细胞有丝分裂 I. 三细胞型花粉，2个精细胞及1个营养核 J. 成熟花粉，2个精细胞呈楔形
（引自李扬汉，1984）

从四分体到晚期单核花粉这一阶段，除细胞内部发生变化外，花粉壁也相应地经历了一系列建造过程。当幼期单核花粉尚存于四分体中时，在胼胝质壁内侧和质膜之间首先产生纤维素的初生外壁。几乎在初生外壁发育的同时，在质膜上形成许多圆柱状突起，穿过初生外壁，作辐射状排列于花粉的表面，这种圆柱状的结构可能由脂类和蛋白质组成。其外面进一步积累孢粉素，以后圆柱状突起的顶端和基部各自向旁侧扩展生长，并以一定方式连接，共同组成花粉外壁（exine）的外层（sexine），并初步形成一定的雕纹（sculpture）。继而在初生外壁的内侧形成外壁的内层（nexine），外层厚，内层薄，它们共同构成外壁。随着孢粉素的不断积累，外壁逐渐增厚，雕纹也更加明显。初生外壁并非均匀产生，未形成外壁的孔隙发育为萌发孔（germinal pore）或萌发沟（germinal furrow）。花粉外壁的内侧还有一层内壁，它的发育常先在萌发孔区开始，然后遍及其他区域，花粉壁物质的来源，在四分体时期，由幼期单核花粉自身的细胞质提供；当幼期单核花粉从四分体中散出后，则由花粉自身和绒毡层细胞共同供应。

单核花粉充实后，接着进行一次有丝分裂，由于单核花粉的核后来移向壁的一侧，核就在近壁处分裂，其纺锤体通常和花粉的壁垂直，所以分裂的结果是形成两个大小悬殊的子细胞，大而向着中央大液泡的为营养细胞（vegetative cell），小而贴近花粉壁的为生殖细胞（generative cell）；生殖细胞常为凸透镜形或半球形，只有少量的细胞质，单核花粉中其余大量的细胞质，即为营养细胞所有。两细胞之间有胼胝质壁分隔，壁不含纤维素，在花粉的壁和生殖细胞的质膜之间也有胼胝质渗入。

生殖细胞形成后不久，细胞核进行 DNA 复制，使其含量增加一倍，为进一步分裂形成 2 个精细胞建立基础。同时整个生殖细胞从最初紧贴着花粉内壁，逐渐地沿壁推移、收缩、脱离开来，成为圆球形，游离在营养细胞的细胞质中。生殖细胞由于其外围的胼胝质壁解体消失而成仅有质膜包被的裸细胞。以后，生殖细胞渐渐伸长变为长纺锤形或长圆形。

很多植物当花药成熟时，其花粉发育到含营养细胞和生殖细胞时，即已成熟，并释放出进行传粉，这种花粉称为二细胞型花粉。在已研究过的被子植物中，约 70% 的种类属于这种类型，如棉花、桃、李、苹果、柑橘等。另外一些植物的花粉，在花药开裂前，其生殖细胞还要进行一次有丝分裂，形成 2 个精细胞（精子），它们是以含有 1 个营养细胞和 2 个精细胞进行传粉的，称为三细胞型花粉，如水稻、小麦、油菜、向日葵等。至于二细胞型花粉传粉后，则要在萌发的花粉管内由生殖细胞分裂而形成精细胞。二细胞型花粉及三细胞型花粉通常称为雄配子体（male gametophyte），精细胞则称为雄配子（male gamete）。

花药的结构与花粉的发育形成过程如表 5-1 所示。

表 5-1　花药的结构与花粉的发育形成过程

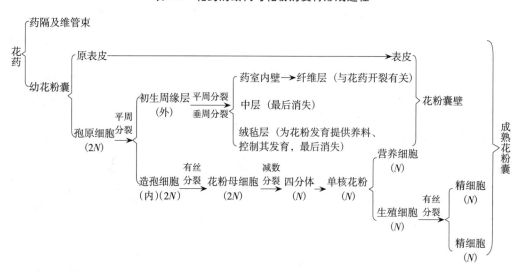

三、花粉的形态与结构

花粉的形状多种多样，有圆球形、椭圆形、三角形、四方形、五边形以及其他形状（图 5-25）。有些植物的幼期单核花粉始终保留在四分体中，发育为含 4、8、16、32、64 个花粉的复合花粉。这种复合花粉常见于杜鹃花科、夹竹桃科、豆科、灯心草科等的一些属、种中。大多数植物花粉的直径为 15～60 μm，水稻花粉直径 42～43 μm，玉米 77～89 μm，棉花为 125～138 μm。最小的花粉为高山勿忘草，仅 2.5～3.5 μm，属微粒型；最大的如紫茉莉为 250 μm，属巨粒型。

花粉壁由外壁和内壁构成。外壁较厚、硬而缺乏弹性，具雕纹、萌发孔或萌发沟。外壁

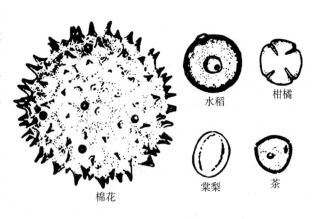

图 5-25　光学显微镜下几种植物花粉的形态
（引自李扬汉，1984）

的雕纹变化很大，常构成各种图案，除光滑的外，常见有条纹、皱波纹及网纹等形状。萌发孔是外

壁上没有积累壁物质而留有的空隙，仅有增厚的内壁，也是花粉萌发时，花粉管伸出的部位，有孔和沟等形式。萌发孔的数目变化较大，如水稻、小麦等禾本科植物的花粉只有1个萌发孔，棉花有5~16个萌发孔；此外有些植物的花粉只有1条或多条萌发沟，如油菜、大白菜等十字花科的植物有3条萌发沟。外壁的主要成分是孢粉素，其化学性质极为稳定，具有抗高温、抗酸碱、抗酶解等特性，故能使花粉外壁及其雕纹得以长期保存，对花粉鉴别有重要意义。此外，外壁上还有纤维素、类胡萝卜素、类黄酮素、脂类及活性蛋白质等，所以花粉常呈现黄色、橙色并有黏性。

内壁（intine）较外壁薄，软而有弹性，在萌发孔处常稍厚，在花粉管萌发前有暂时封闭萌发孔的作用。内壁的主要成分为纤维素、果胶质、半纤维素和蛋白质。外壁和内壁均含有活性蛋白质和酶类，但外壁蛋白和内壁蛋白的来源、性质和功能均有差异。外壁蛋白是由绒毡层细胞合成、运转而来，起源于孢子体，具有基因型的特异性，传粉后，在花药和柱头的相互识别中起作用；内壁蛋白由花粉本身的细胞质合成，存在于内壁多糖的基质中，而以萌发孔的内壁蛋白特别丰富，主要含有与花粉萌发及穿入柱头有关的酶类，在花粉萌发和花粉管的生长中起作用。某些风媒花粉能引起花粉症及季节性哮喘，花粉壁蛋白是这些花粉过敏症的过敏原。

花粉中，生殖细胞和营养细胞的结构有很大差异（图5-26）。生殖细胞无细胞壁，细胞质较少，核结构紧密，核膜孔较少，含组蛋白丰富，染色较深，核仁1~2枚，代谢活动较低。营养细胞较大，细胞质多，核结构疏松，核膜孔较多，含碱性蛋白质较多，染色较浅，通常没有核仁，有些植物营养核呈不规则的瓣裂状，细胞器丰富，RNA含量较高，储藏物质的含量丰富，代谢活动旺盛，这些特征对以后花粉萌发和花粉管的生长有利。

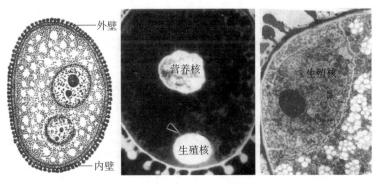

百合花粉

图5-26 花粉的结构
A. 模式图（示花粉壁的结构） B、C. 透射电子显微镜下结构（示营养核和生殖核）

在三细胞型花粉中，精细胞已经形成，它们的形状在不同植物中常有变化，有椭圆形、球形、纺锤形、弧形、螺旋形、蠕虫形等。即使是同一种植物的不同花粉，或在不同时期，其形态也有所不同。如小麦的精细胞，初期是近球形，后期呈椭圆形；水稻的精细胞在花粉中为半透镜形，受精前则呈球形。精细胞的结构比较简单，缺少细胞壁，外围也有2层质膜，细胞质呈薄层，含线粒体、高尔基体、核糖体、内质网和微管等多种细胞器。

花粉的形状、大小、外壁的雕纹各不相同，具有种属的特异性，已成为孢粉学（palynology）的重要组成部分。常常运用花粉形态和结构上的特异性，鉴定植物的种属，判断地质年代，勘探矿藏，研究植物不同类群的演化及其历史地理分布，鉴定蜂蜜来源，确定蜜质优劣，甚至应用于医药学及刑侦破案上。

四、花粉的内含物

花粉的内含物主要储藏于营养细胞的细胞质中，包括营养物质、各种生理活性物质和盐类，对花粉的萌发和花粉管的生长有重要作用。营养物质以淀粉和脂类为主，通常风媒花以淀粉为主，虫媒花以脂类为主。此外，花粉中还有糖类（葡萄糖、果糖和蔗糖等）、蛋白质以及人体必需的氨基酸，这些必需氨基酸含量越丰富，花粉的营养价值越高。脯氨酸在花粉中的数量与作用较为突出，玉米花粉中的脯氨酸含量为其氨基酸总量的72%，水稻二胞型花粉期的脯氨酸含量也达到50%。脯氨酸含量常是花粉育性的重要指标，不育花粉中脯氨酸含量显著减少。花粉含有多种维生素，尤其是B族维生素最多，但缺乏脂溶性维生素。

花粉中还相继发现生长素、细胞分裂素、赤霉素、油菜素内酯、乙烯等生长调节物质，但一种花粉中不一定同时都有这几类物质，花粉中的生长调节物质有抑制或促进花粉生长的作用。

花粉中含有不同的酶，主要是水解酶或转化酶，如淀粉酶、脂肪酶、蛋白酶、果胶酶和纤维素酶等。酶对花粉管生长过程中的物质代谢、分解花粉的储藏物质及同化外界物质起重要作用。花粉同工酶的研究可用于鉴定植物亲缘关系，如苹果属花粉同工酶可作为鉴定种的标准，玉米花粉同工酶可用来鉴定不同的基因型。另外，花粉中还含有花青素、糖苷等色素，以及占干重2.5%～6.5%的无机盐。色素对紫外线起着滤光器作用，能减少紫外线对花粉的伤害，保护花粉。

五、花粉的生活力

花粉的生活力与农业和林业，特别与植物育种和栽培的关系很大。在生产和杂交育种时，人们常常需要采集和储藏花粉，进行人工授粉，以提高结实率或获得优良的杂交组合。在进行远距离或不同开花期的亲本间杂交时，更需要储存有活性的花粉，因此，了解花粉的生活力和储存条件有重要的实践意义。

花粉生活力的长短既决定于植物的遗传性，又受环境因素的影响。花粉生活力因植物种类不同而有差异。在自然条件下，大多数植物的花粉从花药中散出后只能存活几小时、几天或几周。一般木本植物花粉生活力比草本植物长，如在干燥、凉爽的条件下，苹果花粉能存活10～70 d，柑橘40～50 d；草本植物中棉属的花粉在采下24 h内，存活的有65%，超过24 h则很少存活；多数禾本科植物的花粉存活不超过1 d，玉米为1～2 d；水稻的花粉在田间条件下，经3～4 min就有50%丧失生活力，5 min后几乎全部没有生活力。

花粉的类型也与生活力有关，通常二细胞型花粉生活力比三细胞型花粉生活力强，对外界不良环境条件的耐受力更强。

影响花粉生活力的环境因素主要有温度、湿度和空气，控制这几个因素可以适当延长花粉的活力。例如，利用超低温（－192 ℃的液态空气或－196 ℃的液态氮）、真空或降低氧分压和快速冷冻干燥法储存花粉，可大幅度延长花粉活力，这些技术已在生产实践中应用，并取得了良好的效果。

六、雄性生殖单位及其功能

20世纪80年代以来，随着现代科学技术的发展，特别是电子显微镜技术和电子计算机技术的应用，人们发现某些被子植物的成熟三细胞型花粉，其营养核与精子之间的联系极为密切，以及两个精子之间在形态结构和遗传上存在差异的现象，提出了"雄性生殖单位"（male germ unit）和"精子异型性"（sperm dimorphism）的概念，认为被子植物的有性生殖过程中，一对精细胞和营养核构成一个功能复合体，它们的所有雄性核和细胞质的遗传物质——DNA包容在一起成为一个完整的传递单位。在二细胞型花粉的植物中，雄性生殖单位的概念还扩展于成熟花粉或花粉管中营养核与生殖细胞形成的联合体。

已有白花丹、菠菜、甘蓝、油菜、烟草等十几种植物被证明存在雄性生殖单位。例如，在白花丹的花粉中，两个精细胞由带有胞间连丝的横壁连接在一起，其中一个较大的精细胞以其狭长的细胞突起环绕着营养核，并伸入到营养核的内陷中（图5-27）。雄性生殖单位是否在被子植物中普遍存在还有待于进一步研究。

关于精子异型性，已证明白花丹、油菜、玉米等的两个精细胞在大小、形态和细胞器的数量上存在明显的差异。大的精细胞含质体少而线粒体多，受精时与中央细胞融合；小的精细胞含质体丰富而线粒体少，受精时与卵细胞融合（趋向性受精现象）。

有关雄性生殖单位和精子异型性的研究还有待进一步深入探讨，但这种新概念的提出与确认，无疑将加深对植物受精机制的认识，并为植物育种和改良带来深刻的影响。

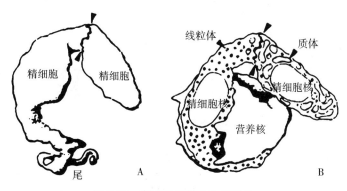

图 5-27　白花丹的雄性生殖单位
A. 两个精细胞间的连接（箭头处）
B. 两个精细胞的异型性及其与营养核间的联系
（引自 Russel，1984）

七、花粉败育和雄性不育

被子植物开花时，一般都能散出正常发育的花粉。但也有一些植物，散出的花粉发育不正常，没有正常的精细胞或精子，这一现象称为花粉败育（pollen abortion）。花粉败育有以下几种情况：结构型花粉败育，花药瘦小或畸形，或药隔维管组织中的导管、筛管分化不完全，或花粉囊壁的绒毡层肥大宿存或过早解离等；生理型花粉败育，花粉母细胞不能正常进行减数分裂，或减数分裂后花粉停留在单核或双核阶段，不能产生精细胞，或绒毡层的细胞代谢异常等；营养型花粉败育，因营养因素导致雄蕊发育不良，一般无花粉；环境型花粉败育，温度过低或严重干旱等导致雄蕊发育异常。

在正常自然条件下，由于遗传或生理原因，花中的雄蕊发育不正常而花药畸形或完全退化，不能形成正常的花粉或正常的雄配子，但雌蕊发育正常，这种现象称为雄性不育（male sterility），现已在40余科数百种植物中发现了这种现象。雄性不育植物可划分为遗传性雄性不育和受环境作用的雄性不育两种情况。前者是受遗传控制的，对环境影响不敏感，如核雄性不育（nucleus male sterility）、质雄性不育（cytoplasmic male sterility）、核质互作型雄性不育（nucleus-cytoplasmic male sterility）等。后者是受环境影响产生的雄性不育，如光敏、温敏核不育水稻，分别在长日照、低温下才表现出雄性不育现象等；小麦、大麦减数分裂时，如干旱缺水，易引起细胞质的黏度增高，不利于花粉减数分裂的正常进行，败育花粉的数量因此增加；此外，应用化学杀雄等方法诱导，也可产生非遗传性的雄性不育植株。

雄性不育在杂交育种中有很重要的作用，作物的杂种一代有着很强的杂种优势，利用雄性不育性进行杂交育种，可免去人工去雄这一复杂的操作过程，既能节约大量人力，又保证种子的纯度。在雄性不育的基础上开展杂交优势的利用是多种作物育种的主要手段之一。

八、花药与花粉培养及花粉植物

随着近代生物科学的发展，应用细胞的全能性，人们已能将发育至适当时期的花药或花粉（一般是单核中晚期花粉），在无菌条件下，离体培养于适当的人工培养基上，诱导花粉偏离正常发育途径而转向孢子体发育，形成胚状体（embryoid）或愈伤组织（callus），然后由它们分化成植株。这种植株因来自花粉，故称花粉植物（pollen plant）。这种培育成功的植株从减数分裂后的小孢子发育而来，都是单倍体，故又称单倍体植物（haploid plant）。单倍体植株一般株体矮小，不能正常开花结实，若在培养过程中，染色体发生自然加倍或人工加倍，产生纯合的二倍体，这种二倍体植物便能正常开花、结实（图5-28）。由花粉诱导形成单倍体植株有两种方式：一是由花粉直接形成

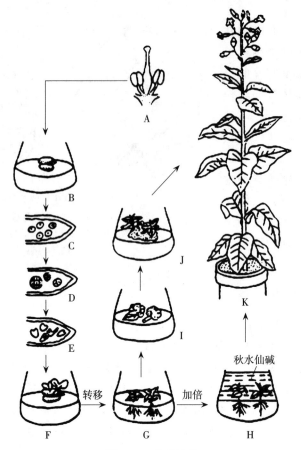

图 5-28 花粉培养
A. 除去花萼和花冠　B. 花药接种于三角瓶中的培养基上　C～E. 在花药中发育的胚状体　F. 单倍体花粉植株
G. 转移培养　H. 秋水仙碱处理　I、J. 愈伤组织培养　K. 纯合二倍体
(引自徐汉卿，1996)

胚状体，胚状体经过与合子胚相类似的各个发育时期，形成单倍体植株；二是由花粉形成愈伤组织，再将愈伤组织转移到分化培养基上，诱导出单倍体植株。在花药和花粉培养中，花药的不同发育时期对诱导分化有很大的影响，由于培养条件及培养基成分的不同，同一植物的花药，其适于培养的发育时期也相应地发生变化，一般多采用处于单核中期或晚期的花粉。

上述方法在育种中可以克服杂种分离，缩短育种年限，提高育种效率，对异花传粉的植物能迅速获得自交系，对品种提纯、复壮，或开展对植物器官的建成和进行遗传学及诱变育种的研究都有重要的实践和理论意义。我国自1970年开始进行单倍体育种，在较短的时间内获得较快的进展，已培育出60多种经济植物的花粉植物，其中近20种是我国首先培养出来的，烟草、水稻、小麦花培新品种已投入大面积生产。

第三节　雌蕊的发育和结构

一、雌蕊的组成

雌蕊由心皮原基分化发育而成，成熟的雌蕊可分为柱头、花柱和子房三部分。

柱头位于雌蕊的顶端，是承受花粉的地方，也是传粉后，花粉和雌蕊之间相互作用和识别，决定花粉是否萌发的地方。柱头一般略为膨大或扩展成不同形状，表面有的凹凸不平，有的表皮细胞隆起成为乳突，或外伸为毛状体，这些特征有利于接纳更多的花粉。

柱头可分为干柱头（dry stigma）和湿柱头（wet stigma）两大类。有些植物，如油菜、石竹、棉花、柿以及禾本科植物等，在雌蕊成熟时，柱头表面没有分泌物，称为干柱头，在被子植物中最为常见。由于柱头外表面存在的蛋白质薄膜具有亲水性或在酶的作用下被消化，通过其下层的角质膜的孔隙处吸收水分，使花粉萌发和花粉管生长能及时获得水分。有些植物，如茄、烟草、梨、苹果等，在雌蕊成熟时，柱头上能产生液态的分泌物，称为湿柱头。柱头上分泌液的主要成分，因植物种类不同而有差异，主要为蛋白质、脂类、糖类和酚类化合物。蛋白质参与花粉与柱头的识别反应；脂类可减少柱头失水，有助于黏住花粉；酚类有助于防止病虫对柱头的侵害，并有选择性地促进或抑制花粉的萌发；糖类为花粉萌发和花粉管的生长供给营养物质。

花柱为柱头与子房之间的连接部分，是花粉管进入子房的通道。花柱的长短、粗细因植物而异。玉米的花柱细长；小麦的极短，由4列细胞组成，在其花柱近顶端部分，每个细胞可向外斜伸出毛状突起，因而形成了羽毛状柱头。花柱的结构有空心型花柱（hollow style）和实心型花柱（solid style）两大类。

空心型花柱又称开放型花柱，在花柱的中央有一条纵行自柱头通往子房的中空沟道，称花柱道（stylar canal）。花柱道内壁常为一层具有分泌功能的花柱道细胞。花柱道细胞代谢活跃，可从邻近的细胞中转运物质，并能加工、储藏分泌物质。花粉管将沿着花柱道表面的分泌物生长。罂粟科、豆科、百合科、马兜铃科等科中的一些植物具有此型花柱。

实心型花柱又称封闭型花柱，没有中空的花柱道，但花柱中央常有引导组织（transmitting tissue）。引导组织的细胞一般比较狭长，横壁较薄，细胞中富含高尔基体、线粒体、核糖体、粗面内质网、造粉体等细胞器，代谢活动旺盛。棉花、烟草、番茄、荠菜、芝麻等许多植物具有此型花柱，花粉管沿引导组织的胞间隙生长。但也有些植物，如垂柳、小麦、水稻等，它们的花柱结构较为简单，无引导组织分化，花粉管则从花柱中央的薄壁细胞间隙中穿过。

还有一种类型是半封闭型花柱，在一些植物（如仙人掌科的某些种和胡桃属植物）花柱中，既有中空的花柱道，同时周围又有2~3层退化的引导组织的腺细胞，也能向外分泌黏液，花粉管在其中生长、穿过。

子房为雌蕊基部的膨大部分，其外部分化为子房壁（ovary wall），内部空间形成子房室（locule）。通常一心皮的雌蕊其子房为一室，多心皮雌蕊的子房为多室或一室。子房的内、外表面均有一层表皮，外表皮上有时还可见到气孔器和表皮毛的分化，两层表皮之间为薄壁组织，其中有维管束分布。通常在子房的心皮腹缝线处，向子房室内生出胚珠（ovule），发生胚珠的位置则为胎座（placenta）。

百合子房横切

二、胚珠的发育

胚珠包藏于子房内，是种子的前身，每一子房内胚珠的数目因植物而异。胚珠主要的部分是珠心（nucellus），珠心的中央为胚囊（embryo sac）；珠心的外围包有一层或两层组织，称为珠被（integument），如果是两层又有内珠被（inner integument）和外珠被（outer integument）之分；珠被在珠心的顶端留有一个小孔，称为珠孔（micropyle），为受精时花粉管到达珠心的通道；珠心的基部和珠被组织汇合在一起的部位称为合点（chalaza）。胚珠以珠柄（funiculus）着生在胎座上，维管束从胎座通过珠柄进入胚珠。因此，一个成熟的胚珠是由珠柄、珠被、珠心、珠孔和合点等几部分组成（图5-29）。

胚珠是由心皮内壁腹缝线处形成的突起发育而成的。胚珠发生时，首先由胎座表皮下层的一些细胞经平周分裂，产生突起，形成胚珠原基。胚珠原基前端成为珠心，后端分化出珠柄。由于珠心基部的表皮层细胞分裂较快，产生一环状突起，逐渐向上生长扩展包围珠心，形成珠被。番茄、向日葵、胡桃等仅具单层珠被，而大多数双子叶植物和单子叶植物，如白菜、棉花、甜菜、南瓜、梅、苹果、水稻、小麦等具有双层珠被。珠被形成过程中，在珠心最前端的地方留下一条未愈合的孔道，称为珠孔（micropyle）。与珠孔相对的一端，珠被与珠心联合的区域为合点（图5-30）。由胎座经珠柄而入的维管束到达合点进入胚珠，为胚珠输送养料。

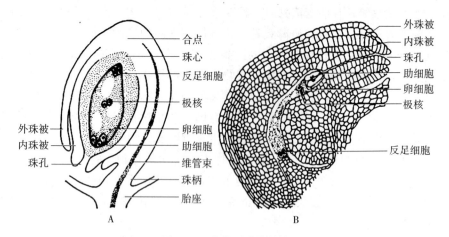

图 5-29 成熟胚珠的结构
A. 胚珠结构模式 B. 胜利油菜的成熟胚珠（示胚囊的结构）
（引自李扬汉，1984）

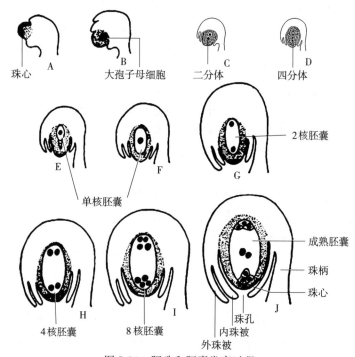

图 5-30 胚珠和胚囊发育过程
（A~J 示发育顺序）
（引自李扬汉，1984）

三、胚囊的发育和结构

（一）胚囊的发育

当珠被开始形成时，珠心内部薄壁细胞发生变化，近珠孔端的珠心表皮下分化出一个与周围不同的细胞，即孢原细胞（archesporial cell）。孢原细胞的体积较大，细胞质较浓，细胞核大而显著，细胞器丰富，RNA 和蛋白质含量高，液泡化程度低，壁上具有丰富的胞间连丝。有些植物（如棉花）的孢原细胞平周分裂一次，形成外侧的周缘细胞（parietal cell）和内侧的造孢细胞（sporogenous cell）。周缘细胞继续进行平周分裂和垂周分裂，产生多数细胞，参与珠心的组成；造孢细胞则发育成大孢子母细胞（megaspore mother cell）。有些植物（如向日葵、水稻、小麦）的孢原细胞不经分裂，直接长大形成胚囊母细胞（图 5-30）。

大孢子母细胞曾称胚囊母细胞，经过减数分裂形成 4 个大孢子 (megaspore)，通常纵行排列，一般近珠孔端 3 个退化，仅合点端的 1 个为功能大孢子，以后发育为胚囊。大孢子母细胞外也有胼胝质壁形成，减数分裂形成 4 个大孢子时，胼胝质壁从其合点端首先消失，便于营养物质进入功能大孢子，对其进一步分化发育有重要作用。而 3 个无功能的大孢子被胼胝质壁包围较长时间，最后退化消失。功能大孢子发育成胚囊的过程中，细胞体积明显增大，成为单核胚囊。以后单核胚囊进行 3 次有丝分裂，这 3 次有丝分裂仅是核分裂，并不立即伴随细胞质的分裂和新壁的形成。第一次分裂，形成的 2 个子核分别移到胚囊的两端，形成 2 核胚囊；第二次分裂，形成 4 核胚囊；第三次分裂，形成 8 核胚囊。随后，每一端的 4 核中，各有 1 核向胚囊的中部移动，互相靠拢，这 2 个核称为极核 (polar nucleus)，与周围的细胞质一起组成胚囊中央大型的中央细胞 (central cell)。在一些植物中，极核常在传粉或受精前互相融合成一个双倍体的次生核 (secondary nucleus)。近珠孔端的 3 个核，1 个分化成卵细胞 (egg cell)，2 个分化成助细胞 (synergid)，它们常合称卵器 (egg apparatus)。近合点端的 3 个，分化成反足细胞 (antipodal cell)。至此，单核胚囊已经发育成 8 个核或 7 个细胞的成熟胚囊，这就是被子植物的雌配子体 (female gametophyte)，其中的卵细胞就是有性生殖的雌配子 (female gamete)（图 5-31）。

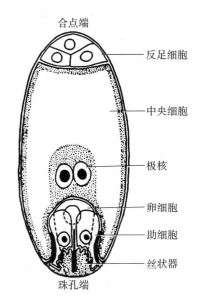

图 5-31 成熟胚囊
（引自胡适宜，1982）

这种由近合点端的一个大孢子经 3 次有丝分裂形成 7 细胞 8 核胚囊的过程，首先在蓼科植物分叉蓼中描述，所以称为蓼型胚囊。在被子植物中约有 81% 的科具有这种发育形式的胚囊。除蓼型胚囊外，根据参加形成胚囊的大孢子的数目，以及大孢子核分裂次数和成熟胚囊的结构特点，还可划分出贝母型（百合型、四孢型）、葱型（双孢型）、五福花型、椒草型、白花丹型、小白花丹型、月见草型、皮耐亚型等胚囊发育类型。

（二）成熟胚囊的结构和功能

卵细胞是一个高度极性的细胞，近梨形，狭长端对着珠孔，细胞质明显，细胞核大，通常集中在近合点端，近珠孔端常有一大液泡，细胞壁通常厚薄不均，近珠孔端的壁最厚，接近合点端的壁逐渐变薄，甚至无细胞壁（如棉花、玉米），只有质膜与中央细胞的质膜毗连，壁上有胞间连丝与周围细胞相通。

成熟卵细胞中，质体和线粒体常退化，数量减少（棉花和向日葵除外），内质网及高尔基体也常变得稀少或不发达或退化，卵细胞代谢活动强度低。小麦、玉米、百合、金盏菊等植物的卵细胞，常含大量淀粉粒，有的还有脂肪小滴和 RNA 等，它们可能用于卵细胞的受精和胚早期的发育。

助细胞与卵细胞在珠孔端排列成三角形，也是有高度极性的细胞。助细胞的壁和卵细胞的一样，也以珠孔端为最厚，向合点端逐渐变薄。助细胞最突出的特征是在珠孔端的细胞壁上有丝状器 (filiform apparatus) 结构，它是壁向内延伸的部分，类似传递细胞壁的内褶突起。丝状器主要由果胶质、半纤维素及纤维素等组成，增加了质膜的表面积，有利于营养物质的吸收与运转。

助细胞的细胞质和细胞核常偏于珠孔端，液泡则多近于合点端，这种分布上的极性与卵细胞中的恰好相反。成熟的助细胞含有丰富的细胞器，如内质网、高尔基体、线粒体、质体等。助细胞是一种代谢活动相当活跃的细胞，除能将吸收的营养物质转运进胚囊外，还可合成和分泌某些向化性物质，引导花粉管定向生长，使之进入胚囊；同时助细胞还为花粉管进入和释放内容物提供场所，有助于精子散向卵细胞和中央细胞。助细胞的寿命较短，在受精后很快就解体了，有些植物的助细胞甚至在受精前即已退化。

反足细胞是胚囊中变化最大的细胞，多数植物反足细胞3个，但有些植物的反足细胞有次生增殖能力，形成多个细胞，如小麦、玉米的反足细胞约有30个，胡椒有100个，箬竹可达300多个。反足细胞通常是单核，也有双核或多核或多倍体细胞。反足细胞在形成过程中，常因胞质分裂不完全，使整个反足细胞群的原生质体部分或全部连贯在一起，形成合胞体。有些植物反足细胞在分裂后期，染色体分离受阻，胞质分裂也受阻，形成核内多倍体（endopolyploid）。反足细胞的细胞质含丰富的质体、核蛋白体、线粒体、高尔基体和内质网。反足细胞是代谢活动非常活跃的细胞，具有从珠心吸收营养物质，经过反足细胞输入中央细胞的功能，并对胚囊的发育具有吸收、运输和分泌营养物质的多种功能。除一些植物（如小麦）的反足细胞能存在较长的时间外，在多数植物（如棉花、油菜、桃等）中，它们的寿命较短，在受精前或受精后不久即退化。

中央细胞是胚囊中最大而高度液泡化的细胞，成熟胚囊的增大，主要是由于中央细胞液泡的膨大。蓼型胚囊的中央细胞含2个细胞核，此2核为极核，通常较大，位于高度液泡化细胞的中央或紧邻卵器的细胞质中。在成熟胚囊中，它们相互靠近，或在受精前融合成一个双倍体的次生核。中央细胞的细胞壁厚薄变化很大，在与卵细胞相接处，通常只有质膜而没有细胞壁；而与反足细胞相接处，则具有胞间连丝的薄壁；在胚囊的中部与珠心细胞相接处，其壁为原来单核胚囊的延展部分。不少植物中央细胞细胞壁的内侧有许多指状的内突，可能具有从珠心组织或珠被组织吸取营养物质，以及向外分泌酶消化珠心组织和储藏营养物质的功能。中央细胞代谢强度高，质体、核蛋白体、线粒体、高尔基体和内质网等细胞器丰富，是胚囊中营养物质储藏的主要场所。

胚囊的发育形成过程如表5-2所示。

表5-2 胚囊的发育形成过程

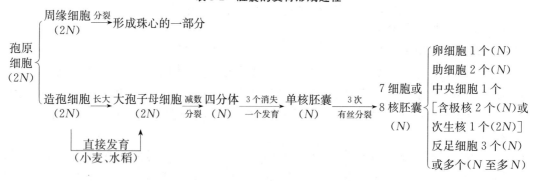

四、雌性生殖单位及其功能

雌性生殖单位（female germ unit）这一概念与雄性生殖单位的概念是由Dumas等（1984）同时提出来的，但缺少像雄性生殖单位那样具体的研究和深入的阐述。雌性生殖单位是指由卵细胞、助细胞和中央细胞组成的一个结构单位，是一个和生殖直接相关的功能单位。当胚囊发育到一定临界状态即准备受精之前才组成的一个暂时性单位，在其功能结束后即行解散，以保证胚和胚乳各自的发育。胚囊的结构与功能是植物生殖生物学所研究的一个重要方面。近年来已做了几十种被子植物胚囊超微结构的研究，这为研究胚囊受精前后各个组成细胞的特点，提供了更有利的证据。

第四节 开花、传粉和受精

一、开花

当植物生长到一定阶段，雄蕊的花粉和雌蕊的胚囊已经成熟，或其中之一已达到成熟程度，花被展开，雄蕊和雌蕊露出，这种现象称为开花（anthesis）。开花是被子植物生活史上的一个重要阶段，除少数闭花受精植物外，是大多数开花植物性成熟的标志。不同植物的开花规律各不相同，研究并掌握不同植物（如粮食作物、蔬菜、果树、花卉等）的开花规律，对于植物栽培措施的制订、提高产量、改善品质、进行人工杂交育种等都有十分重要的意义。

不同植物开花的年龄、开花的季节、花期长短等开花习性不同。一、二年生植物开花一次，开完花就死亡；多年生植物到一定年龄才开花，以后每年开花，直到枯亡为止；竹子为多年生植物，一生只开一次花，开花后植株死亡。

开花季节因植物不同而异，并受环境条件和植物内在激素的影响。多数植物在早春至春夏之间开花，有的植物盛夏开花（如莲），有的植物在秋季，甚至深秋或初冬开花，如茶、油茶及枇杷等。大多数植物先叶后花，冬季和早春开花的植物常先花后叶（如梅、蜡梅、迎春花等），有的植物花叶同放（如梨、李、桃等）。

在一个生长季内，一株植物从第一朵花开放到最后一朵花开毕所经历的时间称为开花期（flowering stage）。开花期长短也常因植物种类而不同，从数天至两三个月不等。昙花开花期较短，1～2 h后凋谢，水稻、小麦开花期约1周，油菜20～40 d；某些热带兰科植物从第一朵花到最后一朵花开放可维持1～3个月，棉花可延续80～90 d；有些热带植物，如可可、柠檬、桉树可以终年开花。栽培植物的开花期还常常与品种特性、营养状况以及环境条件等有一定关系。不同植物每朵花开放的时间各不相同，如小麦只能开5～30 min，水稻为1～2 h，桃、梨为4～8 d；某些热带兰科植物每朵花开放的时间可长达1～2个月或以上。开花的昼夜周期性变化也很大，如在正常的气候条件下，许多禾本科植物的花一般从上午7～8时开始开放，11时左右最盛，午后减少；而高粱却在凌晨2～3时开花；小麦开花的昼夜周期有2次，第一次在上午9～11时，第二次在下午3～5时。许多植物每天定时开花，亚麻是早上开花，晚上闭合；曼陀罗则是晚间开花，白天闭合。

植物的开花习性是植物在长期演化过程中形成的遗传特性，但在一定程度上也受纬度、海拔高度、坡向、气温、光照、温度等环境条件的影响。早春开花的植物，当遇上3～4月间气温回升较快时，花期普遍提早，若遇早春寒冷，晚霜结束又迟的年份，花期普遍推迟。晴朗干燥、气温较高的天气可以促进提早开花；反之，阴雨低温的天气则会延迟开花。掌握植物的开花规律和开花条件，栽培植物时及时采取相应的措施，可提高作物的产量和品质；育种工作中，通过控制花期以进行人工有性杂交；观赏园艺中可利用花期的参差配置花卉，或根据开花条件调控花期，以利节假日供应和常年美化环境。

二、传粉

成熟花粉传到雌蕊柱头上的过程称为传粉（pollination）。传粉是受精的前一步骤，是有性生殖的重要环节。传粉有自花传粉（self-pollination）和异花传粉（cross-pollination）两种方式，常见的传粉媒介为风和昆虫。

（一）自花传粉和异花传粉

自花传粉是指成熟的花粉传到同一朵花的雌蕊柱头上的过程，如小麦、大麦、豆类、芝麻、番茄等都是自花传粉植物。但在实际应用中，常常将农作物的同株异花间的传粉和果树栽培上同品种异株间的传粉，也称为自花传粉。自花传粉植物的花必须是两性花，花的雄蕊常围绕雌蕊而生，花粉易于落到本花的柱头上；雌雄蕊同时成熟；雌蕊的柱头对本花的花粉萌发和花粉管中雄配子的发育没有任何生理阻碍。

最典型的自花传粉是闭花受精（cleistogamy），如豌豆花尚处于蕾期时，雄蕊的花粉在花粉囊里即可萌发，花粉管穿出花粉囊壁趋向柱头，进入子房，将精子送入胚囊，完成受精。花生植株下部的花也是通过闭花受精以后发育为果实的。严格地说在此种情况下，根本没有传粉现象。闭花受精可避免花粉为昆虫所吞食或被雨水淋湿而遭破坏，是对环境条件不适于开花时的一种合理的适应现象。

异花传粉是被子植物有性生殖中较为普遍的一种传粉方式，是指一朵花的花粉借助外力传到另一朵花的雌蕊柱头上的过程，如玉米、向日葵、瓜类、苹果等均为异花传粉植物。异花传粉可发生在同株植物不同花之间的同株异花，也可以发生在同一品种不同植株之间或同种不同品种植株之间的异株异花。在作物栽培和果树育种中，则认为异株间的传粉，甚至异品种间的传粉，才是异花传粉。

在长期的自然选择过程中，植物的花在结构和生理上形成了一些避免自花传粉而适应异花传粉的性状：①单性花，尤其是雌雄异株的植株，严格地保证了异花传粉。②两性花，但雌蕊和雄蕊成熟时间不一致，有雄蕊先熟的，如向日葵、苹果、梨等，有雌蕊先熟的，如柑橘、油菜、甜菜、车前等。③两性花中，雌雄蕊异长，如荞麦有两种类型的植株，一种植株花中雌蕊的花柱高于雄蕊的花药，另一种是雌蕊的花柱低于雄蕊的花药。传粉时，只有高雄蕊上的花粉传到高柱头上去，低雄蕊的花粉传到低柱头上去才能受精；异长的雌、雄蕊之间传粉则不能完成受精作用。④两性花中，雌雄蕊异位，如石竹科植物，其两性花的雌蕊高于雄蕊，花粉不易传到柱头上；又如百合科的嘉兰属植物，开花时，雄蕊的花丝基部在近子房处直角状向外折伸，远离雌蕊，以避免自花传粉。⑤自花不孕，花粉落在同朵花或同一植株花的柱头上，由于生理上的不协调，花粉不能萌发，或虽能萌发，但花粉管生长缓慢，达不到受精的结果，如大白菜、玉米、番茄等。

自然界异花传粉植物比较普遍，从生物学的意义上讲，异花传粉要比自花传粉优越，是一种进化的方式。异花传粉植物的雌配子和雄配子是在差异较大的生活条件下形成的，遗传性具有较大的差异，由它们结合产生的后代具有较强的生活力和适应性，往往植株强壮、结实率高、抗逆性也较强；而自花传粉植物则相反，如长期连续自花传粉，往往导致植株变矮、结实率低、抗逆性弱、生活力减弱，栽培植物则表现出产量降低、品质变差、抗不良环境能力减弱，甚至失去栽培价值。

虽然自花传粉是一种原始的传粉方式，但自然界中仍有不少自花传粉植物。这是因为当缺乏必要的异花传粉条件时，自花传粉则成为保证植物繁衍的特别形式而被保存下来。在自然界也很难找到绝对自花传粉的植物，如棉花有60%～70%的花为自花传粉，30%～40%的花进行异花传粉；水稻、小麦为自花传粉植物，但仍有1%～5%的花为异花传粉。

（二）风媒花和虫媒花

异花传粉时，往往需借助外力将花粉传送到雌蕊的柱头上。传送花粉的外力有风、昆虫、鸟、水等媒介，其中风和昆虫是最普遍的媒介。植物对不同传粉媒介的长期适应，常常相应产生与之相匹配的形态和结构。

依靠风力为媒介传播花粉的花称为风媒花（anemophilous flower），如禾本科植物水稻、小麦、玉米等约1/10的被子植物。风媒花常形成小花密集的穗状花序或柔荑花序；花被小或退化，一般不具鲜艳的颜色，无香味，不具蜜腺；花粉量大，细小质轻，外壁光滑干燥。有些植物（如禾本科植物）的雄蕊常具细长花丝，易随风摆动，有利散发花粉。雌蕊柱头一般较大，常分裂呈羽毛状，开花时伸出花被之外，增加受纳花粉的机会。此外，较多的风媒花植物在早春开花，具有先花后叶或花叶同放的习性，可减少大量枝叶对花粉随风传播的阻碍。

借助昆虫为传播媒介的花称为虫媒花（entomophilous flower），如油菜、向日葵、瓜类等大多数双子叶植物。虫媒花一般具有大而鲜艳的花被，白天开花的植物花色多为红、黄、蓝、紫色，夜间开花的植物多为白色，以利于昆虫识别；有分泌花蜜的腺体或花盘存在，常有香味或其他气味，这些都是招引昆虫传粉的适应特征。此外虫媒花的花粉大，表面粗糙，常形成刺突雕纹，有黏性，易黏于昆虫体上。传粉的昆虫种类极多，如蜂、蛾、蝇、甲虫等，虫媒花的大小、形态、结构、蜜腺的位置等，常与虫体的大小、形态、口器的结构等特征巧妙地适应。虫媒植物的分布以及开花的季节和昼夜周期性也与昆虫在自然界中的分布、活动的规律性之间存在着密切关系。

除风媒和虫媒外，还有水媒和鸟媒。水生植物如苦草、金鱼藻、水鳖等借助于水力传播花粉。在美洲有一类小型的鸟类称蜂鸟，具长喙，在吸食花蜜时传播花粉。

（三）农业上对传粉规律的利用和控制

根据植物的传粉规律，人为地加以利用和控制，不仅可提高作物的产量和品质，而且还可以培育出新的品种。

1. 人工辅助授粉　异花传粉常受环境条件的影响，例如，风力不足使风媒传粉受阻；若风力太大或气温低，昆虫活动减少，导致传粉和受精率降低，从而影响果实和种子的产量。所以在农业生产上常采用人工辅助授粉，克服因条件不足而使传粉得不到保证的缺陷，以提高传粉和受精率，增加产量。例如，对玉米进行人工辅助授粉，一般可增产8%～10%；向日葵在自然条件下，秕粒率较高，采用人工辅助授粉，不仅可以提高结实率和含油量，而且后代的抗病力也可提高；砂仁靠彩带蜂传粉，但彩带蜂繁殖率低，因此，砂仁自然结实率低，若采用人工辅助授粉，可提高受粉率40%～80%。

人工辅助授粉可以先采集花粉，然后立即进行人工辅助授粉，或经低温低湿保存备用。在田间放蜂，可间接起到辅助传粉的作用，提高传粉机会，能明显增加多种作物和果树的产量。

2. 自花传粉的利用　自花传粉虽有引起其后代衰退的一面，但也具有提纯作物品种的可能性。例如，在玉米的杂交育种中，培育自交系是重要的一环，即根据育种目标，从优良品种中选择具有某些优良性状的单株，进行人工自花传粉（自交），经过连续4～5代严格的自交和选择后，生活力虽然有所衰退，但若在苗色、叶型、穗型、穗粒、生育期等方面达到整齐一致，就能形成一个稳定的自交系。利用两个这种纯化的优良自交系配制的杂种（单交种），其增产显著。

三、受精

受精（fertilization）是指雌、雄性细胞即精细胞与卵细胞相互融合的过程。由于被子植物的卵细胞位于胚珠的胚囊内，故受精前必须经过传粉，花粉在柱头上萌发形成花粉管，并通过花粉管在花柱中生长进入胚囊，释放精细胞，才能使两性细胞相遇而融合，完成受精过程。

（一）花粉的萌发

成熟的花粉传到柱头上以后，很快就开始了相互识别作用。通过花粉和柱头之间的识别可以防止遗传差异过大或过小的个体之间交配，而选择出生物学上最适合的配偶，这是植物长期进化过程中形成的一种维持物种稳定和繁荣的适应特性。

花粉和柱头组织间所产生的蛋白质是识别作用的主要物质基础。花粉壁中有内壁蛋白和外壁蛋白两类，其中外壁蛋白是"识别物质"。柱头乳突细胞的角质膜外，覆盖着一层蛋白质薄膜，它是识别作用的"感受器"。当花粉与柱头接触后，几秒钟之内，外壁蛋白便释放出来，与柱头蛋白质薄膜相互作用。如果二者是亲和的，随后由内壁释放出来的角质酶前体便被柱头的蛋白质薄膜所活化，而将蛋白质薄膜下的角质膜溶解，花粉管得以穿入柱头的乳突细胞；如果二者是不亲和的，柱头的乳突细胞则发生排斥反应，随即产生胼胝质，阻止花粉管进入。据研究，花粉中的多种抗原（具有抗原性的糖蛋白）与特异性免疫蛋白相结合，在识别反应中起重要作用。此外，柱头表面的酶系统和分泌物中的酚类物质也与识别作用和花粉管穿入柱头角质膜有着密切关系。花粉与柱头间的识别是一个重要的细胞间识别现象，其机制还有待进一步深入研究。

花粉和柱头之间经历识别作用之后，被柱头"认可"的亲和花粉开始从柱头上吸水，内部压力增加，花粉的内壁穿过外壁上的萌发孔，向外突出，形成花粉管，花粉中的细胞质及内含物随即流入花粉管内，这个过程称为花粉的萌发（图 5-32）。一般每粒花粉只长出一个花粉管，但具多萌发孔的花粉，如锦葵科、葫芦科等植物可长出多个花粉管，不过只有一个花粉管生长，其他的花粉管都中途停止生长。

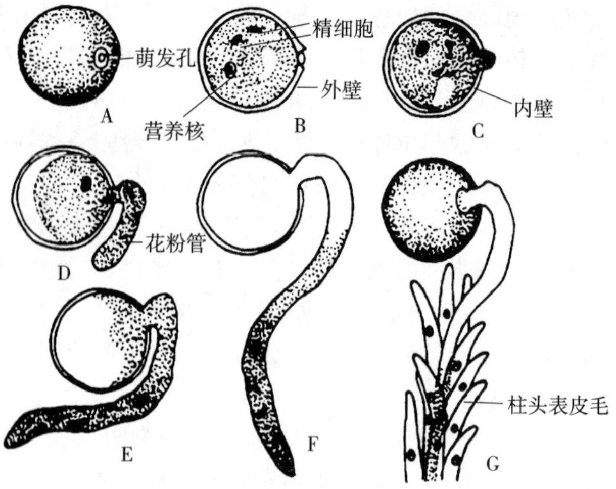

花粉在柱头上萌发所需的时间，常因植物的种类而异。例如，有的植物需要较短时间，水稻、高粱、甘蔗等的花粉几乎在传粉后立即萌发，玉米、大麦等只需几分钟；有的则需要较长时间，如甜菜需 1～2 h，甘蓝需 2～4 h。

图 5-32 水稻花粉的萌发和花粉管的生长
（A～G 示生长过程）
（引自李扬汉，1984）

花粉萌发常受外界环境条件的影响，萌发时需要一定的湿度，但过度潮湿则有害，雨天开花或人工授粉易产生不实；温度对花粉萌发关系密切，大多数植物花粉的萌发温度在 20～30 ℃，不同植物花粉萌发的最适温度各不相同，小麦为 20 ℃，番茄为 21 ℃，水稻为 28 ℃。

（二）花粉管的生长

花粉萌发产生的花粉管，多从柱头乳突式毛基部的细胞间隙进入，并向花柱中生长。在空心花柱中，花粉管沿花柱道内表面，在其分泌液中生长；在实心花柱中，花粉管沿着花柱的引导组织或在中央薄壁组织的细胞间隙中生长，少数植物（如棉花）也可在引导组织的含果胶质丰富的细胞壁中生长，或从细胞壁与质膜之间穿过（如菠菜）。

花粉管在生长过程中，花粉里的内含物全部移入花粉管中，除了耗用花粉中的储藏物质外，还从花柱组织吸收营养物质，以供花粉管的生长和新壁的合成。花粉萌发后产生的花粉管具有顶端生长的特性，它的生长只限于前端 3～5 μm 处。随着花粉管的向前伸长，花粉管中的内容物几乎全部集中于花粉管的亚顶端，如为三细胞型花粉，则包括 1 个营养核和 2 个精细胞、细胞质和各种细胞器；如为二细胞型花粉，则生殖细胞在花粉管中再分裂一次，形成 2 个精细胞。

花粉管经花柱进入子房后，或者直接伸向珠孔，进入胚囊（直生胚珠），或者经过弯曲，折入胚珠的珠孔口（倒生、横生胚珠），再由珠孔进入胚囊，称为珠孔受精（porogamy）；也有花粉管经胚珠基部的合点而达胚囊的，称为合点受精（chalazogamy）；此外，也有花粉管穿过珠被，由侧道折入胚囊的，称为中部受精（mesogamy）（图 5-33）。

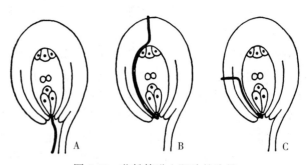

图 5-33 花粉管进入胚珠的途径
A. 珠孔受精 B. 合点受精 C. 中部受精
（引自李扬汉，1984）

关于花粉管向胚囊的定向生长问题，目前的研究资料认为与胚珠本身产生的趋化性物质有关，特别是助细胞的丝状器可能是直接分泌趋化性物质的部位，或是由助细胞扩散出酶，引起珠孔附近组织产生趋化性物质。多数植物的花粉管在助细胞或其附近进入胚囊，也可间接证明助细胞对花粉管向胚囊生长有密切的关系。

花粉的萌发、花粉管在柱头中的生长，以及花粉管最后进入胚囊所需要的时间，随植物种类和外界环境条件而异。在正常情况下，多数植物需要 12~48 h，但水稻在传粉后 2~3 min 花粉就开始萌发，20~30 min 花粉管进入胚囊。花粉的萌发和花粉管的生长对温度非常敏感，如小麦在温度 10 ℃时，花粉的萌发和花粉管的生长缓慢，传粉后 2 h 开始受精；20 ℃时花粉萌发最好，30 min 即开始受精。大多数温带地区的植物，花粉的萌发和花粉管的生长的最适温度为 25~30 ℃，不正常的低温和高温，都不利于花粉的萌发和花粉管的生长，甚至会使受精作用不能进行。多量的花粉传粉，其花粉管生长的速度常比少量花粉传粉的要快得多，结实率也高。此外，水分、盐类、糖类、激素和维生素等都对花粉的萌发和花粉管的生长有影响。花粉管到达胚囊时，营养核一般就消失，或仅留下残迹。至于柱头的生活力，一般能维持一至数天，如水稻、棉花柱头的生活力可维持 1~2 d。

（三）双受精的过程及其生物学意义

花粉管到达胚囊后，穿过胚囊的壁，从已退化的一个助细胞丝状器进入助细胞，另一个助细胞可不受损伤地继续存在一个短时期，或出现退化现象。随后，在花粉管顶端或亚顶端的一侧形成小孔，将其内容物如 2 个精细胞、1 个营养细胞、淀粉粒、脂类等一起由小孔喷射而出，形成一种细胞质流，将精细胞带到卵细胞和中央细胞之间的位置。当花粉管的内容物释放后，常在近孔处形成一个胼胝质塞，阻止花粉管与助细胞之间的细胞质流的前进或倒流（图 5-34）。

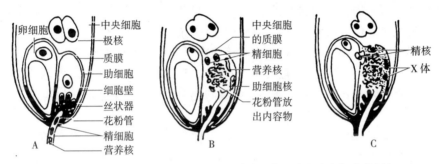

图 5-34　被子植物受精作用中精细胞转移至卵细胞和中央细胞的图解
A. 花粉管进入胚囊　B. 花粉管释放出内容物　C. 两个精细胞分别转移至卵细胞和中央细胞附近
（注：X 体可能是退化的营养核和退化的助细胞核）
（引自 Jensen，1984）

在 2 个精细胞位于卵细胞和中央细胞的极核附近之后，2 个精细胞分别在卵细胞和中央细胞极核的无壁区发生接触，接触处的质膜随即融合，两个精核分别进入卵细胞和中央细胞。精核进入卵细胞后，精核与卵核接近，核膜融合，核质相融，两核的核仁也融合为一个大核仁。至此，卵细胞已受精形成合子（zygote），将来发育成双倍体的胚。另一个精细胞进入中央细胞后，其精核与极核（或次生核）的融合过程与精核与卵核融合过程基本相同，但融合的速度较精卵融合快。精核与极核（或次生核）融合形成初生胚乳核（primary endosperm nucleus），将来发育成三倍体的胚乳。

被子植物花粉中的一对精细胞分别与卵细胞和中央细胞极核同时融合的过程，称为双受精（double fertilization）。双受精是被子植物有性生殖特有的现象。双受精后，胚囊中的反足细胞和助细胞解体。

在被子植物的双受精过程中，一方面，通过单倍体的雌、雄配子融合成为一个二倍体的合子，恢复了植物原有的染色体数目，保持了物种的相对稳定性；同时，通过父、母本具有差异的遗传物质重组，使合子具有双重遗传性，既增强了后代个体的生活力和适应性，又为后代中可能出现新性状、新变异提供了基础。另一方面，由另一精细胞与中央细胞受精形成的三倍体性质的胚乳，同样兼有双亲的遗传性，生理上更为活跃，更适合于作为新一代植物胚期的养料，可使子代的生活力更强，适应性更广。

因此，双受精是植物界有性生殖的最进化、最高级的受精方式，是被子植物在植物界占优势的重要原因之一；同时，双受精也是植物遗传和育种学的重要理论依据。

（四）受精的选择性和多精入卵

选择性是生物与周围环境条件之间发生相互作用而形成的一种适应特性，它与生物的繁衍进化密切相关，植物受精作用的全过程自始至终都贯穿着选择作用。从传粉开始，柱头与花粉之间进行识别，经选择后，伸入花柱中的多条花粉管通常又只有生活力强、生长迅速的一条进入胚囊，完成受精。少数植物有时出现2~3条花粉管先后进入胚囊的情况，但最后仍然仅一条花粉管中的精细胞与雌性细胞融合受精，其余的花粉管均被同化吸收。有资料报道，同一花粉管中的两个精细胞在形态和生理特性等方面并不完全相同，它们分别和卵细胞、中央细胞受精，可能也存在配子之间的选择性。总之，卵细胞总是选择生理上和遗传上最适合的精细胞完成受精过程，产生生活力强的后代。

在农作物的育种中应充分利用受精选择性的一面，克服自交不育及远缘杂交的受精选择性不利的一面，采用各种手段，创造优良品种。

传粉时，落在柱头上的花粉常很多，萌发后长出花粉管伸入花柱的也很多，在一般情况下，只有1条花粉管进入1个胚珠的胚囊，进行受精。但是，有时可发现几条花粉管进入1个胚囊，这种胚囊就有2对以上的精子，称为多精子现象（polyspermation），如棉属中曾发现有3条花粉管进入1个胚囊，此外，在向日葵、水稻、玉米、大麦、菜豆、烟草、甘蔗等植物中也曾发现有几条花粉管进入1个胚囊的。多余的花粉管进入胚囊后，其所带各种营养物质及精子，可能起营养作用被胚及胚乳同化，也可能对后代的遗传性发生影响。有时多余的精子可能与助细胞或反足细胞受精，发育成胚，形成多胚现象（polyembryony）。有时可能有2个以上的精细胞进入同一个卵细胞的现象，称为多精入卵现象（polyspermy）。一般多精入卵时，仍只有一个精细胞与卵细胞融合，其余的精细胞在卵细胞里被吸收同化；当多精入卵，和卵细胞受精后，则产生多倍体的胚。

（五）多倍体

凡是细胞中具有3组或更多染色体组的生物体，称为多倍体（polyploid）。在自然界中，多倍体植物普遍存在，在栽培植物中尤为常见。如普通小麦为六倍体（$2N=6X=42$），陆地棉、海岛棉为四倍体（$2N=4X=52$）；此外，有些作物、果树和蔬菜，如高粱、柑橘、芭蕉、茶和许多花卉，也有多倍体的类型。高山、极地和盐碱土等不良环境条件下，常有较多的多倍体植物。

多倍体可分为同源多倍体和异源多倍体两种。同源多倍体（autopolyploid）所增加的染色体组来自同一物种，可由二倍体植物细胞的染色体直接加倍而成。如在有丝分裂中，复制后的染色体于分裂后期分离受抑制，胞质分裂也不能进行，于是细胞中的染色体加倍，成为四倍体的细胞。也可因减数分裂不正常，联会后染色体分离受阻，于是产生二倍体的卵细胞或精细胞，它们与正常的配子受精后就形成三倍体的后代。同源多倍体也可用人工方法诱导产生，如物理因素（低温、高温、紫外线、X射线、β射线、强离心力等）和化学药剂（如秋水仙碱等有丝分裂抑制剂）的处理。将幼苗浸入一定浓度的秋水仙碱溶液中，阻止纺锤体的形成，能使细胞有丝分裂中断，导致染色体数的加倍。解除后，细胞恢复正常，形成一个染色体加倍的重组核，即多倍体。由此可培育成多倍体的细胞系、组织或器官，直至多倍体植株。

异源多倍体（allopolyploid）所增加的染色体组来自不同的种或不同属的植物间的杂交。例如，用普通小麦（$2N=6X=42$）和黑麦（$2N=2X=14$）进行人工属间杂交，其后代再经人工染色体加倍，获得八倍体的小黑麦（$2N=8X=56$）。

多倍体植株与二倍体植株比较，常表现体型巨大，茎秆粗壮，叶肉较厚，种子和果实较大，抗逆性也较强。所以，多倍体育种是获得优良品种的途径之一。但多倍体常迟熟，结实率低；奇数的多倍体和远缘杂交的后代往往不育，这是多倍体育种上有待克服的困难。

（六）受精作用与现代生物技术

1. 传粉的人工调控　传粉的好坏直接影响受精的质量。自然界中，异花传粉易受环境条件的影响，如气候不良，或缺乏传粉媒介，都会减少传粉和受精的机会，从而影响果实和种子产量，农业生产上常采用人工辅助授粉的方法，加以弥补。对于一些虫媒花作物和果树，利用放养蜜蜂也可起到良好的辅助授粉效果。仁果类果树多为自花不实或微量结实，如配置亲和力好，花期一致的不同品种的授粉树，可以改善授粉条件，有利于增产。

2. 离体受精 离体受精亦称试管受精，是在培养条件下人为地完成植物传粉和受精作用。离体受精的主要方法是在无菌条件下取出未传粉的胚珠或子房，撒上花粉，置于培养基上生长，在试管中完成花粉粒萌发、花粉管伸入胚珠以至受精作用的全过程；亦可通过把花粉悬浮液注射到子房内，完成子房内授粉。

最早取得成功的离体受精实验是 Kanta 等在 20 世纪 60 年代以罂粟的离体胚珠为材料，经过人工授粉，最后获得正常发芽的生活种子。从离体受精技术建立以来，至今已在烟草、甘蔗、矮牵牛、石竹、玉米、小麦和黑麦等几十种植物和杂交组合中取得了不同程度的成功。在育种工作中，应用离体受精对于克服某些自交或杂交不亲和现象，特别在不亲和发生在柱头、花柱或子房区域的情况下，有着很大的潜力和诱人的前景。

3. 子房与胚珠培养 子房与胚珠培养包括两种情况：一是受精子房与胚珠培养，其目的是克服杂交或自交胚的败育；二是未受精子房与胚珠培养，可以在离体条件下诱导培育出单倍体植株，为单倍体育种的另一条途径，并且为研究雌核发育提供一个良好的实验体系，为植物的生殖工程提供新的受体。

4. 植物生殖工程 植物生殖工程是通过控制和利用植物有性生殖过程而改良植物的应用技术，主要指在离体条件下以生殖细胞和原生质体为对象的遗传操作。植物生殖工程包括两大生殖系统，即雄性生殖系统和雌性生殖系统；两种操作方式，即活体和离体操作；三个研究水平，即器官、细胞和原生质体水平。器官操作包括花药、子房和胚珠培养、胚和胚乳培养、离体受精等，细胞操作是指花药和胚囊的分离和培养，原生质体操作即离体的花粉和胚囊细胞的分离及培养，受精工程即离体精、卵细胞的融合和培养。

第五节　种子的发育

被子植物经过双受精以后，受精卵发育成胚，形成了新个体的雏形；中央细胞受精后形成初生胚乳核，随后成为胚乳，作为胚发育的营养；珠被发育成种皮，包在胚和胚乳之外，起着保护作用。这时，大多数植物的珠心被吸收而消失，少数植物的珠心组织继续发育为外胚乳。

一、胚的发育

胚（embryo）的发育是从合子开始的，经过原胚（proembryo）时期和胚的分化发育阶段，最后成为成熟的胚。

卵细胞受精后，形成合子，产生一层纤维素的细胞壁，随即进入休眠期。休眠期的长短常随植物不同而有差异，有时也受环境条件的影响，如水稻 4~6 d、小麦 16~18 d、棉花 2~3 d、菜豆 3 d 左右、苹果 5~6 d、秋水仙 4~5 个月、茶树 5~6 个月后才开始分裂。

合子在休眠期并非真正的休眠，而是发生了许多变化：极性加强，细胞质、细胞核和多种细胞器趋集于合点端，高尔基体数量增加，线粒体发育完善等。合子细胞内的这些活动与变化为其进一步发育提供了所需的材料和信息，并为合子第一次分裂不均等奠定基础。

合子经过休眠后进行第一次分裂，大多数为不均等的横裂，形成一列两个细胞。靠珠孔端的细胞较长，高度液泡化，称为基细胞（basal cell）；靠近合点端的细胞较小，细胞质较浓，称为顶细胞（apical cell）。顶细胞和基细胞形成时，即为 2 细胞的原胚。以后顶细胞进行多次分裂形成胚体（embryo proper），基细胞分裂或不分裂，主要形成胚柄（suspensor）或也参加形成胚体。

从合子第一次分裂形成 2 细胞的原胚开始，直至器官分化之前的胚发育阶段，称为原胚时期。双子叶植物和单子叶植物原胚时期形态基本相似，但在以后胚的分化过程和成熟胚的结构上则有较大的差异，现分别举例说明。

(一) 双子叶植物胚的发育

1. 荠菜胚的发育　合子经休眠后，进行不均等的横向分裂，形成两个大小不等的基细胞和顶细胞。由基细胞进行多次横分裂，形成单列多细胞的胚柄，通过胚柄的延伸，将胚体推向胚囊中部，以利胚在发育中吸收周围的营养物质。同时，由于胚柄固着于珠孔端，对将来由胚体分化出胚根从珠孔端伸出有引导作用。在胚柄的生长过程中，顶细胞相应进行分裂，首先发生一次纵向分裂，接着进行与第一次壁垂直的第二次纵向分裂，形成四分体胚，然后每个细胞进行一次横向分裂，形成八分体胚，八分体胚再经各个方向的连续分裂形成球形胚。胚体继续增大，在顶端两侧部位的细胞分裂较多，生长较快，形成两个突起，称为子叶原基，此时整个胚体呈心形，称为心形胚。继而，子叶原基伸长，形成两片形状、大小相似的子叶，紧接子叶基部的胚轴也相应伸长，整个胚体呈鱼雷形，称为鱼雷形胚。以后在两片子叶基部相连处的凹陷部位分化出胚芽，与胚芽相对的一端，由胚体基部细胞和与其相接的一个胚柄细胞不断分裂，共同参与胚根的分化。至此，幼胚分化完成。随着幼胚的发育，胚轴和子叶显著延伸，最终，成熟胚在胚囊内弯曲成马蹄形，胚柄退化消失（图5-35）。

荠菜胚

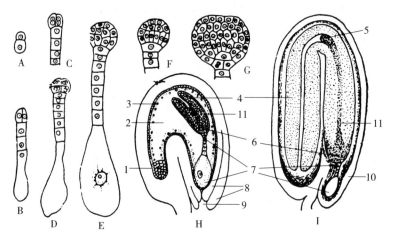

图 5-35　荠菜胚的发育

A. 合子分裂成为2个细胞　B～E. 基细胞已发育成为胚柄，顶细胞形成球形胚
F、G. 胚继续发育　H. 胚在胚珠中已发育出子叶和胚根　I. 胚和种子已形成
1. 珠心组织　2. 胚囊　3. 胚乳细胞核　4. 子叶　5. 胚芽　6. 胚根　7. 胚柄
8. 珠被　9. 珠孔　10. 早期种皮　11. 胚轴

（引自李名扬，2004）

2. 油菜胚的发育　油菜胚的发育过程与荠菜的基本相似，其不同之处主要是基细胞较狭长，胚柄的最末端细胞延伸显著，并在近珠孔端形成钩形；发育后期，子叶弯曲、对折，并包住胚轴和胚根（图5-36）。

(二) 单子叶植物胚的发育

单子叶植物胚发育的早期阶段，与双子叶植物相似，但后期发育过程差异明显。现以水稻、小麦和玉米为例说明单子叶植物胚发育的基本特点。

水稻受精卵经过4～6 h休眠后，便开始分裂。第一次分裂为横分裂，形成一个顶细胞和一个基细胞。接着，顶细胞经一次纵裂和基细胞一次横裂，形成4个细胞的原胚。以后，原胚分裂扩大形成梨

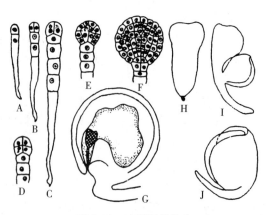

图 5-36　油菜胚的发育
A～F. 原胚期　G、H. 幼胚期
I、J. 成熟胚期，子叶折叠包裹胚轴和胚根
（引自金银根，2006）

形胚。胚进一步分化，在梨形胚上部的一侧出现凹沟，使胚两侧表现不对称的状态，这时，胚即进入一个新的发育时期。在形态上可分为 3 个区，即顶端区、器官形成区和胚柄细胞区。器官形成区的细胞较其他两区小，以后由顶端区（梨形胚的上部）发育成盾片的上半部分和胚芽鞘的一部分。器官形成区（梨形胚的中部）发育成胚芽鞘的下部以及胚芽、胚轴、胚根、胚根鞘和外胚叶等。而胚柄细胞区（凹沟的基部）主要形成盾片的下半部分和胚柄。当凹沟两侧的胚芽鞘突起将胚芽生长锥包围时，生长锥周围已有第一片和第二片幼叶原基的分化。此时，盾片已发育很大，其内部的维管束也已开始发育，胚根也清楚可见。以后，胚的发育很快，在盾片上分化出腹鳞（叶舌），胚根分化出根冠，维管束进一步发育，由盾片经胚芽基部到达胚根中。胚继续发育，胚的腹面被腹鳞和外胚叶所覆盖，盾片的上皮细胞开始分化。最后，在胚芽中分化出第三片幼叶，盾片的上皮细胞分化完成（图 5-37）。至此，水稻胚中各器官在形态上的分化已全部完成，共需时约 14 d。水稻 10 d 左右的胚已具有发芽能力。

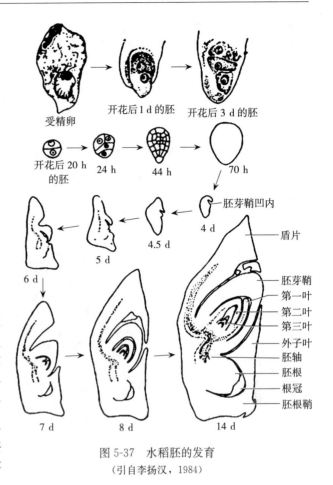

图 5-37　水稻胚的发育
（引自李扬汉，1984）

小麦胚的发育与水稻基本相似，但整个胚发育的时间较水稻长。冬性小麦胚的发育成熟约在传粉后 16 d，而春性小麦约为 22 d。

玉米胚的发育较慢，受精后 4～10 h（传粉后 26～34 h），受精卵进行第一次分裂，第 4 天才有原胚，第 9 天才开始有胚根和胚芽的分化，25 d 以后器官分化完成，35～40 d 以后胚才达到正常大小。

小麦胚

二、胚乳的发育和结构

（一）胚乳的发育

胚乳（endosperm）是被子植物储藏养料的部分，它的发育是从初生胚乳核（受精的极核）开始。初生胚乳核（primary endosperm nucleus）一般是三倍体结构，通常不休眠（如水稻）或经短暂的休眠（如小麦为 0.5～1 h）后，即开始第一次分裂。初生胚乳核初期分裂速度较快，因此，当合子进行第一次分裂时，胚乳细胞核已达到相当数量。胚乳的发育早于胚的发育，为幼胚的生长发育及时提供了必需的营养物质。

胚乳的发育有核型胚乳、细胞型胚乳和沼生目型胚乳三种类型。

核型胚乳（nuclear endosperm）的发育特点是初生胚乳核的第一次分裂和以后的多次分裂都不伴随细胞壁的形成，故胚乳细胞核呈游离状态分散于细胞质中。随着游离核的增多和胚囊内中央液泡的形成和扩大，游离核连同细胞质被挤向胚囊边缘。待到一定的时候，从胚囊最外围开始，逐渐向内产生细胞壁而形成胚乳细胞，最后，整个胚囊被胚乳细胞充满，将胚包围起来。助细胞和反足细胞大都消失（图 5-38）。这在单子叶植物（如水稻、小麦和玉米等）和双子叶离瓣花植物（如棉花、油菜和苹果等）中普遍存在，是被子植物中最普遍的胚乳发育形式。但也有植物仅在原胚附近形成胚乳细胞，而合点端仍保持游离核状态，如菜豆属；也有的只是在胚囊周围形成少数层次的胚乳细胞，胚囊中央仍为游离状态，如椰子的液体胚乳（椰乳），其内含有许多游离核以及蛋白质等物质。此外，更为少见的情况是胚乳始终为游离状态，如旱金莲。

细胞型胚乳（cellular endosperm）的特点是在初生胚乳核分裂后，伴随细胞壁的形成，以后各次分裂也都是以细胞形式出现，无游离核时期。大多数双子叶合瓣花植物，如番茄、矮茄、烟草、芝麻等的胚乳发育属于这种类型（图5-39）。

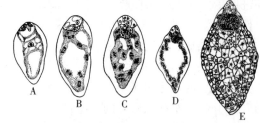

图5-38　印度铁苋菜核型胚乳发育的几个时期
A. 受精后的胚囊（示合子和初生胚乳核）　B、C. 胚乳细胞核同时分裂
D. 胚乳细胞核游离至胚囊的周围　E. 完全形成的胚乳
（引自李名扬，2004）

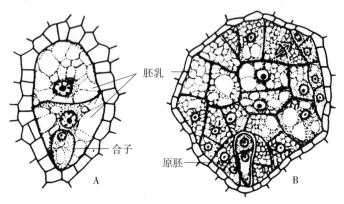

图5-39　矮茄胚乳形成早期
A. 2细胞时期　B. 多细胞时期
（引自Walker，1955）

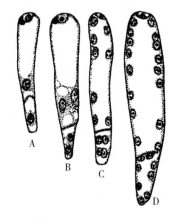

图5-40　沼生目型胚乳
A. 胚乳细胞第一次分裂，形成2个细胞，上端一个已产生2个游离核　B~D. 示上端与下端的2个细胞的核均进行核分裂，产生多个游离核
（引自李扬汉，1984）

沼生目型胚乳（helobial endosperm）是介于核型胚乳与细胞型胚乳之间的中间类型。初生胚乳核第一次分裂时形成横壁，把胚囊分隔成两室，其中珠孔端室比合点端宽大。前者的游离核进行多次分裂最后形成细胞；后者却保持不分裂或只进行极少次数的分裂，常处于共核态。这种类型多限于沼生目种类，如刺果泽泻、慈姑等，以及少数双子叶植物，如虎耳草属、檀香属等（图5-40）。

许多植物，如豆类、瓜类、油菜、柑橘等，其初生胚乳核在形成过程中，胚乳逐渐地被发育中的胚所吸收，养分被储藏于子叶中，因而形成无胚乳种子；另一类植物，如水稻、大麦、玉米、蓖麻、荞麦等，则形成发达的胚乳组织，在胚乳内储藏大量的营养物质，形成有胚乳种子。

（二）成熟胚乳的结构

不同类型的胚乳细胞，其区别主要表现于发育前期，胚乳细胞形成后共性增加，差异逐渐减少。胚乳细胞一般是等径大型薄壁细胞，具细胞质和细胞核，细胞器和胞间连丝发达；有的还形成内突结构，具有传递细胞的特点。胚乳是一种营养组织，尤为显著的特点是细胞中积累大量淀粉、蛋白质或油脂等营养物质。有的植物胚乳中积累的是其他营养物质，如咖啡和柿子的胚乳细胞壁上堆积大量的纤维素，使细胞壁增厚，并在厚的细胞壁上形成纹孔和胞间连丝。

在一般情况下，由于胚和胚乳的发育，胚囊体积不断增大，致使胚囊外的珠心组织受到破坏，最终被胚和胚乳所吸收。因此，大多数植物成熟种子中没有珠心组织，但也有少数植物的珠心组织随种子发育而增大，形成类似胚乳的储藏组织，称为外胚乳。外胚乳是非受精的产物，为二倍体组织，可在有胚乳种子（如胡椒、姜）中出现，也可以发生于无胚乳种子（如石竹、苋、甜菜）中。

三、种皮的发育和结构

（一）种皮的发育

种皮是由珠被发育而来的保护结构。胚和胚乳的发育使胚珠体积增大，随后，珠被通过一系列变化形成种皮。有的植物有内外两层珠被，通常相应形成内外两层种皮，如蓖麻、油菜、苹果等。但也有不少植物两层种皮区分不明显，或虽有两层珠被但在以后的发育过程中，内珠被已退化成微弱的单层细胞，甚至消失，只有外珠被继续发育成为种皮，如大豆、蚕豆、菜豆等。有的植物仅具一层珠被，只形成一层种皮，如向日葵、番茄、胡桃等。另有一些植物，如玉米、小麦、水稻等禾本科植物的外珠被被破坏，仅由内珠被的内层细胞发育成种皮，这种残存种皮与子房壁发育而成的果皮愈合在一起，不易分离，因而通常所指的这类种子实际上是一种果实。

（二）种皮的结构

成熟种子的种皮外表一般可见到种脐、种孔和种脊等结构。种脐是种子成熟后，从种柄或胎座上脱落留下的痕迹，其形状、大小、颜色因植物种类不同而异；种孔是原来的珠孔；种脊位于种脐的一侧，是倒生胚珠的外珠被与珠柄愈合形成的纵脊遗留下来的痕迹，其内有维管束穿过。

种皮成熟时，内部结构也发生相应的变化。大多数植物的种皮外层分化为厚壁组织，内层为薄壁组织，中间各层往往分化为纤维、石细胞或薄壁组织。以后随着细胞失水，整个种皮成为干燥的包被结构，干燥坚硬的种皮使保护作用得以加强（图5-41）。有些植物种皮十分坚硬，不易透水，不易通气，与种子的萌发和休眠有关。少数植物种子具有肉质种皮，如石榴的种子成熟过程中，外珠被发育成坚硬的种皮，而种皮的表皮细胞却辐射扩展，形成多汁含糖的可食部分。银杏的外种皮亦为肥厚的肉质结构。还有些种子上出现毛、刺、腺体、翅等附属物，以利于种子的传播，最常见的是柳和棉花的表皮毛（图5-42）。

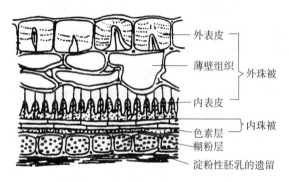

图 5-41　芥菜属的种皮和糊粉层的横切面结构
（引自李扬汉，1984）

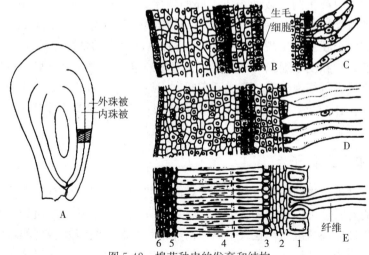

图 5-42　棉花种皮的发育和结构

A. 开花时的胚珠纵切　B. A图斜线区放大（示外珠被表皮上的生毛细胞）　C. 花后2 d（示幼期纤维细胞）
D. 花后5 d（示纤维伸长）　E. 成熟种子的结构
1～3. 外种皮（1. 外表皮　2. 外色素层　3. 厚壁细胞层）
4～6. 内种皮（4. 栅状层　5. 内色素层　6. 乳白层）

（引自徐汉卿，1996）

此外，还有少数植物的种子具有假种皮，它是由珠柄或胎座发育而成的结构，包于种皮之外，如龙眼、荔枝果实的肉质多汁的可食部分。

四、无融合生殖和多胚现象

（一）无融合生殖

被子植物的胚通常是有性生殖的产物。但也有些植物，不经雌、雄配子融合而产生有胚的种子，这种现象称为无融合生殖（apomixis）。有人认为，无融合生殖是介于有性生殖和无性生殖之间的一种特殊的生殖方式，虽然发生于有性器官，却无两性细胞的融合，且能形成胚，以种子形式而非通过营养器官进行繁殖。无融合生殖现象已在被子植物36个科的300多个种中发现，其形式多样，可分为单倍体无融合生殖和二倍体无融合生殖两大类。

1. 单倍体无融合生殖 单倍体无融合生殖又称为减数胚囊无融合生殖，胚囊是由大孢子母细胞经过正常的减数分裂而形成的，若由卵细胞不经受精而直接发育成胚，称为孤雌生殖（parthenogenesis），玉米、小麦、烟草等植物中有这种生殖现象；若由助细胞或反足细胞直接发育成胚，称为无配子生殖（apogamy），在水稻、玉米、棉花、烟草、亚麻等植物中有这种生殖现象。这两种方式所产生的胚以及由胚进一步发育成的植株都是单倍体，其后代常常是不育的。相对于孤雌生殖，精核入卵细胞后，卵核消失，精核也会发育形成单倍体的胚，称为孤雄生殖（androgenesis），这种生殖方式多发生在经过杂交或其他方法处理后。

2. 二倍体无融合生殖 二倍体无融合生殖又称为未减数胚囊无融合生殖，胚囊是由未经减数分裂的孢原细胞、大孢子母细胞或珠心细胞直接发育而成的，这种胚囊中的卵细胞、助细胞、反足细胞都是二倍体的，同样可以出现孤雌生殖（如芸薹属、蒲公英）或无配子生殖（如葱）。这两种方式产生的胚以及由胚进一步发育成的植株都是二倍体，其后代是可育的。

无融合生殖在植物育种中有重要利用价值而受到人们的重视。如单倍体无融合生殖所得到的胚或种子，可以通过人工或自然染色体加倍，短期内获得遗传上稳定的纯合二倍体，从而缩短育种年限，提高育种效率；对于二倍体无融合生殖，则可利用其固定杂种优势。

（二）多胚现象

被子植物的胚珠通常只有一个胚囊，每一个胚囊只有一个卵，因此受精后每个种子只有一个胚。但有些植物的种子中产生两个或两个以上胚的现象，称为多胚现象（polyembryony）。多胚形成的原因很多，有的由受精卵裂生成二至多个胚，称为裂生多胚现象（cleavage polyembryony）；有的在一个胚珠中形成两个胚囊而出现多胚（如桃、梅）；但更多的情况是除了合子胚外，胚囊中的助细胞（如菜豆、慈姑）和反足细胞（如韭菜、无毛榆）也发育成胚；在某些植物中，胚囊外的珠心或珠被细胞也可直接进行细胞分裂，形成不定胚（adventitious embryo），这种现象在柑橘类植物中极为普通，通常一粒种子产生4～5个胚，有时甚至可产生十多个具有生活力的胚，除其中1个为合子胚外，其余均为不定胚。

五、胚状体和人工种子

在正常情况下，被子植物的胚是由合子胚发育而成的，但自然界中有少数植物的胚，其珠心和珠被组织的一些细胞有时也可发育为胚状结构，并可发育成幼苗。极少数植物，如叶状沼兰，其叶的顶端也可自然产生许多胚状组织。在人工离体培养植物细胞、组织及器官的过程中，胚状结构也常可在培养物的表面形成。这种在自然界或植物组织培养中，由非合子细胞分化形成的胚状结构称为胚状体。

胚状体有极性分化，形成根端和茎端，同时，体内还分化出与母体不相连的维管系统。因此，胚状体在脱离母体后能进行单独培养生长。一些植物的胚状体发育过程与合子胚相似。

自1958年斯图午德（Steward）和赖纳特（Reinert）分别对胡萝卜根诱导出胚状体以来，至今已有几百种植物培养出胚状体,如在被子植物中,不仅能够从孢子体的根、茎、叶、花、果、子叶、胚轴和鳞片等器官和组织的培养物中诱导产生二倍体的胚状体,还能由花粉、助细胞和反足细胞产生单倍性胚状体以及由胚乳细胞诱导出三倍性的胚状体。我国已在烟草、水稻、小麦、玉米、棉花、茄子、甘蔗、梨、苹果、枣等许多重要经济植物、粮食作物和果树上成功地应用组织培养方法,诱导出胚状体。

胚状体的研究在理论上和实践上都很有价值。从受精卵以外的细胞中产生胚状体并成长为植株的事实,有力地证明了高等植物细胞具有全能性,保留了完整植株正常发育的遗传信息。在实际应用上,诱导胚状体再生植株的形式具有产生植株多、速度快、成苗率高等优点,在农业、林业和园艺工作中,对具有优良性状个体的快速繁殖、无病毒种苗培养等都有特殊的价值。

人工种子是将组织培养而诱导产生的胚状体,用含有养分(人工胚乳)和具有保护功能的物质(人工种皮)加以包裹,获得的可以代替种子的人工种子。人工种子的概念最早由 Murashige (1978) 提出,之后引起了许多国家的重视,国内外在此领域里进行了许多开拓性的研究,至今已取得很大进展,已在芹菜、苜蓿、番茄、山茶、莴苣、花椰菜、胡萝卜、甜菜、云杉、玉米、西洋参和杂交水稻等植物上获得了成功。

人工种子与天然种子相比,有明显的优点。人工种子中的胚状体增殖快,繁殖系数大,能在室内大量生产,占用土地少,便于人工控制;具有相对的遗传稳定性,有利于保持原有植物品种的优良特性和固定杂种优势;便于将基因工程、原生质体融合等技术培育出的植物新品种,通过人工种子获得快速繁殖,提高育种效率。人工种子的出现和实用化将大大促进作物品种改良和增产,前景十分诱人。

第六节　果实的发育、结构与传播

一、果实的形成和发育

传粉、受精完成后,花的各部分随之发生显著变化。花萼、花冠一般枯萎(有花萼宿存的,如茄、柿、茶),雄蕊以及雌蕊的柱头和花柱也都萎谢,仅子房连同其中的胚珠生长膨大,胚珠发育成种子,子房壁发育成果皮,共同发育成果实(fruit)。仅由子房发育而成的果实称为真果(true fruit),如水稻、小麦、玉米、棉花、花生、柑橘、桃、李、茶、杏等植物的果实;有些植物的果实,除子房外,还有花的其他部分,如花托、花萼、花冠,甚至是整个花序参与果实的形成和发育,如梨、苹果、瓜类、菠萝等的果实,这种果实称为假果(false fruit)。下位子房(上位花)形成的果实一般为假果。

(一) 真果的结构

真果的结构比较简单,外为果皮,内含种子。果皮由子房壁发育而来,可分为外果皮(exocarp)、中果皮(mesocarp)和内果皮(endocarp)三层。外果皮上常有气孔、角质、蜡被、表皮毛等。中果皮在结构上变化很大,有时是由许多富有营养的薄壁细胞组成,成为果实中的肉质可食部分,如桃、梅、李的果实;有时在薄壁组织中还含有厚壁组织;有些植物,如荔枝、花生、蚕豆等的果实,成熟时中果皮常变干收缩,成为膜质或革质或疏松的纤维状,维管束多分布于中果皮。内果皮的变化也很大,有的内果皮表皮细胞的细胞壁向内突出形成无数的毛状突起(汁囊),如柑橘、柚子等的果实;有的具有坚硬如石的石细胞,如桃、李、椰子等;有的植物在果实成熟时,细胞分离成浆状,如葡萄等(图 5-43、图 5-44)。

在果实的发育过程中,除形态发生变化外,果实的颜色与化学成分也发生变化。如在幼嫩的果实中,一般含有大量的叶绿体,因此,幼果呈绿色;成熟时果实细胞中产生花青素或有色体,因而出现各种鲜艳的颜色。有些植物的果皮里含有油腺,当果实成熟时,能释放出芳香的气味,如茴

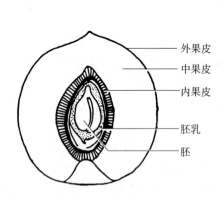

图 5-43 桃果实的纵切面
（引自徐汉卿，1996）

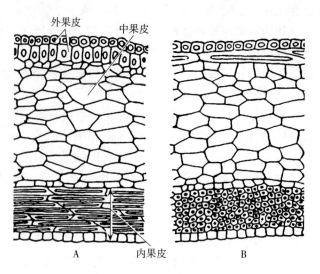

图 5-44 大豆荚果的果皮
A. 横切面 B. 纵切面
（引自李扬汉，1984）

香、枸橼、花椒等。有些植物的果实在成熟的过程中，细胞的化学成分也有明显的变化，如单宁和有机酸减少、糖分增加等。

（二）假果的结构

假果的结构比较复杂，除子房发育而来的果皮外，还有花的其他部分参与果实的形成。例如，梨和苹果的食用部分主要是花筒（hypanthium）（托杯）发育而成，中部才是由子房发育而来的部分，所占的比例很少，但外、中和内三层果皮仍能区分，内果皮以内为种子（图 5-45）。

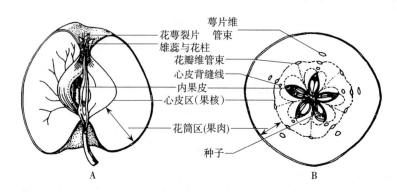

图 5-45 苹果果实的纵切面和横切面
A. 纵切面 B. 横切面
（引自强胜，2006）

二、果实的类型

根据参与果实形成是由单花或花序、雌蕊的类型等，将被子植物的果实大体分为单果（simple fruit）、聚合果（aggregate fruit）、复果（multiple fruit）三大类。

（一）单果

一朵花中，由一个单雌蕊或复雌蕊发育而成的果实，称为单果。根据果皮是否肉质化，又可分为肉质果（fleshy fruit）和干果（dry fruit）两大类。

1. 肉质果 果实成熟后，果皮肉质多汁。肉质果又可分为以下几类（图 5-46）。

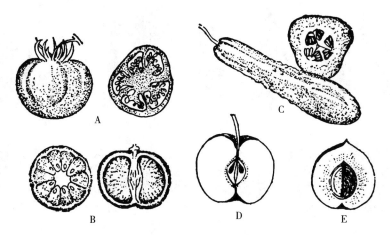

图 5-46　肉质果的主要类型（外形和切面）
A. 番茄的浆果　B. 温州蜜柑的柑果　C. 黄瓜的瓠果　D. 苹果的梨果　E. 桃的核果
（引自李扬汉，1984）

（1）浆果（berry）。由多心皮雌蕊发育形成，外果皮薄，中、内果皮和胎座均肉质多汁，内含一至多粒种子。如番茄、葡萄、柿、茄和香蕉等的果实。在番茄中，除中果皮与内果皮肉质化外，胎座也肉质化，构成食用的主要部分。

（2）柑果（hesperidium）。又称橙果，为柑橘类植物特有的一类肉质果，由多心皮、中轴胎座子房发育而成。其外果皮革质，分布许多分泌腔；中果皮疏松，具多分枝的维管束；内果皮膜质，分为若干室，向内产生许多汁囊，为食用的主要部分，每室种子多数。

（3）瓠果（pepo）。为葫芦科植物所特有的一类肉质果，是由具侧膜胎座的下位子房发育而成的假果。花托与外果皮常愈合成坚硬的果壁，中果皮和内果皮肉质，胎座较发达。南瓜、冬瓜和甜瓜等的食用部分主要是肉质的中果皮和内果皮，而西瓜的主要食用部分为发达的胎座。

（4）梨果（pome）。由花筒和下位子房共同发育形成的假果。花筒形成的果壁与外果皮及中果皮均肉质化，内果皮革质化，中轴胎座，常分隔为 5 室，每室含 2 粒种子，如苹果、梨、山楂。

（5）核果（drupe）。一般由一至多心皮的雌蕊发育而成，内有 1 粒种子，果皮明显分为 3 层。外果皮较薄、膜质；中果皮厚、肉质多汁，是主要的食用部分；内果皮木质化，坚硬，由石细胞组成，构成果核。如桃、李、杏、橄榄和椰子等，但椰子中果皮纤维质，内果皮坚硬，称为椰壳，里面才是种子，有硬化胚乳和水样胚乳。

2. 干果 果实成熟时，果皮干燥，有的开裂，有的不开裂。根据果皮开裂与否，干果分为裂果和闭果两类（图 5-47）。

（1）裂果（dehiscent fruit）。果实成熟时，果皮自行开裂。依心皮数目及开裂方式不同，裂果又分为以下几种。

①蓇葖果（follicle）：由单雌蕊或离生单雌蕊子房发育而来的果实，成熟时沿着背缝线（如木兰、辛夷等）或腹缝线（如芍药、八角、乌头等）开裂，内含一至多粒种子，常见的是两个以上的蓇葖果聚生在花托上。

②荚果（legume, pod）：豆科植物特有的一类干果。由单心皮子房发育而成，子房 1 室，边缘胎座，成熟时果皮沿着背缝线和腹缝线同时开裂成两瓣，如大豆、豌豆、菜豆等。有些豆科植物的荚果比较特殊，如落花生、合欢的荚果在自然情况下不开裂；山蚂蟥、含羞草、决明的荚果呈分节

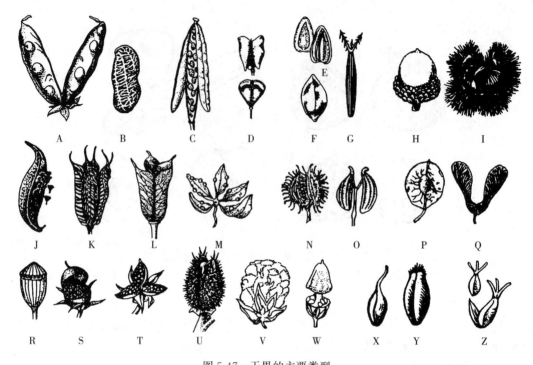

图 5-47 干果的主要类型
A、B. 荚果　C. 长角果　D. 短角果　E～G. 瘦果　H、I. 坚果　J～M. 蓇葖果　N、O. 分果（双悬果）
P、Q. 翅果　R～W. 蒴果　X、Y. 颖果　Z. 胞果

（引自强胜，2006）

状，每节含种子一粒，成熟时一节节脱落；槐的荚果为圆柱形分节，呈念珠状；苜蓿的荚果螺旋状，边缘有齿刺。

③角果：为十字花科植物特有的开裂干果，由 2 心皮复雌蕊子房发育而来，侧膜胎座，子房 1 室，或从心皮边缘向中央产生假隔膜，将子房分为 2 室；果实成熟时，果皮沿两个腹缝线自下而上裂开，两片果皮脱落，中间留下假隔膜，种子附在假隔膜上。长宽比相近的为短角果（silicle），如荠菜、独行菜等；长宽比较大的为长角果（silique），如白菜、萝卜等。

④蒴果（capsule）：由复雌蕊发育形成的果实，内含多粒种子的一类开裂干果，子房 1 室或多室，中轴胎座。成熟果实具有几种开裂方式，常见的有室背开裂（背裂），即沿心皮的背缝线裂开，隔膜分开，如棉花、茶、百合等；室间开裂（腹裂），即沿心皮的腹缝线裂开，隔膜分开，如烟草、芝麻等；室轴开裂（轴裂），即沿心皮的背缝线或腹缝线裂开，但隔膜与中轴仍相连，如牵牛、曼陀罗、杜鹃等；盖裂（周裂），即果实横裂为二，上部呈盖状，如马齿苋、车前等；孔裂，即果实成熟时，每一心皮顶端裂一小孔，以散发种子，如虞美人、罂粟、金鱼草等；齿裂，即从果实顶端裂成齿状，如石竹科植物。

（2）闭果（indehiscent fruit）。果实成熟后，果皮虽干燥但不开裂，常见有以下几种。

①瘦果（achene）：由 1～3 心皮子房发育形成，内含 1 粒种子，成熟时果皮革质或木质，容易与种皮分离。1 心皮发育成的瘦果，如白头翁、石龙芮；2 心皮发育成的瘦果，如向日葵；3 心皮发育成的瘦果，如荞麦。

②坚果（nut）：由复雌蕊的下位子房发育而来，果皮坚硬木质化，含 1 粒种子，如橡子、榛子等。包围在外边的带刺的壳，不是果皮，而是花序的总苞发育而成的，如壳斗科的板栗。

③颖果（caryopsis）：禾本科植物特有的一类不裂干果，由 2～3 心皮子房发育而成，内含 1 粒种子，果皮与种皮常愈合在一起，不易分离，如水稻、小麦、玉米、高粱等。

④翅果（samara）：属瘦果性质，果皮的一部分向外延伸成翅，如单翅的水曲柳、双翅的糖槭、周翅的榆树。

⑤分果（schizocarp）：由2心皮子房发育而成，果实成熟时各心皮沿中轴分开，分成两个小果，悬挂于中央果轴（心皮轴）的顶端，常称为双悬果，如胡萝卜、芹菜、茴香、白芷等伞形科植物。

⑥胞果（utricle）：与瘦果相似，常由2~3心皮子房发育而成，果皮膜质疏松，易与种子分离，如藜、地肤等藜科植物。

（二）聚合果

在一朵花的花托上聚生若干离生雌蕊，每一雌蕊发育而成一个小的果实，许多小果聚生在花托上的果实称为聚合果（图5-48）。根据小果的类型，聚合果又分为聚合瘦果（如草莓）、聚合核果（如悬钩子）、聚合蓇葖果（如八角）和聚合坚果（如莲）等。

（三）复果

由整个花序发育而成的果实，称为复果，又称聚花果或花序果（图5-48）。如桑的复果叫桑葚，它是由一个雌花序发育而成的，每朵雌花形成一个小坚果，包藏于肥厚多汁的花萼内，食用的部分是肉质花萼；菠萝的果实也是由许多花聚生在肉质花轴上发育而成的，花不育，花轴肉质化，食用的部位是花轴，食用时去掉的是苞片和花被；无花果的肉质花轴内陷成囊状，囊的内壁上着生许多小坚果，食用部分是肉质的花轴。

图5-48 聚合果和复果
A. 草莓的聚合果 B. 凤梨的复果
（引自李扬汉，1984）

三、单性结实和无籽果实

在正常情况下，植物受精以后才能结实。但也有些植物，不经过受精作用也能结实，这种现象称为单性结实（parthenocarpy）。单性结实的果实内不含种子，形成无籽果实。

单性结实分为两类，即天然单性结实和刺激性单性结实。天然单性结实（natural parthenocarpy）又称营养单性结实或自发单性结实（autonomous parthenocarpy），即子房不经过传粉受精或任何其他刺激诱导，便可形成无籽果实的现象，如香蕉、柿、葡萄和柑橘的某些品种的单性结实。刺激性单性结实（stimulative parthenocarpy）又称诱导单性结实（induced parthenocarpy），即子房经过一定的人工诱导或外界刺激才能形成无籽果实的现象，如低温和高光照可以诱导番茄产生无籽果实，短光周期和较低的夜温可导致瓜类出现单性结实，用低浓度的2，4-D处理番茄的花蕾或用马铃薯的花粉刺激番茄花的柱头均可诱导单性结实。

单性结实必然会产生无籽果实，但并不是所有的无籽果实都是单性结实的产物，有些植物在正常传粉、受精后，胚珠在形成种子的过程中受到阻碍，也可以产生无籽果实；另外，三倍体植物所结果实一般也为无籽果实。单性结实可提高果实的含糖量和品质，且不含种子，便于食用，在农业生产中有较大的应用价值。

四、果实和种子的传播

在长期自然选择过程中，植物的果实和种子形成了适应不同传播媒介的多种形态特征，以利于果实和种子的散布，扩大后代植株生长的范围，使种族繁衍昌盛。果实和种子的散布主要依靠风力、水力、果实弹力以及人类和动物的活动（图5-49）。

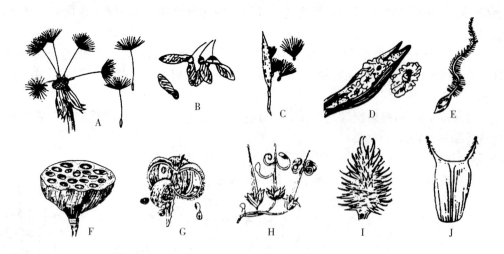

图 5-49 适应不同媒介传播的果实和种子
A~E. 借风力传播的果实和种子（A. 蒲公英的果实，顶端具冠毛 B. 槭的果实，具翅
C. 马利筋的种子，顶端有种毛 D. 紫薇的种子，四周具翅 E. 铁线莲的果实，花柱残留呈羽状）
F. 莲的果实和种子，借水力传播 G、H. 借果实自身的机械力量传播种子
（G. 凤仙花果实自裂，散出种子 H. 老鹳草果皮翻卷，散发种子）
I、J. 借人和动物传播的果实和种子（I. 苍耳的果实 J. 鬼针草的果实）

（一）风力传播

适应风力传播的果实和种子，一般小而轻，常具毛、翅等附属物，有利于随风远扬。例如，列当和兰科植物的种子细小质轻，蒲公英等菊科植物的果实顶端生有由萼片变成的冠毛，柳的种子外有细茸毛，槭、枫杨、臭椿等的果实具翅，这些都是适应风力传播的结构，使果实和种子能随风飘扬传到远方。

（二）水力传播

一般水生植物和沼泽植物，其果实或种子多形成漂浮结构，以适应水力传播。如莲的聚合果，其花托组织疏松，形成莲蓬，可以漂载果实进行传播；生于海边的椰子，其果实的外果皮平滑，不透水，中果皮疏松，富含纤维，以利于种子漂浮，可随水漂流而传播。此外，农田沟渠边生长的许多杂草，如苋属、藜属、酸模属等植物的果实，成熟后散落水中，随水漂流至湿润土壤上萌发生长。

（三）果实弹力传播

有些植物，如大豆、凤仙花、老鹳草、酢浆草等的果实，其果皮各部分的结构和细胞的含水量不同，果实成熟干燥时，果皮各部分发生不均衡的收缩，使果皮爆裂将种子弹出。

（四）人类和动物的活动传播

有些植物如窃衣、苍耳、鬼针草等，果实外面生有钩刺，能附于动物的皮毛上或人们的衣服上，而被携至远方；马鞭草及鼠尾草的一些种，果实具有宿存的黏萼，易黏附在动物毛皮上而被传播。有些植物的果实或种子具有坚硬果皮或种皮，被动物吞食后不受消化液侵蚀，果实或种子随粪便排出体外，传到各地仍能萌发生长。另外，某些杂草的果实和种子常与栽培植物同熟，借人类收获作物和播种活动而传播。

第七节 被子植物生活史概述

从种子萌发形成幼苗，经过营养生长，然后开花、传粉、受精、结实并产生新一代种子的全部历程，称为被子植物的生活史（life history）或生活周期（life cycle）。一年生和二年生植物，如稻、麦、棉花、番茄、南瓜、油菜等经开花结实,在种子成熟后,整个植株不久枯死,它们的生活史与植株从发生到衰老的个体发育是一致的。多年生植物,如桃、李、柑橘、茶等则要经过多次开花、结实之后,才衰老死亡,即多年生植物一生中,可重复完成多次从营养生长到繁殖的周期性活动。

被子植物的生活史包括两个基本阶段(图 5-50)。一个是从受精卵(合子)开始,直到花粉母细胞(小孢子母细胞)和大孢子母细胞减数分裂前为止,这一阶段细胞内染色体的数目为二倍(2N),称为二倍体阶段(或孢子体阶段),也是植物体的无性阶段,所以也称无性世代(或孢子体世代),在生活史中所占时间很长。孢子体具有高度分化的营养器官和繁殖器官,以及广泛的适应

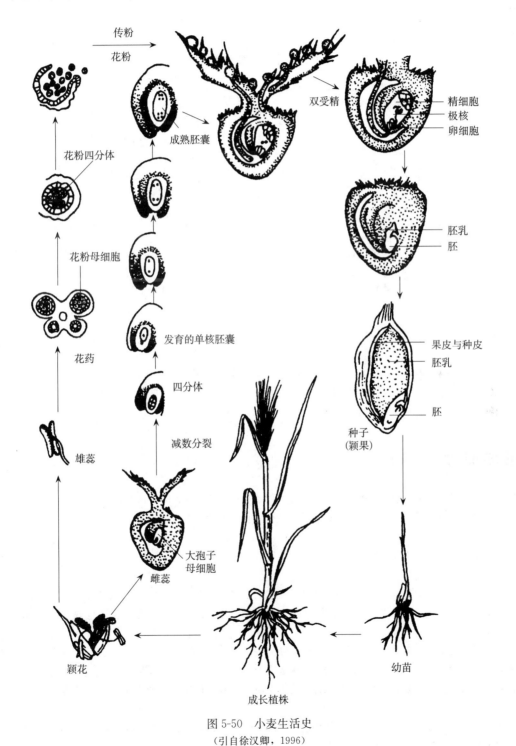

图 5-50 小麦生活史
(引自徐汉卿,1996)

性，这是被子植物成为陆生植物优势类群的最重要原因。另一个是从花粉母细胞和大孢子母细胞经减数分裂分别形成单核花粉（小孢子）和单核胚囊（大孢子）开始，直到各自发育形成 2 个或 3 个细胞的花粉（雄配子体）和成熟胚囊（雌配子体）为止。这一阶段细胞内染色体的数目为单倍（N），称为单倍体阶段（或配子体阶段），也是植物体的有性阶段，所以也称有性世代（或配子体世代），在生活史中所占时间很短。配子体结构相当简化，不能独立生活，需要附属在孢子体上。

在被子植物生活史中，二倍体的孢子体阶段（世代）和单倍体的配子体阶段（世代）有规律地交替出现的现象，称为世代交替（alternation of generations）。在世代交替的过程中，减数分裂和受精作用是两个关键性的环节。

被子植物的生活史如表 5-3 所示。

表 5-3 被子植物的生活史

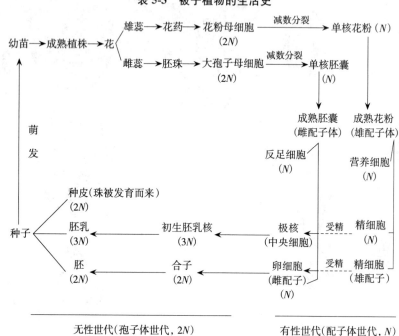

延伸阅读

陈薇，陈思，庞基良，2016. 植物花粉培养研究进展. 氨基酸和生物资源，38（1）：6-12.

付志远，秦永田，汤继华，2018. 主要作物光温敏核雄性不育基因的研究进展与应用. 中国生物工程杂志，38（1）：115-125.

景丹龙，郭启高，陈薇薇，等，2018. 被子植物花器官发育的模型演变和分子调控. 植物生理学报，54（3）：355-362.

雷永群，宋书锋，李新奇，2017. 水稻杂种优势利用技术的发展. 杂交水稻，32（3）：1-4, 9.

李慧，沙马石体，胡军超，等，2019. 植物生长调节剂诱导无籽果实研究进展. 农业生物技术学报，27（7）：1291-1300.

路绪强，刘文革，赵胜杰，等，2018. 黄皮无籽西瓜新品种'红太阳无籽'的选育. 中国瓜菜，31（9）：22-25.

石子，宋伟，赵久然，2018. 雄性不育在作物杂种优势中的应用途径分析. 中国生物工程杂志，38（1）：126-134.

杨盛，白牡丹，郭黄萍，2018. 环境因子与花芽分化关系研究进展. 内蒙古农业大学学报（自然科学版），39（5）：97-100.

张书芹，韩雪松，胡恺宁，2017. 植物杂种优势遗传基础研究进展. 分子植物育种，15（11）：4734-4740.

KANDASAMY M K, MCKINNEY E C, MEAGHER R B, 1999. The late pollen-specific actins in angiosperms. The

Plant Journal, 18 (6): 681-691.

OLIVIER C, ENRICO M, 2018. Seed coat thickness in the evolution of angiosperms. Cellular and Molecular Life Sciences, 75 (14): 2509-2518.

PALANIVELU R, TSUKAMOTO T, 2012. Pathfinding in angiosperm reproduction: Pollen tube guidance by pistils ensures successful double fertilization. WIREs Developmental Biology, 1: 96-113.

复习思考题

一、名词解释

1. 雄性生殖单位 2. 雌性生殖单位 3. 精子异型性 4. 雄性不育 5. 心皮 6. 雌配子体 7. 双受精 8. 雄配子体 9. 核型胚乳 10. 细胞型胚乳 11. 外胚乳 12. 假种皮 13. 无融合生殖 14. 真果 15. 假果 16. 单性结实 17. 生活史 18. 世代交替 19. 花粉败育 20. 多胚现象

二、判断题

1. 花是适应于生殖的变态短枝。
2. 花粉外壁上的蛋白质和内壁上的蛋白质来源不同，前者来自绒毡层细胞的分泌物，后者由花粉细胞本身合成。
3. 成熟的绒毡层细胞一般具双核或多核。
4. 花粉是由造孢细胞经花粉母细胞阶段发育而来的，因此它的发育与花粉囊壁层的发育无关。
5. 花粉母细胞经过连续两次有丝分裂可形成4个精子。
6. 花芳香是吸引昆虫传粉的适应特性，花恶臭是驱避昆虫以实现自花传粉的一种适应特性。
7. 闭花传粉属自花传粉，开花传粉属异花传粉。
8. 花单性是实现异花传粉必不可少的条件。
9. 无融合生殖产生的后代都是不育的。
10. 单雌蕊子房仅由1心皮构成1室，复雌蕊子房则可以由数个心皮形成数室或1室。
11. 禾本科植物的1个小穗就是1朵花。
12. 有些植物不产生花器官也能结实，如无花果。
13. 二体雄蕊就是一朵花中只有两个离生的雄蕊。
14. 被子植物成熟胚囊中具有7个细胞是普遍规律，尚未发现例外情况。
15. 由珠心或珠被的细胞直接发育而成的胚称为不定胚。
16. 被子植物的孢子体阶段是从合子开始到大孢子母细胞和小孢子母细胞进行减数分裂前为止。
17. 无配子生殖指没有配子的参与而形成胚的过程。
18. 植物在某些情况下，自花传粉较异花传粉更优越。
19. 无胚乳种子不形成胚乳。
20. 被子植物的孢子体极为退化，不能独立生活。
21. 凤梨（菠萝）的果实由花序发育而来，属假果。
22. 未受精也能形成种子的现象称为单性结实。
23. 珠被发育成种皮，子房壁发育成果皮。
24. 一串葡萄由一个圆锥花序发育而来，称为聚花果或花序果，也称复果。
25. 桃和梨均属假果。

三、选择题

1. 决定受精是否亲和的物质是花粉壁和柱头表面的____。

A. 蛋白质 B. 硼 C. 钙 D. 硼和钙

2. 下列细胞中属配子的是____。
   A. 大孢子   B. 小孢子   C. 精细胞   D. 营养细胞
3. 花药发育过程中，单核花粉（即小孢子）形成的过程是____。
   A. 造孢细胞→孢原细胞→花粉母细胞→小孢子
   B. 花粉母细胞→孢原细胞→造孢细胞→小孢子
   C. 孢原细胞→花粉母细胞→造孢细胞→小孢子
   D. 孢原细胞→造孢细胞→花粉母细胞→小孢子
4. 花粉发育过程中所需的营养物质主要来自于____。
   A. 表皮   B. 绒毡层   C. 纤维层   D. 造孢细胞
5. 与花药开裂有关的结构是____。
   A. 纤维层   B. 中层   C. 表皮   D. 绒毡层
6. 与花粉管向胚囊的定向生长有关的结构是____。
   A. 珠孔   B. 珠被   C. 反足细胞   D. 助细胞
7. 花粉壁分两层，即____。
   A. 初生壁和次生壁   B. 果胶层和初生壁
   C. 外壁和内壁   D. 果胶层和次生壁
8. 花粉外壁与内壁差别之一在于外壁含有____。
   A. 蛋白质   B. 纤维素   C. 孢粉素   D. 果胶质
9. 造孢细胞经过____形成大孢子母细胞。
   A. 有丝分裂   B. 减数分裂   C. 细胞融合   D. 生长
10. 一个造孢细胞最终可产生____个卵细胞。
    A. 1   B. 2   C. 4   D. 8
11. 成熟胚囊里最大的细胞是____。
    A. 卵细胞   B. 助细胞   C. 中央细胞   D. 反足细胞
12. 胚囊内的次生核是指融合的____。
    A. 助细胞   B. 极核   C. 反足细胞   D. 精子和卵细胞
13. 由助细胞或反足细胞直接发育成胚，称为____。
    A. 孤雌生殖   B. 无配子生殖   C. 无孢子生殖   D. 营养繁殖
14. 由卵细胞直接发育成胚，称为____。
    A. 孤雌生殖   B. 营养繁殖   C. 无孢子生殖   D. 无配子生殖
15. 荔枝和龙眼的食用部分是假种皮，它是由____发育而来的。
    A. 珠柄   B. 珠被   C. 珠心   D. 子房内壁
16. 核型胚乳中胚乳细胞形成的方式是____。
    A. 先产生核后产生壁   B. 先产生壁后产生核
    C. 核和壁同时产生   D. 胚乳一直保持游离核状态
17. 外胚乳的细胞内染色体数目为____。
    A. $4N$ B. $3N$ C. $2N$ D. N
18. 外胚乳来源于____。
    A. 反足细胞   B. 基细胞   C. 顶细胞   D. 珠心细胞
19. 被子植物生活史中，孢子体阶段始于____。
    A. 大孢子、小孢子   B. 受精卵
    C. 种子   D. 幼苗
20. 被子植物生活史中，配子体阶段始于____。

A. 大孢子、小孢子 B. 雌配子、雄配子
C. 成熟花粉或成熟胚囊 D. 受精卵

21. 具根、茎、叶的桃树幼苗____。
A. 为孢子体，处于无性世代 B. 为孢子体，处于有性世代
C. 为配子体，处于无性世代 D. 为配子体，处于有性世代

22. 被子植物的胚乳是____。
A. 单倍体 B. 二倍体 C. 三倍体 D. 四倍体

23. 番茄胚乳发育时，初生胚乳核分裂后随即产生细胞壁，形成胚乳细胞，这种胚乳称为____胚乳。
A. 细胞型 B. 核型 C. 同时型 D. 沼生目型

24. 水稻胚乳发育时，初生胚乳核分裂形成许多自由核，然后才产生细胞壁，形成胚乳细胞，这种胚乳称为____胚乳。
A. 细胞型 B. 核型 C. 同时型 D. 沼生目型

25. 豆角的胎座是____。
A. 边缘胎座 B. 侧膜胎座 C. 中轴胎座 D. 特立中央胎座

四、问答题

1. 典型的花具有哪些主要部分？简述各部分的形态和功能。
2. 简述禾本科植物花的组成。
3. 什么叫花序？简述花序的主要类型及特点。
4. 如何绘制花图式和写花程式？请绘制一种校园植物的花图式并写出其花程式。
5. 简述植物繁殖的各种类型特点及生物学意义。
6. 简述花药的结构与花粉的发育形成过程（图解或表解）。
7. 简述胚珠的结构与胚囊的发育形成过程（以蓼型胚囊为例，图解或表解）。
8. 举例说明农业生产上对传粉规律的利用和控制。
9. 成熟花粉的结构如何？分析影响花粉生活力的因素。
10. 什么叫传粉？传粉有哪些方式？植物对异花传粉有哪些适应性特点？
11. 异花传粉比自花传粉在后代的发育过程中更有优越性，原因是什么？自花传粉在自然界被保留下来的原因又是什么？
12. 以荠菜为例，说明双子叶植物胚的发育过程。
13. 以小麦为例，说明单子叶植物胚的发育过程。
14. 被子植物胚乳的发育可分为哪几种类型，各有何特点？
15. 什么叫双受精？简述其生物学意义。
16. 什么是多胚现象？它是如何产生的？
17. 什么叫人工种子？举例说明其在科研和生产上的应用。
18. 种子和果实对传播的适应有哪些特点？
19. 举例说明5种常见的植物果实类型。
20. 如何判断一个成熟的果实是真果还是假果？
21. 表解由花至果实和种子的发育过程。
22. 以小麦为例，试述被子植物的生活史。
23. 运用哪些现代生物技术，可以对植物的有性生殖过程进行适当调控？

第三部分

>>> 植物界的类群与分类

[植物学]

第六章 植物分类的基础知识

学习目标

1. 了解植物分类的方法。
2. 掌握植物学名的正确书写方法。
3. 理解植物分类的各级单位及其含义。
4. 了解植物的鉴定方法,掌握植物分类检索表的编制和使用。

第一节 植物分类的方法

现存于地球上的植物有50多万种,它们种类繁多,形态、结构、生活习性丰富多样,为了更好地认识、利用和保护植物,必须要先对其进行分类。人类对植物的认识和分类是一个漫长的历史过程,主要经历了人为分类与自然分类的发展时期。

一、人为分类法

人为分类法是人们按照自己的便利,根据植物的用途,或仅根据植物的形态、习性、生态或经济上的一个或几个明显的特征进行分类,未考虑植物种类彼此间的亲缘关系及其在系统发育中的地位。

早在公元前300年,古希腊的本草学家提奥弗拉斯(Theophrastos)根据经济用途或生长习性,对植物进行分门别类,著有《植物的历史》,将植物分为乔木、灌木、半灌木和草本4类。我国明代李时珍所著的《本草纲目》,将收集记载的1 173种植物分成草部、谷部、菜部、果部和木部,每部又分若干类,如草部分为山草、芳草、湿草、毒草、蔓草、水草、石草、苔草和杂草等。清代吴其濬所著的《植物名实图考》记载我国野生植物和栽培植物1 714种,分谷、蔬、山草、隰草、石草、水草、蔓草、芳草、毒草、群芳、果、木等12类。1735年,林奈在《自然系统》一书中发表了"性"系统,以植物的生殖器官如雌蕊和雄蕊的数目和形态为特征,即依据雄蕊的数目作为纲的分类标准,将植物分为24纲,雌蕊、果实和叶的特征分别作为目、属、种的分类标准。

人为分类法紧密联系生产实际,对人类的生产和生活等实际应用发挥了重要作用,并为科学分类积累了丰富的资料和经验。如将栽培植物分为粮食植物、油料植物、纤维植物等,将果树分为仁果类、核果类、坚果类、浆果类等。但这种分类方法不够科学,常把亲缘关系极远的植物归并为一类,而亲缘关系相近的植物却被分离得很远,不符合植物界的自然发生和发展规律,所建立的分类系统不能客观地反映出植物间的亲缘关系。

二、自然分类法

自然分类法是从生物进化的观点出发,根据植物间的形态结构、生理生化和生态习性等相似程度，判断植物间的亲缘关系，寻求分类群谱系的发生关系和进化过程，并对植物进行分门别类和排序的方法。

在达尔文1859年发表的《物种起源》等进化论思想的影响下，植物分类学从对植物的简单描述转到重点描述能反映遗传进化关系的特征，并探讨建立植物界符合自然发展的进化谱系。有许多学者提出了有显著进步的分类方法，其中具代表性的有柏纳（Bernard）与裕苏（Jussieu）的分类法，本生（Bentham）和虎克（Hooker）的《植物属志》，其方法被恩格勒（Engler）和柏兰特（Prangtl）的《植物自然分科志》采用。

根据自然分类法，现今的植物都是从共同的祖先演化而来的，彼此间都有或近或远的亲缘联系，关系愈近，相似性愈多；关系愈远，则差异性愈大。因此，按自然分类法来分类，可以了解各种植物在分类系统中的地位和相互间的亲疏关系，现代的植物分类大都依此进行。但是，由于植物的变化发展很复杂，许多古代植物早已灭绝，化石资料残缺不全，新种还不断被发现，因此，从事这方面研究的学者们很难取得一致见解，出现了各种不同的分类系统，当前较为流行的有恩格勒（Engler）分类系统（1897）、哈钦松（Hutchinson）分类系统（1926）、塔赫他间（Taxtaujqh）分类系统（1954）和克朗奎斯特（Cronquist）分类系统（1958）。这些系统从不同侧面反映了植物界的发生演化关系。

传统的植物分类方法是以植物的形态特征为主要依据，即根据营养器官根、茎、叶和生殖器官花、种子、果实的形态特征进行分类。随着解剖学、细胞学、生物化学、遗传学和分子生物学的发展，植物分类学也吸收了这些学科的研究方法，形成了许多新的研究方向。例如，研究植物内部的解剖结构特征以及用扫描电子显微镜对植物的叶、花粉、果实和种子的表面进行观察，给分类学提供了比以往更为清晰准确的依据；用细胞学方法对染色体的数目、大小、形态以及行为动态进行比较研究，以助于查明物种的差异和亲缘关系，产生了染色体分类学；利用分子生物学的实验手段获取核酸和蛋白质等大分子资料，探讨植物的分类、类群之间的系统发育关系、进化的过程和机制等，产生了植物分子系统学；将数学、统计学和电子计算机技术应用于植物分类，产生了数量分类学等。只有将传统方法和现代的科学知识结合起来，才能建立一个比较自然的植物分类系统。

第二节 植物分类的各级单位

为了建立自然分类系统，更好地认识植物，分类学家根据植物之间的相似程度与亲缘关系，将植物分为不同的类群，或各级大小不同的单位，即界（kingdom）、门（division，phylum）、纲（class）、目（order）、科（family）、属（genus）、种（species）。

植物的分类单位也称阶元或阶层，各分类单位不仅表示大小或等级上的差异，而且还表明各分类单位间在遗传学和亲缘关系上的亲疏。由若干亲缘关系比较接近、形态上相似的不同种归属到比种大一级的分类单位"属"，亲缘关系相近的若干属可归属于一个"科"，同一科内的植物具有许多共同特征。以此类推，若干相近的科可归属于一个"目"，若干相近的目归属于一个"纲"，若干相近的纲归属于一个"门"。由于植物种类繁多，有时根据实际需要，常在上述分类单位中划分亚单位，如亚门（subdivision）、亚纲（subclass）、亚目（suborder）、亚科（subfamily）、族（tribe）、亚族（subtribe）、亚属（subgenus）、组（section）、亚组（subsection）、系（series）。

种是生物分类的基本单位，是起源于共同祖先，具有一定的自然分布区和一定的生理、形态特征的生物类群。同一种内的个体具有相同的遗传性状，能自然交配，并产生可育后代。一个物种的个体不能和其他物种进行生殖结合，或即使结合，也不能产生有生殖能力的后代，即种间存在生殖隔离。种是生物进化与自然选择的产物，既具有相对稳定的形态特征，又处于不断发展演化中。如果种内某些个体之间具有显著差异，可视差异的大小，分为亚种（subspecies）、变种（variety）、变型（form）等。

亚种是一个种内的类群，形态上有区别，地理分布、生态或季节上有隔离，亚种的形态特征具有较强的遗传性。亚种由于地理隔离导致生殖隔离，可发展成为新种。

变种是指具有相同分布区的同种植物，由于微环境不同导致植物间具有可稳定遗传的差异。如花色的变化、毛的有无、枝条下垂与否等，这些变异是种内个体在不同环境条件影响下产生的可遗传的变异。变种的分布范围比亚种小。

变型是指仅具有微小的形态差异，但其分布没有规律的相同物种的不同个体。

栽培变种（cultivar，cultivated variety）也称栽培型，不属于自然的分类单位，它是人们在农业和园艺生产实践中培育出来的那些经济或社会效益较大和形态上有差别的类型，表现在色、香、味、植株大小、产量高低等。栽培变种只用于栽培植物，不用于野生植物。

每一个分类单位就是一个分类等级或分类阶元。各分类单位都有相应的拉丁词和一定的拉丁词尾，但属和种无固定的拉丁词尾。将各个分类阶元按照高低和从属关系进行排列，即为植物分类的阶层系统。通过系统分类，每一种植物既可明确表示出它的分类地位，也可以表示出和其他植物的亲缘关系。现将植物分类的各级单位列于表 6-1。

表 6-1 植物分类的各级单位和阶层系统

分类单位				植物举例	
中文	英文	拉丁文	词尾	中文	拉丁文
植物界	vegetable kingdom	Regnum vegetable		植物界	Regnum vegetable
门	division	Divisio	-phyta	种子植物门	Spermatophyta
亚门	subdivision	Subdivisio	-phytina		
纲	class	Classis	-opsida，-eae	双子叶植物纲（木兰纲）	Dicotyledoneae (Magnoliopsida)
亚纲	subclass	Subclassis	-idae	蔷薇亚纲	Rosidae
目	order	Ordo	-ales	伞形目	Apiales
亚目	suborder	Subordo	-ineae		
科	family	Familia	-aceae	伞形科	Apiaceae
亚科	subfamily	Subfamilia	-oideae	芹亚科	Apioideae
族	tribe	Tribus	-eae	阿米芹族	Ammineae
亚族	subtribe	Subtribus	-inae	葛缕子亚族	Carinae
属	genus	Genus		柴胡属	*Bupleurum*
亚属	subgenus	Subgenus			
组	section	Sectio			
亚组	subsection	Subsectio			
系	series	Series			
种	species	Species		北柴胡	*Bupleurum chinense*
亚种	subspecies	Subspecies			
变种	variety	Varietas			
变型	form	Forma		北京柴胡	*Bupleurum chinense* f. *pekinense*

第三节　植物的命名法则

每种植物都有自己的名称，但同种植物在不同国家、民族或地区往往有不同的名称。如甘薯，英语叫 sweet potato，德语叫 Stüßkartoffel，法语叫 Patate douce，俄语叫 Спадки-йкартофепь，日语叫サッマイモ；我国各地的叫法也迥异，山西、河南、福建等地叫红薯，天津、上海、江苏南部等地叫山芋，江西、贵州等地叫番薯，北京等地叫白薯，徐州等地叫白芋，山东等地叫地瓜，四川等地叫红苕，陕西等地叫红芋，河北等地叫山药或红山药。所有这些名称，都是地方名或俗名，这种现象称为同物异名。另外，与此相反，不同植物却有相同名称，称为同名异物。如我国名称为"白头翁"的植物有10多种，分别属于毛茛科、蔷薇科等不同科属；名称为"木瓜"的植物则分别属于蔷薇科、无患子科、番荔枝科等不同科属。植物名称的不统一，不仅对于植物分类和开发利用造成混乱，而且阻碍国际、国内的学术交流。植物学家在很早以前就进行过植物命名法问题的探索，提出了很多命名法。但由于不太科学，没有广泛采用。直到1753年，瑞典博物学家林奈在《植物种志》一书中正式采用了双名法（binomial system），并用此法对许多植物进行命名，植物的科学命名由此诞生。

1867年8月在法国巴黎召开第一届国际植物学会议，在双名法的基础上，通过了第一个《国际植物命名法规》（International Code of Botanical Nomenclature，ICBN）。ICBN为世界各国、各地区采用统一的植物学名提供了依据，其要点如下：①每种植物只能有一个合法的名称，并以符合法规的最早发表为准，即采用优先律原则；②每种植物的学名必须由两个拉丁词或拉丁化的词构成，第一个词是属名，为名词，首字母大写，第二个词是种加词，一般为形容词，全部字母小写；③一个完整的学名还需附上命名人的姓氏或缩写，首字母也要大写。因此，一个完整学名的正确写法为属名＋种加词＋命名人。如银杏的种名为 *Ginkgo biloba* L.。

种以下分类单位的命名采用三名命名法，即在双名之后加上种下单位名称。

亚种：属名＋种加词＋种命名人姓氏或其缩写＋subsp.＋亚种加词＋亚种命名人姓氏或其缩写。如中国沙棘是沙棘的亚种，其学名为 *Hippophae rhamnoides* L. subsp. *sinensis* Rousi.。

变种：属名＋种加词＋var.＋变种加词＋变种命名人姓氏或其缩写。如蟠桃为桃的变种，其学名为 *Prunus persica* (L.) Batsch. var. *compressa* Bean.。

变型：属名＋种加词＋f.＋变型加词＋变型命名人姓氏或其缩写。如红叶李为樱桃李的变型，其学名为 *Prunus cerasifera* Ehrh. f. *atropurpurea* (Jacq.) Rehd.。

第四节 植物的鉴定方法

植物鉴定是以植物形态和解剖性状的相似性为基础，按照国际上共同遵循的植物命名法规定，将自然界的植物分门别类，进行鉴别的工作。鉴定植物时，主要掌握两个基本环节。首先要正确运用植物分类学基本知识，其次要学会查阅工具书和资料。

植物志是鉴定植物的主要工具书，多为记载一个国家或地区植物的书籍。一般包括各科、属的特征及分科、分属、分种的检索表，植物种的形态描述、产地、生境、经济用途等，并多有附图。其中，《中国植物志》是目前世界上最大型、种类最丰富的一部植物科学巨著，全书80卷126册，包括蕨类植物和种子植物类群，记载了我国301科3 408属31 142种植物的科学名称、形态特征、生态环境、地理分布、经济用途和物候期等。2010年，"《中国植物志》的编研"被授予国家自然科学一等奖。此外，还有植物图鉴、图说、手册、检索表及植物分类学期刊等，均可作植物鉴定的参考资料。

植物检索表是鉴定植物不可缺少的工具。检索表是根据二歧分类法的原理，以对比的方式而编制成区分植物种类的表格。具体来说，就是运用植物形态比较方法，把植物类群根据一对或几对相对性状的区别，分成相对应的两个分支。接着，再根据另一对或几对相对性状，把上面的每个分支再分成相对应的两个分支，如此逐级排列下去，直到编制出包括全部植物类群的分类检索表。检索表的运用和编制，是植物分类工作的重要基础，学习和研究植物分类，必须熟练掌握检索表的编制和使用。检索表常用的有定距式和平行式两种形式。

一、定距式检索表

每两个相对应的分支开头，都编在离左端同等距离的地方，每一个分支下面，相对应的两个分支开头，比原分支向右移一个字格，这样编排下去，直到编制的终点为止。如植物界分类检索表：

1. 植物体无根、茎、叶的分化，无胚
　2. 植物体不为藻类和菌类所组成的共生体
　　3. 植物体内有叶绿素和其他色素，为自养生活方式 ··· 藻类植物 Algae
　　3. 植物体内无叶绿素和其他色素，为异养生活方式 ··· 菌类植物 Fungi
　2. 植物体为藻类和菌类所组成的共生体 ··· 地衣植物 Lichens
1. 植物体有根、茎、叶的分化，有胚
　4. 植物体有茎、叶，而无真根 ·· 苔藓植物 Bryophyta
　4. 植物体有茎、叶，且有真根
　　5. 产生孢子 ·· 蕨类植物 Pteridophyta
　　5. 产生种子 ·· 种子植物门 Spermatophyta

二、平行式检索表

将每一项两个相对性状的特征描述编以同样的项号，紧接并列，项号虽变但不退格，项末注明应查的下一项号或查到的分类等级。如植物界分类检索表：

1. 植物体无根、茎、叶的分化，无胚 ··· 2
1. 植物体有根、茎、叶的分化，有胚 ··· 4
2. 由藻类和菌类所组成的共生体 ··· 地衣植物 Lichens
2. 非藻类和菌类所组成的共生体 ··· 3
3. 植物体有叶绿素或其他色素，为自养生活方式 ··· 藻类植物 Algae
3. 植物体无叶绿素或其他色素，为异养生活方式 ··· 菌类植物 Fungi
4. 植物体有茎、叶，而无真根 ·· 苔藓植物 Bryophyta
4. 植物体有茎、叶，且有真根 ·· 5
5. 产生孢子 ··· 蕨类植物 Pteridophyta
5. 产生种子 ··· 种子植物门 Spermatophyta

进行植物鉴定时，应先查询地方植物志、地方植物手册或地方植物检索表，运用书中各级检索表，查出该植物所属的科、属和种，在检索时必须同时核对是否符合该科、属、种的特征描述及插图。若发现有疑问，应反复检索，直至完全符合。如没有当地的地方性工具书，可先用《中国植物科属检索表》，查出科、属，并核对科、属的特征。再用地方植物名录查出该属中所有种，参考邻近地区的工具书，做出初步鉴定。

在查检索表之前，首先要对所鉴定的植物标本或新鲜材料进行全面细致的观察，必要时借助放大镜或双目解剖镜等，作细心的解剖与观察，弄清鉴定对象各部分的形态特征，依据植物形态术语，做出准确判断。在鉴定蜡叶标本时，还须参考野外记录及访问资料等，掌握植物在野外的生长状况、生活环境及地方名、民族名等，然后根据检索表，检索出植物名称，再对照植物志等进行核对。

如果某一植物经过反复鉴定，不尽符合植物志所记述的特征，不可勉强定名，须进一步寻找参考书籍，或到相关研究部门或大专院校植物标本室，进行同种植物的核对，请有经验的分类工作者协助鉴定，也可将复份标本送有关专家进行鉴定。

延伸阅读

方强强，王燕，彭春，等，2018. 中药 DNA 条形码分子鉴定技术的应用与展望. 中国实验方剂学杂志，24（22）：197-205.

何关福，徐炳声，1980. 植物化学分类学. 自然杂志，7：28-30.

路光，2003. 伟大的生物学家林奈. 园林科技信息，3：34-35.

向小果，王伟，2015. 植物DNA条形码在系统发育研究中的应用. 生物多样性，23（3）：281-282.
SAVILE D B O，1979. Fungi as aids in higher plant classification. The Botanical Review，45（4）：377-503.
WILHELM B，CHRISTOPH N，DAVID C，et al，1998. Classification and terminology of plant epicuticular waxes. Botanical Journal of the Linnean Society，126（3）：237-260.

复习思考题

一、名词解释

1. 双名法　2. 物种　3. 亚种　4. 变种　5. 变型　6. 栽培变种　7. 人为分类法　8. 自然分类法

二、问答题

1. 什么是人为分类法和自然分类法？二者有何主要区别？
2. 简要说明《国际植物命名法规》的要点。
3. 何谓双名法？举例说明。
4. 植物各级分类单位有哪些？什么是分类的基本单位？
5. 比较种、亚种、变种、变型、栽培变种几个概念的主要区别。
6. 如何编制和使用植物分类检索表？选取校园中10种不同科的植物，编制一个简便实用的检索表，将它们区别开来。

第七章
植物界的基本类群

> **学习目标**
>
> 1. 了解植物界的基本类群。
> 2. 了解各类群的主要特征及代表植物。
> 3. 理解植物系统发育的进化规律。

按照林奈的两界系统分类原则，植物界大体有 18 个门，概括如表 7-1 所示。

表 7-1 植物界的分类

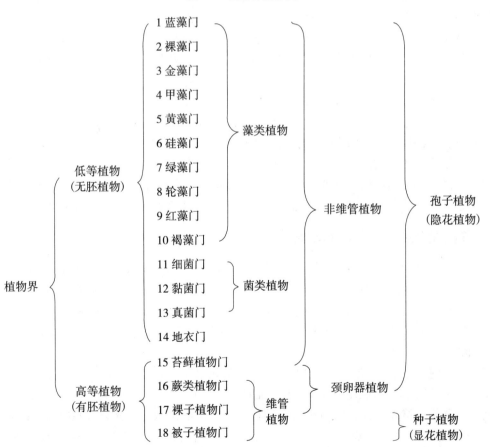

各门植物之间有亲疏远近之分，因此可根据植物体的结构等将植物界分成若干类。例如，从蓝藻门到褐藻门，这 10 门植物统称为藻类植物。其共同特征为植物体结构简单，无根、茎、叶的分化，多为水生，具光合作用色素，属自养植物。细菌门、黏菌门和真菌门合称为菌类植物，其形态特征与藻类相似,但不具光合色素,大多营寄生或腐生生活,属异养植物。藻类和菌类是植物界中出现最早、较低级的类型,所以合称为低等植物。地衣门是藻类和菌类的共生体,也属低等植物。而苔藓植物、蕨类植物、裸子植物和被子植物的植物体结构比较复杂,大多有根、茎、叶分化,多数为陆生,合称为高等植物。这四大类群的植物在生活史中出现胚,合称为有胚植物,与之相反,藻类、菌类和地衣的整个生活史中无胚的出现,合称为无胚植物。藻类、菌类、地衣、苔藓植物和蕨类植物均以孢子进行繁殖,合称为孢子植物。与此相对,裸子植物和被子植物都是以种子进行繁殖,故称为种子植物。另外,苔藓植物、蕨类植物和裸子植物的雌性生殖器官均以颈卵器的形式出现,这些植物又合称为颈卵器植物。蕨类植物、裸子植物和被子植物的植物体内均具有维管系统,称为维管植物,其余各门则称为非维管植物。根据植物是否开花,将植物界分为显花植物和隐花植物。严格地说,显花植物是指具有真正的花的植物,也就是被子植物,而其他植物则称为隐花植物。但是也有学者把裸子植物的大小孢子叶球也当作"花"看待,因而也将裸子植物当作显花植物。

第一节　藻类植物

一、藻类植物的主要特征

藻类植物是细胞内含有光合色素,能进行光合作用的低等自养植物的统称,是植物界中形态和结构最简单的类群。藻类植物的植物体有单细胞、群体和多细胞个体等多种类型。在多细胞类型中,又有丝状体、片状体(叶状体)等,但没有根、茎、叶的分化。这种没有根、茎、叶分化的植物体称为原植体。藻类植物的细胞壁分两层,外层为果胶质,内层为纤维素。绝大多数藻类植物的细胞含有叶绿素和其他色素,而且由于各种色素成分和比例的差异,使它们呈现出不同的颜色。多数藻类植物仅有单细胞的生殖器官,少数种类的生殖器官是多细胞的,但生殖器官的每个细胞都直接参与生殖作用,即都能直接形成孢子或配子,生殖器官的外围没有保护细胞层包围。藻类植物的合子(受精卵)不在母体内发育成多细胞的胚,是无胚植物。

目前已经发现和记载的藻类植物近3万种,分布范围极广,生活习性多样。从热带到两极,从高山到温泉,从潮湿地面到浅层土壤内,几乎都有藻类分布。其中,90%的种类生活在海水或淡水中,少数种类生活在潮湿的地表、岩石、墙壁、树干等表面。一些种类耐贫瘠,可以在地震、火山爆发、洪水泛滥后形成的环境中迅速定居,称为先锋植物。有些藻类能耐高温或低温,如少数蓝藻和硅藻等可生长于高达80℃的温泉中;而另外一些种类可生活在雪山、极地等极度严寒的环境中。

二、藻类植物的分类及代表植物

根据藻类植物的形态、细胞结构、所含色素和生殖方式等特征,通常分为蓝藻门(Cyanophyta)、裸藻门(Euglenophyta)、金藻门(Chrysophyta)、甲藻门(Pyrrophyta)、黄藻门(Xanthophyta)、硅藻门(Bacillariophyta)、绿藻门(Chlorophyta)、轮藻门(Charophyta)、红藻门(Rhodophyta)和褐藻门(Phaeophyta)10个门。以下重点介绍蓝藻门、裸藻门、绿藻门、红藻门和褐藻门等类群。

(一)蓝藻门

1. 蓝藻门的主要特征　蓝藻门细胞的原生质体不分化为细胞质和细胞核,只有比较简单的中央质(centroplasm)和周质(periplasm),属于原核生物。中央质位于中央,没有核膜和核仁分化,但有染色质,称作原核或拟核。周质中具有进行光合作用的结构——光合片层(photosynthetic lamella),由很多膜围成的扁平囊状体组成,表面附着光合色素。色素为叶绿素a和藻蓝素等,故植物体呈蓝绿色。光合作用的主要储藏物质是蓝藻淀粉。

植物体有单细胞、群体和丝状体等几种类型。细胞壁的主要成分为黏肽或肽聚糖,不含纤维素。细胞壁外有胶质鞘(gelatinous sheath),其主要成分为果胶质和黏多糖,群体类型的蓝藻还有公共的胶质鞘。胶质鞘具有耐旱和耐高温等保护机体的作用。

植物体的繁殖方式包括营养繁殖和无性生殖两类，目前尚未发现有性生殖。

蓝藻主要通过细胞的简单分裂进行营养繁殖。单细胞类型经细胞分裂，子细胞分离，形成两个个体，称为裂殖。群体类型细胞反复分裂后子细胞不分离，而形成多细胞的大群体，此后大群体不断破裂，再形成小群体。丝状体类型可以进行断裂式的营养繁殖，即丝状体中因某些细胞死亡而断裂，或因形成异形胞而断裂，或在两个营养细胞之间形成小段，称为藻殖段，每个藻殖段均可以发育成一个新的丝状体。

除营养繁殖外，蓝藻还可以产生孢子进行无性生殖。常见的是在一些丝状体类型中产生厚壁孢子（akinete）。厚壁孢子体积较大，细胞壁增厚，能长期休眠以度过不良环境。在环境适宜时，厚壁孢子直接萌发或分裂形成若干外生孢子或内生孢子，再形成新的丝状体。

2. 蓝藻门的分类及代表植物　蓝藻门约有150属2 000种。

（1）色球藻属（*Chroococcus*）。主要生活于湖泊、池塘、水沟等淡水中，或湿润的地表、岩石或树干表面。植物体为单细胞或群体结构，每个细胞有自身的胶质鞘，群体外面还有群体胶质鞘，胶质鞘无色透明。色球藻以细胞直接分裂的方式进行营养繁殖。

（2）颤藻属（*Oscillatoria*）。生活于湿地或浅水中。植物体是由单列细胞组成的丝状体（filament），不分枝，单生或交织成片，能做节律性颤动，故名颤藻。细胞短圆柱状，无胶质鞘，或有一层不明显的胶质鞘（图7-1A）。颤藻主要以形成藻殖段的方式进行营养繁殖。

（3）螺旋藻属（*Spirulina*）。产于淡水或海水，有的混生于其他藻类中或潮湿的地表上。植物体通常为多细胞、螺旋状弯曲的丝状体（图7-1B）。近年来被开发利用的钝顶螺旋藻（*S. platensis*），蛋白质含量高达50%~70%，细胞壁几乎不含纤维素，因而极易被人体吸收，是一种优良的保健食品。

（4）念珠藻属（*Nostoc*）。生活于淡水、潮湿地表、岩石上，或混杂于藓类植物的茎叶间。植物体为单列细胞组成的念珠状不分枝的丝状体。丝状体常交织成肉眼能看到或不能看到的球形体，呈片状或不规则的团块，外面具有公共胶质鞘。丝状体每隔若干细胞就分化出一个异形胞，其细胞壁较厚，藻体可以从异形胞处断裂，形成藻殖段，进行营养繁殖。在环境条件恶化时，有的细胞可以转变成厚壁孢子（厚垣孢子）进行休眠，待环境条件好转时再形成新的植物体（图7-1C）。常见的地木耳［（葛仙米）*N. commue*］和发菜（*N. flogelliforme*）可食用。

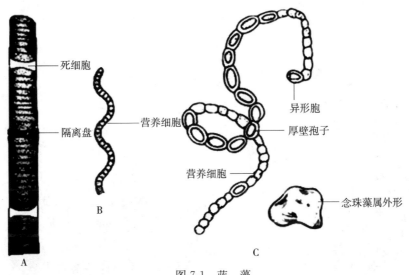

图7-1　蓝　藻

A. 颤藻属　B. 螺旋藻属　C. 念珠藻属

（引自方炎明，2010）

蓝藻是地球上最原始、最古老的一群植物，其细胞结构与生殖方式既简单又原始。蓝藻作为最早的光合放氧生物，对增加地球大气层的氧气含量、促进地球生物圈的进化具有极其重要的作用。夏季，在营养丰富的水体中，蓝藻大量繁殖，在水面形成一层蓝绿色而有腥臭味的浮沫，称为水华,大规模的蓝藻水华会引起水质恶化,严重时因耗尽水中氧气而造成鱼类死亡。

(二)裸藻门

1. 裸藻门的主要特征 单细胞藻类,多数种类无细胞壁,有1~3条鞭毛,有感光器——眼点(eyespot, stigma),能在水中进行趋光或避光运动。眼点位于细胞的前端,由红色的感光物质,如β胡萝卜素及其衍生物构成。

多数裸藻具有盘状、星状或带状等类型的载色体,含叶绿素a、叶绿素b、β胡萝卜素和叶黄素,进行光合作用,同化产物主要为裸藻淀粉(paramylum)及脂肪。少数种类无色素,不能进行光合作用,其营养方式为腐生,或具有吞食习性。

裸藻门植物体至今未发现有性生殖,它们主要以细胞纵裂的方式进行营养繁殖。有的种类在环境条件恶劣时,细胞失去鞭毛,停止运动,分泌出较厚的壁,成为胞囊(cyst),待外界条件好转时原生质体从胞囊厚壁中脱出,再形成新的个体。

裸藻主要生活在淡水环境中,少数种类生活于海水或半咸水中。在有机质丰富时,可以大量繁殖形成水华,污染水体。

2. 裸藻门的分类及代表植物 裸藻门有40属800余种。

常见的裸藻属(*Euglena*)有150余种,分布于世界各地。其细胞为梭形,前端有胞口(cytostome),胞口下有沟,沟下有胞咽(cytopharynx),胞咽下有一个袋状的储蓄泡(reservoir),细胞中的废物可以经过胞咽及胞口排出体外。在储蓄泡附近有一个或多个伸缩泡(contractile vacuole),眼点也位于储蓄泡旁。裸藻属的细胞有两条鞭毛,一条正常,从胞口伸出,具有运动能力;另一条退化,保留在储蓄泡内,称为副鞭体。裸藻细胞内有很多载色体,没有含纤维素的壁,仅有一层富有弹性的表面,因而个体可以伸缩变形,兼有动、植物特征(图7-2)。

柄裸藻属(*Colacium*)的种类较少,生活史中大部分时期具有细胞壁,无鞭毛,有眼点,不运动,只是在某一时期产生具有鞭毛的游动细胞,能进行短暂运动,之后失去鞭毛,分泌出细胞壁和胶质柄,黏附于某些浮游动物体上(图7-3)。

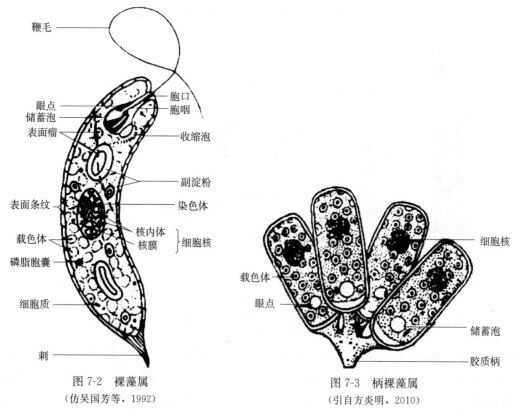

图 7-2 裸藻属
(仿吴国芳等,1992)

图 7-3 柄裸藻属
(引自方炎明,2010)

裸藻的细胞结构和习性兼有植物和动物的特点，被看作动、植物的共同祖先。裸藻门的色素与绿藻门的相同，认为二者关系密切，曾经被放到绿藻门中。但二者在鞭毛类型、光合产物及细胞结构等方面有很大差别，因而它们的关系还不清楚。从自身演化看，裸藻有从单细胞到群体、从运动到不运动的发展趋势，体现了低等植物进化的基本规律。

(三) 绿藻门

1. 绿藻门的主要特征 植物体有单细胞、群体、丝状体和管状体等多种类型。单细胞和一些群体类型的营养细胞具鞭毛，终身能运动；多细胞类型的营养体不能运动，只是在繁殖时形成具鞭毛的游动孢子或游动配子。

细胞壁分为两层，外层为果胶质，内层主要为纤维素，与高等植物的细胞壁相似。它们的细胞核、载色体结构及色素和同化产物类型也与高等植物的相似。绿藻的载色体类型多样，有杯状、片状、星状、带状和网状等，内含一至数个蛋白核。色素以叶绿素 a、叶绿素 b 为主，还有叶黄素和胡萝卜素，因而植物体呈绿色。储藏的同化产物主要有淀粉和油类。

繁殖方式有营养繁殖、无性生殖和有性生殖。单细胞和群体类型的营养繁殖主要是通过细胞直接分裂进行，多细胞类型主要通过营养体断裂的方式进行。无性生殖主要由某些体细胞转变成孢子囊，内部发生有丝分裂形成多数孢子，孢子释放后再发育成为新的个体。有性生殖有：①同配生殖（isogamy），配合的两配子形状相似，大小相同；②异配生殖（anisogamy），配合的两配子形状相似，但大小不同；③卵式生殖（oogamy），配合的两配子形状与大小均不相同。此外，还有接合生殖。

绿藻分布于世界各地，常见于淡水中和陆地阴湿处，少数种类分布于海水中。

2. 绿藻门的分类及代表植物 绿藻门约有 400 属 7 000 余种。

（1）衣藻属（*Chlamydomonus*）。植物体为单细胞、卵形，内有一个大型的杯状载色体，载色体下部有一个淀粉核（蛋白核）。载色体凹陷部分有细胞质、细胞核等结构。细胞前端有两条等长的鞭毛，鞭毛基部有两个伸缩泡，旁边有一个红色眼点，通常能在水中自由运动（图 7-4）。

衣藻存在无性生殖和有性生殖两种繁殖方式。在营养充足时，主要产生孢子，进行无性生殖；营养缺乏时，主要产生配子，进行有性生殖。

环境条件好时，衣藻通常进行无性生殖。生殖时藻体失去鞭毛变成孢子囊，内部细胞核先分裂多次，形成 4~16 个子核，随后细胞质分裂，形成 4~16 个子原生质体，之后每个子原生质体分泌一层细胞壁并生出两条鞭毛，孢子囊壁破裂后，子细胞逸出，长成新的植物体。

环境营养缺乏时，衣藻进行有性生殖。细胞内的原生质体经过分裂形成 8~64 个小细胞，称为配子。配子在形态上和游动

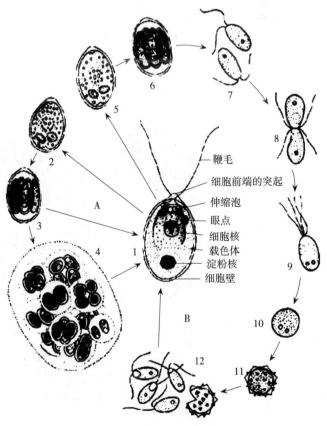

图 7-4 衣藻属生活史
A. 无性生殖过程（1~4） B. 有性生殖过程（5~12）
1. 营养细胞 2. 孢子囊 3. 内部细胞核多次分裂
4. 形成 4~16 个子原生质体 5. 配子囊 6. 配子 7. 成熟配子
8. 配子结合 9、10. 合子 11. 合子萌发 12. 孢子
（引自胡宝忠等，2002）

孢子没有差别，只是更小一些。成熟的配子从母细胞中释放后，即可成对配合，形成具4条鞭毛能游动的合子。合子游动数小时后鞭毛脱落，细胞壁加厚进行休眠。合子在环境适宜时萌发，其内部发生减数分裂，产生4个子细胞，接着合子壁胶化破裂，子细胞被放出，并在几分钟之内生出鞭毛，发育为新个体。多数衣藻的有性生殖为同配生殖，少数种类的有性生殖为异配生殖或卵式生殖。

衣藻的配子与孢子形态相同，而且当营养充足时，配子可以不经配合而各自形成新的个体，其行为与孢子相同。这表明有性生殖与无性生殖同源，有性生殖是由无性生殖演变而来的。

本属有100多种，生活于富含有机质的淡水沟和池塘中，早春和晚秋较多，常形成大片群落，使水变成绿色。含蛋白质较丰富的衣藻种类，可作饲料或食用。

(2) 水绵属（*Spirogyra*）。植物体是由一列细胞构成的不分枝丝状体，细胞圆柱形。细胞壁分两层，外层为果胶质，内层为纤维素。壁内有一薄层原生质，载色体带状，一至数条，螺旋状绕于细胞周围的原生质中，有多数的淀粉核纵列于载色体上。细胞中有大液泡，占据细胞腔内较大空间，细胞单核，位于中央，被浓厚的原生质包围。

水绵通过丝状体断裂或丝状体的每个细胞进行营养繁殖。有性生殖为接合生殖（conjugation），多发生在春季或秋季。生殖时，两条丝状体平行靠近，在两细胞相对的一侧发生突起，突起逐渐伸长而接触，接触的壁消失，连接成接合管（conjugation tube）。同时，细胞内的原生质体释放部分水分，收缩形成配子。雄性丝状体中的雄配子通过接合管移至相对的雌性丝状体的细胞中，与雌配子结合形成合子。结合后，雄性丝状体的细胞只剩下一条空壁而脱离。通常，两条丝状体之间可以形成多个横列的接合管，外形如梯子，故称为梯形接合（scalariform conjugation）。此外，还有侧面接合（lateral conjugation）。合子耐旱性强，水枯不死，待环境适宜时萌发。合子一般在形成数周或数月，甚至一年以后萌发。合子萌发时，核进行减数分裂，形成4个单倍体核，其中3个消失，只有1个核萌发，形成萌发管，由此长成新的植物体（图7-5）。

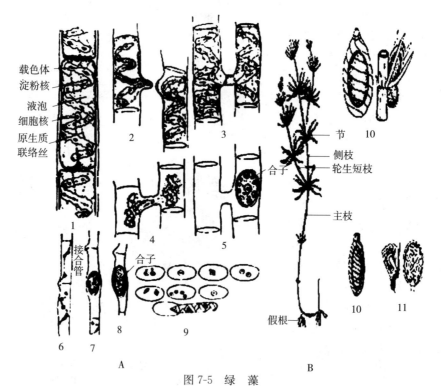

图7-5 绿 藻

A. 水绵属植物 B. 轮藻属植物

1. 营养细胞 2～5. 梯形接合 6～8. 侧面接合 9. 合子萌发 10. 卵囊 11. 精子囊

(仿张爱芹等，2006)

本属约有300种，是常见的淡水绿藻，在小河、池塘、沟渠或水田等处均能生长，繁盛时大片生于水底或飘浮于水面，用手触摸有黏滑感。

(3) 轮藻属（Chara）。多生于钙质丰富、有机质较少、呈微碱性的淡水或半咸水中，在较透明、少浮叶植物生长的浅水湖、池塘或沼泽中，常大量生长。植物体直立，具轮生的分枝，体表富含钙质，因而粗糙。轮藻以单列细胞分枝的假根固着于水底淤泥中。主枝及分枝均分化成"节"和"节间"，节的四周轮生短枝。枝的顶端有一个半球形的细胞，称顶端细胞（apical cell），植物体的生长就由顶端细胞的不断分裂来实现。在分枝的节上还具有单细胞的刺状突起。

轮藻通过藻体断裂进行营养繁殖，也可以在藻体的基部长出珠芽，珠芽脱离母体后再发育为新的轮藻。珠芽含有大量淀粉，类似于种子植物的块根或块茎。

轮藻的有性生殖是卵式生殖，生殖时在侧枝的节上产生卵囊（oogonium）和精子囊（spermatangium），两者的外面都有一层营养细胞。卵囊内含一个卵细胞；精子囊内产生多数精子，精子细长、螺旋形，顶端生两条等长的鞭毛，成熟后，被释放到水中，进入卵囊与卵细胞结合。合子分泌形成厚壁，脱离藻体，进行休眠。一段时间后合子萌发，合子核进行减数分裂形成4个子核，而后发育成原丝体，由原丝体长出数个新植物体（图7-5）。

轮藻的植物体高度分化，生殖器官构造复杂，外面有一层营养细胞包围，可与高等植物的生殖器官相比，因此，有人将它们列为独立的一门。

绿藻门在植物界的系统发育中居于主干地位，多数学者认为高等植物的祖先是绿藻。但究竟是从哪一类绿藻发展而来，目前尚无定论。

(四) 红藻门

1. 红藻门的主要特征 多数是多细胞类型，少数是单细胞类型。藻体一般较小，约10 cm，少数可超过1 m。藻体为丝状体、叶状体或枝状体。细胞壁分两层，内层为纤维素，外层为果胶质。载色体中含叶绿素a、叶绿素d、胡萝卜素和叶黄素，此外，还有藻红素和藻蓝素。一般是藻红素占优势，故藻体多呈红色或紫红色。储藏的养分主要是红藻淀粉（floridean starch）或红藻糖（floridose）。

红藻的生活史中不产生游动孢子，无性生殖是以多种无鞭毛的静孢子进行，包括单孢子（monospore）和四分孢子（tetraspore）。一般为雌雄异株，少数为雌雄同株。有性生殖均为卵式生殖。雄性生殖器官为精子囊，雌性生殖器官为果胞（carpogonium）。果胞是一个烧瓶状的单细胞，内有一个卵细胞，上端延伸为受精丝（trichogyne）。果胞受精后，立即进行减数分裂，产生果孢子（carpospore），发育成配子体。有些果胞受精后，不经减数分裂，发育成果孢子体（carposporophyte），又称囊果（cystocarp）。果孢子体不能独立生活，寄生在配子体上。果孢子体产生果孢子时，有的经过减数分裂形成单倍体的果孢子，萌发成配子体；有的不经减数分裂形成二倍体的果孢子，发育成二倍体的四分孢子体（tetrasporophyte），再经减数分裂，产生四分孢子（tetrad），发育成配子体。

红藻主要是海产，少数生于淡水，分布很广，主要产于温带海洋，多数是固着生活。

2. 红藻门的分类及代表植物 红藻门约有500属近4 000种。

常见的紫菜属（Porphyra）植物体为叶状体，形态变化大，边缘有皱褶，以固着器固着于海滩岩石上。藻体薄，紫红色、紫色或紫蓝色，单层或两层细胞，细胞单核，一枚星芒状载色体，中部有一个球状淀粉核。

以甘紫菜（P. tenera）为例说明红藻的生活史。晚秋或初冬，通过无性生殖产生的单孢子萌发形成叶状体。翌年春天，叶状体上产生精子囊和果胞，果胞受精后，形成二倍体的合子。合子经减数分裂，产生果孢子。果孢子成熟后，落到软体动物的壳上，萌发进入壳内，长成单列分枝的丝状体，然后产生壳孢子，由壳孢子萌发为小紫菜。晚秋时，小紫菜产生单孢子，由单孢子萌发为大紫菜（图7-6）。

红藻是一古老的植物，它的化石发现于志留纪和泥盆纪的地层中。红藻和蓝藻有相同的特征，但是也有显著差别，它们的亲缘关系还不清楚。绿藻中的溪菜属（*Prasiola*）和红藻门中的紫菜属，两属的细胞都有星芒状载色体，植物体构造和孢子形成方式都比较相似，有人主张红藻沿着绿藻门溪菜属这一条路线进化而来；还有人认为红藻的有性生殖和子囊菌相似，推测子囊菌由红藻发展而来。

（五）褐藻门

1. 褐藻门的主要特征 植物体为多细胞结构，没有单细胞和群体的类型。藻体为分枝的丝状体或叶状体，最大的类型，如巨藻属（*Macrocystis*）可长达400 m。有的种类具有表皮、皮层和髓的分化。藻体含有叶绿素a、叶绿素c、胡萝卜素和叶黄素。其中以胡萝卜素和叶黄素含量较多，因此常呈黄褐色。储藏养分主要是褐藻淀粉和甘露醇。

褐藻通过藻体断裂的方式进行营养繁殖。大部分种类能产生游动孢子或静孢子，进行无性生殖。有性生殖时，在配子体上形成配

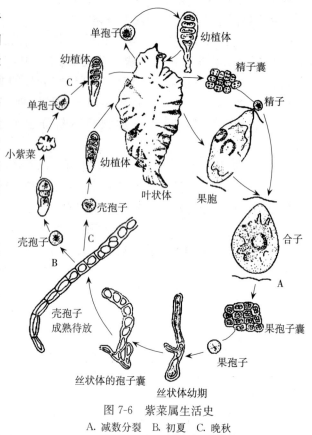

图7-6 紫菜属生活史
A. 减数分裂 B. 初夏 C. 晚秋
（引自吴国芳等，1992）

子囊，配子结合包括同配生殖、异配生殖和卵式生殖。游动孢子及配子都具有两根侧生的不等长鞭毛。

多数褐藻的生活史中出现两种植物体，即孢子体和配子体，二倍体的孢子体和单倍体的配子体互相更替，称为世代交替。世代交替包括同型世代交替和异型世代交替两种类型。前者孢子体和配子体形态相同，难以区分；后者孢子体和配子体形态不同，易于区分。

褐藻几乎全为海产，绝大多数固着于海底生活，是海洋森林的主要构成部分。

2. 褐藻门的分类及代表植物 褐藻门约有250属1 500种。

（1）海带属（*Laminaria*）。约有30种，生活史中具有明显的世代交替，但两种世代的植物体形态不同，孢子体大，配子体小。在我国常见的有海带（*L. japonica*），是人们喜爱的食品。海带要求水温较低，夏季平均温度不超过20℃，而孢子体生长的最适温度是5~10℃。

海带的孢子体由带片、带柄和固着器三部分构成。带片是藻体的主体部分，为不分枝的扁平带状体，不分裂，没有中脉，幼时常凹凸不平，内部构造分为表皮、皮层和髓，髓中有类似筛管的组织，具有输导作用。固着器呈分枝的根状，使海带固着于海底，也称为假根。带柄是带片基部变细的部分，圆柱形或略侧扁，内部构造与带片类似（图7-7）。

海带的生活史有明显的世代交替。孢子体成熟时，带片的两面产生棒状的孢子囊，孢子囊之间夹着长的细胞称为隔丝（paraphysis）。孢子囊聚生为暗褐色的孢子囊群，孢子囊中的孢子母细胞经过减数分裂及多次有丝分裂，产生许多同型游动孢子。游动孢子梨形，两条侧生鞭毛不等长。同型的游动孢子在生理上是不同的，落地后可立即萌发为雌、雄配子体。雄配子体为分枝的丝状体，由十几到几十个细胞组成，其上的精囊由一个细胞形成，可产生一个具有侧生双鞭毛的精子，其形态和构造与游动孢子相似。雌配子体由少数较大的细胞组成，分枝也很少，在枝端产生单细胞的卵

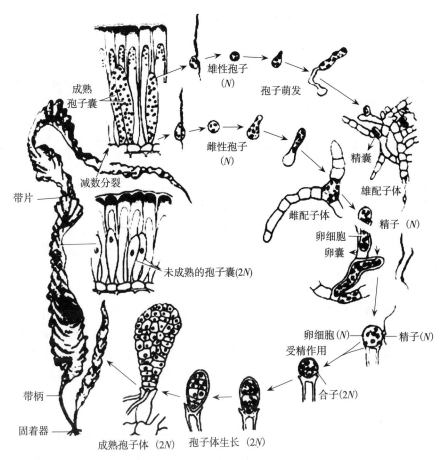

图 7-7 海带属形态构造及生活史
(引自杨继等，2001)

囊，内有一枚较大型的卵细胞，成熟时卵细胞排出，附着于卵囊顶端，在母体外受精，形成合子。合子不离母体，几日后即萌发为新的海带。海带的孢子体和配子体差异很大，孢子体发达且有组织的分化，配子体只由十几个细胞组成，这样的生活史称为孢子体发达的异型世代交替。

(2) 鹿角菜属（*Pelvetia*）。现有 4 种，全是海产，多分布于北温带地区。生活史无世代交替，仅有一种二倍体的植物体。没有无性生殖，只有有性生殖，且全为卵式生殖。

中国仅产鹿角菜（*P. siliguosa*）1 种，为温带性海藻，可食用，主产于辽宁、山东等省。藻体黄褐色，软骨质，叉状分枝，无中肋，高 6～15 cm；基部为固着器，是圆锥状的盘状体，中间为扁圆柱状短柄，上部为二叉状分枝，可重复分枝 2～8 次；短柄及上部分枝有表皮、皮层和髓的分化，皮层和髓有类似筛管的构造。

鹿角菜生殖时在叉状分枝的顶端形成生殖托(receptacle)。生殖托有柄，长角果状，表面呈结疖状突起，突起处有开口的窝，称为生殖窝(conceptacle)。一个生殖窝内产生精囊与卵囊两种生殖器官。精囊与卵囊均为单细胞，经过减数分裂，分别产生多数精子与 2 个（少数 3～5 个）较大的卵细胞。成熟的精子与卵细胞结合后发育成二倍的孢子体（图 7-8）。

褐藻的孢子体出现组织分化，多数植物的生活

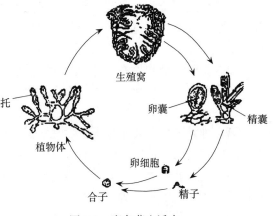

图 7-8 鹿角菜生活史
(引自吴国芳等，1992)

史中存在世代交替现象，表明它们是藻类植物中进化程度较高的类群。

三、藻类植物的演化和发展

藻类植物在几十亿年的发展中，各门之间和各门之内的进化关系，按着由单细胞到多细胞、由简单到复杂、由低级到高级的规律进行演化和发展。

（一）藻类细胞的演化

根据各门藻类细胞光合色素的种类和光合类型的不同，有人主张藻类有三条进化支系，每条进化支系都含有叶绿素 a 和光系统Ⅱ。第一支从原核蓝藻进化到真核红藻；两者都含有藻胆素，并以藻胆素为光系统Ⅱ的主要集光色素；第二支以叶绿素 c 为光系统Ⅱ的主要集光色素，包括甲藻门、金藻门和褐藻门；第三支以叶绿素 b 为光系统Ⅱ的主要集光色素，包括裸藻门、绿藻门和轮藻门。

伴随光合色素和光合类型的演化，细胞核也发生了不同的变化。地球上最早出现的藻类是原核蓝藻，在 33 亿～35 亿年前。从原核藻类进化到真核藻类分三条进化途径：最早出现的真核藻类是红藻，在 14 亿～15 亿年前；其次是含叶绿素 a 和叶绿素 c 的真核藻类；最后出现的是含叶绿素 a 和叶绿素 b 的真核藻类。

随着藻体结构向复杂化的方向发展，藻类植物的细胞也由不分化到分化为各种特殊机能的细胞。在单细胞和部分群体类型的藻类中，如衣藻细胞没有分化，兼有营养和生殖两种功能；在多细胞藻类中，如团藻、轮藻及多数红藻和褐藻，都明显地分化为营养细胞和生殖细胞；还有些构造比较复杂的红藻和褐藻的植物体内有组织分化，如海带，其带片和柄部的细胞分化为表皮、皮层和髓。

（二）藻类植物体的演化

藻类植物体在结构上的演化，也是按着由单细胞逐渐向群体及多细胞，由简单到复杂，由自由游动到不游动，营固着生活的规律进行。单细胞藻类在营养时期具鞭毛，能自由游动，是最简单、最原始的类型。在裸藻、绿藻、甲藻和金藻中，都有这种原始类型的藻类。由此向几个方向发展，单细胞具鞭毛的藻类进一步演化为具鞭毛能自由游动的群体和多细胞类型，团藻属就是具鞭毛能自由游动的多细胞的典型代表。单细胞具鞭毛、能自由游动的藻类，还可向藻体失去鞭毛、不能自由游动的方向发展。在失去鞭毛不能游动的演化道路上，又分化出另一支，即在营养时期细胞不断分裂，形成不分枝的丝状体、分枝的丝状体和叶状体，如丝藻属（*Ulothrix*）、刚毛藻属（*Cladophora*）和石莼属（*Ulva*）等，多数营固着生活或幼时固着。沿着这条路线进化，可分化为具有匍匐枝和直立枝的异丝状体类型或具有类似根、茎、叶的枝状体。藻类外部形态发展变化的过程中，藻体内部构造也随着变化，由无分化演化到有初步的组织分化，如海带。

（三）藻类繁殖及生活史的演化

藻类延续后代是沿着营养繁殖、无性生殖到有性生殖的路线演化。有些藻类仅有营养繁殖，没有无性生殖和有性生殖，一些蓝藻和部分单细胞藻类的生活史属于这种类型。大多数真核藻类都具有性生殖，且有性生殖是沿着同配生殖、异配生殖和卵式生殖的方向演化。同配生殖是比较原始的，卵式生殖是植物界有性生殖最进化的一种类型。生活史中有性生殖的出现，必然发生减数分裂，形成单倍体核相和二倍体核相交替的现象。由于减数分裂发生的时间不同，基本上可分为三种类型。

第一种是减数分裂在合子萌发时发生，在这种生活史中，只有一种植物体，即单倍体。合子是生活史中唯一的二倍体阶段，如衣藻属、水绵属和轮藻属。

第二种是减数分裂在配子囊形成配子时发生，这种生活史中也只有一种植物体，但不是单倍体而是二倍体，配子是生活史中唯一的单倍体阶段，如鹿角菜属。

第三种是生活史中出现了世代交替现象，即有两种或三种植物体，出现单倍体和二倍体交替的现象。二倍体植物进行无性生殖，在孢子囊内进行减数分裂形成孢子。孢子萌发形成单倍体植物，即配子体，配子体产生的配子通过有性生殖进行结合。从合子开始到减数分裂发生，这段时期为无性世代；由孢子开始一直到配子形成，这段时期称为有性世代。在藻类生活史中，如孢子体和配子体植物在形态构造上相同，称为同型世代交替；如孢子体和配子体植物在形态构造上不同，称为异型世代交替。在异型世代交替的生活史中，有一类是孢子体占优势，如海带属；另一类是配子体占优势，如萱藻属（*Scytosiphon*）。一般认为孢子体占优势的种类较进化，是进化发展中的主要方向。

四、藻类植物在自然界的作用及经济价值

有些藻类营养丰富，如亚洲一些国家用作蔬菜的麒麟菜属（*Eucheuma*）、叉枝藻属（*Gymnogongrus*）、江蓠属（*Gracilaria*）等红藻，含有20%～40%的蛋白质；产于非洲中部湖泊的 *Spirulina pletensis*，含50%的蛋白质，收集后晒干，可用于制作糕点；紫菜晒干后，含25%～35%的粗蛋白质和50%的糖，其中2/3是五碳糖；海藻还含有许多盐类，特别是碘盐，如海带属的碘含量为其干重的0.08%～0.76%，在其灰分中还含有大量的钠盐和钾盐；海藻还是维生素的来源，含有维生素C、维生素D、维生素E和维生素K。在甘紫菜中，维生素C含量为柑橘的一半；海藻还含有丰富的微量元素，如硼、钴、铜、锰、锌等。

在各种水域中生长的藻类是水中经济动物（如鱼、虾）的饵料，浮游植物的大量发生是引起水中经济动物丰产的主要原因。例如，在印度海岸，油沙丁鱼的产量与海洋脆杆藻（*Fragilaria oceanica*）的发生有密切关系。化学分析表明，浮游藻类所含的灰分、蛋白质、脂肪等，几乎可与最好的牧草相比。在海边沿岸生长的藻类，既是鱼类的食料，又是鱼类极好的产卵场所，可以保护鱼卵及鱼苗的发育。

同时，藻类对养殖业产生的危害已为人们所熟知。如绿球藻附生在鲤和鲈的皮肤上和鳃部，会使其化脓致死。直链藻属大量发生时，附生在鱼或贝的鳃部，致使其死亡。密集而紊乱的丝状藻类常留挂鱼苗，对鱼苗的生长不利。在夏季，微囊藻、鱼腥藻、束丝藻大量繁殖而形成水华时，藻体大量死亡腐烂分解，使水中氧气下降，鱼的生命受到危害。有些蓝藻能分泌一种毒素，使家禽、家畜中毒。

小湖、小河和池塘中的藻类死亡后，沉到水底，形成大量有机淤泥，可挖掘用作肥料；居住在湖泊地区的农民常利用多种轮藻作肥料，因轮藻含有大量的碳酸钙；海洋沿岸的农民用海藻（主要是褐藻）作农田肥料，因海藻中含有比较多的钾素。用藻类作肥料，还可降低农作物发生病虫害的概率。

有固氮作用的藻类可提高土壤肥力，如蓝藻中具有异形胞的种类多数能固氮。固氮蓝藻除固氮作用外，还可不断地分泌出氨基酸、激素、糖等物质。有些藻类本身没有固氮能力，但由于它的存在，能增强固氮细菌固氮的能力。

从褐藻中提取的藻胶酸，可制造人造纤维，比尼龙有更大的耐火性。藻胶酸的可溶性碱盐浓缩后，可作为染料、皮革、布匹等的光泽剂。从红藻中提取的琼胶和卡拉胶被广泛应用于食品、造纸、纤维板以及建筑工业上。硅藻大量死亡后，细胞内的有机物分解，细胞壁仍保存，沉积到湖底或海底，形成硅藻土。硅藻土疏松多孔，容易吸附液体，生产炸药时用作氯甘油的吸附剂，还可作热管道、高炉、热水池等耐高温的隔离物质，同时是糖果工业上最好的滤过剂，又是金属、木材的磨光剂。

藻类在光合作用过程中放出氧气，能促进细菌的活动，加速废水中有机物的分解。有些单细胞藻类也能在无氧条件下同化污水中的有机物，供自身需要；有些藻类对周围环境反应非常敏感，被用来评价、监测和预报水质；有些藻类有吸收和积累有害元素的能力，如四尾栅藻（*Scenedesmus quadricauda*）积累的铈（Ce）和钇（Y）比外界环境高两万倍。

第二节 菌类植物

一、菌类植物的主要特征

菌类为单细胞或丝状体，除极少数种类外，一般无光合色素，不能进行光合作用，靠现成的有

机物生活。菌类的细胞都具有细胞壁或至少在生活史的孢子阶段具有细胞壁，而与一般动物相区别。绝大多数菌类营异养（heterotrophy）生活，包括寄生（parasitism）和腐生（saprophytism）两种营养方式。凡是从活的动、植物体吸取养分的称为寄生，凡是通过分解死亡的动、植物体或无生命的有机物获取养分的称为腐生。多数菌类严格腐生，少数菌类严格寄生，有一些菌类以寄生为主兼营腐生，有的以腐生为主兼营寄生。

二、菌类植物的分类及代表植物

据统计，自然界的菌类有150万种，目前已被定名的有10万余种，包括细菌门（Schizomycophyta，Bacteriophyta）、黏菌门（Myxomycophyta）和真菌门（Eumycophyta）。后面两门的细胞具有细胞核和细胞器，属于真核生物，魏泰克的五界系统将它们合称为菌物界（Fungi），简称为菌物。通常所说的菌类植物是包括细菌在内的具有细胞壁的异养生物，而菌物是不包括细菌在内的、具有细胞壁的真核菌类植物。

（一）细菌门

1. 细菌的主要特征及分类 细菌是单细胞生物，具有由黏质复合物构成的细胞壁，没有细胞核和细胞器（图7-9），与蓝藻同属于原核生物。绝大多数细菌不含叶绿素，为异养生物。少数细菌，如硫细菌、铁细菌、紫细菌等是自养的，能利用二氧化碳及化学能自制养料。

细菌通过细胞分裂或出芽的方式进行繁殖，没有有性生殖；有的细胞壁加厚形成孢子（或称芽孢）抵抗外界不良环境，待环境适宜时，再重新发育成一个细菌。孢子对不良的外界环境有很强的抵抗力，能耐高温，所以必须高压灭菌，才能彻底消灭孢子。

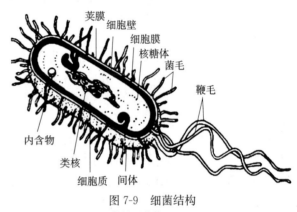

图7-9 细菌结构
（仿吴国芳等，1992）

已知的细菌约有2 000种，分布极广，几乎遍布地球的各个角落，空气、水、土壤和生物体内都有细菌存在。细菌在形态上可以分为三种基本类型（图7-10）。

图7-10 细菌的基本形态
（仿张爱芹等，2006）

（1）球菌（coccus）。细胞为球形或半球形，直径为0.5～2 μm，通常没有鞭毛。如链球菌属（*Streptococcus*）、葡萄球菌属（*Staphylococcus*）等。

（2）杆菌（bacillus）。细胞呈杆棒状，长度为1.5～10 μm，通常在生活中的某一个时期具有鞭毛，能够游动。如枯草芽孢杆菌（*Bacillus subtilis*）、大肠杆菌（*Escherichia coli*）等。

（3）螺旋菌（spirillum）。细胞长而弯曲，在生活中的某一个时期具有鞭毛。其形态又常因发育阶段和生活环境的不同而改变，菌体一次弯曲成弧形的为弧菌，如霍乱菌（*Vibrio cholerae*）；菌体多次弯曲成螺旋形的为螺菌，如小螺菌（*Spirillum minus*）。

另外，放线菌（actinomycete）也被认为是一类细菌。其细胞为杆状，不游动，在某些情况下变成分枝的丝状体（图7-10）。从细胞的结构看，它是细菌，从分枝的丝状体来看，则像真菌，因此，有人认为它是细菌和真菌的中间形态。

2. 细菌在自然界中的作用和经济意义　腐生细菌和腐生真菌一起，将动、植物的残遗体，包括尸体、枯枝落叶和排泄物等分解为简单的无机物，完成自然界的物质循环。

在农业生产上，与豆科植物根部共生的根瘤菌可将空气中的氮固定为含氮有机物，供给豆科植物营养；土壤中的其他固氮细菌，也可供给高等植物氮肥；磷细菌把磷酸钙、磷灰石、磷灰土分解为易被农作物吸收的养分；硅酸盐细菌能促进土壤中的磷、钾转化为农作物可以吸收的物质。

在工业生产方面，可利用细菌的发酵作用制造乳酸、丁酸、乙酸、丙酮等；如造纸、制革、炼糖以及浸剥麻纤维等，也离不开细菌的活动。

在医药卫生方面，可利用细菌生产多种药物，如利用大肠杆菌产生的门冬酰胺酶，可用于治疗白血病；肠膜状明串珠菌产生右旋葡萄糖酐，是很好的代用血浆；有些放线菌能产生抗生素，常见的如链霉素、四环素、土霉素等；利用杀死的病原菌或处理后丧失毒力的活病原菌，制成各种预防和治疗疾病的疫苗。

细菌的有害方面也不容忽视，很多寄生细菌是致病菌，如伤寒杆菌、马炭疽菌、猪霍乱菌等，可以使人体、动物发病，甚至危害生命；许多细菌是农作物的病原菌，能危害农作物；腐生细菌能使肉类等食品腐败，若人误食，可导致中毒。

（二）黏菌门

1. 黏菌门的主要特征　黏菌是介于动物与植物之间的一类生物。黏菌在生长期或营养期是一团裸露的、没有细胞壁的多核原生质团，能不断变形运动和吞食小的固体食物，称为变形体（plasmodium），与原生动物中的变形虫相似。但在繁殖时期，黏菌能产生具有纤维素细胞壁的孢子，因而又具有植物的性状。

大多数黏菌为腐生菌，生长在阴暗潮湿的地方，如森林中的腐木、落叶及湿润的有机质上；极少数黏菌寄生于高等植物体的细胞内，危害寄主。

2. 黏菌门的分类及代表植物　黏菌门约有 500 种，一般将其分为 4 个纲，即集胞菌纲（Acrasiomycetes）、水生黏菌纲（Hydromyxomycetes）、黏菌纲（Myxomycetes）和根肿菌纲（Plasmodiophoromycetes）。

发网菌属（*Stemonitis*）是常见的黏菌，营养体为裸露的原生质团，称为变形体。变形体呈不规则网状，直径数厘米，在阴湿处的腐木或枯叶上缓慢爬行。繁殖时，变形体爬到干燥光亮的地方，形成许多发状的突起，每个突起发育成一个具柄的孢子囊（子实体）。孢子囊通常长筒形，紫灰色，外有包被（peridium）。孢子囊柄深入囊内部分称囊轴（columella），囊内由孢丝（capillitium）交织成孢网。原生质团中的许多核进行减数分裂，形成许多块单核的小原生质块，每块小原生质分泌出细胞壁，形成一个孢子，藏在孢丝的网眼中。成熟时，包被破裂，借助孢网的弹力把孢子弹出。

孢子在适合的环境下，即可萌发为具两条不等长鞭毛的游动孢子。游动孢子的鞭毛可以收缩，使游动孢子变成一个变形体状细胞，称为变形菌胞。由游动孢子或变形菌胞两两配合，形成合子，不经过休眠，合子核进行多次有丝分裂，形成多数双倍体核，构成一个多核的变形体（图 7-11）。

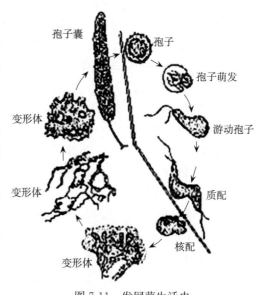

图 7-11　发网菌生活史
（引自吴国芳等，1992）

(三) 真菌门

1. 真菌门的主要特征　除单细胞真菌外，绝大多数真菌是由菌丝（hyphae）构成的。菌丝是纤细的管状体，组成一个菌体的全部菌丝称为菌丝体（mycelium）。菌丝有的分隔，有的不分隔，不分隔的菌丝实为一个多核的大细胞。

大多数真菌的细胞壁由几丁质（chitin）组成，部分低等种类（如藻状菌）由纤维素组成。菌丝细胞内含有细胞核、细胞质和液泡，储存有蛋白质、油滴和肝糖等成分。有些种类的细胞含有色素，而使菌丝（尤其是老的菌丝）呈现不同的颜色，但这些色素是非光合色素。

真菌的生活方式为异养，其中多数腐生，少数寄生。有的以腐生为主，兼有寄生；有的以寄生为主，兼有腐生。只有一小部分是绝对寄生的，如小麦秆锈病菌（Pucccinia graminis）。

真菌的繁殖方式有营养繁殖、无性生殖和有性生殖三种。其中无性生殖极为发达，形成各种各样的孢子。高等类型的真菌进行有性生殖时，常形成质地致密的菌丝组织结构，称为子实体（sporophore），其中产生有性孢子。每种真菌子实体的形态特征基本固定，是识别真菌和进行真菌分类的重要依据。

真菌分布极广，陆地、水中及大气中都有，尤以土壤中最多。

2. 真菌门的分类及代表植物　已知的真菌约有1万多属7万余种。早期将真菌分为4纲，即藻状菌纲、子囊菌纲、担子菌纲和半知菌纲。现在常将真菌分为5个亚门，即鞭毛菌亚门、接合菌亚门、子囊菌亚门、担子菌亚门和半知菌亚门。后面的3个亚门与早期的子囊菌纲、担子菌纲和半知菌纲是对应的，而早期的藻状菌纲重新组合为现在的鞭毛菌亚门和接合菌亚门。

（1）鞭毛菌亚门（Mastigomycotina）。多数为单细胞种类，少数是分枝的丝状体，菌丝无横隔，多核，具有纤维素细胞壁。无性生殖时产生单鞭毛或双鞭毛的游动孢子。有性生殖时产生卵孢子或休眠孢子，有同配和异配两种方式。无性孢子具鞭毛是本亚门的主要特征。鞭毛菌亚门多数水生或两栖生，少数陆生。腐生或寄生。已知的种类约500种，分为壶菌纲（Chytridiomycetes）和丝壶菌纲（Hyphochytridiomycetes）。

节壶菌属（Physoderma）是本亚门的常见类群，主要寄生于高等植物的薄壁组织中。如玉米节壶菌（P. mardis），危害玉米叶片和叶鞘，引起褐斑病，病斑为1~5 mm大小的褐色隆起斑块，内有大量黄绿色粉末状的休眠孢子。

（2）接合菌亚门（Zygomycotina）。多为分枝的丝状体，菌丝无横隔，含多核。具有几丁质的细胞壁。无性生殖时不再产生游动孢子，称为静孢子。有性生殖时配子囊相接合，形成接合孢子。本亚门多数为腐生菌，生于土壤中或有机质丰富的基质上，少数为寄生菌，寄生于人体和动植物体内。接合菌亚门约600种，分为接合菌纲（Zygomycetes）和毛菌纲（Trichomycetes）。以黑根霉最为常见。

黑根霉（匍枝根霉）（Rhizopus stolonifer）也称面包霉，是本亚门中最常见的类群，多腐生于富含淀粉的食物上，菌丝横生，向下生有假根，向上生出孢子囊梗，其先端分隔形成孢子囊，囊内产生许多孢子。孢子成熟后呈黑色，散落在适宜的基质上就萌发成新的菌丝。它们可进行有性接合生殖（图7-12）。黑根霉常使蔬菜、水果和食物等腐烂。甘薯储藏期间，如高温、高湿和通风不良，常由黑根霉引起软腐病而腐烂。

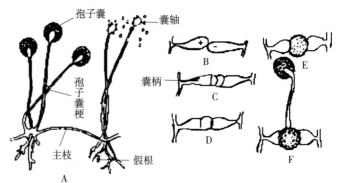

图7-12　黑根霉
A. 菌丝体及孢子囊的不同发育阶段　B. 原配子囊
C. 配子囊　D. E. 早期及成熟合子　F. 合子萌发
（仿方炎明，2010）

（3）子囊菌亚门（Ascomycotina）。菌丝有分隔，有性生殖时形成子囊（ascus）、子囊孢子（ascuspore）及子囊果。子囊是有性生殖时两性核结合的场所，结合的核经减数分裂形成 8 个内生的子囊孢子。本亚门的子实体称为子囊果（ascocarp），其形状和特征是子囊菌分类的重要依据。子囊果周围是菌丝交织而成的包被（peridium），即子囊果的壁。子囊果的子囊常集中分布，占据一定的区域或层次，称为子实层或子囊层，子囊之间有隔丝。子囊果有三种类型（图 7-13）：①闭囊壳（cleistothecium），子囊果为球形，无孔口，完全封闭。②子囊壳（perithecium），子囊果为瓶状，顶端有孔口，子囊果常埋于子座（stroma）中。③子囊盘（apothecium），子囊果为盘状、杯状或碗状，敞开，子实层通常暴露在外。

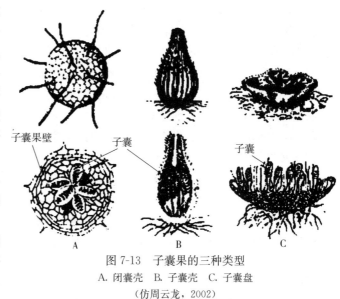

图 7-13　子囊果的三种类型
A. 闭囊壳　B. 子囊壳　C. 子囊盘
（仿周云龙，2002）

子囊菌亚门是真菌中种类较多的亚门，约 1.5 万种，分为 6 个纲，即半子囊菌纲（Hemiascomycetes）、腔囊菌纲（Loculoacomycetes）、不整囊菌纲（Plectomycetes）、虫囊菌纲（Laboulbeniomycetes）、核菌纲（Pyrenomycetes）和盘菌纲（Pezizomycetes）。常见和重要的属有酵母属、青霉属和虫草属等。

①酵母属（*Saccharomyces*）：本亚门中最原始的种类，单细胞，有明显的细胞壁和细胞核，多存在于富含糖分的基质中。通常以出芽方式进行繁殖。首先在母细胞的一端形成一个小芽，称芽生孢子（blastospore）。芽生孢子从母体上脱离后，直接发育成 1 个新个体。有性生殖时合子不转变为子囊，以出芽生殖法产生二倍体的细胞，由二倍体的细胞转变成子囊，减数分裂后形成 4 个子囊孢子（图 7-14）。酵母能将糖类在无氧条件下分解为二氧化碳和酒精，在发酵工业中应用广泛，如常用于制造啤酒等。

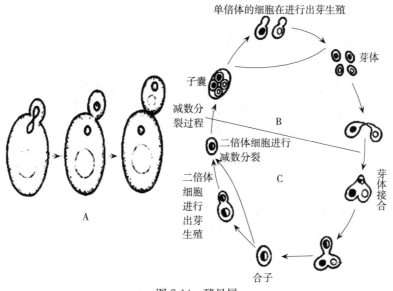

图 7-14　酵母属
A. 出芽生殖　B. 单倍体阶段　C. 二倍体阶段
（仿方炎明，2010）

②青霉属（Penicillium）：多生于水果、蔬菜等果实的伤口处，导致果实腐烂，也常见于淀粉性食物及酿酒原料上。主要以分生孢子进行繁殖，菌丝体上产生很多直立的分生孢子梗，梗的先端分枝数次，呈扫帚状，最后的分枝称小梗（sterigma）。小梗上产生一串青绿色的分生孢子（图7-15）。有性生殖仅在少数种类中发现，子囊果是闭囊壳。

青霉素（盘尼西林）是世界上最重要的抗生素药物，是20世纪医学上的重大发现，主要是从黄青霉（P. chrysogenum）和点青霉（P. notatum）中提取的。与青霉相近的是曲霉属（Aspergillus），其分生孢子梗顶端膨大成球，不分枝，可区别于前者。其中黄曲霉（A. flapus）产生的黄曲霉素毒性很大，能使动物致癌和致死。

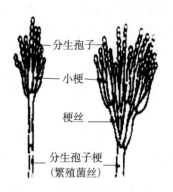

图 7-15 青霉属的分生孢子梗和分生孢子
（仿方炎明，2010）

③虫草属（Cordyceps）：多寄生于鳞翅目昆虫体内，其中冬虫夏草（C. sinensis）（图7-16）最著名。虫草菌的子囊孢子秋季侵入鳞翅目幼虫体内，菌丝在虫体内形成菌核，幼虫仅存完好的外皮。次年春天从幼虫头部长出有柄的棒状子座。由于子座伸出土面，状似一颗褐色的小草，故名冬虫夏草。冬虫夏草主要分布于我国西南地区高海拔山区，历来被作为名贵补药，有补肾、止血和止痰等功效。

（4）担子菌亚门（Basidiomycotina）。没有单细胞种类，菌丝体都由有隔菌丝构成，有性生殖时形成担子（basidium），它是两性核结合的场所，担子上常生有4个外生的担孢子（basidiospore）。担子菌的子实体也称担子果，其大小、形状、质地、色泽差异很大，是进行担子菌分类的重要依据。

担子菌亚门是真菌中种类最多的类群，约有2.2万种，分为3个纲，即冬胞菌纲（Teliomycetes）、层菌纲（Hymenomycetes）和腹菌纲（Gasteromycetes）。

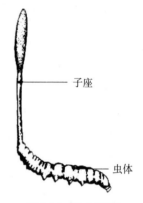

图 7-16 冬虫夏草
（仿吴国芳等，1992）

伞菌属（Agaricus）是本亚门最常见的种类，子实体由菌盖（pileus）、菌褶（gill）、菌柄（stipe）和菌环（annulus）组成。菌褶呈薄片状，数量多，侧向排列于菌盖的背面，担子密集整齐地分布于菌褶的表面，形成子实层，担子之间有隔丝。担子棒状，顶端有4个小梗，每个小梗上分生1个担孢子。担孢子成熟后脱落，生成单核菌丝，经过复杂的变化，又生成子实体（图7-17）。

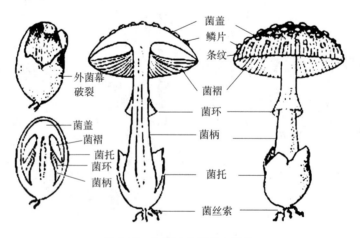

图 7-17 伞菌子实体形态结构
（仿方炎明，2010）

本亚门常见的食用菌有香菇（*Lentinus edodes*）、平菇（*Pleurotus ostreatus*）、口蘑（*Tricholoma gambosum*）等，都是美味和营养丰富的食品。作为食用和药用的还有木耳（*Auricularia auricula*）、银耳（*Tremella fusiformis*）、猴头（*Hericium erinaceus*）、松茸（*Tricholoma matusutake*）、茯苓（*Poria cocos*）、猪苓（*Polyporus umbellatus*）、灵芝（*Ganoderma lucidium*）等。常见的农作物病原菌有小麦秆锈病菌、玉米黑粉病菌（*Ustilago maydis*）等。

（5）半知菌亚门（Deuteromycotina）。本亚门的种类是尚未发现有性生殖的真菌，其中多数是子囊菌亚门的无性阶段，少数是担子菌亚门的无性阶段。一旦弄清其有性阶段的生活史，就可以将它们归到子囊菌亚门或担子菌亚门。本亚门常见的病原菌有稻瘟病菌（*Piricularia oryzae*），引起水稻稻瘟病，是水稻中最严重的病害；棉花炭疽病菌（*Colletotrichum gossypii*）是引起棉花苗期和铃期最重要的病害。

3. 真菌的演化和发展 真菌是低等异养植物中种类和数量最多的类群，这与它们从简单到复杂、由水生到陆生的不断进化是分不开的。

鞭毛菌亚门不但具有单细胞的种类，菌丝为多核结构，而且具有游动孢子和游动配子，它们至少在繁殖阶段还要直接依赖于水，适应陆生环境的能力不强，代表较原始的类型。接合菌亚门没有单细胞种类，虽然菌丝也是多核结构，但是不再出现游动孢子，有性生殖为接合生殖，即通过两性配子囊的直接接合完成两性配子的结合，没有带鞭毛的游动配子，明显向适应陆生生活的方向进化。子囊菌类可能是由接合菌亚门中能产生静孢子的类型进化而来的。子囊菌亚门和担子菌亚门的生活史不但没有游动孢子和游动配子，而且菌丝体深入基质，形成子实体，保证形成孢子所需的营养，产生的孢子数量增多，孢子散播的方式也多样化，有些种类甚至利用昆虫和其他动物来散播，这些都使它们更适应陆生生活，也成为种类最多的真菌。

4. 真菌的经济价值 许多大型真菌是滋味鲜美的食用菌，如蘑菇、香菇、松口蘑、口蘑、草菇、猴头、木耳、银耳及羊肚菌等，全国可食的真菌总计不下 300 种。供药用的真菌亦很多，如冬虫夏草、竹黄、茯苓、猪苓、灵芝、云芝等。多种真菌多糖在防治恶性肿瘤方面也颇有成效，有抗癌作用的真菌在 100 种以上。

在酿造工业上，可利用酵母、曲霉、毛霉和根霉等菌种酿酒。在食品工业上，利用酵母制作面包、馒头等发酵食物。真菌也广泛用于化学、造纸、制革和医药等行业。在石油工业方面，借助于真菌的发酵作用，已获得许多化工产品。利用真菌中的各种酶类分解粗饲料，可提高饲料的营养价值。此外，利用真菌提取生长激素，促进作物生长；利用白僵菌、黑僵菌杀灭玉米螟、松毛虫等多种害虫的工作，也卓有成效。

生于朽木、枯枝落叶及土壤里的真菌，是分解木质素、纤维素和其他有机物的主力，它们在增加土壤肥力和完成自然界的物质循环上，比细菌的贡献还大。

真菌既对人类有益，同时又直接或间接地对人类有害。如食品的霉烂、森林和作物的病害，大都是由于真菌的寄生和腐生引起的；人和家畜的某些皮肤病也是由真菌寄生引起的。误食有毒蘑菇会引起中毒，甚至致死。

第三节　地衣植物

一、地衣植物的主要特征

地衣是多年生植物，是由藻类和真菌形成的共生复合体。地衣体中的藻类主要是蓝藻和绿藻，真菌绝大多数为子囊菌，少数为担子菌，极少数为半知菌。

通常菌类在复合体中占大部分，通过吸收水分、无机盐和二氧化碳，为藻类提供原料，并围裹藻类细胞，使之保持一定的湿度而不会干死；藻类数量较少，在复合体内部形成一层或若干团，通过光合作用为整个复合体制造养分。

大多数地衣喜光，喜新鲜空气，因此，地衣在人烟稠密，特别是工业城市附近比较罕见。地衣一般生长很慢，数年内才长几厘米，能忍受长期干旱，干旱时休眠，雨后恢复生长，因此可以生于峭壁、岩石、树皮或沙漠。地衣耐寒性很强，在高山带、冻土带和南北极也能生长繁殖。

二、地衣植物的形态和结构

（一）地衣的形态

地衣的形态基本上可分为三种类型（图7-18）。

壳状地衣（crustose lichen）植物体为非常薄的粉末状或霉斑状，菌丝与基质紧密连接，有的还生假根渗入基质中，因此难以和基质分开。壳状地衣占全部地衣的80%，如生于岩石上的茶渍衣属（*Lecanora*）和生于树皮上的文字衣属（*Graphis*）。

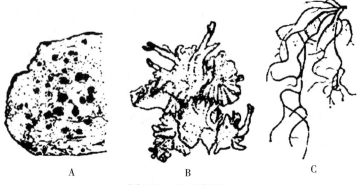

图7-18 地衣类型
A. 壳状地衣　B. 叶状地衣　C. 枝状地衣
（仿张爱芹等，2006）

叶状地衣（foliose lichen）植物体扁平，呈叶片状，四周有瓣状裂片，常由叶片下部生出假根或脐附着于基质上，易与基质剥离。如生于草地上的地卷衣属（*Peligere*）、脐衣属（*Umbilicaria*）和生在岩石或树皮上的梅衣属（*Parmelia*）。

枝状地衣（fruticose lichen）植物体呈树枝状，直立或下垂，仅基部附着于基质上。如直立的石蕊属（*Cladonia*）、石花属（*Ramalina*），悬垂分枝的松萝属（*Usnea*）。

这三种类型地衣的区别不是绝对的，还有介于中间类型的地衣，如鳞片状地衣或粉末状地衣。

（二）地衣的结构

地衣的结构可分为异层地衣（heteromerous lichen）和同层地衣（homoeomerous lichen）两种类型（图7-19）。

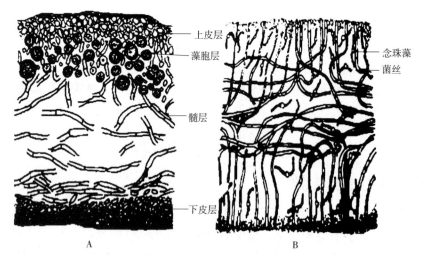

图7-19 异层地衣和同层地衣
A. 异层地衣　B. 同层地衣
（仿周云龙，2002）

异层地衣在横切面上可分为上皮层、藻胞层、髓层和下皮层。上皮层和下皮层均由交织的菌丝构成，质地致密，主要起保护和吸收作用；藻胞层位于上皮层之下，由疏松的菌丝包着藻细胞而成；髓层介于藻胞层和下皮层之间，由一些疏松的菌丝和藻细胞构成，质地疏松，主要功能是储存空气、水分和养分。如蜈蚣衣属（*Physcia*）、梅衣属（*Parmelia*）。

同层地衣的结构比较简单，藻细胞散乱分布于菌丝之间，没有藻胞层和菌丝层的区别，如猫耳衣属（*Leptogium*）。

三、地衣植物的繁殖

地衣最主要的繁殖方式是营养繁殖，如一个地衣体分裂为数个裂片，每个裂片均可发育为新个体。此外，地衣还可通过形成粉芽（soredium）进行营养繁殖。粉芽是由少数菌丝包裹几个藻细胞形成的繁殖体（图7-20）。粉芽脱离母体后，在适宜的环境中发育为新个体。

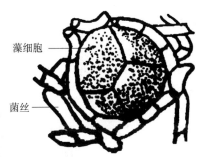

图7-20 粉 芽
（引自方炎明，2010）

地衣的有性生殖通过共生的真菌独立进行。共生真菌通过有性生殖产生子囊孢子或担孢子，散布到环境中，如果遇到与它共生的藻类细胞，而且环境条件适宜，孢子萌发后就能与藻类细胞发育成新的地衣；如果遇不到相应的藻类细胞，真菌的孢子即使萌发，也很快死去。

四、地衣植物的分类

地衣约1.5万种，以共生的真菌为主进行分类，分为藻状菌地衣纲、子囊菌地衣纲、担子菌地衣纲和半知菌地衣纲。

藻状菌地衣纲（Phycolichenes）迄今只发现一种，即地管衣（*Geosiphon pyriforme*），产于欧洲，共生的藻类为念珠藻。

子囊菌地衣纲（Ascolichenes）约占地衣种类的99%，共生的真菌主要是子囊菌中的盘菌类和核菌类。主要种类有蜈蚣衣属、梅衣属、松萝属、石蕊属等。

担子菌地衣纲（Basidiolichenes）种类少，只有10余种，主要分布于热带，共生的真菌多为伞菌类和伏革菌类。常见的种类有扇衣属（*Cora*）和云片衣属（*Dictyonema*）。

半知菌地衣纲（Deuterolichenes）可能属于子囊菌的某些属，尚未见到产生子囊和子囊孢子，是一类无性地衣，如地茶属（*Thamnolia*）。

五、地衣植物在自然界的作用及经济价值

地衣能在裸露岩石、土壤或树干上生长，也能在寒带积雪的冻原生长。地衣在岩石表面生长后，通过分泌地衣酸，腐蚀和分解岩石，使岩石表面逐渐龟裂和破碎，加上自然界的风化作用，使岩石表面变为土壤，为以后高等植物的生长创造了条件，因此，地衣是其他植物的开路先锋，所以称为先锋植物。

有的地衣可作药用，如石蕊、松萝等。地衣酸有抗菌作用，多种地衣体内的多糖有抗癌作用；地衣中含淀粉，因此可供食用和作饲料，滇金丝猴的主要食物就是地衣。

有的地衣如染料衣（*Roccella tinctoria*）、红粉衣（*Ochrolechia tartarea*）等的菌丝含有各种色素，可以提取地衣红、石蕊红等色素，作化学指示剂、生物染料等。

地衣对二氧化硫反应敏锐，工业区附近不能生长，所以可用作大气污染的监测指示植物。

地衣也有危害的一面，如云杉、冷杉林中，树冠上常挂满松萝，导致树木死亡。有的地衣生长在茶树和柑橘树上，真菌侵入植物体，引起病害，影响树木生长。

第四节 苔藓植物

一、苔藓植物的主要特征

苔藓植物为小型多细胞的绿色植物，体内无维管组织分化，具有假根，为叶状体、茎叶体或拟茎叶体，基本没有保护组织，各部分都可以从环境中吸取水分，也没有输导组织和机械组织。

有性生殖时，配子体上产生多细胞的雌、雄性生殖器官（图 7-21）。雌性生殖器官称颈卵器（archegonium）。颈卵器状如花瓶，外有一层不孕的细胞层包围，称为颈卵器壁。颈卵器的上部为颈部（neck），下部为腹部（venter），腹部内含一个大细胞，在颈卵器成熟前该细胞分裂为两个细胞，下面的是卵细胞，上面的是腹沟细胞（ventral canal cell），颈部中央有一串颈沟细胞（neck canal cell）。雄性生殖器官称为精子器（antheridium），外形棒状或球状，外壁由一层细胞构成，其内产生多数精子，精子长而卷曲，有两条鞭毛，能游动。

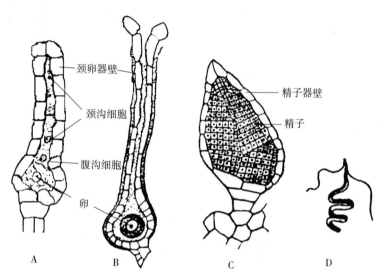

图 7-21 钱苔属的颈卵器、精子器和精子
A、B. 不同时期的颈卵器　C. 精子器　D. 精子
（引自吴国芳等，1992）

颈卵器成熟时，颈沟细胞和腹沟细胞破裂消失，颈卵器的口部张开，内部产生诱导物质，精子借水游入颈卵器中，与卵细胞结合。合子不经休眠即开始分裂形成胚，胚在颈卵器内发育成孢子体。孢子体包括孢蒴（孢子囊）、蒴柄和基足三部分。孢子体的生活时间短，而且终身依赖配子体生活，即通过基足从配子体的组织即颈卵器中吸收养料。孢蒴内的孢子母细胞通过减数分裂形成孢子，孢子成熟后释放出来，在适宜的环境条件下，首先萌发成分枝的丝状体，称为原丝体（protonema），每个原丝体通过形成芽体再发育为多个新的配子体。

二、苔藓植物的分类及代表植物

苔藓植物约有 4 万种，遍布于世界各地，我国约有 2 100 种。根据营养体的形态结构，分为苔纲（Hepaticae）和藓纲（Musci）。

（一）苔纲

苔纲植物通常称为苔类植物，多生于热带、亚热带阴湿的土地、岩石、树干和树叶上。配子体为叶状体，或有类似茎、叶分化的拟茎叶体，有背腹之分，常为两侧对称，假根为单细胞。孢子体结构简单，孢蒴无蒴齿，多数种类没有蒴轴，孢蒴内有孢子和弹丝。孢子萌发后，原丝体阶段不发达，常产生芽体再发育为配子体。

苔纲通常分为3目：地钱目（Marchantiales）、叶苔目（Jungermanniales）和角苔目（Anthocerotales）。

地钱（*Marchantia polymorpha*）是苔纲植物中常见的种类，生于阴湿环境中（图7-22）。配子体为绿色扁平二叉分枝的叶状体，生长点位于分叉凹陷处。叶状体有背腹两面，背面有气孔；腹面有多细胞的鳞片和单细胞的假根，具吸收养分、保存水分和固定植物体的功能。

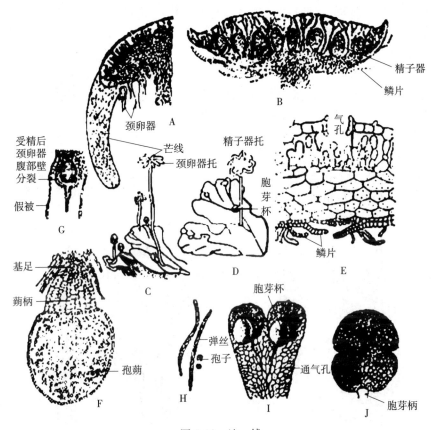

图7-22 地 钱
A. 颈卵器托纵切面 B. 精子器托纵切面 C. 雌配子体及颈卵器托 D. 雄配子体及精子器托 E. 配子体切面
F. 孢子体纵切面 G. 颈卵器内幼孢子体 H. 孢子及弹丝 I. 配子体背面（示胞芽杯） J. 胞芽放大
（仿方炎明，2010）

地钱主要以胞芽（gemma）进行营养繁殖，胞芽生于叶状体背面的胞芽杯中，呈绿色圆片形，两侧有凹口，下部有柄。成熟后胞芽自柄处脱落，在土壤中萌发成新的配子体。

地钱雌雄异株，在雄配子体上产生精子器托，在雌配子体上产生颈卵器托。前者托盘边缘浅裂，上面生有多数精子器。后者托盘边缘深裂，为辐射状芒线，颈卵器倒生于其间。成熟精子随水进入颈卵器与卵结合形成合子，合子在颈卵器内发育成胚，再形成孢子体。孢子体由孢蒴、蒴柄和基足组成。孢蒴内的孢子母细胞经过减数分裂形成孢子。孢蒴内产生长形、壁螺旋状增厚的弹丝（elater），可协助孢子散出。孢子同型异性，即孢子的形态和大小相同，但是性别不同，在适宜的环境中，分别萌发成不同性别的原丝体，再发育成雌配子体或雄配子体。

（二）藓纲

藓纲植物种类繁多，遍布全世界，比苔纲植物耐低温，在温带、寒带、高山、冻原、森林、沼泽处常形成大片群落。配子体有类似茎、叶的分化，称为拟茎和拟叶，多为辐射对称，叶常具中肋（nerve midrib），但没有维管束形成，假根是由单列细胞构成的丝状体。孢子萌发后先形成较为发达的原丝体，每个原丝体能够形成多个植物体。藓纲孢子体的结构较苔纲的复杂，孢蒴有蒴轴，无弹丝。孢子同型，只产生一种孢子，因而也只产生一种配子体，即两性配子体。

藓纲分为3目：泥炭藓目（Sphagnales）、黑藓目（Andreaeales）和真藓目（Bryales）。

葫芦藓（*Funaria hygrometrica*）（图7-23）是藓类植物中常见的种类，见于田园、庭院、路旁，遍布全国。配子体高约1 cm，直立，常密集成片生长，呈绿色地毯状，具茎、叶的分化，茎短小，基部生有假根。叶丛生于茎的上部，卵形或舌形，排列疏松。叶具一条明显的中肋。

葫芦藓雌雄同株，但雌、雄性生殖器官分别生于不同的枝上（图7-24）。雄枝顶端的叶较大，外张，形如一朵小花，顶端集生多个精子器和侧丝，精子器棒状，基部有小柄，内生精子。侧丝分布于精子器之间，由一列细胞构成，顶端细胞明显膨大，起保存水分和保护精子器的作用。雌枝顶端的叶集生呈芽状，其中有几个具柄的颈卵器。当生殖器官成熟时，精子器顶端裂开，精子溢出，借助于水游入颈卵器与卵结合，形成合子。合子不经休眠，在颈卵器中发育成胚。胚逐渐分化，发育成孢子体。

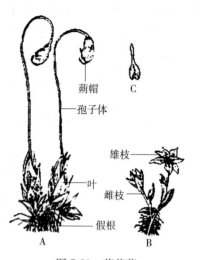

图7-23　葫芦藓
A. 具孢子体的植株
B. 具颈卵器及精子器的植株　C. 蒴帽
（引自吴国芳等，1992）

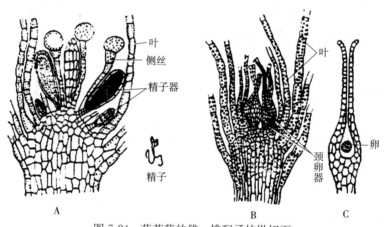

图7-24　葫芦藓的雌、雄配子枝纵切面
A. 雄配子枝纵切面　B. 雌配子枝纵切面　C. 成熟的卵（颈沟细胞、腹沟细胞已溶解）
（仿吴国芳等，1992）

孢子体由孢蒴、蒴柄和基足三部分组成。蒴柄初期生长较快，将孢蒴顶出颈卵器之外，被撕裂的颈卵器部分附着于孢蒴外面，形成蒴帽（calyptra）。孢蒴成熟后蒴帽即行脱落。孢蒴是孢子体的主要部分，梨形，下垂，不对称，其内的造孢组织发育为孢子母细胞，孢子母细胞经减数分裂形成孢子。孢子成熟后从孢蒴中散出，在适宜的环境条件下萌发形成原丝体。原丝体细胞含叶绿体，能独立生活，它向上生成芽，再形成配子体。配子体生长一定时期后，又在不同枝上形成雌、雄性生殖器官，进行有性生殖。

葫芦藓和地钱相似，也是孢子体寄生于配子体上，不能独立生活。

三、苔藓植物的演化和发展

对苔藓植物起源的认识，迄今尚未统一，主要有两种观点：一种认为苔藓植物起源于古代绿藻类，另一种认为苔藓植物是由裸蕨类植物退化而来。

苔藓植物有颈卵器和胚的出现，是高级适应性状，所以苔藓植物、蕨类植物和种子植物合称有胚植物，列为高等植物的范畴。但苔藓植物是高等植物中最原始的陆生类群，其配子体虽然有茎、叶的分化，但构造简单，没有真正的根，从土壤中吸收水分的能力不强；没有输导组织，不能高效运输体内的水分；没有机械组织，不能有效地支撑自身重量；没有完善的保护组织，不能有效保持体内的水分。有性生殖时，苔藓植物必须借助于水才能完成受精作用。所有这些，都说明苔藓植物是由水生到陆生的过渡类型，还不能像其他孢子体发达的高等植物充分适应陆生生活，是原始的高等植物。这也是苔藓植物只能生活在阴湿环境中，而且通常比较矮小的原因。

苔藓植物的孢子体不能独立生活，必须寄生在配子体上，在植物界的系统演化中是一个盲支。

四、苔藓植物在自然界的作用及经济价值

苔藓植物能生活于沙碛、荒漠、冻原地带及裸露的石面上，能不断分泌酸性物质，溶解岩面。死亡的残体不断堆积，能为其他高等植物创造生存条件。与蓝藻、地衣类似，是植物界的拓荒者之一。

苔藓植物微小、密集丛生，具有很强的吸水能力，吸水量可高达植物体本身质量的15～20倍，而蒸发量却只有吸水量的1/5。因此，苔藓植物对林地的水土保持有重要作用。当然，在湿度过大的地方，大面积的藓类长期吸收空气和土壤中的水分后，也能使地面沼泽化，造成林木死亡。

苔藓植物与湖泊和森林的变迁有密切关系。多数水生或湿生的藓类，常在湖泊、沼泽处形成大面积的群落，上部逐年产生新枝，下部逐渐死亡、腐朽，经过长时间积累，可使湖泊、沼泽干枯，逐渐陆地化，为陆生的草本植物、灌木和乔木的定居和发展创造条件，使湖泊、沼泽演替为森林。

苔藓植物对空气中二氧化硫和氟化氢等有毒气体很敏感，可作为监测大气污染的指示植物。

有的苔藓植物可作药用，如大金发藓（*Poltrichum commune*）全草具乌发、利便、活血和止血的功效，大叶藓（*Rhodobryum roseum*）民间用以治疗心慌、心悸等心脏方面的疾病。

另外，苔藓植物具很强的吸水和保水能力，在园艺上常用于包装新鲜苗木或作为播种后的覆盖物；泥炭藓或其他藓类形成的泥炭可作燃料及肥料。

第五节 蕨类植物

一、蕨类植物的主要特征

蕨类植物又称羊齿植物（fern），多数陆生和附生，极少数水生。和苔藓植物一样，蕨类植物具有明显的世代交替现象，通过孢子繁殖，是进化水平最高的孢子植物。生活史中孢子体远比配子体发达，有根、茎、叶的分化，具有由较原始的维管组织构成的输导系统，这些特征和苔藓植物不同。蕨类植物产生孢子，不产生种子，因此有别于种子植物。蕨类植物的孢子体和配子体都能独立生活，这和苔藓植物及种子植物均不相同。总之，蕨类植物是介于苔藓植物和种子植物之间的一个类群。

蕨类植物的孢子体一般为多年生草本，少数为一年生。除极少数原始种类仅具假根外，多数具有吸收能力较强的不定根，但没有真正的主根。茎多数为根状茎，少数具匍匐茎或直立茎。维管系统由木质部和韧皮部组成，分别担任水、无机养料和有机物质的运输。木质部主要由管胞和木薄壁细胞组成，少数种类如石松类和真蕨类具有导管；韧皮部主要由筛胞和韧皮薄壁细胞组成。现代蕨类植物中，除水韭属（*Isoetes*）和瓶尔小草属（*Ophioglossum*）的少数种类外，一般没有形成层的结构。

根据叶的形态、结构和来源，蕨类植物的叶有小型叶（microphyll）和大型叶（macrophyll）两类。小型叶又称拟叶，叶很小，没有叶片和叶柄，没有维管束，只有一个单一不分枝的叶脉，如松叶蕨（*Psilotum nudum*）、石松（*Lycopodium clavatum*）等的叶。大型叶较大，有叶柄和叶片的分

化，有维管束，叶脉多分枝。

根据能否产生孢子，蕨类植物的叶可分为营养叶（trophyll）和孢子叶（sporophyll）。营养叶也称不育叶（sterile frond），只进行光合作用，不产生孢子；孢子叶也称能育叶（fertile frond），能够产生孢子。有些蕨类的营养叶和孢子叶形态相同，称为同型叶（homomorphic leaf）。有些蕨类的营养叶和孢子叶形态明显不同，称为异型叶（heteromorphic leaf）。在系统演化过程中，同型叶朝着异型叶的方向发展。

通常在孢子叶的特定部位分化出孢子囊，孢子囊内的孢子母细胞经过减数分裂形成孢子。多数种类为同型孢子（isospore），少数种类为异型孢子（heterospore）。

孢子萌发后，形成配子体，蕨类植物的配子体特称为原叶体（prothallus），小型，结构简单，生活期较短。原始类型的配子体辐射对称，为块状或圆柱体状，埋在土中，通过菌根取得营养，如松叶蕨。绝大多数蕨类植物的配子体为绿色、具背腹区分的叶状体，能独立生活，在腹面产生颈卵器和精子器。少数蕨类如卷柏（*Selaginella tamariscina*）和水生蕨类，配子体在孢子内部发育，趋向于失去独立生活的能力。配子体上产生精子器和颈卵器，分别产生精子和卵，但受精时必须以水为媒介。受精卵发育成胚，幼胚暂时寄生于配子体上，长大后配子体死亡，孢子体即行独立生活。

蕨类植物具有明显的世代交替现象，孢子体和配子体都能独立生活，但孢子体世代占很大的优势。

二、蕨类植物的分类及代表植物

关于蕨类植物的分类系统，各植物学家观点不一致。我国蕨类植物学家秦仁昌先生（1978）将蕨类植物门分为5个亚门，即松叶蕨亚门（Psilophytina）、石松亚门（Lycophytina）、水韭亚门（Isoephytina）、楔叶亚门（Sphenophytina）和真蕨亚门（Filicophytina）。该分类系统目前为世界各国所认同和采用。

前4个亚门为小型叶蕨类，或称拟蕨类，没有叶片和叶柄，只有一个单一不分枝的叶脉；孢子叶小型，通常聚生成孢子叶球（strobilus）；拟蕨类较原始而古老，许多种类已灭绝，现存种类很少。真蕨亚门为大型叶蕨类，有叶柄和维管束，叶脉多分枝；孢子叶多数单生，仅瓶尔小草等少数种类形成孢子叶球；真蕨类是蕨类植物中进化水平最高的类群，也是现代最为繁茂的蕨类植物。

（一）松叶蕨亚门

松叶蕨亚门也称裸蕨亚门，孢子体具有匍匐的根状茎和直立的气生枝，无根，仅在根状茎上生毛状假根，这和其他维管植物不同。气生枝二叉分枝，具原生中柱。叶小型，无叶脉或仅有单一叶脉。孢子囊大都生在枝端，孢子同型（homospory）。这些都是比较原始的性状。

绝大多数松叶蕨亚门植物已经绝迹，现仅存松叶蕨目（Psilotales），包含两个小属，即松叶蕨属（*Psilotum*）和梅溪蕨属（*Tmesipteris*）。前者有2种，我国仅有1种松叶蕨（*Psilotum nudum*），产热带和亚热带地区；后者仅1种梅溪蕨（*Tmesipteris tannensis*），产于澳大利亚和南太平洋诸岛。

（二）石松亚门

石松亚门植物起源比较古老，几乎和松叶蕨亚门植物同时出现。孢子体有根、茎、叶的分化，茎多数二叉分枝，具原生中柱。叶小型，仅一条中脉，常螺旋状排列，有时对生或轮生。孢子囊单生于孢子叶叶腋基部或近叶腋处。孢子叶聚生于分枝顶端，形成孢子叶球或称孢子叶穗（sporophyll spike）。孢子同型或异型（heterospory），配子体两性或单性。

石松类植物现存的种类约有1 300种，分为2个目，即石松目（Lycopodiales）和卷柏目（Selaginellales）。

1. 石松目 孢子体具匍匐茎或直立茎，茎上生不定根，叶螺旋状排列，无叶舌。多数种类为异型叶，孢子叶聚生于枝顶，形成孢子叶球；少数种类为同型叶。孢子同型。配子体为不规则的块状体，全部或部分埋地下，与真菌共生。

石松目有2科，即石松科（Lycopodiaceae）和石杉科（Huperziaceae），共500余种。

产于我国大部分地区常见的种类有石松（*Lycopodium clavatum*）（图7-25），和广泛分布于北半球温带和亚热带地区的地刷子石松（*L. complanatum*）。

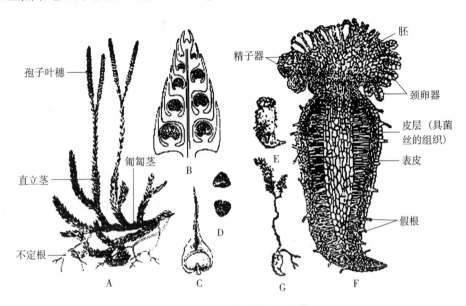

图 7-25 石松孢子体与配子体
A. 植株 B. 孢子叶穗纵切 C. 孢子叶及孢子囊 D. 孢子 E. 配子体 F. 配子体纵切面（放大） G. 配子体和幼孢子体
（引自方炎明，2010）

2. 卷柏目 植物体通常匍匐生长，有背、腹面之分。匍匐茎的中轴上有向下生长的根托（rhizophore），根托先端生许多不定根。叶小型，有叶舌。孢子叶通常聚生成孢子叶球，有大、小孢子之分。孢子囊异型，大孢子囊内产生1~4个大孢子，小孢子囊内产生多数小孢子。

卷柏目仅1科1属，即卷柏科（Selaginellaceae）卷柏属（*Selaginella*），共700余种，我国有50余种，主要分布于热带和亚热带地区。常见的种类有卷柏（*S. tamariscina*），广布全国各地以及朝鲜、日本、俄罗斯等远东地区（图7-26）。

（三）水韭亚门

孢子体为草本，形似韭菜，生于水边或沼泽，故名水韭。茎粗短似块茎状，具原生中柱，有螺纹及网纹管胞。叶长条形，以螺旋状着生于短茎上，具叶舌。孢子叶的近轴面基部产生孢子囊，孢子异型，小孢子发育成雄配子体，大孢子发育成雌配子体，而且都是在孢子壁内发育。配子体结构简化，雄配子体仅由6个细胞构成，形成4个精子，精子具有多数鞭毛。雌配子体在大孢子壁内形成，且不脱离大孢子囊，雌配子体发育时，体积增大，撑破大孢子壁，并在裂口处生出假根和形成颈卵器。

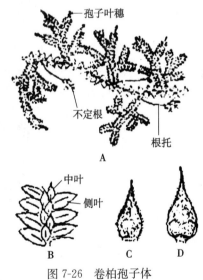

图 7-26 卷柏孢子体
A. 植物体 B. 叶排列
C. 小孢子叶及小孢子囊 D. 大孢子叶及大孢子囊
（引自方炎明，2010）

水韭亚门种类很少，现存的类群只有水韭属（*Isoetes*）1属70余种，我国2种，常见的有普遍分布于长江中下游地区的中华水韭（*I. sinensis*）和产于西南的水韭（*I. japonica*）（图7-27）。

(四) 楔叶亚门

孢子体有根、茎、叶的分化。茎有根状茎和直立茎两种类型，都具有明显的节和节间，节间中空，茎上具纵肋（stem rib），表皮细胞含有硅质，因而十分粗糙。中柱由管状中柱转化为具节中柱。地上茎常在节上发生轮生分枝，绿色，是进行光合作用的主要部位。叶小型，不发达，轮生成鞘状，通常不能进行光合作用。孢子叶聚生于枝顶，形成孢子叶穗；孢子叶具明显的柄，盾状着生，下面产生多个孢子囊。孢子同型，具有4条弹丝，可以帮助孢子分散。精子具多数鞭毛。

楔叶亚门植物大部分种类已经灭绝，现仅存木贼科（Equisetaceae）木贼属（*Equisetum*），约30种，在全世界广泛分布，我国约10种，生于河边、林下、草原、沼泽地，有的生于阴湿环境，有的生于开阔干燥之处。常见的有问荆（*E. arvense*）（图7-28）、节节草（*E. ramosissimum*）和木贼（*E. hiemale*）等。

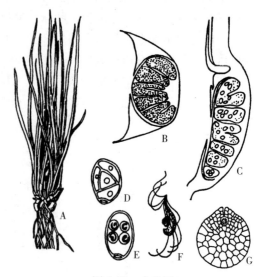

图7-27 水韭属
A. 孢子体外形　B. 小孢子囊横切面　C. 大孢子囊纵切面
D、E. 雄配子体　F. 游动精子　G. 雌配子体
(引自强胜，2006)

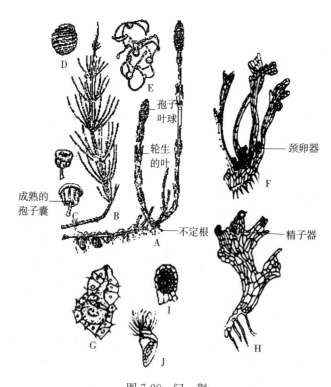

图7-28 问荆
A. 根茎及生殖枝　B. 营养枝　C. 胞囊柄　D、E. 孢子（示弹丝卷曲及伸开的状态）
F. 雌配子体　G. 颈卵器（放大）　H. 雄配子体　I. 精子器（放大）　J. 精子
(仿方炎明，2010)

（五）真蕨亚门

孢子体更加发达，有比较完善的根、茎、叶构造。根为不定根。茎多数为根状茎，少数为直立茎。茎的中柱类型有原生中柱、管状中柱、多环网状中柱等，木质部有各式管胞，少数种类具有导管。茎的表皮具鳞片或毛，起保护作用。叶大型，幼叶拳卷，长大后伸展平直，分化出叶柄和叶片两部分。叶片有单叶、羽状分裂或多回羽状复叶，叶片的中轴称为叶轴（rachis），第一次分裂出来的小叶称为羽片（pina）或小羽片（pinnule）。叶脉多数二叉分枝，也有不分枝、羽状分枝或小脉联结成网状等类型，网状的为进化类型。

孢子囊通常着生在孢子叶的背面、边缘或特化了的孢子叶上，多数孢子囊聚集成为孢子囊群。多数种类孢子同型，少数种类孢子异型。

配子体小，常为扁平的心脏形，绿色，有背、腹面之分，没有组织分化，腹面生有假根及精子器和颈卵器。精子螺旋状，具多数鞭毛。

真蕨类是现今最繁茂的蕨类植物，有1万种以上，广布全世界，我国近2 500种。根据孢子囊的发育方式、结构及着生位置等，真蕨类植物可分为厚囊蕨纲（Eusporangiopsida）、原始薄囊蕨纲（Protoleptosporangiopsida）和薄囊蕨纲（Letosporangiopsida）。

1. 厚囊蕨纲 孢子囊壁厚，由几层细胞组成；孢子囊较大，由几个细胞同时发育形成，内含多数同型孢子。配子体的发育需要有菌根共生。精子器较大，埋在配子体的组织内。本纲包括瓶尔小草目和观音座莲目。

（1）瓶尔小草目（Ophioglossales）。小型草本植物。根肉质，茎短，深埋地下而不露出，通常每年生出1片具长柄的营养叶。常见的有瓶尔小草（*Ophioglossum vulgatum*）（图7-29），多生于林下、山坡或草地。

（2）观音座莲目（Angiopteriales）。根状茎肥大肉质，球形或块状，半埋于土中。叶为一至多回大型羽状复叶，叶柄基部膨大，有1对半圆形的肥厚托叶，叶柄脱落后，托叶仍然保留，连同球形的茎共同形成莲座状，故名观音座莲蕨。我国常见的有产于华南地区的二回原始观音座莲（*A. bipinnata*）（图7-30）。

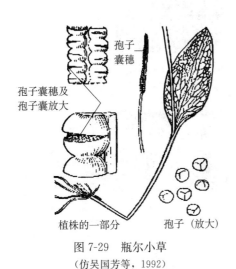

图7-29 瓶尔小草
（仿吴国芳等，1992）

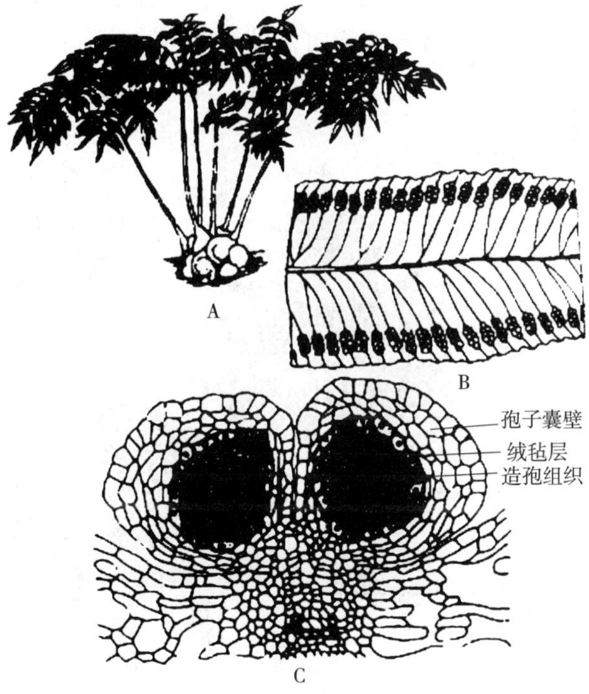

图7-30 观音座莲
A. 孢子体 B. 叶背面观（示孢子囊着生情况） C. 孢子囊切面
（引自方炎明，2010）

2. 原始薄囊蕨纲 孢子囊由一个细胞发育而来,但囊柄可由多数细胞发生。孢子囊壁由单层细胞构成,仅在一侧有数个具加厚壁的细胞形成的盾形环带。配子体为长心形的叶状体。

本纲仅有紫萁目（Osmundales）1目,含3属。其中,紫萁属（*Osmunda*）比较常见,我国约有9种,常见的有紫萁（*O. japonica*）（图7-31）、华南紫萁（*O. vachellii*）等,广布于南方各省份林下、田埂或溪边。

紫萁孢子体的根状茎粗短,叶簇生于茎的顶端,幼叶拳曲,成熟叶平展。一至二回羽状复叶,生孢子的羽片缩短成狭线形,红棕色,先于营养羽片枯萎。孢子囊较大,生于羽片边缘。

3. 薄囊蕨纲 孢子囊起源于1个原始细胞,囊壁薄,由1层细胞组成,具有各式环带。孢子囊群生于孢子叶的背面或边缘,有囊群盖或无。孢子少。多数种类为同型孢子,仅少数水生种类具异型孢子。配子体小,常为扁平的心形叶状体。

薄囊蕨纲是蕨类植物中种类最多的类群,分为真蕨目、苹目和槐叶苹目。

（1）真蕨目（Filicales, Eufilicales）。又称水龙骨目（Polypodiales）。绝大多数为陆生或附生种类。孢子囊聚生成各式孢子囊群,具囊群盖或无,孢子同型。

蕨（*Pteridium aquilinum*）是真蕨类植物中最常见的种类（图7-32）,为多年生草本,广布于世界各地。孢子体具有明显的根、茎、叶分化。茎为典型的根状茎,有分枝,地下横走,生不定根并被棕色茸毛。每年春季,叶从根状茎上直立长出,秋冬季枯死。营养叶与孢子叶同型,为大型的二至多回羽状复叶,具粗而长的直立叶柄。孢子囊群沿孢子叶背面边缘连续分布,具有囊群盖。孢子囊具长柄,囊壁上有一列细胞壁木质化加厚的环带。孢子囊成熟时,囊壁干燥失水,环带反卷,孢子囊横向裂开,孢子弹出。

图7-31 紫萁
（仿吴国芳等,1992）

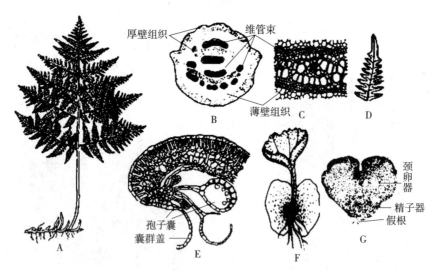

图7-32 蕨
A. 孢子体　B. 根状茎横切面　C. 茎部分横切面（放大）（示维管束构造）
D. 孢子叶一部分　E. 孢子叶横切面（示孢子囊及囊群盖）　F. 孢子体幼体　G. 配子体
（仿吴国芳等,1992）

孢子散落在适宜的环境中，萌发成雌雄同体的配子体，也称原叶体。配子体小，宽约1 cm，为绿色心形的扁平体，含叶绿体，能独立自养生活。在配子体腹面（接触地面的一侧）生有许多假根，其中生有许多精子器，产生多鞭毛的精子。颈卵器多生于配子体心形凹口处，其内产生卵细胞。在有水的条件下，精子游向颈卵器与卵受精形成合子，合子在颈卵器内发育成胚，胚逐渐发育成独立生活的孢子体，配子体随即死亡。

真蕨目是蕨类植物中种类最多的目，占现存真蕨亚门植物种类的95%以上。桫椤科（Cyatheaceae）是唯一现存的树状蕨类，具不分枝的直立茎，高达10 m以上（图7-33）。

(2) 苹目（Marsileales）。浅水或湿生性草本，根状茎细长，地下横生。孢子异型，孢子囊生长在特化的孢子果中，孢子果的壁由羽片变态形成。孢子果内具许多大小不同的孢子囊群。仅苹科（Marsileaceae）1科，我国只有苹属（*Marsilea*）的四叶苹（*M. quadrifolia*）（图7-34），广泛分布于全国各地水田或浅水湿地。

图7-33 桫 椤
（引自方炎明，2010）

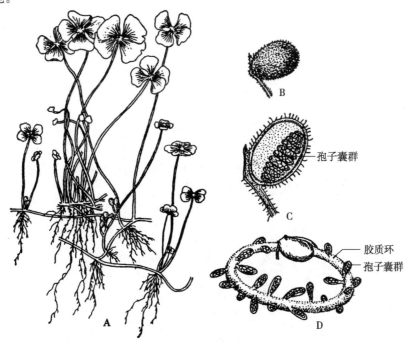

图7-34 四叶苹
A. 植株　B. 孢子果　C. 孢子果纵切面　D. 孢子果开裂，伸出胶质环，其上着生孢子囊群
（引自强胜，2006）

(3) 槐叶苹目（Salviniales）。漂浮水生植物，孢子异型，孢子囊生长在特化的孢子果中，孢子果壁由变态的囊盖群形成。孢子果单性，即大、小孢子囊分别着生在不同的孢子果中。仅槐叶苹属（*Salvinia*）和满江红属（*Azolla*）2属，常见的种类有槐叶苹和满江红。

槐叶苹（*S. natans*）（图7-35）为小型浮水植物，分布于池塘、湖泊、水田和静水河流中。茎横卧，有毛，无根。每节3叶轮生，上侧2叶矩圆形，表面密布乳头状突起，漂浮水面；下侧1叶细裂成丝状，悬垂水中，形如根，称为沉水叶。孢子果集生于沉水叶基部的短柄上。

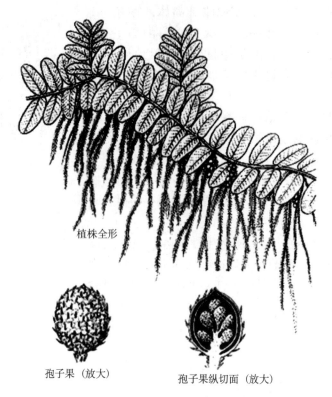

图 7-35　槐叶苹
(仿吴国芳等，1992)

满江红（*A. imbricata*）（图 7-36）植物体小，漂浮在水面，常生于水田或静水池塘中。茎横卧，羽状分枝，不定根悬垂水中。叶无柄，深裂为上、下两瓣，上瓣漂浮于水面，行光合作用，下瓣斜生于水中，无色素，覆瓦状排列于茎上。孢子果成对生于侧枝的第 1 片沉水叶裂片上，有大、小之分。满江红能与鱼腥藻共生，具有固氮作用。叶内含大量的花青素，幼时绿色，秋冬季转为红色，在江河湖泊中呈现一片红色，故名满江红。

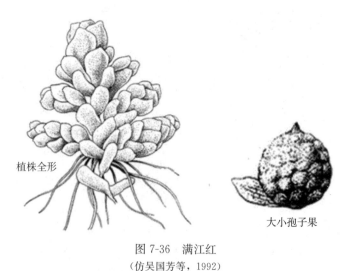

图 7-36　满江红
(仿吴国芳等，1992)

三、蕨类植物的演化和发展

一般认为，蕨类植物起源于距今 4 亿年前的古裸蕨植物。关于裸蕨的起源，目前尚无定论。有人认为裸蕨起源于绿藻或褐藻,也有人认为裸蕨起源于苔藓植物,还有人认为裸蕨植物和苔藓植物都起源于藻类,两者是平行发展的。但裸蕨是目前发现的最古老的蕨类植物,也是最古老的维管植物,是其他蕨类植物的祖先。后来,裸蕨类大致沿着石松类、木贼类和真蕨类植物平行演化和发展。

蕨类植物的孢子体比较发达,具有真正的根,可以有效地吸取土壤中一定深度的水分;出现真正的叶,可以进行光合作用;体内分化出维管束,具有输导组织和机械组织,可以有效地输导水分、无机盐和有机物,也能够支撑比较大型的茎和叶;具有完善的保护组织(表皮),可以有效防止体内水分的过度散失。这些结构特点使得蕨类植物比苔藓植物更能适应陆地生活,因而比苔藓植物更加进化。

蕨类植物没有种子,以孢子进行繁殖。孢子散布到环境中得不到母体保护,萌发时也难以从母体得到营养,所以它们能够顺利萌发并最终成活的概率非常低。此外,由孢子发育而成的配子体,独立于孢子体生活,它们只有假根,没有维管束,也没有完善的保护组织。而且受精作用必须以水为媒介才能完成。这些特点使得蕨类植物的配子体只能生活于阴湿的环境中,限制了它们在陆地上的发展。

四、蕨类植物在自然界的作用及经济价值

蕨类植物是陆生植被的重要组成成分,对各种植被乃至森林环境的形成具有重要作用。蕨类植物直接为昆虫和兽类等动物提供食物和栖息地。蕨类植物还是许多菌根菌的专性寄主。由蕨类植物形成的隐蔽小环境,是很多植物种子和孢子萌发的必要条件,因而对植被演替、树种更新也起到重要作用。同时,蕨类植物的覆盖对水土保持和生态平衡也具有重要作用。

肾蕨科

多数蕨类植物具重要的经济价值。古代蕨类形成的煤炭为人类提供了大量能源;许多蕨类可以药用,如卷柏、海金沙、贯众等;有些蕨类可食用或作饲料,如蕨、紫萁、莲座蕨、槐叶苹、满江红等;石松的孢子可作冶金工业上的脱膜剂,还可用作火箭、信号弹、照明弹等的引火燃料;一些蕨类可作气候、土壤、森林类型和环境特征的指示植物,如芒萁是我国南部地区酸性土壤的特征植物,常与云南松、马尾松等伴生;满江红等蕨类和蓝藻共生,具固氮作用,是农田的良好绿肥;许多蕨类用作室内、庭院绿化的观赏植物,如瘤足蕨、巢蕨、肾蕨、铁线蕨和凤尾蕨等。

铁线蕨科

凤尾蕨科

第六节 裸子植物

一、裸子植物的主要特征

(一)孢子体发达

裸子植物的孢子体发达,均为多年生木本植物,多数为高大乔木,有强大的根系。维管系统发达,具形成层和次生生长;木质部多数只有管胞,极少数有导管;韧皮部只有筛胞,而无筛管和伴胞。叶多为针形、条形或鳞形,极少数为扁平的阔叶,叶表皮有较厚的角质层和下陷的气孔,气孔排列成浅色的气孔带(stomatal band)。

(二)形成球花

裸子植物的孢子叶大多聚生成球果状,称为孢子叶球或球花。孢子叶球单生或多个聚生成各种球序,通常单性,同株或异株。小孢子叶聚生成小孢子叶球(雄球花,malecone),每个小孢子叶下面生有小孢子囊(花粉囊),其中储满小孢子(花粉);大孢子叶聚生成大孢子叶球(雌球花,femalecone)。

(三)胚珠裸露,形成种子

裸子植物大孢子叶的腹面(近轴面)生一至多个裸露的胚珠,成熟后形成种子。种子由胚、胚乳和种皮组成,包含3个不同的世代:胚来自受精卵,是新的孢子体世代(2N);胚乳来自雌配子

体，是配子体世代（N）；种皮来自珠被，是老的孢子体世代（$2N$）。裸子植物的种子没有果皮包被。

（四）配子体退化，寄生在孢子体上

小孢子囊内的小孢子发育成雄配子体（花粉），成熟的雄配子体仅由4个细胞组成：2个退化的原叶细胞、1个生殖细胞和1个管细胞。大孢子囊中的大孢子发育成雌配子体，近珠孔端产生二至多个颈卵器，但结构简单，仅有2~4个颈壁细胞、1个卵细胞和1个腹沟细胞，无颈沟细胞，比蕨类植物的颈卵器更加退化。雌、雄配子体均无独立生活能力，完全寄生在孢子体上。

（五）传粉时花粉直达胚珠

裸子植物的雄配子体即花粉，通常由风力传播，经珠孔直接进入胚珠，在珠心上方萌发，形成花粉管，进入胚囊，精子逸出与卵细胞结合，完成受精作用。因此，受精作用不再受到水的限制。

（六）具多胚现象

大多数裸子植物都具有多胚现象。一种是一个雌配子体上的几个或多个颈卵器的卵细胞同时受精，形成多胚，称为简单多胚现象；另一种是一个受精卵在发育过程中分裂为几个胚，称为裂生多胚现象。

19世纪中叶以前，人们不知道裸子植物繁殖器官的结构和蕨类植物在系统发育上的联系，所以，在裸子植物中，常有两套名词并用或混用。1851年，德国植物学家荷夫马斯特（Hofmeister）将蕨类植物和裸子植物的生活史完全对应起来，人们才知道裸子植物的球花相当于蕨类植物的孢子叶球，前者是由后者发展而来的。现将两套名词对照如下：花（球花）—孢子叶球，雄蕊—小孢子叶，花粉囊—小孢子囊，花粉母细胞—小孢子母细胞，花粉（单核期）—小孢子，花粉管（含精核等）—雄配子体，心皮—大孢子叶，珠心—大孢子囊，胚囊母细胞—大孢子母细胞，单细胞胚囊—大孢子，成熟胚囊—雌配子体。

二、裸子植物的生活史

现以松属为例介绍裸子植物的生活史。

（一）孢子体和孢子叶球

松属植物的孢子体为多年生常绿乔木，单轴分枝，主干直立，枝条有长枝和短枝之分。长枝上生鳞叶，短枝顶端生有1束针形叶，每束通常2、3或5个叶，基部常有薄膜状的叶鞘8~12枚（由芽鳞变态而成）。叶内有1或2条维管束和几条树脂道。

孢子叶球单性同株。小孢子叶球排列如穗状，生于每年新生的长枝基部，由鳞叶叶腋中生出。每个小孢子叶球有1个纵轴，纵轴上螺旋状排列着很多小孢子叶，小孢子叶背面（远轴面）有1对长形的小孢子囊。小孢子囊内的小孢子母细胞经过减数分裂形成4个小孢子（单核花粉），小孢子有2层壁，外壁向两侧突出形成气囊，有利于风力传播。

大孢子叶球1个或数个着生于每年新枝的近顶部，初生时呈红色或紫色，以后变绿，成熟时褐色。大孢子叶球由大孢子叶构成，大孢子叶螺旋状排列在纵轴上，由两部分组成：下面较薄的称为苞鳞（bract）；上面较大而顶部肥厚的部分称为珠鳞（ovuliferous scale），也称果鳞或种鳞。一般认为，珠鳞是大孢子叶，苞鳞是失去生殖能力的大孢子叶。每一珠鳞的近轴面基部着生2枚胚珠，胚珠由1层珠被和珠心组成，珠被包围珠心，形成珠孔。珠心即大孢子囊，中间有1个细胞发育成大孢子母细胞，经过减数分裂，形成4个大孢子，排成1列称为链状四分体。通常只有远离珠孔端的1个大孢子发育成雌配子体，其余3个退化。

（二）雄配子体

雄配子体结构退化，由少数几个细胞组成（图7-37）。小孢子（单核期的花粉）是雄配子体的第一个细胞，小孢子在小孢子囊内萌发，细胞进行不等分裂产生1个大的胚性细胞和1个小的第一原叶细胞，胚性细胞再分裂为1个大的精子器原始细胞和1个小的第二原叶细胞，前者又进行一次

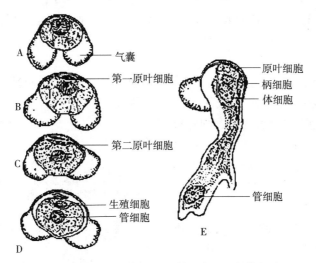

图 7-37 松属的雄配子体发育及花粉管
A. 小孢子　B、C. 小孢子萌发成早期配子体　D. 雄配子体　E. 花粉管
(引自吴国芳等, 1992)

不等分裂,产生 1 个大的管细胞和 1 个小的生殖细胞。成熟的雄配子体包括 4 个细胞:2 个退化的原叶细胞、1 个管细胞和 1 个生殖细胞。

(三) 雌配子体

雌配子体由大孢子发育而成。大孢子是雌配子体的第一个细胞,它在大孢子囊(珠心)内萌发,进行细胞核分裂,形成 16~32 个游离核,游离核较为均匀分布于细胞质中。随着冬季来临,雌配子体即进入休眠期。翌年春天,雌配子体重新活跃起来,游离核继续分裂,数目增加,体积增大。以后游离核周围开始形成细胞壁,这时近珠孔端的几个细胞明显膨大,发育为颈卵器原始细胞。之后,原始细胞进行一系列分裂,形成几个颈卵器。成熟的雌配子体通常包含 2~7 个颈卵器和大量胚乳(图 7-38)。每个颈卵器通常只有 4 个颈壁细胞、1 个腹沟细胞和 1 个卵细胞。

(四) 传粉和受精

传粉在晚春进行,此时大孢子叶球轴稍为伸长,使幼嫩的苞鳞及珠鳞略为张开。同时,小孢子囊背面裂开一条直缝,小孢子借风力传播,飘落在由珠孔溢出的

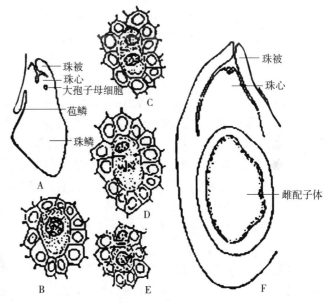

图 7-38 松属的胚珠和大孢子发育
A. 胚珠和珠鳞纵切　B. 大孢子母细胞
C. 大孢子母细胞分裂为 2　D. 远离珠孔的细胞继续分裂
E. 形成 3 个大孢子(仅远离珠孔的 1 个发育)　F. 雌配子体游离核时期
(引自吴国芳等, 1992)

传粉滴中,并随液体的干涸而被吸入珠孔。小孢子进入珠孔后,雄配子体中的生殖细胞分裂为 1 个柄细胞和 1 个体细胞,而管细胞则开始伸长,迅速长出花粉管。此时大孢子尚未形成雌配子体,花粉管进入珠心相当距离后,暂时停止伸长,直到第二年晚春和初夏颈卵器分化形成后,花粉管继续伸长,此时体细胞分裂形成 2 个精子。这时大孢子叶球已长大,颈卵器已发育完全。当花粉管伸长至颈卵器,破坏颈细胞到达卵细胞处,其先端随即破裂,2 个精子、管细胞及柄细胞流入卵细胞的

细胞质中，其中1个具功能的精子随即向中央移动，接近卵核，最后与卵核结合形成受精卵，这个过程称为受精。受精完成后，不具功能的精子、管细胞和柄细胞解体。受精作用通常在传粉以后13个月才进行，即第一年春季传粉，第二年夏季受精。

（五）胚发育和成熟

松属的胚发育过程较为复杂，具明显的阶段性，通常可以分为原胚阶段、胚选择阶段、胚组织分化和器官形成阶段、胚成熟和种子形成阶段4个阶段。

1. 原胚阶段 从受精卵分裂开始到细胞形原胚的形成，先后经过游离核分裂、细胞壁产生和原胚形成（图7-39）。受精卵连续进行3次游离核的分裂，形成8个游离核，在颈卵器基部排成上下两层，每层4个。此时，上层的4个细胞上部不形成细胞壁，这些细胞的细胞质与卵细胞质相通，称为开放层，下层的4个形成细胞壁，称为初生胚细胞层。接着开放层和初生胚细胞层各自再分裂一次，形成4层，分别称为上层、莲座层、初生胚柄层和胚细胞层，组成原胚（proembryo）。

2. 胚选择阶段 胚柄系统的发育和多胚现象的产生是这个阶段的主要特征。原胚的第一层（上层），初期有吸收作用，不久解体；第二层莲座层，分裂数次后消失；第三层初生胚柄层，4个细胞不再分裂而伸长，称为初生胚柄（primary suspensor）；第四层胚细胞层，在胚柄细胞继续延长的同时，紧接着后面的胚细胞进行分裂并伸长，称为次生胚柄（secondary suspensor）。初生胚柄和次生胚柄迅速伸长，形成多回卷曲的胚柄系统。次生胚柄

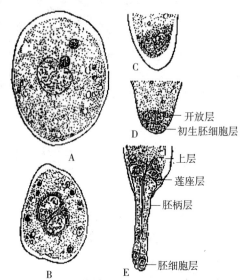

图7-39 松属的胚发育过程
A. 受精卵 B. 受精卵核分为2个细胞
C. 再分裂成4个，并在颈卵器基部排成1层
D. 再分裂一次成为2层8个细胞
E. 上、下层各再分裂1次，形成4层16个细胞，组成原胚
（引自吴国芳等，1992）

最前端连着胚细胞层，不久，次生胚柄的细胞彼此纵向裂开，其顶端的胚细胞彼此纵向分裂，各自在次生胚柄顶端发育成1个胚。这种由一个受精卵发育而来的4个胚细胞相互分离，分别产生出4个以上的幼胚，称为裂生多胚现象。松属植物还具有简单多胚现象，有时，这两种情况可能同时出现在一个正在发育的种子中。在胚胎发生过程中，通过胚选择，通常只有1个（很少2个或更多）幼胚正常分化、发育，成为种子中的成熟胚。

3. 胚组织分化和器官形成阶段 胚进一步发育成1个伸长的圆柱体。圆柱体的近轴区（基部）同胚柄系统相接，主要进行横裂，发育出根端和根冠组织；在远轴区，细胞分裂无特定方向，形成一系列的子叶原基，进一步分化出下胚轴、胚芽和子叶。

4. 胚成熟和种子形成阶段 成熟的胚包括胚根、胚轴、胚芽和子叶。包围胚的雌配子体（胚乳）继续生长，最后珠心仅遗留一薄层。珠被发育为种皮，并分化为3层：外层肉质（不发达，最后枯萎）、中层石质、内层纸质。

胚、胚乳和种皮构成种子（图7-40）。裸子植

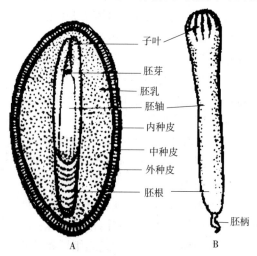

图7-40 松属成熟的胚和种子
A. 种子纵切面 B. 胚的侧面观
（引自吴国芳等，1992）

物的种子由 3 个世代的产物组成：胚是新的孢子体世代（2N），胚乳是雌配子体世代（N），种皮是老的孢子体世代（2N）。受精后，大孢子叶球继续发育，珠鳞木质化而成为种鳞，种鳞顶端扩大露出的部分为鳞盾，鳞盾中部隆起或凹陷的部分为鳞脐，珠鳞的部分表皮分离形成种子的附属物即翅，以利风力传播。种子经过一段时间的休眠，在适宜的环境条件下萌发，主根经珠孔伸出种皮，初时子叶留在种子内，从胚乳中吸取养料，随着胚轴和子叶的不断发展，种皮破裂，子叶露出，随着茎顶端的生长，产生新的植物体。

松属生活史（图 7-41）经历时间较长，从开花起到次年 10 月种子成熟历时 18 个月，如果从开花前一年的秋季形成花原基开始，则经历了 26 个月。第一年 7～8 月形成花原基，冬季休眠；第二年 4～5 月开花传粉，其后，花粉萌发出花粉管寄生在珠心组织中，同时，大孢子形成，发育成游离核时期的雌配子体，冬季进入休眠；第三年 3 月开始，雌配子体及花粉管继续发育，此后，精、卵逐渐成熟，6 月初受精（传粉后 13 个月），以后，球果迅速长大，胚逐渐发育成熟，10 月球果和种子成熟。

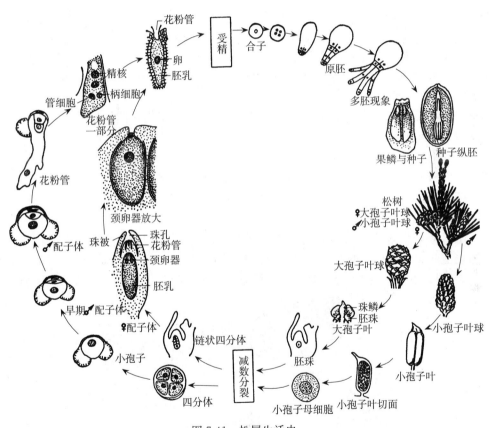

图 7-41　松属生活史
(引自强胜，2006)

三、裸子植物的分类及代表植物

按照 1978 年郑万钧的裸子植物分类系统，现代裸子植物分属于 4 纲 9 目 12 科 71 属近 800 种，我国有 4 纲 8 目 11 科 41 属约 250 种，其中引种栽培 1 科 7 属 51 种。

（一）苏铁纲（Cycadopsida）

常绿木本，茎粗壮，常不分枝。叶螺旋状排列，有鳞叶及营养叶之分，二者相互成环着生；鳞叶小，密被褐色毡毛；营养叶大，羽状深裂，集生于树干顶部。孢子叶球生于茎顶，雌雄异株。精子多纤毛。

仅有苏铁目（Cycadales）苏铁科（Cycadaceae）9 属约 110 种，分布于热带及亚热带地区。我国仅苏铁属（*Cycas*）8 种。

苏铁又称铁树（*Cycas revoluta*）（图 7-42），柱状主干，常不分枝，顶端簇生大型叶。叶革质，一回羽状深裂，坚硬，边缘反卷，脱落后在茎上残留叶基。小孢子叶扁平，鳞片状宽楔形，紧密地螺旋状排列成椭圆形的小孢子叶球，生于茎顶。每个小孢子叶下面生有由 3~5 个小孢子囊组成的小孢子囊群。小孢子囊为厚囊性发育，表皮细胞壁不均匀增厚而纵裂，散发小孢子。大孢子叶丛生于茎顶，密被淡黄色茸毛，上部羽状分裂，下部成狭长的柄，柄两侧生有胚珠 2~6 枚。种子红褐色或橘红色，倒卵圆形或圆形，密生灰黄色短茸毛，后渐脱落。花期 6~7 月，种子 10 月成熟。产于福建、台湾、广东等省份，各地常有栽培。喜暖热湿润环境，不耐寒冷，生长甚慢，寿命约 200 年。我国南方热带及亚热带南部 10 年龄以上树木几乎每年开花结实，而长江流域及北方各地栽培的苏铁终生不开花，或偶尔开花结实。苏铁为优美的观赏树种，茎内含淀粉，可供食用；种子含丰富的油和淀粉，可食用或入药，有治痢疾、止咳、止血之效。

图 7-42　苏　铁
A. 植株外形　B. 小孢子叶
C. 聚生的小孢子囊　D. 大孢子叶及种子
（引自吴国芳等，1992）

同属植物攀枝花苏铁（*C. panzhihuaensis*）是 20 世纪 80 年代在四川攀枝花市发现的我国特有种，是苏铁类分布最北缘的物种。

（二）银杏纲（Ginkgopsida）

落叶乔木。枝条有长、短枝之分。叶扇形，先端 2 裂或波状缺刻，具分叉的脉序，在长枝上螺旋状散生，在短枝上簇生。孢子叶球单性，雌雄异株，精子多纤毛。种子核果状，具 3 层种皮，胚乳丰富。本纲仅存银杏科（Ginkgoaceae）银杏（*Ginkgo biloba*）1 种。

银杏（图 7-43）为落叶乔木，树干高大。枝条有长、短枝之分。叶扇形，有长柄，长枝上螺旋状散生，短枝上簇生；长枝上的叶常 2 裂，短枝上的叶常具波状缺刻。雌雄异株。小孢子叶球柔荑花序状，生于短枝顶端。小孢子叶有 1 短柄，柄端由 2 个小孢子囊组成悬垂的小孢子囊群。大孢子

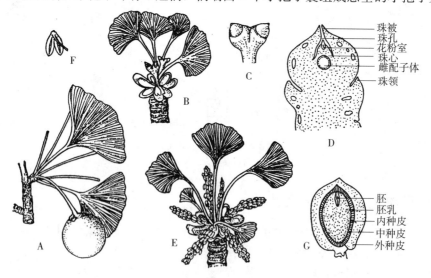

图 7-43　银　杏
A. 长、短枝及种子　B. 生大孢子叶球的短枝　C. 大孢子叶球　D. 胚珠和珠领纵切面
E. 生小孢子叶球的短枝　F. 小孢子叶　G. 种子纵切面
（引自强胜，2006）

叶球具长柄，柄端生2个环形的大孢子叶，称为珠领（collar），也称珠座，大孢子叶上端各生1个直生胚珠，通常仅1个发育成熟。种子近球形，具长梗，下垂，熟时黄色或橙红色，外被白粉。种皮3层：外种皮肉质，有臭味；中种皮骨质，白色；内种皮膜质，淡红褐色。胚乳肉质，味甘略苦。花期3～4月，种子9～10月成熟。

银杏为著名的孑遗植物，我国特产，浙江天目山有野生，国内外广泛栽培。银杏树形优美，春夏季叶色嫩绿，秋季变成黄色，颇为美观，可作行道树及园林绿化的珍贵树种。材质优良，可供建筑、雕刻、绘图版、家具等用；种仁（白果）供食用及药用，入药有润肺、止咳、强壮等功效；叶也供药用和制杀虫剂。

（三）松柏纲（球果纲）(Coniferopsida)

木本，茎多分枝，常有长、短枝之分，具树脂道。叶单生或成束，针形、鳞形、钻形、条形或刺形，螺旋状着生、交互对生或轮生。孢子叶球单性，同株或异株，孢子叶常排列成球果状。精子无鞭毛。球果的种鳞与苞鳞离生（仅基部合生）、半合生（顶端分离）及完全合生。种子胚乳丰富，子叶2～10枚。松柏纲植物的叶多为针形，故称为针叶树或针叶植物；又因孢子叶常排成球果状，也称为球果植物。

松柏纲为现存裸子植物中种类最多、经济价值最大、分布最广的类群，共有4目7科57属约600种，我国有4目7科36属209种44变种，包括栽培1科7属51种2变种。其中，松杉目（Pinales）包含南洋杉科、松科、杉科和柏科4科；罗汉松目（Podocarpales）、三尖杉目（Cephalotaxales）、红豆杉目（Taxales）各含1科。

1. 南洋杉科（Araucariaceae） 常绿乔木，髓部较大。叶锥形、鳞形、宽卵形或披针形，螺旋状排列或交互对生，基部下延。球花单性，雌雄异株，稀同株；小孢子叶球圆柱形，雄蕊多数，螺旋状着生，花粉无气囊；大孢子叶球椭圆形或近球形，由多数螺旋状排列的苞鳞组成，苞鳞上面为珠鳞；胚珠与珠鳞合生或珠鳞不发育；球果2～3年成熟，苞鳞木质或革质，扁平，先端常有三角状或尾状尖头，熟时苞鳞脱落，发育的苞鳞具1粒种子；种子与苞鳞离生或合生，扁平，无翅或两侧有翅或仅顶端具翅，子叶2枚，稀4枚。

本科共2属约40种，分布于南半球的热带及亚热带地区，我国引入栽培2属4种。

南洋杉（*Araucaria cunninghamii*）为常绿乔木，树高可达60～70 m，树冠塔形，主枝轮生，平展。叶异型，生于侧枝及幼枝上的叶呈针状，质软，开展，排列疏松；生于老枝上的叶密集，卵形或三角状钻形。雌雄异株。球果卵形，苞鳞刺状且尖头向后弯曲；种子两侧有翅。原产大洋洲东南沿海地区，各地引种栽培，作园林绿化树种。

2. 松科（Pinaceae） 常绿或落叶乔木，稀为灌木状。仅有长枝，或兼有长枝与生长缓慢的短枝。叶鳞形、条形或针形，在长枝上螺旋状散生，短枝上簇生；叶2～5针1束，着生于极度退化的短枝顶端，基部包有叶鞘。孢子叶球单性同株，小孢子叶球多数聚生于短枝顶端，具多数螺旋状着生的小孢子叶，每个小孢子叶有2个花粉囊，小孢子多数有气囊；大孢子叶球由多数螺旋状着生的珠鳞与苞鳞组成，每珠鳞的腹面具2枚倒生胚珠，苞鳞与珠鳞分离（仅基部合生），珠鳞发育成种鳞。种子通常上端有翅。

松科

松科是松柏纲植物中最大且具重要经济价值的类群，有10属约230余种，主产北半球；我国有10属113种29变种（包括引种栽培24种2变种），广布于全国各地，绝大多数为森林树种和用材树种。

我国松科常见属的分属检索表如下：

1. 叶条形、稀针形，不成束。
  2. 枝仅具长枝，叶于枝上螺旋状着生
    3. 球果成熟后种鳞自中轴脱落 ·· 冷杉属 *Abies*
    3. 球果成熟后种鳞宿存

4. 球果顶生,小枝节间生长均匀
   5. 球果直立,种子连翅与种鳞近等长 ··· 油杉属 *Keteleeria*
   5. 球果下垂,种子连翅短于种鳞
      6. 小枝有微隆起的叶枕或无,叶有短柄
         7. 球果较大,苞鳞外露,先端3裂 ··· 黄杉属 *Pseudotsuga*
         7. 球果较小,苞鳞不外露或微露,先端2裂 ································· 铁杉属 *Tsuga*
      6. 小枝有显著隆起的叶枕,叶无柄 ··· 云杉属 *Picea*
4. 球果腋生,枝上端小枝节短,叶呈簇生状 ··· 银杉属 *Cathaya*
2. 枝分长、短枝,叶于长枝上螺旋状着生,短枝上簇生
   8. 叶条形、扁平,柔软,落叶树种
      9. 小孢子叶球单生短枝顶,种鳞革质、宿存 ······································· 落叶松属 *Larix*
      9. 小孢子叶球簇生短枝顶,种鳞木质、成熟后脱落 ······························· 金钱松属 *Pseudolarix*
   8. 叶针形,坚硬,常绿树种 ··· 雪松属 *Cedrus*
1. 叶针形,2、3或5针一束 ··· 松属 *Pinus*

(1) 冷杉属(*Abies*)。常绿乔木,枝具圆形而微凹的叶痕。叶条形,上面中脉凹下,叶内具2个(稀4~12个)树脂道。球果直立,当年成熟,种鳞和种子同时脱落。冷杉属约有50种,我国有19种。常见的有冷杉(*A. fabri*),一年生枝无毛,叶内树脂道边生,为我国特有树种,产于四川。臭冷杉(*A. nephrolepis*),一年生枝被毛,叶内树脂道中生。巴山冷杉(*A. fargesii*),树皮粗糙,块状开裂,我国特有树种,产河南、湖北、四川、陕西、甘肃等地。百山祖冷杉(*A. beshanzuensis*)(图7-44),树皮灰白色,不规则龟裂,我国新发现的珍贵树种,特产于浙江南部百山祖海拔1700 m以上地带。

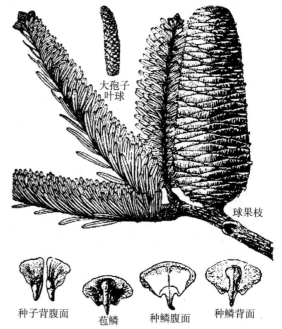

图7-44 百山祖冷杉

(2) 油杉属(*Keteleeria*)。常绿乔木,枝条不规则互生,小枝基部有宿存芽鳞。侧枝上的叶通常排成两列,两面中脉隆起,下面有2条气孔带,树脂道2个,边生。球果直立,当年成熟,种鳞宿存。油杉属共有11种,2种产于越南,其余均为我国特有种。常见的有云南油杉(*K. evelyniana*),叶条形,在侧枝上排成两列。

(3) 黄杉属(*Pseudotsuga*)。常绿乔木,大枝不规则轮生,小枝具微隆起的叶枕。叶条形,扁平,螺旋状着生,基部窄而扭转排成2列,下面中脉隆起,有2条白色或灰绿色气孔带,树脂道2个,边生。球果下垂,种鳞宿存,苞鳞显著露出。黄杉属约有18种,我国产5种,引入栽培2种。常见的有黄杉(*P. sinensis*),球果下垂,苞鳞外露,种翅较种子长,我国特有树种。

(4) 铁杉属(*Tsuga*)。常绿乔木,小枝具隆起的叶枕,基部具宿存芽鳞。叶条形,扁平,螺旋状着生,下面中脉隆起,有2条灰白色或灰绿色气孔带,树脂道1个。球果当年成熟。种鳞薄木质,宿存,苞鳞短小,不露出。本属约有14种,我国有5种3变种,分布于秦岭以南及长江以南各省份,均为珍贵的用材树种。常见的有铁杉(*T. chinensis*),树皮深纵裂,小枝细,常下垂。

(5) 云杉属(*Picea*)。常绿乔木,小枝有显著隆起的叶枕。叶四棱状条形或条形,无柄。孢子

叶球单性同株，球果下垂。种鳞宿存，苞鳞短小。本属约有40种，我国有16种，引种栽培2种，常形成大面积的天然林，为我国主要的林业资源之一。常见的有云杉（*P. asperata*），一年生枝黄褐色或淡黄褐色，多少有白粉，叶横切面四棱形，为我国特有树种，产陕西、甘肃及四川。鱼鳞云杉（*P. jezoettsis* var. *microsperma*），树皮暗褐色或灰褐色，鳞状剥裂，产我国东北。

（6）银杉属（*Cathaya*）。常绿乔木，枝分长、短枝。叶条形扁平，上面中脉凹陷，在枝顶排列紧密成簇生状，在下部则排列疏散。球果腋生，初直立后下垂，种鳞远较苞鳞大，宿存。仅银杉（*C. argyrophylla*）（图7-45）1种，是特产于我国的第三纪孑遗树种，分布于广西及四川，材质优良，供建筑、家具等用材。

（7）落叶松属（*Larix*）。落叶乔木，枝有长枝和距状短枝之分。叶条状扁平，在长枝上螺旋状散生，在短枝上簇生。孢子叶球单生于短枝顶端，球果直立，当年成熟，种鳞革质，宿存。种子上部具膜质长翅。本属约有18种，我国产10种，常形成纯林。常见的有华北落叶松（*L. principis-rupprechtii*），为我国华北地区高山针叶林的主要树种。落叶松（*L. gmelinii*），小枝不下垂，球果卵圆形或椭圆形，苞鳞较种鳞短，为我国东北林区的主要森林树种。红杉（*L. potaninii*），小枝下垂，球果圆柱形或卵状圆柱形，苞鳞较种鳞长，显著露出，为我国特有树种，产于甘肃、陕西及四川。

（8）金钱松属（*Pseudolarix*）。落叶乔木。枝有长枝与短枝之分，短枝距状。叶条形，柔软，扁平，在长枝上螺旋状散生，在短枝上簇生，辐射平展呈盘状。小孢子叶球穗状，数个簇生。球果当年成熟，种鳞木质，成熟后脱落，种子有宽大种翅。仅有金钱松（*P. kaempferi*）（图7-46）1种，为我国特有，树姿优美，秋叶金黄，为著名观赏树种。

（9）雪松属（*Cedrus*）。常绿乔木，枝有长枝和短枝之分。叶针形，坚硬，通常三棱形，或背脊明显而呈四棱形。球果第二年（稀第三年）成熟，熟后种鳞从宿存的中轴上脱落，种子有宽大膜质的种翅。本属有4种，我国有雪松（*C. deodard*）1种，树形美观，广泛栽作庭园树种。

（10）松属（*Pinus*）。常绿乔木，稀灌木。冬芽显著。叶有两型，长枝生膜质鳞叶，短枝生绿

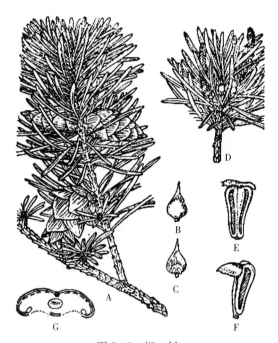

图7-45 银 杉
A. 球果枝　B、C. 苞鳞背、腹面
D. 小孢子叶球枝　E、F. 小孢子囊　G. 叶的横切面
（引自吴国芳等，1992）

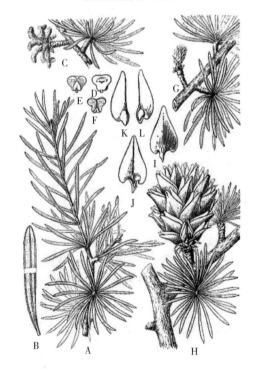

图7-46 金钱松
A. 长短枝及叶　B. 叶背面　C. 小孢子叶球枝
D~F. 花粉　G. 大孢子叶球枝　H. 球果枝
I. 种鳞背面及苞鳞　J. 种鳞腹面　K、L. 种子
（仿任宪威，1997）

色针叶,针叶常2、3或5针一束,生于短枝顶端。孢子叶球单性同株,小孢子叶球多数,集生于新枝下部;大孢子叶球单生或2~4个生于新枝近顶端。球果第二年(稀第三年)秋季成熟,种鳞木质,宿存,种子上部具长翅。本属有80余种,我国产22种,几乎遍布全国,为我国森林中的主要树种。根据针叶内维管束的数目,本属又可分为单维管束亚属和双维管束亚属。

①单维管束亚属:木材软,色淡。叶鞘早落,针叶基部的鳞叶不下延。叶内有1条维管束。常见的有白皮松(*P. bungeana*),小枝无毛,针叶3针一束,横切面扇状三角形,树脂道6~7个边生,我国特有。红松(*P. koraiensis*),小枝密被柔毛,针叶5针一束,横切面近三角形,树脂道3个中生,产于我国东北。华山松(*P. armandii*),小枝无毛,针叶5针一束,横切面三角形,树脂道常3个中生,产于我国山西、陕西、河南、四川及云南等省份的山地。

②双维管束亚属:木材硬,色深。叶鞘宿存,针叶基部的鳞叶下延。叶内有2条维管束。鳞脐背生,种子上部具长翅。常见的有油松(*P. tabulaeformis*),针叶2针一束,较短而硬,我国特有树种,产于华北、东北等地。马尾松(*P. massoniana*),针叶2针一束,较长而柔,分布于我国长江流域以南,是当地重要的荒山造林树种。黄山松(*P. tairaanensis*),针叶2针一束,我国特有树种,产于台湾、安徽、福建、浙江及江西等地海拔600~2800 m的山地。黑松(*P. thunbergii*),针叶2针一束,粗硬,原产日本、朝鲜,我国辽宁及华东各省份引种栽培,为造林和庭园观赏树种。

松科植物的主要特征为针形叶或条形叶,叶及种鳞螺旋状排列,种鳞与苞鳞离生,每种鳞具2粒种子等。

杉科

3. 杉科(Taxodiaceae) 常绿或落叶乔木,大枝轮生或近轮生。叶螺旋状散生,稀交互对生,披针形、钻形、鳞状或条形,叶同型或二型。孢子叶球单性同株,小孢子叶和珠鳞均螺旋状着生;小孢子囊多于2个,小孢子无气囊;珠鳞与苞鳞半合生(仅顶部分离),珠鳞的腹面基部有2~9枚直立或倒生胚珠。球果当年成熟,熟时张开。种子扁平或三棱形,周围或两侧有窄翅。

本科有10属16种,主要分布于北半球;我国产5属7种,引入栽培4属7种,分布于长江流域及秦岭以南各省份。

我国杉科5属的分属检索表如下:

1. 叶常绿性;无冬季脱落的小枝;种鳞木质或革质
  2. 种鳞扁平,革质;叶条状披针形,叶缘有锯齿 ·· 杉木属 *Cunninghamia*
  2. 种鳞盾形,木质;叶钻形 ··· 柳杉属 *Cryptomeria*
1. 叶脱落性或半常绿;具冬季脱落的小枝;种鳞木质
  3. 叶和种鳞均螺旋状着生;叶异型,钻形、条形或鳞形
    4. 小枝绿色,冬季脱落或不脱落;种子椭圆形 ·· 水松属 *Glyptostrobus*
    4. 小枝淡黄褐色,冬季脱落;种子不规则三角形 ··· 落羽杉属 *Taxodium*
  3. 叶和种鳞均对生;叶条形,排成2列;种子扁平 ·· 水杉属 *Metasequoia*

(1) 杉木属(*Cunninghamia*)。常绿乔木。叶条状披针形,边缘有锯齿,螺旋状着生,叶的上、下两面均有气孔线。苞鳞与珠鳞的下部合生,螺旋状排列,苞鳞大,珠鳞小,先端3裂,腹面基部生3枚胚珠。球果近球形或卵圆形,种子两侧具窄翅。本属有2种,为我国特产。杉木(*C. lanceolaga*)(图7-47),叶革质,在主枝上辐射伸展,在侧枝上叶基扭转排成2列,下面中脉两侧各有1条白色气孔带,种子两侧边缘有窄翅。杉木是我国长江流域、秦岭以南地区栽培最广、生长快、经济价值高的用材树种。台湾杉木(*C. konishii*),特产于我国台湾中部以北山区,为台湾省主要用材树种之一。

(2) 柳杉属(*Cryptomeria*)。常绿乔木。叶钻形,螺旋状排列略成5列,背腹隆起。小孢子叶球单生叶腋,大孢子叶球单生枝顶,每个珠鳞有2~5枚胚珠,苞鳞与珠鳞合生,仅先端分离,球果近球形,种子有极窄的翅。本属共2种,分布于我国及日本。柳杉(*C. fortunei*),叶先端向内弯

曲，种鳞较少，每种鳞有2粒种子，为我国特有树种。日本柳杉（*C. japonica*），叶先端微内曲，种鳞较多，每种鳞有2～5粒种子，原产日本。

（3）水松属（*Glyptostrobus*）。叶螺旋状着生，有3种类型：鳞形叶较厚，辐射伸展；条形叶薄，常排成2列；条状钻形叶，辐射伸展成3列。鳞形叶宿存，条形叶或条状钻形叶均于秋后连同侧生短枝一同脱落。球果直立，种鳞木质，能育种鳞有2粒种子。种子具向下生长的长翅。仅存水松（*G. pennsilis*）1种，我国特产，分布在华南、西南，各地栽培供观赏。

（4）落羽杉属（*Taxodium*）。主枝宿存，侧枝冬季脱落。叶螺旋状排列，异型；钻形叶在主枝上斜上伸展，宿存；条形叶在侧枝上排成2列，冬季与小枝一同脱落。小孢子叶球生于小枝顶端，常排成总状或圆锥状花序形。球果球形，能育种鳞有2粒种子，种子呈不规则三角形，有明显而锐利的棱脊。本属共有3种，原产北美洲及墨西哥，我国引种栽培2种。落羽杉（*T. distiehum*），叶条形，扁平，排成2列；原产北美洲，我国江南大部分地区栽培作工业用材林或生态保护林。池杉（*T. ascendens*），叶钻形，在枝上螺旋状伸展；原产北美洲，现已成为长江流域广大地区的优良造林树种。

（5）水杉属（*Metasequoia*）。落叶乔木。小枝对生或近对生。条形叶交互对生，基部扭转排成2列，冬季与侧生小枝一同脱落。球果下垂，种鳞木质，能育种鳞有5～9粒种子，种子扁平，周围有窄翅。仅存水杉（*M. glyptostroboides*）（图7-48）1种，为我国特有的中生代子遗植物，仅分布于四川石柱县、湖北利川县、湖南西北部等地，现各地普遍栽培。

杉科植物以种鳞和苞鳞半合生，种鳞具2～9粒种子，叶披针形、钻形、条形或鳞状，互生，螺旋状排列或2列（除水杉属对生外），小孢子无气囊等为特征。

4. 柏科（Cupressaceae） 常绿乔木或灌木。叶交互对生或3～4片轮生，稀螺旋状着生，鳞形或刺形，或同一树上兼有二型叶。孢子叶球单性，同株或异株。小孢子叶单生枝顶或叶腋，小孢子囊常多于2个，小孢子无气囊。珠鳞交互对生或4～8片轮生，珠鳞腹面基部有一至多枚直立胚珠，苞鳞与珠鳞完全合生。球果熟时开裂或合生成肉质浆果状。种子两侧具窄翅或无翅。

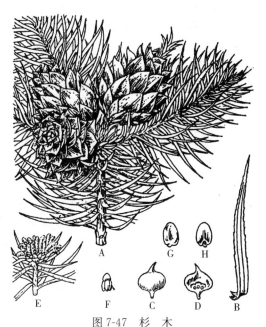

图7-47 杉 木
A. 球果枝 B. 叶 C. 苞鳞背面
D. 苞鳞腹面及珠鳞、胚珠 E. 小孢子叶球枝
F. 小孢子囊 G, H. 种子背、腹面
（引自强胜，2006）

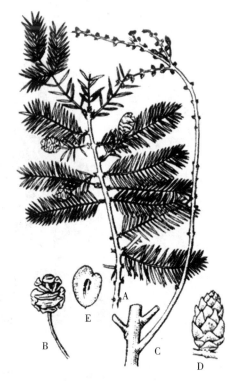

图7-48 水 杉
A. 球果枝 B. 成熟球果
C. 小孢子叶球枝 D. 小孢子叶球 E. 种子
（仿吴国芳等，1992）

本科共22属约150种，分布于南、北半球；我国产8属29种，几乎遍布全国，另引入栽培1

属 15 种。

我国柏科常见属的分属检索表如下：

1. 叶鳞形，生叶小枝扁平，呈压扁状；种鳞木质或革质，熟时开裂
   2. 种鳞扁平，背面顶部具倒钩尖头；球果当年成熟，种子无翅 ································· 侧柏属 Platycladus
   2. 种鳞盾状隆起，有或无尖头；球果次年成熟，种子有翅 ······································· 柏木属 Cupressus
1. 兼有鳞叶与刺叶或全为刺叶，生叶小枝非压扁状；种鳞肉质，熟时不开裂或仅顶端开裂
   3. 叶二型，鳞叶对生，刺叶轮生，基部下延，无关节；孢子叶球单生枝顶 ··························· 圆柏属 Sabina
   3. 刺叶3枚轮生，叶基不下延，有关节；球花单生叶腋 ·· 刺柏属 Juniperus

(1) 侧柏属（Platycladus）。小枝扁平，排成一平面，叶鳞形，交互对生。孢子叶球单性同株，单生于短枝顶端。大孢子叶球有4对交互对生的珠鳞，仅中部2对各生1~2枚直立胚珠。球果当年成熟，熟时开裂，种子无翅。仅有侧柏（P. qrientalis）（图7-49A~F）1种，中国特产，遍布全国。

(2) 柏木属（Cupressus）。小枝斜上伸展，四棱形或圆柱形。叶鳞形，交叉对生，排成4行，幼苗或萌生枝的叶为刺形。孢子叶球单性同株，单生枝顶。球果第二年成熟，熟时种鳞张开，种子具棱，两侧有窄翅。本属约有20种，我国产5种，引入栽培4种。常见的有柏木（C. funebris），小枝圆柱形，下垂，排成一平面，种鳞4对；我国特有种，分布广，华东、西南、甘肃、陕西等地均产。

(3) 圆柏属（Sabina）。叶刺形或鳞形，或同一植株上兼有鳞形及刺形叶。冬芽不显著。孢子叶球单性异株或同株，单生于枝顶。球果熟时种鳞愈合，肉质，不张开。种子无翅。本属约50种，我国产15种，引入栽培2种。常见的有圆柏（S. chinensis）（图7-49G~K），叶二型，幼树叶多为刺形，3叶轮生，稀交互对生，老树叶多为鳞形，交互对生，壮龄树兼有刺形叶与鳞形叶；球果球形，被白粉；原产我国，分布于华北、华东、西南及西北等省份。

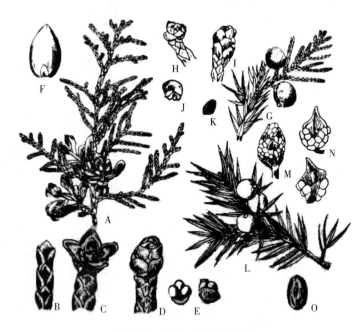

图7-49 侧柏、圆柏和刺柏
A~F. 侧柏（A. 球果枝 B. 鳞叶枝 C. 大孢子叶球 D. 小孢子叶球 E. 小孢子叶腹背面观 F. 种子）
G~K. 圆柏（G. 球果枝 H. 大孢子叶球 I. 小孢子叶球 J. 小孢子叶 K. 种子）
L~O. 刺柏（L. 球果枝 M. 小孢子叶球 N. 小孢子叶 O. 种子）
(引自周云龙，2002)

(4) 刺柏属（Juniperus）。冬芽显著。叶全为刺形，3叶轮生，基部有关节。大孢子叶球有3枚轮生的珠鳞，胚珠3枚。球果近球形，浆果状，熟时种鳞合生，肉质，不张开。种子无翅。本属

有10余种，我国产3种，引入栽培1种。常见的有刺柏（*J. formosana*）（图7-49 L～O），冬芽显著，刺形叶，3叶轮生，基部有关节；我国特产，分布广。

本科植物在我国常见的还有福建柏（*Fokienia hodginsii*），为我国特产，分布于福建、浙江等省份。日本花柏（*Chamaecyparis pisifera*）和日本扁柏（*C. oblusa*）均引自日本，作观赏树。

柏科植物以二型叶，叶对生或轮生，种鳞和苞片完全合生，珠鳞交互对生或4～8片轮生，胚珠直立等为特征。

5. 罗汉松科（Podocarpaceae） 叶条形或披针形。孢子叶球单性异株，稀同株；小孢子叶球穗状，每个小孢子叶生2个花粉囊，小孢子有气囊；大孢子叶球单生叶腋或苞腋，基部有数枚苞片，最上有1套被（大孢子叶），内生1枚倒生胚珠，套被与珠被合生，花后套被肉质化成假种皮，苞片发育成肉质种托。种子当年成熟，核果状，珠被发育为骨质种皮，种子为肉质假种皮所包，生于肉质种托上。

罗汉松科

本科共8属约130种，分布于热带、亚热带及南温带地区，在南半球分布最多；我国产2属14种，分布于长江以南各省份。

（1）罗汉松属（*Podocarpus*）。大孢子叶球生于叶腋或苞腋，套被与珠被合生，种子当年成熟，核果状，常有梗，全部为肉质假种皮所包，常生于肉质肥厚的种托上。本属约有100种，我国有13种3变种，分布于长江以南各省份和台湾省。常见的有罗汉松（*P. macrophyllus*）（图7-50），叶条状披针形，中脉显著隆起，种子卵圆形，成熟时呈紫色，颇似秃顶的头，而其下的肉质种托膨大呈紫红色，仿佛罗汉袈裟，故名罗汉松。竹柏（*P. nagi*），叶厚，革质，无中脉。鸡毛松（*P. imbricatus*），叶小，两型，钻状条形叶排成两列，鳞形叶覆瓦状排列。

（2）陆均松属（*Dacrydium*）。大孢子叶球生于小枝顶端，套被与珠被离生。种子坚果状，仅基部为杯状肉质或较薄而干的假种皮所包，苞片不增厚成肉质种托。本属约有20种，我国仅有陆均松（*D. pierrei*）1种，产海南省。

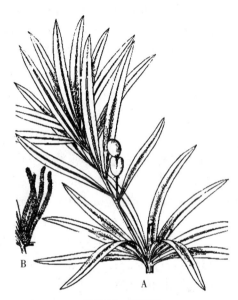

图7-50 罗汉松
A. 种子枝 B. 小孢子叶球
（仿吴国芳等，1992）

6. 三尖杉科（粗榧科，Cephalotaxaceae） 叶条形或条状披针形，交互对生，在侧枝基部扭转排成两列。孢子叶球单性异株，稀同株；小孢子叶球6～11聚生成头状，每个小孢子叶球由4～16个小孢子叶组成，各具2～4个（通常为3个）小孢子囊，小孢子球形，无气囊；大孢子叶变态为囊状珠托，生于小枝基部苞片的腋部，成对组成大孢子叶球，3～4对交互对生的大孢子叶球组成大孢子叶球序。种子第二年成熟，核果状，全部包于由珠托发育成的肉质假种皮中，外种皮质硬，内种皮薄膜质。

本科仅有三尖杉属（粗榧属，*Cephalotaxus*）1属9种，我国产7种3变种。常见的有三尖杉（*C. fortunei*）（图7-51），叶较长，小孢子叶球有明显的总梗，为我国特有树种，分布广。粗榧（*C. sinensis*），叶较短，小孢子叶球总梗不明显，为

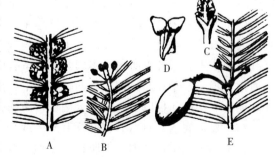

图7-51 三尖杉
A. 小孢子叶球枝 B. 大孢子叶球枝 C. 大孢子叶球
D. 大孢子叶球上的苞片及胚珠 E. 种子枝
（仿任宪威，1997）

我国特有的第三纪孑遗植物，分布于长江流域以南及河南、陕西和甘肃等省份。

7. 红豆杉科（Taxaceae） 叶条形或披针形，螺旋状排列或交互对生，腹面中脉凹陷，叶背中脉凸起，两侧各有 1 条气孔带。孢子叶球单性异株，稀同株；小孢子叶球单生叶腋或苞腋，或组成穗状花序聚生于枝顶，小孢子叶多数，各有 3~9 个小孢子囊，小孢子球形，无气囊；大孢子叶球单生或 2~3 对组成球序，生于叶腋或苞腋，基部具多数苞片，胚珠 1 枚，生于盘状或漏斗状珠托内。种子核果状或坚果状，包于肉质而鲜艳的假种皮中。

本科有 5 属约 23 种，主要分布于北半球；我国有 4 属 12 种。

我国红豆杉科常见属的分属检索表如下：

1. 叶上面中脉明显；种子生于杯状或囊状假种皮中，上部或顶端尖头露出
  2. 叶交互对生，叶内有树脂道；小孢子叶球组成穗状花序 ………………………………… 穗花杉属 *Amentotaxus*
  2. 叶螺旋状着生，叶内无树脂道；小孢子叶球不组成穗状花序
    3. 小枝不规则互生；种子成熟时肉质假种皮红色 ………………………………………… 红豆杉属 *Taxus*
    3. 小枝近对生或轮生；种子成熟时肉质假种皮白色 ……………………………………… 白豆杉属 *Pseudotaxus*
1. 叶上面中脉不明显；种子全部包于囊状肉质假种皮中 ………………………………………… 榧树属 *Torreya*

（1）红豆杉属（紫杉属，*Taxus*）。小枝不规则互生。叶条形，螺旋状着生，背面有两条淡黄色或淡灰绿色的气孔带。孢子叶球单生叶腋。种子当年成熟，坚果状，生于杯状肉质的假种皮中，上部露出，成熟时肉质假种皮红色。本属约有 11 种，我国有 4 种，广布全国。常见的有红豆杉（*T. chinensis*）（图 7-52），常绿，叶较稀疏，在枝上排成 2 列，假种皮肉质红色，为我国特有的第三纪孑遗植物。树皮含紫杉醇，为抗癌特效药；树形美观，栽作庭园树。东北红豆杉（*T. cuspidata*），叶密生，在枝上排列成不规则 2 列。树皮也含紫杉醇。

（2）白豆杉属（*Pseudotaxus*）。本属与红豆杉属的主要区别是小枝近对生或近轮生。叶背面有两条白色气孔带，种子成熟时，肉质假种皮白色。仅有白豆杉（*P. chienii*）1 种，为我国特有的单属种，产于浙江、湖南、广东、广西等省份。

（3）穗花杉属（*Amentotaxus*）。叶交互对生，有树脂道。小孢子叶球多数，聚生成穗状花序状，常 2~4 穗生于近枝顶之苞腋；大孢子叶球单生于新枝的苞腋或叶腋，有长梗。种子除顶端尖头裸露外，全为

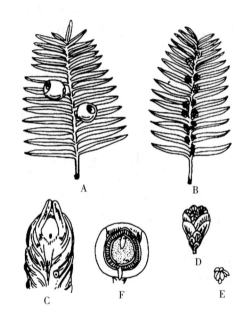

图 7-52 红豆杉
A. 具大孢子叶球的枝　B. 具小孢子叶球的枝
C. 大孢子叶球纵切　D. 小孢子叶球
E. 小孢子叶　F. 具假种皮的种子纵切
（引自吴国芳等，1992）

鲜红色肉质囊状假种皮所包。本属为我国特有属，共 3 种。穗花杉（*A. argotaenia*），穗状小孢子叶球通常 2 穗，产于江西、四川、西藏及华中、华南等地。云南穗花杉（*A. yunnanens*），穗状小孢子叶球通常 4 穗或 4 穗以上，产于云南。台湾穗花杉（*A. formosana*），产台湾省南部。

（4）榧树属（*Torreya*）。叶交互对生或近对生，先端有刺状尖头；叶上面中脉不明显，背面有两条较窄的气孔带；叶内有树脂道。小孢子叶球单生叶腋；大孢子叶球两个成对生于叶腋，胚珠 1 个，生于漏斗状的珠托上。种子第二年成熟，核果状，全部包于肉质假种皮中。榧属共 7 种，我国产 4 种，引入栽培 1 种。常见的有香榧（榧树，*T. grandis*），叶先端有凸起的刺状短尖头，为我国特有树种，优良用材树种，种子为著名的干果（香榧）。日本榧（*T. nucifera*），叶先端有较长的刺状尖头，原产日本，各地引种栽培供观赏。

(四) 买麻藤纲 (Gnetopsida)

灌木、藤本，稀为乔木。次生木质部具有导管，无树脂道。叶对生或轮生，叶膜质鞘状、绿色扁平或肉质带状。孢子叶球单性，或有两性的痕迹，孢子叶球有类似于花被的盖被，故有人称为盖子植物纲 (Chlamydospermae)；胚珠 1 枚，珠被 1~2 层，具珠孔管 (micropylar tube)；精子无纤毛；颈卵器极其退化或无；成熟大孢子叶球球果状、浆果状或穗状。种子包于由盖被发育而成的假种皮中，种皮 1~2 层，胚乳丰富。

本纲共 3 目 3 科 3 属约 80 种，我国有 2 目 2 科 2 属 19 种，几乎遍布全国。买麻藤纲植物起源于新生代。茎内次生木质部有导管，孢子叶球有盖被，胚珠包裹于盖被内，许多种类有多核胚囊而无颈卵器，这些特征是裸子植物中最进化类群的性状。

1. 买麻藤科 (Gnetaceae) 常绿木质大藤本，茎节膨大。单叶对生，革质或半革质，具羽状侧脉及网状细脉，极似双子叶植物。孢子叶球单性，异株，稀同株；孢子叶球序伸长成穗状，具多轮总苞，由多数苞鳞愈合而成。小孢子叶球序单生，或数个组成顶生或腋生的聚伞花序状，小孢子叶球具管状盖被。大孢子叶球序每轮总苞内有 4~12 个大孢子叶球，各具 2 层盖被，外盖被极厚，是由 2 个盖被片合生而成，内盖被是外珠被，珠被的顶端延长成珠孔管，不形成颈卵器。种子核果状，包于红色或橘红色的肉质假种皮中，胚乳丰富。

本纲仅买麻藤属 (*Gnetum*) 1 属 30 余种，我国有 7 种。常见的有买麻藤 (倪藤，*G. montanum*) (图 7-53)，大藤本，长达 10 m 以上，叶较宽大，呈矩圆形，产于云南南部及广西、广东海拔 1 600~2 000 m 地带的森林中，缠绕于树上。

图 7-53 买麻藤
A. 具小孢子叶球序的分枝 B. 种子枝
(仿周云龙，2002)

2. 麻黄科 (Ephedraceae) 灌木、亚灌木或草本状，多分枝，小枝对生或轮生，具节，节间有多条细纵槽纹，横断面常有棕红色髓心。叶退化成膜质，对生或轮生，2~3 片合生成鞘状，先端具三角状裂齿。孢子叶球单性异株，稀同株；小孢子叶球单生，或数个丛生，或 3~5 个成复穗状，基部具 2 片膜质盖被及细长的柄，柄端着生 2~8 个小孢子囊；大孢子叶球有数对交互对生或 3 枚轮生的苞片，仅顶端 1~3 枚苞片生有 1~3 枚胚珠，每个胚珠均由 1 层较厚的囊状盖被包围，胚珠具 1~2 层膜质珠被，珠被上部 (2 层者仅内被) 延长成珠孔管。种子成熟时，盖被发育为革质或稀为肉质的假种皮，大孢子叶球的苞片有的肉质，呈红色、橘红色或橙黄色，浆果状，俗称麻黄果；有的则干膜质甚至木质化。

本纲仅麻黄属 (*Ephedra*) 1 属约 40 种，我国有 12 种 4 变种，除长江中下游及珠江流域各省份外，其余各地都有分布，以西北各地及云南、四川等地种类较多，常生于干旱山地或荒漠中。常见的有草麻黄 (*E. sinica*) (图 7-54)，无直立木质茎，呈草本状，节间较长，是提取麻黄碱的主要植物。木贼麻黄 (*E. equisetina*)，直立

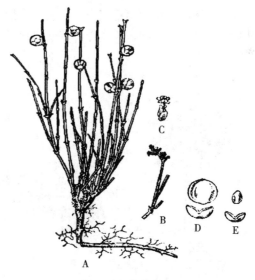

图 7-54 草麻黄
A. 大孢子叶球植株 B. 小孢子叶球植株
C. 小孢子叶球的一对苞片及小孢子囊
D. 大孢子叶球及苞片 E. 种子及苞片
(引自吴国芳等，1992)

木质茎，呈灌木状，节间细而较短。

四、裸子植物的演化和发展

裸子植物是介于蕨类植物与被子植物之间的一群高等植物，它们由蕨类植物演化而来，现代的苏铁和银杏等原始类型有多数具鞭毛的游动精子，为裸子植物起源于蕨类植物提供了论据。据推测裸子植物可能起源于同型或异型孢子囊类的古代原始类群，即原裸子植物（progymnosperm）。

最早的原裸子植物化石是发现于泥盆纪中期的无脉蕨属（$Aneurophyton$）（图7-55 A），该属植物为乔木，树高13 m；茎粗，茎顶端有1个由许多分枝组成的树冠，它的末级"细枝"形状就像分叉的叶片，但无叶脉；孢子囊小而呈卵形，生于末级"细枝"之上；茎干内部具次生木质组织，由具缘纹孔的管胞组成；没有发达的主根，只有许多细弱的侧根。泥盆纪晚期特有的原裸子植物的代表是较为进化的古蕨属（$Archaeopteris$）（图7-55B），该属植物的根系较无脉蕨属植物的发达；乔木，树高达25~35 m，树干直径达1.6 m，具有次生生长的组织，输导组织中的木质成分是具缘纹孔的管胞，茎干顶端为由枝叶组成的树冠；侧枝上的末级分枝交互对生并扁化成营养叶；孢子囊在能育羽状叶的近轴面排成两列，孢子同型或异型。原裸子植物在泥盆纪晚期绝灭，它们具有孢子、羽状复叶和具缘纹孔的管胞等特征，被认为与裸子植物的祖先有关。但是它们没有胚珠和种子，大概是原始蕨类向原裸子植物演化的低级的过渡类型。

由原裸子植物进一步演化为具胚珠和种子的原始裸子植物——种子蕨（Pteridospermae）。种子蕨最早发现于泥盆纪，繁盛于石炭纪，少数植物延续到三叠纪晚期。最著名的代表是1903年英国古植物学家发现的凤尾松蕨（$Lyginopteris\ oldhamia$）（图7-56），大型多回羽状复叶，叶轴上部分二叉；茎细，髓大，有形成层，维管束由次生木质部和次生韧皮部组成；以种子进行繁殖，小型的种子外有1杯状包被，包被表面生有腺体。在石炭纪、二叠纪的化石中，还发现以髓木属（$Medullosa$）为代表的植物，也是当时北半球广泛分布的种子蕨。我国地质史上也有许多种子蕨生长，如大羽蕨属（$Gigantopteris$）植物的叶具有"复杂的网状脉序"，是迄今所知具有这种脉序的先驱者。种子蕨作为最原始的裸子植物具有以下特征：①形成种子，但没有花；②种子中没有发现发育完善的胚；③在胚珠的储粉室中，只发现花粉，没发现花粉管。所以，种子蕨是介于蕨类植物和裸子植物之间的重要类型，并成为许多现代裸子植物的起点。

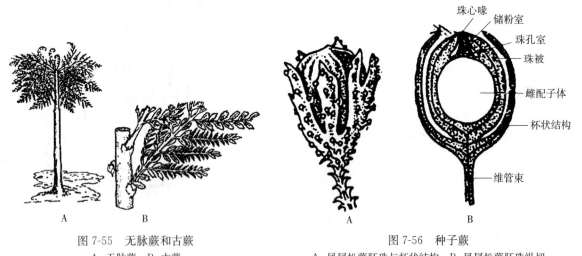

图7-55 无脉蕨和古蕨
A. 无脉蕨 B. 古蕨
（引自吴国芳等，1992）

图7-56 种子蕨
A. 凤尾松蕨胚珠与杯状结构 B. 凤尾松蕨胚珠纵切
（仿吴国芳等，1992）

拟铁树植物（Cycadeoideinae）即本内铁树（Bennettitinae）和科得狄植物的发现，对由种子蕨植物直接演化出来的铁树植物和一些古植物，具有重要意义。

拟铁树植物是直接起源于髓木类的种子蕨植物。拟铁树属（*Cycadeoidea*）（图 7-57），植物体矮小；茎块状或柱状，表面覆满脱落的叶基，解剖构造具髓、维管组织及皮层，茎顶端有 1 丛羽状复叶；孢子叶球两性，孢子叶下部为螺旋状排列的苞片，其上为 1 轮大型羽状的小孢子叶，基部相连成盘，小孢子囊排成两列，每个小孢子囊又分数室，为聚合囊；每个大孢子叶只有 1 个短柄和 1 个顶生的胚珠夹于大孢子叶之间，另一种苞片棒形，顶端膨大，成为间生鳞片（interseminal scale）；种子无胚乳，胚含有 2 片子叶。拟铁树属植物极似铁树植物，但孢子叶球两性，成熟种子无胚乳，这在裸子植物中颇为特殊。因此，被认为是和某些具有两性结构的裸子植物的起源有关的一群古植物。

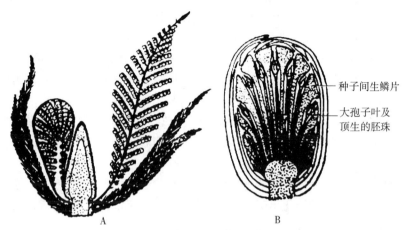

图 7-57　拟铁树属
A. 孢子叶球纵切　B. 大孢子叶球纵切
（引自吴国芳等，1992）

科得狄植物（图 7-58），高大乔木，茎粗一般不超过 1 m，茎干的内部构造和种子蕨相似。木材发达致密，木质部或薄或厚，通常无年轮，具较大的片状髓；根系发达；树冠庞大，单叶全缘，具许多粗细相等、分叉的几乎平行的叶脉；大、小孢子叶球分别组成松散的孢子叶球序，小孢子叶球基部有多数不育苞片，小孢子叶由小孢子叶柄和小孢子囊组成。大孢子叶的结构和小孢子叶相似，基部具不育苞片，胚珠顶生，珠心和珠被完全分离；有胚珠，但没有真正的种子，有储粉室，内有花粉，但未发现花粉管。科得狄植物具胚珠，叶的形态和结构等类似种子蕨，而茎的构造和孢子叶球等又类似裸子植物，在裸子植物的起源和系统发育上具有重要的意义。

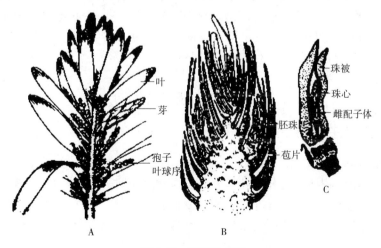

图 7-58　科得狄植物
A. 小枝　B. 大孢子叶球纵切　C. 胚珠纵切
（引自吴国芳等，1992）

根据地质年代的历史记载和古植物学的研究，将现代裸子植物的演化和发展概述如下：

苏铁纲植物起源于古生代二叠纪或石炭纪，繁盛于中生代，是现代裸子植物最原始的类群。各种特征证明与种子蕨关系密切，由种子蕨演化而来。

银杏纲植物可能直接起源于前裸子植物，与石炭纪出现的二歧叶属（*Dichophyllum*）、早二叠纪的毛状叶属（*Trichopitys*）、晚二叠纪的拟银杏属（*Ginkgoites*）及三叠纪的楔银杏属（*Sphenobaiera*）等关系密切。银杏可能是由上述某种植物演化而来，至少与其有共同的祖先。

松柏纲植物是现代裸子植物中种、属最多的类群。植物体的形态、结构比铁树类、银杏类更能适应寒冷、干旱的陆生环境；受精方式进化，花粉萌发产生花粉管，精子不具鞭毛。松柏纲植物与科得狄植物有许多相似之处，可能是从科得狄植物直接演化而来。

买麻藤纲植物在现代裸子植物中是完全孤立的一群。现存3个属，即麻黄属、买麻藤属、百岁兰属，它们关系不密切，各自形成3个独立的科和目。它们的外形和生活环境相差很大，地理分布遥远；但可以看到生殖器官由两性到单性、雌雄同株到异株的发展趋势，属于比较退化和特化的类型。根据其植物体结构具明显的分节，被认为与木贼类植物有一定的亲缘关系；根据其孢子叶球结构来看，可能是强烈退化和特化了的拟铁树植物的后裔；但是买麻藤纲植物具有导管、精子无纤毛、颈卵器趋于消失、受精作用在雌配子体自由核状态下进行等特征，又与被子植物极其相似。

裸子植物在漫长的历史过程中，随着地史和气候的多次重大变化，种系发生多次演替更新，老的种系相继灭绝，新的种系陆续演化出来，并沿着不同的进化路线不断地更新、发展、繁衍至今。

五、裸子植物在自然界的作用及经济价值

裸子植物是构成近代地球上植被的重要类群之一，在北半球的大面积森林植被中，80％以上是裸子植物。欧洲、北美洲许多国家的森林大都是针叶林，日本、俄罗斯和我国的主要林区也多由裸子植物组成。裸子植物的很多种类是我国温带和亚热带针叶林和针阔叶混交林的建群种或优势种，如南方的马尾松、东北的红松和落叶松、横断山脉的冷杉和云杉等。裸子植物作为森林生态系统的重要组成部分，发挥着重要的生态作用。另外，裸子植物较耐寒冷，对土壤要求不严，适于荒山造林，而且是河流上游水土保持的重要树种。

裸子植物多数种类材质优良，是重要的材用树种，广泛用于建筑、铁路、舟车、家具等；裸子植物也是重要的工业原料，可提取松香、松节油、栲胶、纸浆、芳香油、燃料、染料等；一些裸子植物可供食用或药用，如银杏、华山松、红松和榧树的种子是著名的干果，麻黄、银杏、三尖杉、红豆杉等是传统的药材；多数裸子植物都是常绿树，树姿优美，是重要的绿化和观赏树种，如苏铁、银杏、雪松、油松、金钱松、水杉、柳杉、侧柏、圆柏、罗汉松、南洋杉等，而雪松、金钱松、日本金松、南洋杉和巨杉被誉为世界五大庭园树种。

第七节 被子植物

一、被子植物的主要特征

（一）具有真正的花

典型被子植物的花由花梗、花托、花被、雄蕊群和雌蕊群5部分组成，各个部分称为花部。花被的出现为增强传粉效率、达到异花传粉的目的创造了条件。被子植物花的各部分在进化过程中能够适应虫媒、风媒、鸟媒、兽媒或水媒等各种传粉方式，从而使被子植物能适应各种不同的环境。

（二）具雌蕊，形成果实

雌蕊由心皮发育而成，包括柱头、花柱和子房三部分。胚珠包藏在子房内，得到子房保护，避

免了昆虫咬噬和水分丧失。子房受精后发育为果实，具有不同的色、香、味和多种开裂方式；果实上常具有各种钩、刺、翅、毛，这些特点对于保护种子成熟和传播起重要作用。

(三) 具双受精现象

两个精子由花粉管进入胚囊后，1个与卵细胞结合形成合子，发育为2N的胚，另1个与2个极核结合形成3N的胚乳，这种具有双亲特性的胚乳，使新植物体具有更强的生活力。

(四) 孢子体高度发达

被子植物的孢子体在生活史中占绝对优势，在形态、结构、生活型等方面都比其他各类群更加完善和多样。从生活型来看，有水生、沙生、石生和盐碱生的植物；有自养类型，也有附生、腐生和寄生类型；有乔木、灌木、藤本植物，也有一年生、二年生及多年生的草本植物。在形态上，一般有合轴分枝以及大而阔的叶片。在解剖构造上，木质部具有导管，韧皮部具有筛管和伴胞，输导作用更强。

(五) 配子体进一步退化

被子植物的配子体结构简单，小孢子（单核花粉）发育成雄配子体，大部分成熟的雄配子体仅有2个细胞（2核花粉），其中1个为营养细胞，1个为生殖细胞；少数植物在传粉前生殖细胞分裂一次，产生2个精子，所以这类植物的雄配子体为3核的花粉。大孢子发育为成熟的雌配子体（胚囊），通常只有7个细胞［3个反足细胞、1个中央细胞（包括2个极核）、2个助细胞、1个卵细胞］。颈卵器消失。可见，被子植物的雌、雄配子体均无独立生活能力，寄生在孢子体上，结构比裸子植物更加简化。

由于被子植物具备上述在适应陆生环境过程中形成的各种优越条件，使得它们在地球上飞速发展，成为植物界最繁茂的类群。

二、被子植物的形态学分类原则

被子植物的分类原则，主要依据植物各器官的形态学特征（根、茎、叶、花、果实、种子及其附属物）作为分类标准，特别是生殖器官的形态结构已成为植物分类学上的重要依据。

植物器官的形态演化，通常是由简单到复杂、由低级到高级，但在器官分化及特化的同时，伴随着简化的现象。例如，裸子植物未发展出花被，被子植物通常有花被，也有某些类型失去花被。根、茎器官的组织也是由简单逐渐变复杂，但在草本类型中又趋于简化。这个由简单到复杂，最后又由复杂趋于简化的变化过程，是植物有机体适应环境的结果。

基于上述认识，一般公认的形态构造的演化趋势和分类原则如表7-2所示。

表7-2 被子植物形态性状的演化趋势和分类原则

项目	初生的、原始的性状	次生的、较进化的性状
茎	1. 木本	1. 草本
	2. 直立	2. 缠绕
	3. 无导管，只有管胞	3. 有导管
	4. 具环纹、螺纹导管，梯纹穿孔，斜端壁	4. 具网纹、孔纹导管，单穿孔，平端壁
叶	5. 常绿	5. 落叶
	6. 单叶全缘，羽状脉	6. 叶形复杂化，掌状脉
	7. 互生（螺旋状排列）	7. 对生或轮生
花	8. 花单生	8. 花形成花序
	9. 有限花序	9. 无限花序
	10. 两性花	10. 单性花

(续)

项目		初生的、原始的性状	次生的、较进化的性状
花		11. 雌雄同株	11. 雌雄异株
		12. 花部呈螺旋状排列	12. 花部呈轮状排列
		13. 花的各部多数而不固定	13. 花的各部数目不多，有定数（3、4或5）
		14. 花被同形，不分化为萼片和花瓣	14. 花被分化为萼片和花瓣，或退化为单被花、无被花
		15. 花部离生（离瓣花、离生雄蕊、离生心皮）	15. 花部合生（合瓣花、具各种形式结合的雄蕊、合生心皮）
		16. 整齐花	16. 不整齐花
		17. 子房上位	17. 子房下位
		18. 花粉具单沟，二细胞花粉	18. 花粉具3沟或多孔，三细胞花粉
		19. 胚珠多数，二层珠被，厚珠心	19. 胚珠少数，一层珠被，薄珠心
		20. 边缘胎座、中轴胎座	20. 侧膜胎座、特立中央胎座及基底胎座
果实		21. 单果、聚合果	21. 聚花果
		22. 真果	22. 假果
种子		23. 种子有发育的胚乳	23. 无胚乳，种子萌发所需的营养物质储藏在子叶中
		24. 胚小，直伸，子叶2	24. 胚大，弯曲或卷曲，子叶1
生活型		25. 多年生	25. 一年生
		26. 绿色自养植物	26. 寄生、腐生植物

应用被子植物的分类原则进行分类时，不能孤立或片面地根据一两个性状，就给一种植物下进化还是原始的结论。首先，同一性状在不同植物中的进化意义不是绝对的，如两性花、多胚珠、胚小对大多数植物来说是原始的性状，但在兰科植物中，却是进化的表现。其次，各器官的进化是不同步的，常可见到；在同一植物体上，有些性状相当进化，另一些性状则保留原始性，而在另一些植物中恰恰相反。因此，不能一概认为没有某一进化性状的植物就是原始的，必须认识到这些原则的相对性。

第八节　植物的系统发育

一、植物的个体发育与系统发育

植物分类的基本单位是种，每个种又由无数个体组成。每一个体都有发生、生长、发育，以至成熟的过程，这一过程便称为个体发育（ontogeny）。在植物个体发育过程中，除外部形态发生一系列变化外，其内部结构也随之分化为成熟组织。

每种植物通过个体的生长发育不断繁衍后代，并通过遗传、变异和自然选择的规律演化出不同的植物种类。所谓的系统发育（phylogeny），是指某一个类群或整个植物界的形成、发展和进化的全过程。因此，无论是种还是其他各级分类单位的大、小类群都有它们各自的系统发育。例如考察整个植物界的发生与发展，便称之为植物界的系统发育；同样，也可以考察某个门、纲、目、科、属、种的系统发育。

在植物界系统发育的漫长过程中，有些种类趋于繁盛，并发生变异产生新的种类。而有些种类则被淘汰灭绝。这种演化是从几十亿年以前开始的，人们通过古代地质变迁所保留下来的古植物化石资料，和地球上现存的植物种类的个体发育，以及不同类型植物的形态结构、生理、生化、分子生物学和地理分布等方面的资料加以系统比较分析，探索它们之间的相互关系，并逐步了解这一过程，从而找出植物界过去发展所经历的道路（表7-3）。

表 7-3 地质年代与植物发展的主要阶段

地质年代	纪		距今大概的年数/亿年	植物进化情况	优势植物
新生代	第四纪		0~0.025	被子植物占绝对优势,草本植物进一步发展	被子植物时代
	第三纪	晚	0.025~0.25	经过几次冰期之后,森林衰落,草本植物发生,植物界面貌与现代相似	
		早	0.25~0.65	被子植物进一步发展,占优势,各地出现了大范围的森林	
中生代	白垩纪	晚	0.65~1.0	被子植物得到发展	裸子植物时代
		早	1.0~1.36	裸子植物衰退,被子植物兴起	
	侏罗纪		1.36~1.9	裸子植物占优势,被子植物出现	
	三叠纪		1.9~2.25	乔木蕨类继续衰退,真蕨类繁茂,裸子植物继续发展	
古生代	二叠纪	晚	2.25~2.4	裸子植物中的苏铁类、银杏类、针叶类繁茂	蕨类植物时代
		早	2.4~2.8	乔木蕨类开始衰退	
	石炭纪		2.8~3.45	乔木蕨类繁茂,种子蕨发展	
	泥盆纪	晚	3.45~3.6	裸蕨类逐渐消逝	裸蕨植物时代
		中	3.6~3.7	裸蕨类繁盛,苔藓出现	
		早	3.7~3.9	植物由水生向陆生演化,陆地上出现了裸蕨类植物,藻类植物仍占优势	
	志留纪		3.9~4.3		藻类时代
	奥陶纪		4.3~5.0	海产藻类占优势	
	寒武纪		5.0~5.7	初期出现真核藻类,后期出现与现代藻类相似的藻类类群	
元古代			5.7~25		
太古代	前寒武纪		25~32	蓝藻繁茂	
			32~35	原核生物出现	
			35~37	生命起源	
			35~38	化学进化	
			38~46	地壳形成,大气圈、水圈形成	

一般认为地球的年龄约为 46 亿年,地球在形成初期并无生命,经过约 10 亿年漫长的化学演化阶段,大约在 35 亿年前诞生了原始生命,最先出现的是细菌和蓝藻,它们的形态结构非常简单,没有细胞核、质体和其他细胞器,被称为原核生物。蓝藻的出现具有重大意义,它们通过光合作用,不仅增加了水中的溶解氧,也使大气中的氧气不断积累,而且逐渐在高空形成臭氧层,为其他喜氧植物的出现准备了条件。

在距今 14 亿~15 亿年前出现了真核藻类,它们有定型的细胞核和细胞器,这一转变在植物界的进化史上是一次巨大飞跃。由于细胞器的出现,使细胞内各部分的分工更为明确,从而提高了整个细胞生理活动的机能。

最初出现的真核生物,可能是生活在水中的鞭毛生物,它们是单细胞体,有一根或两根鞭毛,可以自由活动。有的鞭毛生物具有典型的色素体,这与细菌和蓝藻有很大不同。以后,由单细胞真核藻类又逐渐演化出丝状、群状和多细胞类型。自真核生物出现至 4 亿年前,是藻类急剧分化、发展和繁盛的时期,化石记录表明现代藻类中的主要门类在那时几乎均已产生,故把该时期称为藻类植物时代。

藻类植物在海洋中大量繁衍,它们在光合作用过程中释放出大量氧气,不仅使大气成分逐渐改变,也使海水中的含氧量增高,有利于海洋动植物的生存。另外,一部分氧气在大气上层形成了臭氧层,阻挡了杀伤力极强的紫外线辐射,使植物从海洋登上陆地成为可能。在志留纪晚期,一批生于水中的裸蕨类植物逐渐登上陆地，这是植物进化史上的又一次重大飞跃。登陆的裸蕨类植物进一步向适应陆生生活的方向演进，到了中生代的石炭纪，世界各地出现了参天茂密的蕨类植物森林，而早期出现的种类繁多的裸蕨类植物却在泥盆纪末期至石炭纪以前消失。因此，常把泥盆纪的早期和中期称为裸蕨植物时代。

从石炭纪到二叠纪早期是蕨类植物的鼎盛时期，大量蕨类遗体被埋于地下，日久形成煤层，成为现代人利用的重要能源。在泥盆纪中期，苔藓植物开始在陆地上出现，并以其独特的生活方式成功地适应陆生生活。

从二叠纪开始地球上出现了明显的气候带，许多地区变得不适于蕨类植物生长，多数蕨类开始走向衰亡，而裸子植物开始兴起并逐渐取代了蕨类，故把从二叠纪末期到白垩期早期的一段长达1.4亿年的时期称为裸子植物时代。

到了白垩纪晚期，地球上气候分带现象更趋明显，在第三纪时出现了几次冰川时期，气温大幅度下降，多数裸子植物不能适应气候的变化而逐渐消失，代之而起的是被子植物，到了第四纪被子植物占绝对优势，直至今日。因此，可以把从白垩纪晚期至今的一段地质年代称为被子植物时代。

二、植物系统发育的进化规律

（一）植物营养体的演化

植物营养体的形态和结构多种多样，但其演化方向总是遵循着由简单到复杂、由单细胞到群体再到多细胞个体、由低级到高级的规律。某些单细胞种类，如原核生物细菌和蓝藻，以及着生鞭毛能运动的衣藻，一个细胞执行所有的生理机能而独立生存。群体结构的植物是一种过渡类型，其表现有两种形式，一种是许多单细胞植物虽然生长在一起，但是每一个体生活仍是独立的，细胞之间的关系并不密切；另一种是细胞开始有了分化的趋势。多细胞的低等植物在形态与结构上发展成丝状体与叶状体，细胞开始有了初步分化，但没有复杂的生理功能分工和器官分化。

高等植物的营养体都是多细胞的，苔类植物一般为叶状体，有背腹之分，具有单细胞的假根。藓类植物具有辐射对称的拟茎叶体，内部细胞的形态与功能大致相同，组织比较简单，没有维管束的分化，假根为多细胞。蕨类植物的营养体有了更进一步的分化，具有真正的根、茎、叶等器官和较完善的组织构造，特别是具有了适应陆生生活的输导系统。种子植物的营养体更为多样化，内部构造也更趋完善。

（二）植物有性生殖方式的演化

原始低等的植物行营养繁殖和无性生殖。蓝藻和细菌的繁殖中未发现过有性生殖，它们只是以细胞直接分裂、丝状体断裂或产生内生孢子等营养繁殖或无性生殖的方式繁殖后代。而真核生物则普遍存在有性生殖。有性生殖出现在距今约9亿年前，是否起源于无性生殖是一个尚未完全解决的问题。但从衣藻和某些绿藻来看，它们的游动孢子和配子在形态、大小、结构方面都完全相同，且正常的配子在适当的条件下可以单独发育成新植物体，行为和孢子一样；而正常的孢子也可作为配子而结合。这些事例说明某些低等绿藻中配子和孢子没有绝对的界线，有性生殖可能来自无性生殖。

有性生殖有同配生殖、异配生殖和卵式生殖3种类型。在同配生殖中，雌、雄配子的形态和大小几乎完全一样，很难区分，这种生殖类型又可分为同宗配合和异宗配合两类。一般来说，异宗配合要比同宗配合进化。异配生殖的两种配子在形状和大小上有明显区别，如空球藻在产生雄配子时，每个细胞经分裂形成64个具2根鞭毛且能单独游动的雄配子，而雌配子是由1个不经分裂的普通细胞转变而来，比雄配子大好多倍，形状也不同，不能脱离母体单独游动。卵式生殖是指卵细胞和精子的受精过程，卵细胞较大，不具鞭毛，不能游动；而精子常具鞭毛，能自由游动，且体积较小。从有性生殖的进化过程来看，同配生殖最原始，异配生殖次之，卵式生殖最进化，高等植物均进行卵式生殖。

在低等植物中，生殖器官绝大多数为单细胞，精子与卵细胞结合成合子以后即脱离母体不形成胚而直接发育成新的植物体。高等植物的有性生殖器官则多由多细胞组成，苔藓植物和蕨类植物的雌性生殖器官称为颈卵器，雄性生殖器官称为精子器，苔藓植物的颈卵器和精子器最发达，从蕨类开始有性生殖器官变得越来越简化，到了裸子植物仅有部分种类还保留着颈卵器的结构，被子植物以胚囊和花粉管来代替颈卵器和精子器，完全摆脱了受精时需水的限制。

（三）植物生活史类型的演化

原核生物的繁殖方式是细胞分裂和营养繁殖，所以它们的生活史非常简单。在真核生物发生一定阶段后，出现了有性生殖。由于有性生殖的出现，植物的生活史中出现了减数分裂。根据减数分裂进行的时期，植物的生活史可分为3种类型：①合子减数分裂型，减数分裂在合子萌发之前进行，如绿藻中的衣藻、团藻、轮藻等属此类型，其植物体是单倍体，合子阶段是生活史中唯一的二倍体阶段，只有核相交替，没有世代交替。②配子减数分裂型，减数分裂在配子产生时进行，如绿藻门的管藻目和褐藻门中的无孢子纲植物属此类型，这些植物的营养体是二倍体，配子阶段是生活史中唯一的单倍体阶段，也只有核相交替而没有世代交替。③孢子减数分裂型，亦称居间减数分裂型，减数分裂在二倍体的植物体产生孢子时进行，如部分红藻和褐藻及所有高等植物均属此类型，二倍体的孢子体通过减数分裂产生单倍体的孢子，孢子萌发成为单倍体的配子体，配子体所产生的精子和卵细胞结合成二倍体的合子，合子再发育成二倍体的孢子体。生活史中既有核相交替，又有世代交替（二倍体的孢子体阶段与单倍体的配子体阶段相互交替出现）。

在孢子减数分裂类型中，有同型世代交替和异型世代交替之分，同型世代交替的如石莼、水云；异型世代交替又有配子体世代占优势和孢子体世代占优势两种，前者如苔藓植物，后者如褐藻中的海带以及所有的维管植物。在低等植物中，除配子体有性别之外，孢子形态完全相同，但在蕨类植物的卷柏属和水生真蕨植物中，孢子的形态、大小和生理机能都不相同，小孢子发育成雄配子体，大孢子发育成雌配子体，配子体更进一步简化，而且雌、雄配子体都是在孢子壁内萌发和发育，并始终不脱离孢子壁的保护，在植物生活史的演化上，这又是新的发展。

总之，植物生活史类型的演化过程，是随着整个植物界的进化而发展的，它经历了由简单到复杂，由低级到高级的演化过程。如细菌和蓝藻等原核生物没有世代交替，也没有核相交替。到真核生物出现后，才开始出现了有性生殖的核相交替，随后再出现了世代交替。世代交替中，以孢子减数分裂类型在植物界中最为高等，异型世代交替中的孢子体世代越占优势，越进化。

（四）植物对陆地生活的适应

古生代以前，地球表面一片汪洋，最原始的植物就生活在水中，在20多亿年的漫长岁月里，它们与水生环境相适应，演化成了形形色色的水生植物类群。到了志留纪末期，陆地逐渐上升，海域逐渐缩小，某些藻类的后裔终于舍水登陆，产生了最早的以裸蕨为代表的第一批陆生植物。裸蕨类植物的地下茎和气生茎中出现了原始的维管组织，这不仅有利于水和养料的吸收和运输，而且也加强了植物体的支撑和固着作用；它的枝轴表面生有角质层和气孔，可以调节水分的蒸腾；孢子囊大多生于枝顶，并且产生具有坚韧外壁的孢子，以利孢子的传播和保护。所有这些特征说明，裸蕨植物已初步具备了适应多变的陆生环境的条件。但是，到了泥盆纪晚期，发生了地壳大变动，陆地进一步上升，气候变得更加干旱，裸蕨类植物已不能适应新环境而趋于灭绝。

维管植物向孢子体占优势的方向演化。由于无性世代能较好地适应陆地生活，孢子体得到了充分的发展和分化，在形态、结构和功能上都保证了陆生生活所必需的条件。配子体在适应陆地生活上受到了限制，苔藓植物是朝着配子体发达的方向发展的，这也是苔藓植物不能在植被中占重要地位的原因。

蕨类植物的孢子体已基本具备各种适应陆地生活的组织结构，能在陆地上生长发育，但其配子体还不能完全适应陆地生活，特别是受精还离不开水。在蕨类植物中有些种类已出现了大、小孢子的分化，大孢子发育成雌配子体，小孢子发育成雄配子体，并且雌、雄配子体终生不脱离孢子壁的保护，最终导致了种子植物的出现。种子植物的配子体更加简化，几乎终生寄生在孢子体上，受精时借花粉管将精子送入胚囊与卵细胞结合，克服了有性生殖不能脱离水的缺点。尤其是被子植物，孢子体中产生了输导效率更高的导管和筛管，适应陆地生活的能力更强，这也是当今被子植物在地球上占绝对优势的主要原因之一。

延伸阅读

何善生，王力，李健，等，2017. 螺旋藻研究进展. 食品工业，38（12）：263-268.
刘宁，金保伟，胡景辉，等，2017. 真菌分类中分子生物学方法的原理及其应用. 华北农学报，32（S1）：76-80.
刘晓丹，任庆敏，王寅初，等，2019. 硅藻纳米材料研究进展. 生物学杂志，36（1）：79-82.
钱正明，孙敏甜，周妙霞，等，2018. 鲜冬虫夏草化学成分研究. 中药材，41（11）：2586-2591.
王楠楠，黄飞华，2018. 红豆杉有效成分及其药理作用研究进展. 浙江中医杂志，53（8）：621-623.
郑依玲，梅全喜，李文佳，等，2017. 冬虫夏草的药用历史及现代服用方法探讨. 中药材，40（11）：2722-2725.
HIGGINBOTHAM S J, ARNOLD A E, IBAÑEZ A, et al, 2013. Bioactivity of fungal endophytes as a function of endophyte taxonomy and the taxonomy and distribution of their host plants. PLoS ONE, 8（9）：e73192.
LEE S H, CHAN C S, MAYO S J, et al, 2017. How deep learning extracts and learns leaf features for plant classification?. Pattern Recognition, 71：1-13.

复习思考题

一、名词解释

1. 有胚植物 2. 维管植物 3. 孢子植物 4. 隐花植物 5. 颈卵器植物 6. 同配生殖 7. 异配生殖 8. 藻殖段 9. 接合生殖 10. 孢子体世代 11. 配子体世代 12. 分生孢子 13. 子囊孢子 14. 担孢子 15. 藻胞层 16. 精子器 17. 颈卵器 18. 原叶体 19. 孢子叶球 20. 珠鳞 21. 苞鳞 22. 个体发育 23. 系统发育 24. 子实体

二、判断题

1. 蓝藻是最原始最古老的光合自养型原植体生物。
2. 绿藻的载色体与高等植物的叶绿体所含色素相同，主要色素种类有叶绿素a、叶绿素b、胡萝卜素和叶黄素。
3. 菌类植物是一群低等异养的真核生物。
4. 专性寄生只能寄生不能腐生，兼性寄生是以寄生为主腐生为辅。
5. 细菌是微小的单细胞原核有机体，有明显的细胞壁，绝大多数细菌皆为异养。
6. 放线菌可看作是细菌和真菌间的过渡类型。
7. 黏菌是介于动物和真菌之间的过渡类群。
8. 真菌既不含叶绿体，也无质体，是典型的异养生物。
9. 绝大多数真菌的生活史中无核相交替和世代交替。
10. 子囊果和担子果都是子实体。
11. 苔藓植物是一类小型多细胞的高等植物。
12. 苔藓植物一般没有维管组织，所以其输导能力很弱。
13. 绝大多数苔藓植物是陆生植物，所以其受精作用已经摆脱了水的束缚。
14. 地钱的雌、雄生殖托都属于孢子体的一部分。
15. 葫芦藓的孢子萌发以后形成原叶体。

16. 葫芦藓的配子体一般为雌雄同株，而地钱则为雌雄异株。
17. 蕨类植物既是最高级的孢子植物又是最原始的维管植物。
18. 从蕨类植物开始才有了真正根的分化。
19. 蕨类植物的孢子萌发形成原丝体。
20. 在蕨类植物生活史中，只有一个能独立生活的植物体，即孢子体。
21. 有些蕨类植物的孢子有大小之分，此异孢现象是植物界演化的一个重要趋势。
22. 裸子植物与被子植物的主要区别是前者种子裸露，没有果皮包被，后者种子有果皮包被。
23. 裸子植物比蕨类植物进化，而裸子植物的颈卵器却更为退化。
24. 裸子植物是颈卵器植物，而买麻藤纲植物无颈卵器，在裸子植物中是低等的。
25. 裸子植物的雄配子体只有一个精子，所以不能进行双受精。
26. 苏铁的胚具2枚子叶，所以苏铁是双子叶植物。
27. 银杏的外果皮肉质。
28. 种子蕨是最古老、最原始的裸子植物。
29. 不整齐花是原始的，整齐花是进化的。
30. 一年生植物是进化的，多年生植物是原始的。
31. 被子植物的成熟胚囊是雌配子体，成熟花粉是雄配子体。
32. 配子体进一步退化是被子植物的一个进化特征。

三、选择题

1. 下列藻类植物中属原核生物的是____。
   A. 紫菜　　　　B. 发菜　　　　C. 衣藻　　　　D. 原绿藻
2. 下列藻类植物中具世代交替的是____。
   A. 颤藻　　　　B. 衣藻　　　　C. 水绵　　　　D. 多管藻
3. 下列藻类植物中不具载色体的是____。
   A. 地木耳　　　B. 紫菜　　　　C. 水绵　　　　D. 褐藻
4. 下列藻类植物中出现原丝体的是____。
   A. 轮藻　　　　B. 紫菜　　　　C. 水绵　　　　D. 海带
5. 下列植物不属于藻类植物的是____。
   A. 轮藻　　　　B. 紫菜　　　　C. 黑藻　　　　D. 海带
6. 所含色素与高等植物最接近的是____。
   A. 褐藻门　　　B. 绿藻门　　　C. 红藻门　　　D. 金藻门
7. 海带生活史中，有性世代开始于____。
   A. 合子　　　　B. 配子　　　　C. 孢子母细胞　　D. 游动孢子
8. 某些细菌生长到某个阶段，细胞形成1个芽孢，芽孢的作用是____。
   A. 繁殖　　　　B. 抵抗不良环境　C. 储备营养　　D. 吸收
9. 下列菌类植物的孢子中，通过有性生殖产生的是____。
   A. 分生孢子　　B. 游动孢子　　C. 孢囊孢子　　D. 卵孢子
10. 下列真菌植物中，不属于担子菌亚门的是____。
    A. 灵芝　　　　B. 竹荪　　　　C. 猴头　　　　D. 冬虫夏草
11. 酵母菌产生的有性孢子是____。
    A. 芽孢子　　　B. 卵孢子　　　C. 分生孢子　　D. 子囊孢子
12. 苔藓植物的有性生殖为____。
    A. 同配生殖　　B. 异配生殖　　C. 卵式生殖　　D. 接合生殖
13. 苔藓植物孢子体的营养方式为____。

A. 自养　　　　　B. 腐生　　　　　C. 寄生或半寄生　　D. 腐生和寄生

14. 苔藓植物配子体的营养方式为____。
    A. 自养　　　　　B. 腐生　　　　　C. 寄生　　　　　D. 腐生和寄生

15. 苔藓植物的生活史中，减数分裂发生在____。
    A. 产生孢子时　　　　　　　　　　B. 合子分裂产生胚时
    C. 产生精子、卵细胞时　　　　　　D. 原丝体发育成配子时

16. 下列蕨类植物中，最进化的是____。
    A. 石松亚门　　　B. 水韭亚门　　　C. 松叶蕨亚门　　D. 真蕨亚门

17. 裸子植物的胚乳是____。
    A. 孢子体世代，核相 $3N$　　　　　B. 配子体世代，核相 $3N$
    C. 孢子体世代，核相 $2N$　　　　　D. 配子体世代，核相 N

18. 现代裸子植物中，最原始的类群是____。
    A. 银杏纲　　　　B. 苏铁纲　　　　C. 松柏纲　　　　D. 红豆杉纲

19. 苏铁植物的营养叶为____。
    A. 鳞叶
    C. 单叶，羽状深裂
    B. 单叶，全缘
    D. 一回羽状复叶

20. 裸子植物没有____。
    A. 胚珠　　　　　B. 颈卵器　　　　C. 孢子叶　　　　D. 雌蕊

21. 裸子植物的雌配子体是____。
    A. 成熟胚囊
    C. 珠心和胚乳
    B. 珠心
    D. 胚乳和颈卵器

22. 松柏纲植物的可育大孢子叶是____。
    A. 种鳞　　　　　B. 珠鳞　　　　　C. 珠领　　　　　D. 苞鳞

23. 红豆杉纲和买麻藤纲植物种子具假种皮，假种皮来源于____。
    A. 大孢子叶　　　B. 套被　　　　　C. 珠托　　　　　D. 盖被

24. 下列结构中，是被子植物颈卵器残余的是____。
    A. 胚囊　　　　　B. 反足细胞　　　C. 极核　　　　　D. 卵器

25. 被子植物的配子体与孢子体的关系是____。
    A. 共生　　　　　B. 寄生　　　　　C. 竞争　　　　　D. 各自独立生活

26. 下列各性状中，最为进化的____。
    A. 两性花　　　　B. 雌雄同株　　　C. 雌雄异株　　　D. 杂性同株

27. 双子叶植物花部常____基数。
    A. 2　　　　　　 B. 3 或 4　　　　 C. 4 或 5　　　　 D. 5 或 6

28. 下列性状中，最为进化的是____。
    A. 环纹导管　　　B. 孔纹导管　　　C. 螺纹导管　　　D. 网纹管胞

29. 下列性状中，最为原始的是____。
    A. 单叶全缘对生　B. 单叶深裂互生　C. 单叶浅裂互生　D. 复叶互生

30. 单子叶植物花部常____基数。
    A. 2　　　　　　 B. 3　　　　　　 C. 4　　　　　　 D. 5

四、问答题

1. 低等植物和高等植物的主要区别是什么？它们各分为哪几类？
2. 简述藻类植物的主要特征，其中蓝藻的原始特征表现在哪些方面？
3. 为什么说绿藻是高等植物的祖先？

4. 简述菌类植物的主要特征，并比较细菌门、黏菌门和真菌门的主要区别。
5. 地衣按外部形态可分为哪几种类型？
6. 简述苔藓植物的一般特征，并比较苔纲与藓纲的主要区别。
7. 简述蕨类植物的主要特征。它和苔藓植物有何异同？
8. 苔藓植物是由水生到陆生的过渡类型，其对陆生环境的适应性表现在哪些方面？对水生环境的依赖性又表现在哪些方面？
9. 简述裸子植物的主要特征。它与苔藓植物和蕨类植物有何异同？
10. 裸子植物比蕨类植物更适应陆地生活，其适应性表现在哪些方面？
11. 以苔藓植物、蕨类植物和种子植物的变化说明植物界的演化趋势。
12. 被子植物的主要特征有哪些？
13. 什么是植物的个体发育与系统发育？两者之间存在什么关系？
14. 植物系统发育的进化规律是什么？

第八章 被子植物类群简介

> **学习目标**
> 1. 掌握双子叶植物与单子叶植物的主要区别。
> 2. 掌握教学重点科的特征及其代表植物。
> 3. 了解被子植物的起源与系统演化关系。
> 4. 了解被子植物的分类系统及其主要观点。

被子植物约有25万种,我国约有3万种。根据形态特征上的异同,通常分为双子叶植物纲(Dicotyledoneae)[木兰纲(Magnoliopsida)]和单子叶植物纲(Monocotyledoneae)[百合纲(Liliopsida)],二者主要区别列于表8-1。

表8-1 被子植物两个纲的主要区别

双子叶植物纲(木兰纲)	单子叶植物纲(百合纲)
主根发达,多为直根系	主根不发达,多为须根系
茎内维管束环状排列,具形成层	茎内维管束散生,无形成层,通常不能加粗
叶多为网状脉	叶多为平行脉或弧形脉
花部常5或4基数,极少3基数	花部常3基数,极少4基数,绝无5基数
花粉常具3个萌发孔	花粉常具单个萌发孔
种子的胚常具2片子叶	种子的胚常具1片子叶

根据克朗奎斯特(Cronquist)分类系统,双子叶植物纲分为6个亚纲64目318科,单子叶植物纲分为5个亚纲19目65科。本章选择与农林生产关系密切或在系统演化上地位特殊的42个科进行介绍。

第一节 双子叶植物纲

一、木兰亚纲(Magnoliidae)

木本或草本。花整齐或不整齐,常下位;花被通常离生,常不分化成萼片和花瓣,或为单被;雄蕊常多数,向心发育,常呈片状或带状;雌蕊群心皮离生。种子常具胚乳和小胚。

植物体常产生苄基异喹啉或阿朴啡生物碱,但无环烯醚萜化合物。

本亚纲共有8目39科约12 000种。

1. 木兰科(Magnoliaceae)

花程式 $*P_{6\sim9}A_{\infty}\underline{G}_{\infty}$

科的特征 乔木或灌木,常具油细胞,树皮、叶和花均有香味;单叶互生,托叶大而包被幼芽，脱落后在节上留有环状托叶痕。花大，单生枝顶或叶腋；花两性，辐射对称；花被3基数，常为同被花排成多轮；雌、雄蕊多数，离生，螺旋状排列于柱状花托的上、下部，花托于果时延长；子房上位。聚合蓇葖果，稀核果或翅果；种子胚乳丰富，胚小。

识别要点　木本，枝条上有环状托叶痕；花单生，两性，花萼、花瓣不分，雌、雄蕊多数且离生；聚合蓇葖果。

分类及代表植物　本科约有15属250种，主要分布于亚洲的热带和亚热带，少数分布于北美洲南部和中美洲；我国有11属100多种，主要分布于华南和西南，以云南省分布最为集中。本科植物花大而美丽，许多种类可供园林绿化及观赏。

木兰科

木兰属（*Magnolia*）　花顶生，花被多轮，每心皮有2个胚珠，蓇葖果。本属约有90种，我国有30余种。玉兰（*M. denudata*）（图8-1A～F），落叶乔木，花大白色，芳香，先叶开放，除供观赏外，果实、芽和花蕾可供药用。荷花玉兰（洋玉兰）（*M. grandiflora*），常绿乔木，叶革质，花大白色。原产北美洲，对二氧化硫、氯气等抗性强，可在大气污染严重的地区栽植。辛夷（紫玉兰）（*M. liliflora*），叶倒卵形，外轮花被3，小型，花紫红色或紫色，花蕾入药。厚朴（*M. officinalis*），落叶乔木，叶大，顶端圆，树皮、花、果药用。凹叶厚朴（*M. officinalis* subsp. *biloba*），叶二浅裂，是与厚朴唯一明显的区别。

木莲属（*Manglietia*）　与木兰属不同点在于每心皮有4个胚珠。本属约有30种，我国有20多种，主产西南地区。木莲（*M. fordiana*），常绿乔木，嫩枝、芽被红褐色短毛，是常绿阔叶林的常见树种，材质好，果实及树皮可药用。

含笑属（*Michelia*）　与木兰属和木莲属不同的是花腋生，有雌蕊群柄。本属约50种，我国有30多种，分布于西南至东部，南部尤盛，大都可供观赏。白兰（*M. alba*）（图8-1G～I），为本属最常见的栽培种，花单生叶腋，花瓣披针形，白色，极香；原产印度尼西亚，华南各地常栽培，花可

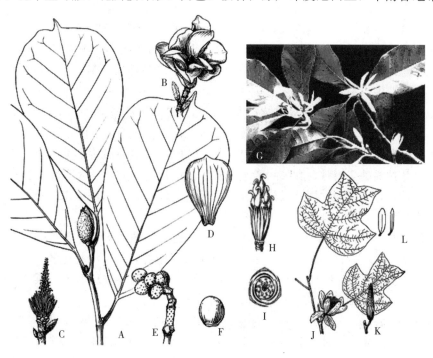

图8-1　玉兰、白兰和鹅掌楸

A～F. 玉兰（A. 枝叶及芽　B. 花　C. 雄蕊群及雌蕊群　D. 花被片　E. 果枝　F. 种子）

G～I. 白兰（G. 花枝　H. 雄蕊群及雌蕊群　I. 花图式）

J～L. 鹅掌楸（J. 花枝　K. 聚合果　L. 种子）

（A～F仿《贵州植物志》；J～L引自《福建植物志》）

提取香精，也可药用。黄兰（*M. champaca*），花黄色，可与白兰区别，花浓香，花、叶是芳香油原料。含笑（*M. figo*），常绿灌木，树皮灰褐色，芽、叶柄、嫩枝和花梗均被黄褐色茸毛，花淡黄色而边缘有时红色或紫色，芳香；栽培供观赏，花可提芳香油和药用。

鹅掌楸属（*Liriodendron*） 叶分裂，先端截形，具长柄；单花顶生，萼片3，花瓣6，杯状，黄绿色；翅果不开裂。本属自白垩纪至第三纪广布于北半球，现仅残留2种，一种产于北美洲，一种产于我国中部。鹅掌楸（马褂木）（*L. chinense*）（图8-1J～L），高大落叶乔木，叶酷似马褂，是良好的行道树和观赏树种。北美鹅掌楸（*L. tulipifera*），叶两侧各有1～3个裂片，产北美洲，我国引种栽培，供观赏。

本科常见的植物还有山玉兰（*Magnolia delavayi*）、二乔玉兰（*Magnolia soulangeans*，玉兰及紫玉兰的杂交种）、毛桃木莲（*Manglietia moto*）、红花木莲（*Manglietia insignis*）、深山含笑（*Michelia maudiae*）、黄心夜合（*Michelia bodinieri*）、观光木（*Tsoongiodendron odorum*）等观赏及材用植物。

系统地位 木兰科是双子叶植物中最原始的科，其原始性状表现为：木本；花两性；萼片、花瓣不分；雄蕊和心皮多数，离生，螺旋状排列于柱状的花托上；蓇葖果；种子有丰富的胚乳。

2. 樟科（Lauraceae）

花程式 $*P_{3+3}A_{3+3+3}\underline{G}_{(3:1:1)}$

科的特征 常绿或落叶木本，仅无根藤属（*Cassytha*）是无叶寄生小藤本，有香气；单叶互生，革质，全缘，3出脉或羽状脉，无托叶。花小，常两性，辐射对称；花3基数，轮状排列，花被2轮；雄蕊4轮，其中第4轮退化，花药瓣裂；雌蕊3心皮，子房上位，1室，具1枚悬垂的倒生胚珠。核果，种子无胚乳。

识别要点 木本，有油腺；单叶互生，革质。两性花，整齐，轮状排列，花部3基数；花被2轮，雄蕊4轮，其中1轮退化，药瓣裂；雌蕊3心皮，子房1室。核果，无胚乳。

樟科

分类及代表植物 本科约45属2 500多种，分布于热带及亚热带；我国有20属480种，主产长江流域及以南各省份，多为我国南方珍贵经济树种，其中许多是优良木材、油料及药材植物，在林业、轻工业、医药业中占有重要地位。

樟属（*Cinnamomum*） 叶常为3出脉；发育雄蕊3轮，花药4室，第1轮和第2轮花药内向，第3轮外向，基部有腺体，第4轮为退化雄蕊；圆锥花序。本属约250种，我国有50种，主要分布于长江以南各省份，多为优良用材树种及特种经济树种，以樟树最为名贵。樟树（*C. camphora*）（图8-2A～F），叶具离基3出脉，脉腋间隆起为腺体；产长江以南，以台湾省最多；木材及根、枝、叶可提取樟脑及樟油，为工业、医药及选矿原料。肉桂（*C. cassia*）（图8-2G～K），叶大，近对生，基出3大脉；产华南各省份，桂皮、桂油供药用。

楠木属（*Phoebe*） 叶互生，全缘，具羽状脉；花的结构同樟属，但花被裂片在果时伸长，托住果实基部。本属约90多种，我国有30多种，产秦岭以南各省份。木材坚实，结构细致，木质优良。楠木（*P. nanmu*），高大乔木，叶革质，宽披针形，背面明显被灰棕色短柔毛，具羽状脉。紫楠（*P. sheareri*），叶长倒卵形，背面网脉密集，有茸毛。

山胡椒属（*Lindera*） 花单性异株，有总苞4片，花被6～9，雄蕊9，花药2室，内向，第3轮雄蕊有腺体。本属约100种，我国有50余种，主产长江以南各省份。山胡椒（*L. glauca*）（图8-2L～N），叶椭圆形，叶背灰白绿色，至冬季枯而不落，材用及提取香油。乌药（*L. aggregata*），常绿灌木，叶革质，卵形，基出3大脉，背面灰白色，根入药。

木姜子属（*Litsea*） 叶多为羽状脉，花单性异株，伞形或聚伞形花序，花药4室，内向，萼6裂。本属约200种，我国有60多种，分布于长江以南各省份。山鸡椒（*L. cubeba*），叶纸质，背面灰白色，干后黑色；果实、枝叶及树皮可提取芳香油，为重要的工业原料。

图 8-2 樟树、肉桂和山胡椒

A~F. 樟树（A. 果枝　B. 花　C. 第 3 轮雄蕊　D. 外两轮雄蕊　E. 雌蕊　F. 花图式）
G~K. 肉桂（G. 花枝　H. 花　I. 第 1、2 轮雄蕊　J. 第 3 轮雄蕊　K. 果序一段）
L~N. 山胡椒（L. 果枝　M. 雄蕊　N. 带腺体的雄蕊）
（A~F 仿《河南植物志》；G~K 引自《福建植物志》；L~N 引自《山东植物志》）

无根藤属（*Cassytha*）　仅无根藤（*C. filiformis*）1 种，寄生草质藤本，茎线形，借盘状吸根附生于寄主上；叶鳞状或退化，穗状花序，浆果球形。产我国南部，全草药用。

本科常见的植物还有：阴香（*Cinnamomum burmannii*），可提取芳香油，也可入药；华润楠（*Machilus chinensis*）、厚壳桂（*Cryptocarya chinensis*）、黄果厚壳桂（*Cryptocarya concinna*）、杨叶木姜子（*Litsea populifolia*）等，供材用及药用。

3. 毛茛科（Ranunculaceae）

花程式　$K_{3\sim\infty} C_{0\sim\infty} A_\infty \underline{G}_{1\sim\infty:1:1\sim\infty}$

科的特征　草本，少灌木或木质藤本；无托叶，叶基生或互生［铁线莲属（*Clematis*）叶对生］，掌状或羽状分裂，也有 1 至多回三出复叶的。花常两性，少单性，辐射对称或两侧对称；萼片 3 至多数，常花瓣状，少数种类基部延长成距；花瓣 3 至多数，或无花瓣；雌、雄蕊多数，离生，螺旋状排列于膨大的花托上。聚合瘦果或聚合蓇葖果，稀浆果。

识别要点　草本，叶分裂或为复叶；花两性，雌、雄蕊多数，离生，螺旋状排列于膨大的花托上；聚合瘦果或聚合蓇葖果。

分类及代表植物　本科有 50 属约 2 000 种，广布于世界各地，多见于北温带及寒带；我国有 42 属约 720 种，分布全国。本科植物含有多种生物碱，有不少药用植物及有毒植物，有些植物可供观赏。

毛茛属（*Ranunculus*）　草本；花黄色，萼片、花瓣各 5，分离，花瓣基部具蜜腺穴；雌、雄蕊均多数，离生，螺旋状排列于凸出的花托上；聚合瘦果。本属约 400 种，我国有 78 种，广布全国。毛茛（*R. japonicus*）（图 8-3A~E），全株密被白色柔毛，基生叶掌状 3 深裂或 3 全裂，聚合果球形；全草有毒，可供药用。茴茴蒜（*R. chinensis*），全株被粗毛，基生叶为三出复叶，聚合果长圆形。石龙芮（*R. sceleratus*），茎叶光滑无毛，聚合果矩圆形。

黄连属（*Coptis*）　草本，根状茎纤细；叶基生，分裂或为复叶；花小、黄绿色或白色，雄蕊多

毛茛科

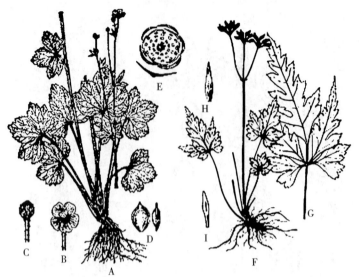

图 8-3 毛茛和黄连
A~E. 毛茛（A. 植株 B. 花 C. 聚合果 D. 瘦果 E. 花图式）
F~I. 黄连（F. 植株 G. 叶 H. 萼片 I. 花瓣）
(A~E 仿《河南植物志》；F~I 引自《贵州植物志》)

数，心皮 3~12，有心皮柄；聚合蓇葖果。本属约 16 种，我国有 6 种，分布于长江以南各省份。黄连（C. chinensis）（图 8-3F~I），根状茎及须根黄色，味苦，可提取小檗碱。

芍药属（Paeonia） 多年生草本或亚灌木；花大而美丽，花萼 5，花瓣 5~10，雄蕊多数离生，心皮 2~5，离生；聚合蓇葖果。本属约 30 种，我国有 11 种，分布于西南、东北、华北和西北。芍药（P. lactiflora），多年生草本，原产我国，是著名花卉，其根可药用。牡丹（P. suffruticosa），亚灌木，花特大而美丽，有花中之王的美誉，其根皮也可入药。

乌头属（Aconitum） 乌头（附子）（A. carmichaeli）（图 8-4A~E），多年生草本，根肥厚，叶掌状 3~5 裂；总状花序密生白色柔毛，花两侧对称，花萼蓝紫色，最上面的萼片呈盔状；花瓣有 2 片退化成蜜脉，另 3 片消失；雄蕊多数，心皮 3，分离，聚合蓇葖果；主根入药为乌头，子根为附子，有大毒。草乌头（断肠草）（A. kusnezoffii），叶掌状 3 全裂，总状花序光滑无毛，花蓝色；块根亦作乌头入药。

铁线莲属（Clematis） 木质藤本，羽状复叶对生；萼片呈花瓣状，瘦果集成头状，具宿存的羽毛状花柱。本属约 300 种，我国有 110 种，南北均有分布，西南尤多。威灵仙（C. chinensis）（图 8-4F~J），茎叶干后变黑，小叶 5，根入药，能祛风镇痛。

翠雀属（Delphinium） 草本；总状或穗状花序，萼片 5，花瓣状，上萼片基部伸长成距；花瓣 2，离生；退化雄蕊 2，有爪（或称下花瓣）；雄蕊多数，心皮 3~7；聚合蓇葖果。本属有 300 多种，我国有 110 种，除台湾、广东和海南省以外其他各省份均有分布，大部分种含有翠雀碱，为有毒植物，有些种可供药用。翠雀花（大花飞燕草）（D. grandiflorum），叶多圆肾形，掌状 3 全裂，裂片再细裂；萼片蓝色或蓝紫色，退化雄蕊 2，心皮 3；全草有毒，花大而美，可供观赏。天山翠雀花（D. tianshanicum），不同于翠雀花之处在于退化雄蕊为黑色，产于新疆天山。

本科常见的植物还有：水毛茛（Ranunculus aquatilis）、花毛茛（Ranunculus asiaticus）、铁棒槌（Aconitum pendulum）、铁线莲（Clematis florida）、小木通（Clematis armandii）、白头翁（Pulsatilla chinensis）、升麻（Cimicifuga foetida）、耧斗菜（Aquilegia viridiflora）、飞燕草（Consolida ajacis）等，供药用或观赏；稀有珍贵物种独叶草（Kingdonia uniflora）和星叶草（Circaester agrestis），都是小草本，具有开放式的二叉分枝脉，像裸子植物银杏的叶脉，为原始特征，在系统学研究上具有重要价值，已被列为国家保护植物。

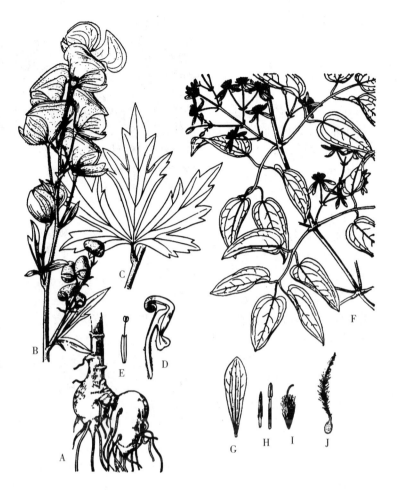

图 8-4 乌头和威灵仙
A~E. 乌头（A. 块根 B. 花序 C. 茎中部叶 D. 花瓣 E. 雄蕊）
F~J. 威灵仙（F. 花枝 G. 萼片 H. 雄蕊 I. 雌蕊 J. 瘦果）
（A~E 仿《中国植物志》；F~J 仿《福建植物志》）

系统地位　毛茛科植物是原始的草本双子叶植物，其原始性状有萼片花瓣状，雌、雄蕊多数，分离，蓇葖果。

4. 睡莲科（Nymphaeaceae）

花程式　$*K_{4\sim6(\sim14)} C_{8\sim\infty} A_{\infty} \underline{G}_{(3\sim\infty:\infty:\infty)}$

科的特征　水生草本，有根茎；叶心形、戟形到盾状，浮水或挺水，芽时内卷。花大，单生，通常两性；花萼通常4~6，也有多达14的，有时多少呈花瓣状；花瓣8至多数，常过渡成雄蕊；雄蕊多数；雌蕊由3至多心皮结合成多室子房，子房上位至下位，胚珠多数。果实浆果状，海绵质（至少下部如此），不裂或不规则开裂。

识别要点　水生草本，有根茎，叶心形至盾状，芽时内卷；花单生，花萼、花瓣与雄蕊逐渐过渡，雄蕊多数，雌蕊由3至多心皮结合成多室子房；果实浆果状。

分类及代表植物　本科有8属约100种，广布于温带和热带；我国有5属13种，分布全国。

莲属（*Nelumbo*）有乳状液汁，根茎平伸，粗大；叶盾状，近圆形，常挺出水面。花大，单生，花梗常高于叶；萼片4~9；花药狭，有一阔而延伸的药隔；心皮多数，埋藏于一大而平顶、蜂窝状、海绵质的花托内，每一心皮顶有一孔。果皮革质，平滑，种皮海绵质。本属仅2种，一种产于亚洲、大洋洲；另一种产于美洲，均作观赏或食用、药用。莲（*N. nucifera*）（图8-5A~D），又

睡莲科

名荷花,是我国十大名花之一;根状茎粗大,俗称为藕;叶盾状圆形,称为荷叶;心皮多数,埋藏于倒圆锥形的花托内,称为莲蓬;坚果卵形,称为莲子。原产我国,南北各省份均有分布和栽培。

睡莲属（*Nymphaea*） 根茎平生或直立,叶心形至盾状,浮于水面;花大而美丽,单生;花萼4～6,花瓣8至多数,常过渡成雄蕊;3至多心皮合生并与花托愈合,果实浆果状。本属约35种,我国有5种,南北均有分布。睡莲（*N. tetragona*）（图 8-5E～G）,叶近圆形,基部深心形弯缺;花小色多,有白、黄、蓝紫、红紫等色,子房半下位。多植于公园、池塘供观赏。

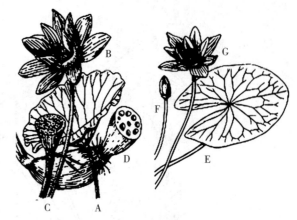

图 8-5 莲和睡莲
A～D. 莲 [A. 叶 B. 花 C. 莲蓬（带2雄蕊） D. 藕]
E～G. 睡莲（E. 叶 F. 花芽 G. 花）
[A～D引自《山东植物志》;E～G引自《中国植物志》（英文版）]

芡实属（*Euryale*） 仅芡实（*E. ferox*）1种,叶大而圆,浮于水面,叶面脉上多刺;子房下位,果实浆果状,海绵质,包于多刺的萼内,状如鸡头,内含多数种子,故又称鸡头米。花供观赏,种子供食用和药用。

萍蓬草属（*Nuphar*） 叶心形或长卵形,基部箭形;花漂浮,萼片4～7,常为5,革质,黄色或橘黄色,花瓣状;花瓣多数,雄蕊状,比萼短;雄蕊多数,下位;心皮多数合生,与花托愈合。本属约25种,我国有5种,南北均有分布。萍蓬草（*N. pumilum*）,叶长卵形,基部箭形;萼片5,花瓣状,黄色,子房上位。

本科常见的植物还有:王莲（*Victoria regia*）,叶圆形,直径可达2m,四周卷起;花大,由白色转为粉红色乃至深紫色。原产南美洲亚马孙河,我国有栽培,为世界著名观赏植物。雪白睡莲（*Nymphaea candida*）,花大、白色。产于新疆,可供观赏。莼菜（*Brasenia schreberi*）,叶盾形,全缘,花瓣紫红色,心皮4～18,离生,子房上位。嫩叶可作蔬菜。

系统地位 本科植物属于原始的水生多心皮类,表现为:花单生,3基数;花瓣、雄蕊和心皮均为多数,离生。本科植物的维管束分散排列、花部3基数等特征均与单子叶植物的原始类型（如泽泻科等）相同,因而被视为单子叶植物的近缘祖先。

5. 罂粟科（Papaveraceae）

花程式 $*K_{2\sim3}C_{4\sim12}A_\infty \underline{G}_{(2\sim16:1:\infty)}$

科的特征 草本或灌木,常有白色或黄色汁液;叶常互生,常分裂,无托叶。花两性,单生或成总状、聚伞花序;萼片2～3,早落;花瓣4～6或8～12,排成2轮;雄蕊多数,离生,花药2室,纵裂;子房上位,由2～16心皮合生成1室,侧膜胎座。蒴果,瓣裂或孔裂,胚乳油质。

识别要点 植株有白、黄色汁液;花萼早落;雄蕊多数,分离;子房上位,侧膜胎座;蒴果。

分类及代表植物 本科有25属300多种,主产北温带,少数产于中南美洲;我国有11属55种,南北各省份都有分布。多为药用植物和有毒植物。

罂粟属（*Papaver*） 植株含白色乳汁,叶羽状分裂;花大而鲜艳,单生,花蕾期弯垂;萼片2～3,早落,花瓣4;心皮多数,柱头盘状,蒴果孔裂。本属约100种,我国有7种,分布于西北至东北部。该属植物的茎、叶、花及果皮中含有多种生物碱,为有毒植物。罂粟（*P. somniferum*）（图 8-6）,一年生草本,茎叶及萼片均被白粉,茎生叶基部抱茎;花大,绯红色,蒴果球形。原产欧洲,我国栽培供药用,未成熟果实的乳汁可制鸦片,内含吗啡、可卡因、罂粟碱等30多种生物碱,是主要的毒品原料。虞美人（丽春花）（*P. rhoeas*）,花大型,花色多,有黑斑,各地广泛栽培

罂粟科

供观赏。

紫堇属（*Corydalis*）花两侧对称，花瓣 4，2 轮，外轮的 1 瓣基部成囊状或距状；雄蕊 6，合成 2 束；子房 1 室，具 2 个侧膜胎座。本属有 320 余种，我国有 200 多种，遍布全国，大多入药。延胡索（*C. yanhusuo*）（图 8-7），全株无毛，块茎扁球形，断面深黄色；总状花序顶生，花淡紫红色。中国传统药材，其块茎含紫堇碱、原阿片碱等多种生物碱。灰绿紫堇（*C. adunca*），全株有白粉，呈灰绿色，总状花序疏松，花黄色。

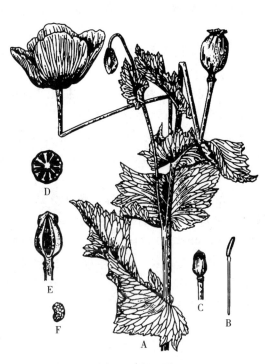

图 8-6 罂粟
A. 花果枝 B. 雄蕊 C. 雌蕊 D. 果实横切
E. 果实纵切 F. 种子
（仿《山东植物志》）

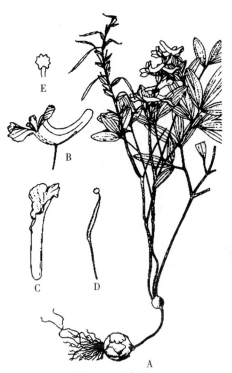

图 8-7 延胡索
A. 植株 B. 花 C. 上花瓣 D. 雌蕊 E. 柱头
（仿《中国植物志》）

绿绒蒿属（*Meconopsis*）植株具黄色乳汁，叶被刚毛或刺毛；萼片 2，花瓣 4；雌蕊由 4 至多数心皮合成，柱头结合成球形，或辐射状下延于棒状花柱先端，蒴果近顶部开裂。本属约 49 种，我国约有 38 种，分布于西南和西北部，多为有毒植物。全缘绿绒蒿（*M. integrifolia*），全株被锈色或金黄色长柔毛，基生叶密集成莲座状，最上部茎生叶常呈假轮生状；花黄色，1 朵顶生，其余数朵（通常 4～5 朵）生于上部茎生叶腋内，子房密被金黄色长硬毛。

本科常见的植物还有血水草（*Eomecon chionantha*）、白屈菜（*Chelidonium majus*）、博落回（*Macleaya cordata*）、紫堇（*Corydalis edulis*）、花菱草（*Eschscholzia californica*）、荷包牡丹（*Dicentra spectabilis*）、多刺绿绒蒿（*Meconopsis horridula*）、红花绿绒蒿（*Meconopsis punicea*）等，供药用或观赏。

二、金缕梅亚纲（Hamamelidae）

木本或草本。花常单性，组成柔荑花序或否，通常无花瓣或常缺花被，多为风媒传粉；雄蕊 2 至数枚，稀多数；雌蕊心皮分离或联合；胚珠少数。

植物体一般含有鞣质，常含原花青素苷、鞣酸和没食子酸，但很少含有生物碱或环烯醚萜化合物。

本亚纲共有 11 目 24 科约 3 400 种。

1. 桑科（Moraceae）

花程式　♂ $*K_{4\sim6}C_0A_{4\sim6}$　　♀ $*K_{4\sim6}C_0\underline{G}_{(2:1)}$

科的特征　木本，稀草本，常有乳汁，具钟乳体；单叶互生，托叶明显，早落。花小，单性，雌雄同株或异株；聚伞花序常集成头状、穗状、圆锥状花序或陷于密闭的总（花）托中而成隐头花序；花单被，雄花花萼4~6，雄蕊与萼片同数对生；雌花花萼4~6，雌蕊由2心皮结合成1室，子房上位。坚果或核果，有时被宿存肥厚增大的肉质花被所包，并在花序中集合成聚花果。

识别要点　木本，常有乳汁，单叶互生；花小，单性，单被，集成各种花序；雄蕊与萼片同数对生，聚花果。

分类及代表植物　本科约40属1000多种，主产热带和亚热带；我国有16属160余种，主产长江流域以南各省份。

桑科

桑属（*Morus*）　乔木或灌木，叶互生；花单性，柔荑花序，花丝内弯；子房被肥厚的肉质花萼所包，聚花果。本属约12种，我国有9种，各地均产。桑（*M. alba*）（图8-8A~D），无花柱，核果被以肥厚之萼，再集合成紫黑色的聚花果，称为桑葚。原产我国，各地栽培，桑叶饲蚕；桑葚、根皮（桑白皮）、桑叶、桑枝均药用；茎皮纤维可造纸。鸡桑（*M. australis*），叶常多裂，花柱细长，用途同桑。

无花果属（*Ficus*）　托叶大而抱茎，脱落后在节上留下环痕；隐头花序，雌花分结实花（具长花柱）与不结实的虫瘿花（具短花柱）两种。本属约1000种，我国有120种，分布于西南至东部，南部尤盛。无花果（*F. carica*）（图8-8E~H），落叶灌木，叶掌状。原产地中海沿岸，我国有栽培，植株供观赏，果可食或制蜜饯。榕树（*F. microcarpa*），常绿大乔木，有气生根。广布于我国南部，作行道树。印度橡胶树（*F. elastica*），叶大型，厚革质，全缘光滑，乳汁含橡胶。原产印度，各地有栽培。薜荔（*F. pumila*），常绿藤本，叶2型，聚花果（俗称鬼馒头）大，腋生，呈梨形或倒卵形。菩提树（思维树）（*F. religiosa*），叶圆心形，尾尖头。原产印度，在印度为佛教圣物。

构属（*Broussonetia*）　落叶乔木，有乳汁；花单性同株或异株，雄花集成柔荑花序，雌花集成头状花序，核果集成头状肉质的聚花果。本属约4种，我国有3种，分布于东南至西南部。构树（*B. papyrifera*）（图8-8I~M），叶被粗茸毛，雌雄异株，聚花果头状，成熟后肉红色。广布种，

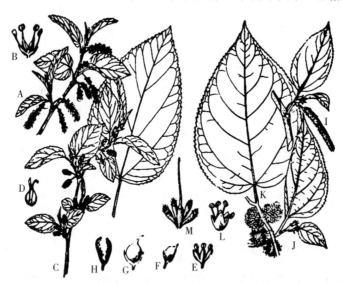

图8-8　桑、无花果和构树
A~D. 桑（A. 雄花枝　B. 雄花　C. 雌花枝　D. 雌花）
E~H. 无花果（E. 雄花　F. 雌花　G. 虫瘿花　H. 果实横切）
I~M. 构树（I. 雄花枝　J. 雌花枝　K. 果枝　L. 雄花　M. 雌花）
（A~D仿《河南植物志》；E~H仿《浙江植物志》；I~M仿《福建植物志》和《四川植物志》）

为绿化树种或供造纸和药用。小构树（*B. kazinoki*），落叶灌木，雌雄同株，广布江南各地，树皮作纤维用。

本科常见的植物还有蒙桑（*Morus mongolica*）、黄葛树（*Ficus lacor*）、垂叶榕（*Ficus benjamina*）、高山榕（*Ficus altissima*）、对叶榕（*Ficus hispida*）、见血封喉（箭毒木）（*Antiaris toxicaria*）、菠萝蜜（木菠萝）（*Artocarpus heterophyllus*）等。

2. 胡桃科（Juglandaceae）

花程式　♂ $* P_{3\sim6} A_{3\sim\infty}$　♀ $* P_{3\sim5} \overline{G}_{(2:1:1)}$

科的特征　落叶乔木，稀灌木；羽状复叶，互生，无托叶。花单性，雌雄同株，雄花序为柔荑花序；花被与苞片合生，不规则3～6裂；雄蕊3至多枚；雌花单生或穗状排列，有苞片；花被与子房合生，浅裂；子房下位，1室或不完全的2～4室，胚珠1，花柱2，羽毛状。核果或翅果，种子无胚乳，子叶含油丰富。

识别要点　落叶乔木，羽状复叶互生；花单性，单被；雄花成柔荑花序，雌花单生或穗状花序，子房下位，1室1胚珠；核果或翅果。

分类及代表植物　本科有8属约60种，分布于北半球；我国有7属约27种，分布南北各省份。

胡桃属（*Juglans*）　乔木，小枝髓部薄片状；雌雄异株，雌花序直立，雄花序侧生下垂；核果，外果皮肉质。本属约15种，我国有4种。核桃（*J. regia*）（图8-9A～E），小叶5～9，全缘或呈波状，无毛。原产欧洲和西亚，相传由汉代张骞出使西域时引入，现广泛栽培，为重要的木本油料植物，木材坚实，适作枪托用。野核桃（*J. cathayensis*），为野生果树，果壳厚，仁小，可食用，树皮可取纤维，实生苗可作嫁接核桃的砧木。

山核桃属（*Carya*）　小枝髓部坚实，核果，外果皮不规则4裂。本属约30种，我国有5种。山核桃（小核桃）（*C. cathayensis*），为华东地区常见的油料作物和著名干果，果实可食用，果壳制活性炭，木材可作军工用材。薄壳山核桃（*C. illinoensis*），核果光滑，长椭圆形，常栽培作行道树。

胡桃科

图8-9　核桃和枫杨
A～E. 核桃（A. 雄花枝　B. 雌花枝　C. 果枝　D. 果实纵切　E. 果实横切）
F～K. 枫杨（F. 枝叶　G. 果枝　H. 具苞片雌花
I. 去苞片雌花　J. 雄蕊　K. 翅果）
（A～E引自《中国高等植物图鉴》；F～K引自《黑龙江植物志》）

枫杨属（*Pterocarya*）　小枝髓部片状分隔，花单性同株，与叶同时开放，为下垂的柔荑花序；翅果。本属有8种，我国有7种，南北均有。枫杨（麻柳、元宝树）（*P. stenoptera*）（图8-9F～K），落叶大乔木，枝条髓部薄片状，树皮灰褐色，幼时光滑，老时纵裂。广泛栽培作行道树，叶有毒，能杀虫。

本科常见的植物还有化香树（*Platycarya strobilacea*）、青钱柳（*Cyclocarya paliurus*）、黄杞（*Engelhardtia chrysolepis*）等资源植物，可供观赏、材用、工业用等。

3. 壳斗科（山毛榉科）(Fagaceae)

花程式　♂ $* K_{(4\sim8)} C_0 A_{4\sim20}$　　♀ $* K_{(4\sim8)} C_0 \overline{G}_{(3\sim6:3\sim6:2)}$

科的特征　乔木，稀灌木；单叶互生，革质，全缘或有锯齿，羽状脉直达叶缘，托叶早落。花单性，雌雄同株；单被花，萼4~8裂，无花瓣；雄蕊4~7或更多，雄花成柔荑花序；雌花生于总苞内，子房下位，3~6室，每室2胚珠，仅1枚胚珠发育成种子；总苞花后增大，呈杯状或囊状，称为壳斗，壳斗半包或全包坚果，外有鳞片或刺。种子无胚乳，子叶肥厚。

识别要点　木本，单叶互生，羽状脉直达叶缘；雌雄同株，无花瓣；雄花成柔荑花序，雌花1~3朵生于总苞内；坚果。

分类及代表植物　本科含8属900余种，主产热带及北半球的亚热带；我国有7属约320种，全国分布。本科植物是亚热带常绿阔叶林和温带落叶阔叶林的主要树种。

壳斗科

栗属（*Castanea*）　落叶乔木，小枝无顶芽；花单性同株，雄花为直立柔荑花序，雌花单独或2~3朵生于总苞内；壳斗全包坚果，外面密生针状刺，内有1~3个坚果。本属约12种，我国有3种。板栗（*C. mollissima*）（图8-10A~E），叶背有密毛，每总苞内含2~3个坚果，各地栽培，果实供食用。茅栗（*C. seguinii*），叶背面仅在叶脉上有短柔毛，密被鳞片状腺点，总苞内含3个坚果。果小味甜，可食用或酿酒，壳斗可提栲胶。珍珠栗（锥栗）（*C. henryi*），叶背面无毛，坚果单生于总苞内。果可食用，木材供建筑。

栎属（*Quercus*）　落叶乔木；雄花为下垂柔荑花序，雌花1~2朵簇生，坚果单生；壳斗盘状或杯状，不封闭。本属约300种，我国有60种。麻栎（*Q. acutissima*）（图8-10F~H），叶脉直达锯齿，并突出为长芒状。广布全国各地。栓皮栎（*Q. variabilis*），叶背密生白色星状毛，树皮黑褐色，木栓层发达，是优良的软木材料。蒙古栎（*Q. mongolica*），壳斗苞片具瘤状突起，为温带落叶阔叶林主要树种。

图8-10　板栗、麻栎和青冈

A~E. 板栗（A. 花枝　B. 果枝　C. 雄花　D. 雌花　E. 坚果）

F~H. 麻栎（F. 花枝　G. 壳斗和坚果　H. 雌花花图式）

I. 青冈果枝

(A~E仿《西藏植物志》；F~H仿《河北植物志》；I引自《安徽植物志》)

栲属（*Castanopsis*）　常绿乔木，叶全缘或有锯齿；花单性同株，雄花成直立柔荑花序，雌花单生；壳斗封闭，有针刺。本属约120种，我国有70余种，主产长江以南各省份。苦槠（苦槠栲）

（*C. sclerophylla*），叶中部以上有锯齿，背面光亮，壳斗扁球形，全包小坚果。刺栲（栲树、红锥）（*C. hystrix*），叶片矩圆状披针形，背面红棕色。甜槠（*C. eyrei*），叶厚革质，卵圆形，光滑。

青冈属（*Cyclobalanopsis*） 多为常绿乔木；雄花序下垂，雌花单生；坚果仅基部为壳斗所包，鳞片环状。本属约150种，我国有77种。青冈（铁橱）（*C. glauca*）（图8-10I），叶中部以上有锯齿，背面灰白色，有短柔毛，侧脉8～10对。小叶青冈（*C. myrsinaefolia*），叶自下部至上部皆有钝齿，侧脉13对以上，背面灰白色。

石栎属（橱属、柯属）（*Lithocarpus*） 常绿乔木，叶草质，常全缘；雄花成直立柔荑花序，雌花单生；总苞杯状，内有1个坚果。本属有300余种，我国约有100种。石栎（名橱）（*L. glaber*），叶披针形，厚革质，光滑。灰柯（*L. henryi*），叶长椭圆形，全缘，厚革质，光滑，壳斗集成穗状。

水青冈属（山毛榉属）（*Fagus*） 落叶乔木；花先叶开放，雄花成下垂的头状花序，雌花成对生于具柄的总苞内；坚果三角形。本属有10余种，我国有5种，产于西南至东部。水青冈（山毛榉）（*F. longipetiolata*），叶卵形，壳斗被褐色茸毛和卷曲软刺。

本科常见的植物还有槲树（柞栎）（*Quercus dentata*）、没食子栎（*Quercus infectoria*）、圆齿栎（*Quercus aliena*）、高山栲（*Castanopsis delavayi*）、桂林栲（*Castanopsis chinensis*）等经济植物。

三、石竹亚纲（Caryophyllidae）

多数为草本，常为肉质或盐生植物。叶常为单叶。花常两性，整齐；雄蕊常定数，离心发育；子房上位或下位，常1室，特立中央胎座或基生胎座。种子常具外胚乳，储藏物质常为淀粉；胚常弯曲。

植物体含有甜菜色素。

本亚纲共有石竹目、蓼目和兰雪目3目14科约11 000种。

1. 石竹科（Caryophyllaceae）

花程式　 $* K_{4\sim 5,(4\sim 5)} C_{4\sim 5} A_{5\sim 10} \underline{G}_{(2\sim 5:1:\infty)}$

科的特征　草本，节膨大；单叶对生，全缘。花两性，辐射对称；二歧聚伞花序或单生；萼片4～5，分离或合生，具膜质边缘；花瓣4～5，常有爪；雄蕊5～10；心皮2～5，合生，子房上位，1室，特立中央胎座或基底胎座；胚珠多数。蒴果，瓣裂或顶端齿裂，稀为浆果。

识别要点　草本，节膨大，单叶全缘对生；花两性，雄蕊5枚或为花瓣的2倍，特立中央胎座，蒴果。

分类及代表植物　本科有75属约2 000种，分布全球，尤以温带和暖温带最多；我国有30属近400种，分布全国。本科植物主要供药用和观赏，有的为有毒植物，有的为田间杂草。

石竹属（*Dianthus*） 单叶对生，叶片较狭窄；花单生或排成圆锥状聚伞花序，蒴果。本属约300种，我国有20种，南北均有分布。石竹（*D. chinensis*）（图8-11A～D），叶条状披针形，花红紫色、粉红色或白色，

图8-11　石竹和繁缕
A～D. 石竹（A. 植株　B. 花瓣　C. 雄蕊和雌蕊　D. 种子）
E～I. 繁缕（E. 植株　F. 花　G. 花瓣　H. 具萼的果实　I. 种子）
［A～D仿《内蒙古植物志》；E～I仿《中国植物志》］

石竹科

常栽培供观赏，也可药用。香石竹（康乃馨）（*D. caryophyllus*），叶狭披针形，灰绿色，花单生或2～3朵簇生，有香气，花色有白、粉红、紫红等，栽培作鲜切花。瞿麦（*D. superbus*），花瓣粉红色，顶端深裂成细线条，可观赏或药用。

繁缕属（*Stellaria*） 丛生或直立草本，常有毛；叶对生，无托叶。聚伞花序顶生；花白色，蒴果3裂。本属有120余种，我国有63种，多为田间杂草。繁缕（*S. media*）（图8-11E～I），一年生草本，花瓣5，白色，顶端2深裂。叉歧繁缕（*S. dichotoma*），多年生草本，茎自基部成二歧式分枝，花瓣白色，二叉状分裂至中部。

本科常见的植物还有：须苞石竹（什样锦）（*Dianthus barbatus*）、满天星（*Gypsophila oldhamiana*）、蝇子草（*Silene armeria*）、大蔓樱草（*Silene pendula*）、剪秋罗（*Lychnis senno*）、麦仙翁（*Agrostemma githago*）等花卉植物；孩儿参（*Pseudostellaria heterophylla*）、银柴胡（*Stellaria dichotoma* var. *lanceolata*）、麦蓝菜（王不留行）（*Vaccaria segetalis*）等，为常用中药；卷耳（*Cerastium arvense*）、蚤缀（*Arenaria serpyllifolia*）、牛繁缕（*Malachium aquaticum*）、女娄菜（*Melandryum apricum*）、麦瓶草（*Silene conoidea*）等，为田间杂草。

2. 苋科（Amaranthaceae）

花程式 $* K_{3\sim 5} C_0 A_{3\sim 5} \underline{G}_{(2\sim 3:1:1)}$

科的特征 草本，稀灌木或藤本；单叶互生或对生，无托叶。花小，常两性，单生或排成穗状、头状或圆锥状聚伞花序；花被片3～5，干膜质；雄蕊与萼片同数对生；雌蕊由2～3心皮构成，子房上位，1室1胚珠。胞果，常盖裂；种子有胚乳，胚环形。

识别要点 草本，单叶，无托叶；花小，单被，萼片干膜质；雄蕊与萼片同数对生；胞果，盖裂。

分类及代表植物 本科约65属850种，广布于热带和温带；我国有13属约50种，分布全国。

苋科

苋属（*Amaranthus*） 叶互生，无托叶；花小，单性，穗状花序。本属约40种，我国有13种，广布全国。苋菜（*A. tricolor*）（图8-12A～C），叶绿、紫或绿紫相杂，萼片与雄蕊各3个；常栽培作蔬菜，叶片可提取天然色素苋菜红。反枝苋（*A. retroflexus*），茎密被短柔毛，叶两面具柔毛，萼片与雄蕊各5个；为优良饲料，植株可做绿肥。

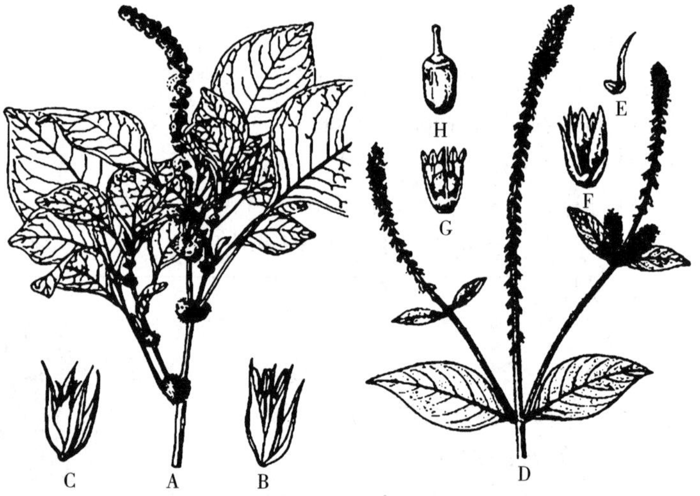

图 8-12 苋菜和牛膝
A～C. 苋菜（A. 花果枝 B. 雄花 C. 雌花）
D～H. 牛膝（D. 果枝 E. 小苞片 F. 花 G. 雄蕊和雌蕊 H. 果实）
（A～C引自《福建植物志》；D～H仿《安徽植物志》）

牛膝属（*Achyranthes*） 粗壮草本，茎具明显的节，叶对生；花两性，单生或为分枝的穗状花序。本属约20种，我国有3种。牛膝（*A. bidentata*）（图8-12D～H），根圆柱形，节部膝状膨大，根及全草入药，活血化瘀、通利关节，为著名中草药。土牛膝（*A. aspera*）的根及全草也可药用。

莲子草属（*Alternanthera*） 草本，叶对生；花小，两性，白色，胞果压扁。本属约200种，我国有3种。空心莲子草（*A. philoxeroides*），又名水花生，原产巴西，引入我国后逸为野生，是重要的外来入侵杂草，危害性大，也可作饲料。

本科常见的植物还有：鸡冠花（*Celosia cristata*），花序扁平，粉红色或深红色，也有杂色，形似鸡冠，栽培供观赏；千日红（*Gomphrena globosa*）、尾穗苋（*Amaranthus caudatus*）、锦绣苋

（*Alternanthera bettzickiana*），供观赏；凹头苋（*Amaranthus ascendens*）、莲子草（*Alternanthera sessilis*），为田间杂草。

3. 蓼科（Polygonaceae）

花程式　　$* K_{3\sim6} C_0 A_{6\sim9} \underline{G}_{(2\sim4:1:1)}$

科的特征　草本，稀灌木或木质藤本，茎节常膨大；单叶互生，多全缘，托叶膜质，鞘状包茎或叶状。花两性，稀单性异株；花被片3~6，2轮，花瓣状，宿存；雄蕊6~9，雌蕊由2~4（通常3）心皮合生，子房上位，1室，1胚珠，花柱2~4。瘦果三棱形或双凸镜状，全部或部分包于宿存的花被内；种子具胚乳，胚弯曲。

识别要点　草本，节膨大，单叶全缘互生，有膜质托叶鞘；花两性，单被，萼片花瓣状；瘦果，常包于宿存的花被中。

分类及代表植物　本科有32属1 200种，主产北温带；我国有12属200余种，分布全国各地。

荞麦属（*Fagopyrum*）　叶三角形或箭形；花两性，萼片5，白色或红色，花后不增大；瘦果三棱形，超出花被片1~2倍。本属约15种，我国有8种，南北各省份均有分布。荞麦（甜荞）（*F. esculentum*）（图8-13A~E），瘦果卵状三棱形，表面平滑，角棱锐利。南北各省份均有栽培，种子富含淀粉，供食用，也是蜜源植物。苦荞（*F. tataricum*），与荞麦近似，但瘦果锥状三棱形，表面常有沟槽，角棱仅上部锐利，下部圆钝成波状。常栽培供食用或饲用。

蓼科

图8-13　荞麦和何首乌
A~E. 荞麦［A. 植株　B. 花　C. 花被（展开）　D. 果实　E. 花图式］
F~K. 何首乌［F. 块根　G. 花枝　H. 花　I. 花解剖（示雄蕊）　J. 雌蕊　K. 果实］
（仿《黑龙江植物志》）

蓼属（Polygonum） 草本或藤本，节明显；花被有色彩，常5裂，瘦果为宿存花被所包。本属约600种，我国有120余种，分布全国。何首乌（P. multiflorum）（图8-13F～K），多年生藤本，地上茎称为夜交藤；叶基心形，托叶鞘先端倾斜；瘦果包于翅状花被内；块根和藤入药。萹蓄（P. aviculare），平卧草本，叶小，基部具关节，全草入药。西伯利亚蓼（P. sibiricum），叶矩圆形或披针形，花梗中上部有关节，花黄绿色，瘦果有3棱。产于我国西南至北部，生于盐碱荒地或砂质含盐土壤。

酸模属（Rumex） 花被片6，2轮，内轮3片于结果时增大，成翅状，雄蕊6。本属约170种，我国有30种，分布于南北各省份。酸模（R. acetosa），叶卵状矩圆形，基部箭形，嫩茎叶可作蔬菜和青饲料。羊蹄（R. japonicus），叶基心形，边缘波状，根入药。

大黄属（Rheum） 花被片6，结果时不增大，雄蕊常9，瘦果具翅。本属约60种，我国有39种，主要分布于西北、西南及华北地区。大黄（R. officinale），根茎粗壮，黄色，叶掌状浅裂；花大，白色，瘦果有翅。根茎入药，能破积滞、行淤血、泻热毒。掌叶大黄（R. palmatum），叶掌状浅裂至半裂，裂片窄三角形；用途同大黄。

本科常见的植物还有：竹节蓼（Homalocladium platycladum）、肾叶山蓼（Oxyria digyna）等，供观赏；金荞麦（Fagopyrum cymosum）、虎杖（Polygonum cuspidatum）、草血竭（Polygonum paleaceum）、火炭母（Polygonum chinense）、杠板归（Polygonum perfoliatum）、齿果酸模（Rumex dentatus）、土大黄（Rumex nepalensis）等，作药用；巴天酸模（Rumex patientia）等，作饲料；蓼蓝（Polygonum tinctorium），可提制靛青，作蓝色染料；水蓼（Polygonum hydropiper）、酸模叶蓼（Polygonum lapathifolium）等，为杂草。

四、五桠果亚纲（Dilleniidae）

常木本。叶常为单叶。花常离瓣，雄蕊离心发育；雌蕊全为合生心皮，子房上位，常为中轴胎座或侧膜胎座。

植物体通常含有鞣质，缺乏生物碱，无甜菜色素。

本亚纲共有13目78科约25 000种。

1. 山茶科（Theaceae）

花程式 $*K_{4\sim\infty}C_5A_\infty\underline{G}_{(2\sim 8:2\sim 8)}$

科的特征 常绿乔木或灌木，单叶互生，常革质，无托叶。花两性，稀单性，辐射对称，单生，或数花簇生于叶腋；萼片4至多数，覆瓦状排列；花瓣5，分离或略连生；雄蕊多数，多轮，分离或联合为5体；子房上位，中轴胎座。蒴果或浆果，种子常含油质。

识别要点 常绿木本，单叶互生，叶革质；花两性或单性，整齐，5基数；雄蕊多数，子房上位，中轴胎座；蒴果或浆果。

分类及代表植物 本科约40属700种，主要分布于东亚；我国有15属480余种，广泛分布于长江流域及南部各省份常绿阔叶林中。

山茶科

山茶属（Camellia） 常绿乔木或小灌木，叶革质，有锯齿；花两性，花萼、花瓣均为5；雄蕊多数多轮；心皮2～8，联合成2～8室的子房；蒴果木质，室背开裂；种子无胚乳，胚大，子叶半球形，富含油脂。本属约280种，我国238种，广泛分布于秦岭与淮河以南各省份。茶（C. sinensis），常绿灌木，花白色，有花柄，萼片宿存，果瓣不脱落。原产我国，栽培和制茶已有2 500年历史；茶叶内含有咖啡碱、茶碱、可可碱、挥发油等，具有兴奋神经中枢和利尿的作用；根入药，能清热解毒；种子油可食用或作润滑剂。普洱茶（L. sinensis var. assamica），茶的变种，用途同茶。油茶（C. oleifera）（图8-14A～C），花白色无柄，萼脱落，果瓣与中轴一起脱落。种子含油30%以上，为重要木本油料作物，供食用及工业用油；果壳可提制栲胶、皂素、糠醛等。山茶（C. japonica）（图8-14D、E），花红色无柄，萼脱落，子房光滑。原产四川峨眉山，是著名花卉，各地栽培品种繁多。云南山茶（*C. reticulata*），花红色无柄，萼片脱落，子房有毛。产于云南，广泛栽培供观赏，多为重瓣花。金花茶（*C. nitidissima*），花瓣8～12，黄色，雄蕊基部连生。产于广西南部，是培育黄色山茶的重要材料，属国家一级保护植物。

木荷属（*Schima*）　乔木；苞片2～8，脱落；萼片5或6，宿存；花瓣5，子房5室；蒴果扁球形，种子具周翅，有胚乳。本属约30种，我国有21种。木荷（*S. superba*），叶革质，卵状椭圆形，具锯齿；花白色，单生于叶腋或顶生成短总状花序，萼片5，边缘有细毛；子房基部密生细毛。其是构成亚热带常绿林的建群树种，在荒山灌丛为耐火的先锋树种。

柃木属（*Eurya*）　常绿灌木，叶缘有细锯齿；花小，常簇生叶腋，雌雄异株，浆果。本属约130种，我国有80种，分布于长江以南各省份，为

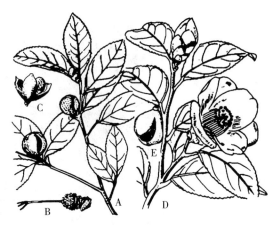

图8-14　油茶和山茶
A～C. 油茶（A. 果枝　B. 雌蕊　C. 开裂的蒴果）
D、E. 山茶（D. 花枝　E. 果实）
（仿《河南植物志》）

常绿阔叶林下灌木层的优势种。细枝柃（*E. loquiana*），叶薄革质，顶端渐尖，常呈短尾状，花白色，1～4朵腋生。翅柃（*E. alata*），嫩枝显4棱，花药有翅。米碎花（*E. chinensis*），嫩枝2棱，嫩枝与顶芽有毛。

本科常见的植物还有：连山红山茶（*Camellia lienshanensis*）、张氏红山茶（*Camellia changii*）、大白山茶（*Camellia albogigas*）、大苞山茶（*Camellia granthamiana*）、厚皮香（*Ternstroemia gymnanthera*）等，为观赏植物；大叶杨桐（*Adinandra megaphylla*）、大头茶（*Gordonia axillaris*）等，为用材植物；细齿叶柃（*Eurya nitida*）等，为蜜源植物。

2. 锦葵科（Malvaceae）

花程式　　$* K_5 C_5 A_{(\infty)} \underline{G}_{(3\sim 8:3\sim 8)}$

科的特征　草本或灌木，体表常有星状毛，茎皮纤维发达；单叶互生，常为掌状脉，托叶早落。花两性，稀单性，辐射对称；萼片5，分离或基部合生，镊合状排列，常有副萼（总苞）；花瓣5，旋转状排列，基部与雄蕊管连生；雄蕊多数，单体雄蕊，花药1室；雌蕊由3至多心皮构成，子房上位，3至多室，中轴胎座。蒴果或分果，种子有胚乳。

识别要点　草本或灌木，体表常有星状毛，单叶互生，掌状脉；花两性，整齐，5基数，有副萼；单体雄蕊，花药1室，子房上位；蒴果或分果。

分类及代表植物　本科有75属1000余种，广布温带与热带；我国有16属81种。

棉属（*Gossypium*）　一年生灌木状草本，叶掌状分裂，常有紫色斑点；副萼3或5，萼成杯状，蒴果背裂，种子被棉毛，俗称棉花。本属有20多种，我国有5种，是我国纺织工业最主要的原料，种子油可食用。陆地棉（*G. hirsutum*）（图8-15A～C），叶常3裂，花黄色，副萼3，有7～13个尖齿。原产美洲，我国广泛栽培。海岛棉（*G. barbadense*）（图8-15D～F），叶3～5半裂，花淡黄带紫色，副萼5，边缘浅裂成尖齿。原产南美洲，适宜于南方栽培。草棉（*G. herbaceum*），叶5～7半裂，副萼广三角形，中部以上有6～8齿，花黄色，中心紫色。原产西亚，因棉毛较短，现少有栽培。树棉（*G. arboreum*），叶掌状深裂，副萼顶端有3齿，花淡黄色，有暗紫色心。原产亚洲，因棉毛较短，现少有栽培。

锦葵属（*Malva*）　草本，叶掌状浅裂至深裂；副萼1～3，分离，子房每室1胚珠，分果。本属约40种，我国有4种，南北均产。锦葵（*M. sinensis*），花大，美丽，庭园栽培观赏。野葵（冬葵）（*M. verticillata*），花小，嫩茎叶可作蔬菜。

木槿属（*Hibiscus*）　木本或草本，叶不分裂或多少掌状分裂；花大型，单生或排成总状花序；

锦葵科

图 8-15 陆地棉和海岛棉
A～C. 陆地棉（A. 花枝 B. 开裂的蒴果 C. 花图式） D～F. 海岛棉（D. 花枝 E. 蒴果 F. 种子及其棉毛）
(仿《福建植物志》)

副萼 5 或多数，花柱 5 裂，蒴果背裂。本属有 300 种，我国有 24 种。木槿（H. syriacus）（图 8-16A～C），叶 3 裂，叶背无毛，基出 3 大脉，栽培作绿篱，全株入药。木芙蓉（H. mutabilis）（图 8-16D～F），叶掌状 5～7 浅裂，叶背有毛，常栽培供观赏。

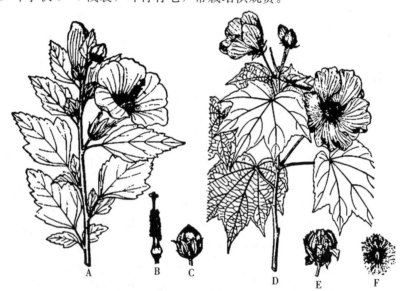

图 8-16 木槿和木芙蓉
A～C. 木槿（A. 花枝 B. 雄蕊和雌蕊 C. 蒴果） D～F. 木芙蓉（D. 花枝 E. 蒴果 F. 种子）
(A～C 引自《河北植物志》；D～F 引自《安徽植物志》)

本科常见的植物还有：洋麻（Hibiscus cannabinus）、苘麻（Abutilon theophrasti）和蜀葵（Althaea rosea），茎皮含纤维，是重要的纤维植物；药蜀葵（Althaea officinalis）的根、拔毒散（Side szechuensis）的叶、蜀葵的种子可作药用；扶桑（Hibiscus rosa-sinensis）、吊灯花（Hibiscus schizopetalus）、红秋葵（Hibiscus coccineus）、黄蜀葵（Abelmoschus manihot）等，供观赏；野西瓜苗（Hibiscus trionum）、肖梵天花（Urena lobata），种子油可作工业用。

3. 葫芦科（Cucurbitaceae）

花程式　♂ $* K_{(5)} C_{(5)} A_{(2)+(2)+1}$　　♀ $* K_{(5)} C_{(5)} \overline{G}_{(3:1)}$

科的特征　草质藤本，常有卷须，茎 5 棱，具双韧维管束；单叶互生，常掌状分裂。花单性，雌雄同株或异株；雄花的花萼管状，5裂；花瓣5，多合生；雄蕊5，花丝两两结合，一个分离，花药常弯曲成S形，聚药雄蕊；雌花的萼筒与子房合生，花瓣合生，5裂；雌蕊3心皮构成，子房下位，侧膜胎座，柱头3。瓠果，肉质或后期干燥变硬，不开裂、瓣裂或周裂；种子多数，常扁平，无胚乳。

识别要点　草质藤本，常有卷须，具双韧维管束，叶掌状分裂；花单性，雌雄同株或异株；雄蕊5枚，花丝两两结合，一个分离，聚药雄蕊；雌蕊3心皮构成，子房下位，侧膜胎座；瓠果。

分类及代表植物　本科约100属800余种，主要分布于热带和亚热带；我国有20属130种，多分布于南部和西南部，另引种栽培7属，约30种。葫芦科几乎包括了所有的瓜类，可作蔬菜和水果，经济价值极高。

葫芦科

甜瓜属（*Cucumis*）　有不分枝的卷须，花黄色，单生；果肉质，球形或长形，平滑或有小刺。本属约40种，我国有4种。黄瓜（*C. sativus*）（图8-17A～G），果实具瘤状突起，细长，圆柱形，嫩时绿色，熟时变黄。原产南亚和非洲，我国广泛栽培，为著名蔬菜。甜瓜（*C. melo*），果皮光滑，常呈椭圆形。原产印度，我国栽培已久，品种较多，如哈密瓜、白兰瓜、黄金瓜等，以新疆哈密瓜最负盛名。

南瓜属（*Cucurbita*）　茎粗糙，卷须分枝，叶有长硬毛；花冠大型钟状，黄色，5中裂；瓠果的颜色、形状多样。本属约30种，我国有4种。南瓜（*C. moschata*），果柄有不发达的棱，果实可作蔬菜、杂粮、饲料，种子可食用或药用。西葫芦（美洲南瓜）（*C. pepo*），果柄有发达的棱槽，果实可作蔬菜及饲料。笋瓜（印度南瓜）（*C. maxima*），果柄无棱槽，果实作蔬菜及饲料。

西瓜属（*Citrullus*）　有分枝的卷须，叶羽状深裂；花淡黄色，花萼裂片不反折；果大，平滑，肉质不开裂。本属有9种，产于非洲热带地区、地中海和亚洲，我国栽培1种。西瓜（*C. lanatus*），夏季优良水果，品种多，种子可炒食，瓜汁和瓜皮可入药。

葫芦属（*Lagenaria*）　叶心状卵形，叶基有2明显的腺体；花白色，单生，雌雄同株，子房长椭圆形，果形多样。约6种，产热带，我国仅有1种。葫芦（*L. siceraria*）（图8-17H～L），瓠果下部大于上部，中部缢细，嫩果可食用，成熟后果皮变为木质，可做各种容器。

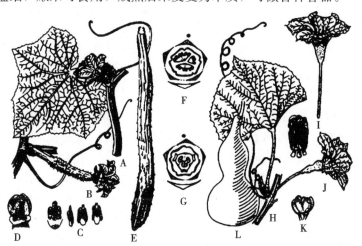

图8-17　黄瓜和葫芦
A～G. 黄瓜（A. 雄花枝　B. 雌花枝　C. 雄蕊群和各式雄蕊
D. 花柱和柱头　E. 果实　F. 雄花花图式　G. 雌花花图式）
H～L. 葫芦（H. 雌花枝　I. 雄蕊　J. 雌蕊　K. 花柱和柱头　L. 果实）
（引自《山东植物志》）

冬瓜属（*Benincasa*）　叶两面密生硬毛，花大，黄色，单生；果大，长柱形或近球形，成熟后常被白粉。本属有1种，分布于亚洲热带地区。冬瓜（*B. hispida*），全国各地广为栽培，果实可作蔬菜，也可制蜜饯，种子和外果皮可入药。

丝瓜属（*Luffa*） 有分枝的卷须，叶5～7裂；雄花排成总状花序，果长柱状或短棒状，平滑或有棱，内有网状纤维，种子多数。本属约8种，分布于热带，我国栽培2种。丝瓜（*L. cylindrica*）（图8-18A～F），果圆柱形，有纵的浅槽和条纹，幼果作蔬菜，成熟后的维管束网称丝瓜络，可入药或供洗涤器皿用。棱角丝瓜（*L. acutangula*），果有8～10条明显的棱和沟，用途同丝瓜。

苦瓜属（*Momordica*） 叶心形，分裂或不分裂；花黄色或白色，花梗上常有盾状苞片；果球形至长椭圆形，表面常有瘤状突起。本属有40余种，我国有4种。苦瓜（*M. charantia*），果纺锤状，有瘤状突起，种子有红色假种皮，果肉味苦稍甘，作夏季蔬菜，南北各地均有栽培。

佛手瓜属（*Sechium*） 有分枝的卷须和块根；果肉质，梨形，有槽和皱纹，内有1颗大型种子；种子在果实内便可发芽，落地后能长成植株，类似"胎生植物"。仅佛手瓜（*S. edule*）1种（图8-18G、H），原产美洲热带地区，我国南部有栽培，果和块根供食用。

图8-18 丝瓜和佛手瓜
A～F. 丝瓜（A. 雄花枝 B. 雄蕊 C. 雌花 D. 花柱和柱头 E. 果实 F. 种子）
G、H. 佛手瓜（G. 果枝 H. 果实）
（A～F引自《山东植物志》）

栝楼属（*Trichosanthes*） 卷须有2～5分枝，根块状；花白色，花冠裂片流苏状，长不超过7 cm；果肉质，种子多数。本属约50种，我国约有34种，广布南北各地，大都供药用。栝楼（*T. kirilowii*），根圆柱形，横走，为著名中草药。

本科常见的植物还有：木鳖（*Momordica cochinchinensis*）、罗汉果（*Momordica grosvenori*）、绞股蓝（*Gynostemma pentaphyllum*）、雪胆（*Hemsleya chinensis*）、罗锅底（*Hemsleya amabilis*）等，为药用植物；油渣果（油瓜）（*Hodgsonia macrocarpa*），可食用；喷瓜（*Ecballium elaterium*），可观赏；长柄葫芦（*Lagenaria siceraria* var. *cougaurda*）、扁圆葫芦（*Lagenaria siceraria* var. *deprssa*）、细腰葫芦（*Lagenaria siceraria* var. *gouda*），可作器皿或供观赏。

4. 杨柳科（Salicaceae）

花程式　♂ $* K_0 C_0 A_{2\sim\infty}$　♀ $* K_0 C_0 \underline{G}_{(2:1)}$

科的特征　落叶乔木或灌木，单叶互生，有托叶。花单性，无花被，雌雄异株，柔荑花序，常先叶开放，有腺体或花盘；雄蕊2至多数，离生；雌蕊2心皮合成，子房1室，侧膜胎座。蒴果2～4裂，种子小，基部有白色长毛，无胚乳。

识别要点　木本，单叶互生；花无被，雌雄异株，柔荑花序，有腺体或花盘；蒴果，种子有长毛。

分类及代表植物　本科共3属620余种，分布于北温带和亚热带；我国3属均产，约320种，遍及全国。多为速生树种，是营造防护林和绿化环境的主要树种。

杨属（*Populus*）　具顶芽，冬芽有多数鳞片；苞缘细裂，雄蕊4至多数，有花盘，无蜜腺。本属约40种，我国约25种，大多产西南、西北和北部，东部有栽培。本属植物生长迅速，喜生于路旁的冲积土上，适合作行道树、防风树，我国西北和西南有很多荒地适于种植此类植物。小叶杨（*P. simonii*）（图8-19A～D），树皮灰绿色，叶背苍白色，是我国北部的主要造林树种之一。毛白杨（*P. tomentosa*），树皮灰绿色至灰白色，叶背密被白色茸毛，我国特有树种，为杨属植物中绿化的最佳树种。胡杨（胡桐）（*P. euphratica*），树皮灰黄色，主要生于荒漠区的河流沿岸及地下水位较高的盐碱地上。

柳属（*Salix*）　无顶芽，冬芽具1鳞片；苞片全缘，雄蕊1～2或较多，有花盘和蜜腺。本属有520多种，我国有250多种，各地均产，多为园林绿化和水土保持树种，也可作蜜源植物。垂柳（*S. babylonica*）（图8-19E～J），枝条细长而下垂，叶狭披针形，雌花有1蜜腺；是著名的景观树种，也可作行道树。旱柳（*S. matsudana*），枝条直立或稍下垂，叶披针形，雌花具2蜜腺；为庭园重要绿化树种。龙爪柳（*S. matsudana* var. *tortuosa*），枝条扭曲，常栽培供观赏。

图8-19　小叶杨和垂柳

A～D. 小叶杨（A. 果枝　B. 雄花及其苞片　C. 雌花　D. 蒴果）

E～J. 垂柳（E. 枝叶　F. 雄花枝　G. 雌花枝　H. 雄花　I. 雌花　J. 果实）

（A～D仿《黑龙江植物志》；E～J引自《福建植物志》）

本科常见的植物还有银白杨（*Populus alba*）、加拿大杨（*Populus canadensis*）、响叶杨（*Populus adenopoda*）、钻天杨（*Populus adenopoda* var. *italica*）、山杨（*Populus davidiana*）、线叶柳（*Salix wilhelmsiana*）、乌柳（*Salix cheilophila*）、银柳（*Salix argyracea*）、杞柳（*Salix purpurea*）等造林、绿化、编织等植物资源。

5. 十字花科（Brassicaceae, Cruciferae）

花程式　$* K_{2+2} C_{2+2} A_{2+4} \underline{G}_{(2:1)}$

科的特征　草本，常有辛辣汁液；单叶互生，基生叶呈莲座状。花两性，辐射对称，总状花序；萼片4，排成2轮；花瓣4，十字形排列，称十字花冠，花瓣基部常成爪；花托上有蜜腺，常与萼片对生；雄蕊6，排成2轮，内轮4枚长，外轮2枚短，称四强雄蕊；雌蕊2心皮合成，子房上位，被1个次生的假隔膜分成假2室，侧膜胎座。长角果或短角果，种子无胚乳，胚弯曲。

识别要点　草本，常有辛辣味；总状花序，十字花冠，四强雄蕊；角果，具假隔膜。

十字花科

分类及代表植物　本科有300多属约3 200种，全球分布，主产北温带；我国有95属425种以上，全国分布。常栽培作蔬菜和油料，部分种可药用和观赏。

芸薹属（*Brassica*）　基生叶常大头羽裂，茎生叶无柄抱茎；长角果线形或圆柱形，果端有喙，成熟时开裂。本属约100种，我国栽培有15种。本属植物多在早春开花，是重要的蜜源植物，又是日常主要蔬菜和油料作物。如油菜（*B. campestris*）（图8-20A～E），种子含油量达40%以上，各地大量栽培，作油料作物。本属作蔬菜的主要植物有大白菜（*B. pekinensis*）、青菜（小白菜）（*B. chinensis*）、卷心菜（莲花白）（*B. oleracea* var. *capitata*）、花椰菜（*B. oleracea* var. *botrytis*）、甘蓝（擘蓝）（*B. caulorpa*）、大头菜（*B. napobrassica*）、榨菜（*B. juncea* var. *tumida*）等。芥菜（*B. juncea*）的种子称芥子，可制芥末，作香辛料。羽衣甘蓝（*B. oleracea* var. *acephala*）是优良的冬季观叶植物，也可食用。

萝卜属（*Raphanus*）　常有肉质根，叶大头羽状半裂；长角果圆筒状，果端有长喙，成熟时不开裂。本属约8种，我国有2种。萝卜（*R. sativus*）（图8-20F～L），各地普遍栽培，品种多，直根供食用，种子入药称莱菔子。

荠属（*Capsella*）　基生叶羽状分裂至全缘，茎生叶常抱茎；短角果倒三角形或倒心形，成熟时开裂。本属约5种，我国仅荠菜（*C. bursapastoris*）1种，遍布全国各地。

图8-20　油菜和萝卜
A～E. 油菜（A. 叶　B. 花果枝　C. 花　D. 雄蕊和雌蕊　E. 花图式）
F～L. 萝卜（F. 叶　G. 花枝　H. 花　I. 花瓣　J. 雄蕊　K. 雌蕊　L. 果实）
（引自《河南植物志》）

本科常见的植物还有：遏蓝菜（*Thlaspi arvense*）、芝麻菜（*Eruca vesicaria*）、豆瓣菜（*Nasturtium officinale*）等，作野生蔬菜；白芥（*Brassica hirta*）、黑芥（*Brassica nigra*）、辣根（*Armoracia rusticana*）、山葵（*Eutrema yunnanensis*）等，作辛香调味植物；桂竹香（*Cheiranthus cheiri*）、香雪球（*Lobularia maritima*）、紫罗兰（*Matthiola incana*）、诸葛菜（*Orychophragmus violaceus*）等，作观赏植物；蔊菜（*Roripa montana*）、独行菜（*Lepidium apetalum*）、碎米荠（*Cardamine flexuosa*）等，为农田杂草；菘蓝（*Isatis tinctoria*）、大青（*Isatis indigotica*），根（板蓝根）入药，叶制蓝靛，作"青黛散"入药，也可作染料；拟南芥（*Arabidopsis thaliana*），第

一种被全基因组测序完成的高等植物,成为遗传及基因研究的模式植物。

6. 杜鹃花科（Erieaeeae）

花程式 $* K_{(4\sim5)} C_{(4\sim5)} A_{4\sim5+4\sim5} \underline{G}$ 或 $\overline{G}_{(2\sim5:2\sim5:\infty)}$

科的特征 常为灌木；单叶，常互生，常革质，无托叶。花两性，辐射对称，稀两侧对称，单生或簇生，常排成各种花序；花萼4~5裂，宿存；花冠合生，4~5裂，呈坛状、钟状、漏斗状或高脚碟状；雄蕊为花瓣的倍数，2轮，外轮对瓣；花药孔裂，常具附属物（芒或距）；子房上位或下位，2~5室，中轴胎座，胚珠多数。蒴果，稀浆果或核果；种子常小，有直伸的胚和肉质胚乳。

识别要点 木本，单叶互生，革质；花冠合瓣，常呈坛状、钟状；花药孔裂，常具附属物（芒或距）。

分类及代表植物 本科有75属1 350种，分布全球，以亚热带的山区最多；我国有20属700多种，全国均产，以西南山区种类最多，生于高山灌丛，春季盛开，被喻为高山花园。

杜鹃花属（Rhododendron） 伞形花序或总状花序，少簇生或单生；花5基数，萼5裂，花冠合瓣，5裂，辐射状、钟状或漏斗状；雄蕊与花瓣同数或为花瓣的倍数，花药无附属物；蒴果室间开裂。本属有800多种，我国约600种，除新疆外，各地均有分布，以西南和西部最盛，为著名的观赏植物。杜鹃（映山红）(R. simsii)（图8-21A~D），叶两面有糙伏毛，背面淡绿色；花红色，裂片上面1~3片有深红色斑点，可供观赏。羊踯躅（闹羊花）(R. molle)（图8-21E~H），叶纸质，被柔毛，花黄色，雄蕊5；叶和花有剧毒，可制麻醉药和农药。兴安杜鹃(R. dauricum)，叶近革质，背面密被鳞片；花先叶开放，紫红色，雄蕊10。白花杜鹃(R. mucnoratum)，萼片披针形，有腺毛，花白色。常栽培供观赏，品种较多。

吊钟花属（Enkianthus） 枝条常轮生，叶常聚生于小枝顶部；顶生下垂的伞形花序或总状花序，花冠钟状或壶状，短5裂；雄蕊10，花药顶部有2芒；蒴果室背开裂。本属约10种，我国有6种，产于西南至东南部，大多供观赏。吊钟花(E. quinqueflorus)，花5~8朵排成下垂的伞形花序，花冠合生，基部膨大成壶状，常先叶开花。

乌饭树属（Vaccinium） 花冠筒状、壶状或钟状，4~5裂；雄蕊8~10，雄蕊背面有距，子房下位，浆果。本属约450种，我国有90余种，南北均产。乌饭树(V. bracteatum)（图8-21I~M），叶背面主脉具短柔毛，总状花序腋生，苞片宿存，花药无或偶有极短的芒状突起。叶可入药，嫩老叶均可染制乌饭。越橘(V. vitisidaea)，叶小，背面有腺点，总状花序短，生于去年生的枝端。叶入药，又可代茶，浆果可食用。米饭花(V. sprengelii)，叶无毛，或叶柄及中脉有短柔毛，总状花序具早落的苞片，花药具显著的芒。

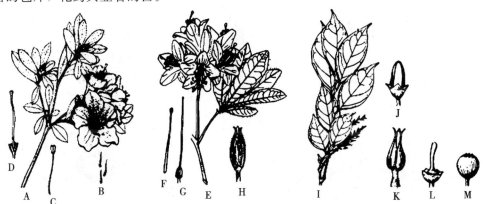

图8-21 杜鹃、羊踯躅和乌饭树
A~D. 杜鹃（A. 花枝　B. 表皮毛　C. 雄蕊　D. 雌蕊）
E~H. 羊踯躅（E. 花枝　F. 雄蕊　G. 雌蕊　H. 果实）
I~M. 乌饭树（I. 花蕾枝　J. 花蕾放大　K. 雄蕊　L. 雌蕊　M. 果实）
（A~D和I~M仿《贵州植物志》；E~H仿《河南植物志》）

本科常见的植物还有比利时杜鹃（Rhododendron hybridum）、岭南杜鹃（Rhododendron mariae）、南烛（Lyonia ovalifolia）、滇白珠（Gaultheria yunnanensis）、马醉木（Pieris japonica）等观赏或工业用植物资源。

7. 报春花科（Primulaceae）

花程式 $*K_{(5)}C_{(5)}A_5\underline{G}_{(5:1:\infty)}$

科的特征 草本，常有腺点或被白粉；单叶，稀羽状分裂。花两性，辐射对称，具苞片；花萼5裂，宿存；花冠合瓣，5裂，辐状至高脚碟状；雄蕊与花冠裂片同数对生，花药内向；子房上位，心皮5，1室，特立中央胎座。蒴果。

识别要点 草本，常有腺点或被白粉；花5基数，花冠合瓣，雄蕊与花冠裂片同数而对生；心皮5，1室，特立中央胎座；蒴果。

分类及代表植物 本科有30属1 000多种，广布全球，以北半球为多；我国11属700余种，分布全国，多数种具观赏价值。

报春花属（Primula） 多年生草本，叶全为基生；伞形或复伞形花序，具苞片，生于花葶顶端；花常2型，花冠筒长于花冠裂片，雄蕊贴生于花冠管上或喉部，内藏；蒴果5～10瓣裂。本属约500种，我国有300余种，全国分布，主产西部和西南部，多为美丽的花卉。报春花（P. malacoides）（图8-22A～F），植株被腺体节毛，花葶上有伞形花序2～6级，花冠浅红色，高脚碟状。藏报春（P. sinensis），全株被腺状毛，伞形花序1～2级，花色较多，花冠筒与花萼近等长。四季报春（P. obconica），伞形花序1级，花萼漏斗形，萼齿小。

珍珠菜属（排草属）（Lysimachia） 直立或伏卧草本，叶全缘，常有腺点；花冠裂片旋转状排列，蒴果卵形或球形，纵裂，种子平滑。本属约180种，我国有120种，全国分布，西南部最盛。珍珠菜（L. clethroides）（图8-22G～J），茎直立，叶互生，具黑色腺体；总状花序顶生，花冠白色。田间杂草，也可入药。过路黄（金钱草）（L. christinae），匍匐草本，叶对生，具黑色条状腺体；花黄色，成对腋生。民间常用草药。

点地梅属（Androsace） 纤细草本，叶基生或旋叠状排列于枝上；花冠筒短，喉部紧缩，蒴果卵状或球形，5裂。本属和报春花属很相近，但花冠筒短于花萼，且于喉部收缩。点地梅（A. umbellata），铺地草本，全株被细柔毛。广布全国各地，全草入药。

本科常见的植物还有：仙客来（Cyclamen persicum）（图8-22K）、多脉报春（Primula polyneura）、天山报春（Primula sibirica）、胭脂花（Primula maximowiczii）、西藏紫花报春（Prim-

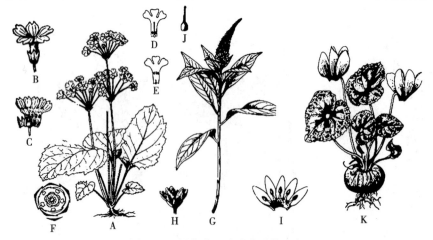

图8-22 报春花、珍珠菜和仙客来
A～F. 报春花（A. 植株 B. 花 C. 花冠展开 D. 长花柱花冠 E. 短花柱花冠 F. 花图式）
G～J. 珍珠菜（G. 植株上部枝 H. 花 I. 花冠展开 J. 雌蕊） K. 仙客来植株
［A～F仿《四川植物志》和《福建植物志》；G～J仿《中国植物志》（英文版）；K引自《山东植物志》］

ula woodwardii)等，栽培或野生花卉；细梗香草（*Lysimachia capillipes*）、长梗过路黄（*Lysimachia longipes*）、长蕊珍珠菜（*Lysimachia lobelioides*）、星宿草（*Lysimachia fortunei*）等，为药用植物；灵香草（*Lysimachia foenumgraecum*），为著名的芳香植物。

五、蔷薇亚纲（Rosidae）

木本或草本；单叶或常羽状复叶。花被明显分化，异被；雄蕊多数或少数，向心发育；雌蕊心皮多数或少数，分离或结合，子房上位。

植物体通常含有鞣质，不含甜菜色素。

本亚纲占双子叶植物纲总数的1/3，共有18目118科约58 000种。

1. 蔷薇科（Rosaceae）

科的特征 乔木、灌木或草本，常有刺及皮孔；叶常互生，常具托叶。花两性，辐射对称，5基数，花托突起或下陷；萼裂5；花瓣5，分离；雄蕊常多数，分离，着生花托边缘；子房上位或下位，心皮1至多数，分离或合生。核果、梨果、瘦果或蓇葖果。

识别要点 叶互生，常具托叶；花两性，辐射对称，5基数，雄蕊多数，着生花托边缘，花托突起或下陷；核果、梨果、瘦果或蓇葖果。

分类及代表植物 本科有124属3 300余种，广布全球；我国有51属1 000余种，分布全国。本科是一个经济价值极高的资源植物科，许多观赏和食用种类已栽培。常根据子房的位置、心皮的数目与离合、果实的特征将它们分为4个亚科（图8-23）。

蔷薇科

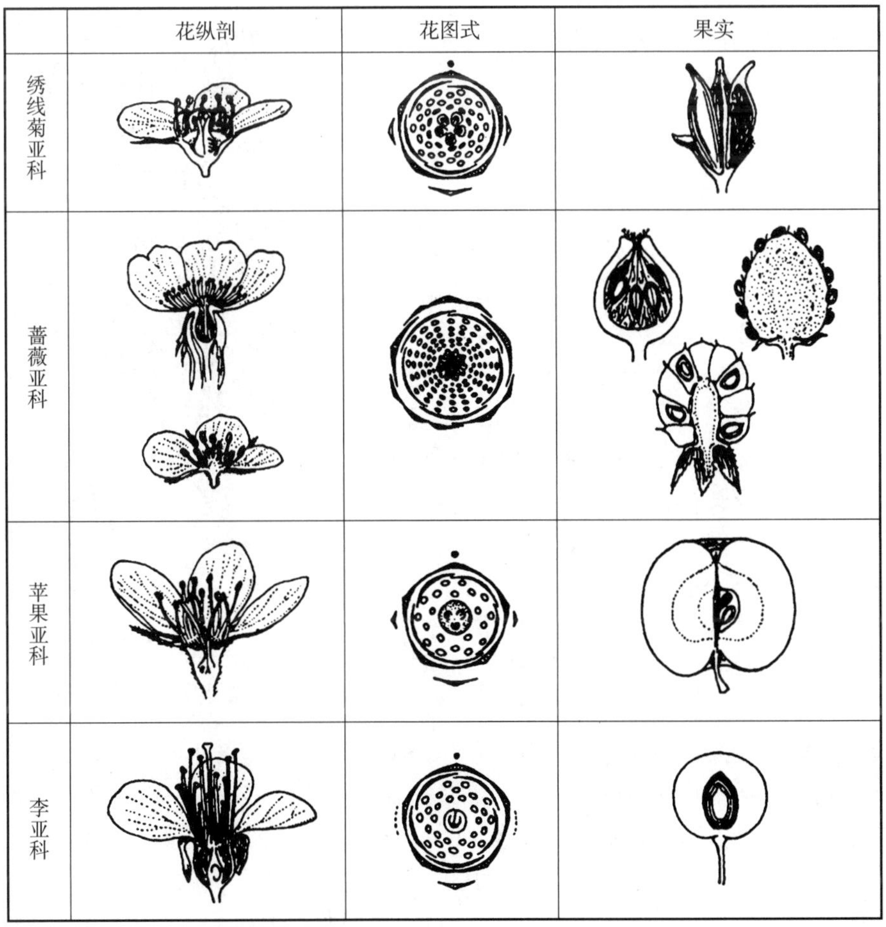

图8-23 蔷薇科4亚科花和果实比较

（引自吴国芳等，1992）

(1) 绣线菊亚科（Spiraeoideae）。

∗ $K_5 C_5 A_\infty \underline{G}_{1\sim5}$

灌木，常无托叶；心皮 1～5，分离，子房上位，周位花；蓇葖果。

绣线菊属（*Spiraea*） 小灌木，单叶，伞形或伞房花序。本属有 100 余种，我国有 50 余种，南北各地均有，常栽培供观赏。中华绣线菊（*S. chinensis*）（图 8-24），叶两面有毛。麻叶绣线菊（*S. cantoniensis*），伞形花序顶生，花白色，与叶同放。日本绣线菊（*S. japonica*），复伞房花序顶生，花粉红色。光叶绣线菊（*S. japonica* var. *fortunei*），叶背面灰白色，花红色。

珍珠梅属（*Sorbaria*） 落叶灌木，奇数羽状复叶，圆锥花序。本属约 9 种，我国有 4 种，产于西南和东部。华北珍珠梅（*S. kirilowii*），花白色，圆锥花序无毛，雄蕊 20，花柱稍侧生。常栽培供观赏。

(2) 蔷薇亚科（Rosoideae）。

∗ $K_5 C_5 A_\infty \underline{G}_\infty$

木本或草本，叶互生，托叶发达。周位花，心皮多数，离生，着生于凹陷或突出的花托上，子房上位。聚合瘦果。

图 8-24　中华绣线菊
A. 花枝　B. 果枝　C. 花放大　D. 花瓣放大　E. 果实
（引自《安徽植物志》）

蔷薇属（*Rosa*） 有刺灌木，羽状复叶；花托壶状，多数雌蕊形成多数小型瘦果，集生于肉质的壶状花托内，形成蔷薇果。本属有 200 种，我国有 82 种，分布于南北各省份。玫瑰（*R. rugosa*）（图 8-25），叶皱缩，茎多皮刺和刺毛，花玫瑰红色，花柱不伸出花托筒口。栽培供观赏或提制香料。月季（*R. chinensis*），托叶有腺毛，萼有羽状裂片，花柱伸出花托筒口，但花柱分离。栽培历史悠久，品种繁多。多花蔷薇（*R. multiflora*），攀缘性灌木，花柱显著伸出花托筒口，花柱结合成圆柱状。野生或栽培供观赏。本属常见的植物还有缫丝花（刺梨）（*R. roxburghii*）、金樱子（*R. laevigata*）等。

悬钩子属（*Rubus*） 多刺灌木，聚合核果。本属约 700 种，我国有 194 种，南北均有分布。乌泡子（*R. parkeri*），茎密生灰色茸毛和红紫色腺毛；单叶，

图 8-25　玫　瑰
A. 花枝　B. 果实
（引自《安徽植物志》）

两面被毛；聚合果球形，黑色。茅莓（红梅消）（*R. parvifolius*），3 小叶复叶，背面密生白毛，聚合果红色，果食用，根、茎、叶均可入药。树莓（覆盆子）（*R. ideaus*），3～5 小叶复叶，背面有白色茸毛，聚合果红色，果食用和药用。插田泡（*R. coreanus*），果亦作覆盆子入药。

草莓属（*Fragaria*） 多年生草本，有匍匐茎，聚合瘦果，萼片宿存。本属约 20 种，我国有 8 种，分布于西南、西北至东北。草莓（*F. ananassa*），果期花托肉质膨大，鲜红色，萼片紧贴果实。原产南美洲，现广为栽培供食用。

本亚科常见的植物还有：地榆（*Sanguisorba officinalis*），根为收敛止血药；蛇莓（*Duch-*

esnea indica),全草药用;龙芽草(仙鹤草)(*Agrimonia pilosa*),全草入药,为收敛药,并有强壮止泻作用;棣棠花(*Kerria japonica*),栽培供观赏。

(3) 苹果亚科(Maloideae)。

$*K_5 C_5 A_\infty \overline{G}_{(2\sim5:2\sim5)}$

木本,单叶互生,有托叶;子房下位,梨果。

梨属(*Pyrus*) 花柱2~5,离生;果实的果柄一端较小,不凹陷,果肉有石细胞。本属约25种,我国有14种,作果树栽培的有8种。沙梨(*P. pyrifolia*),叶基圆形或近心形,果褐色,萼脱落。常栽培用于生产,有雪梨、砀山酥梨、云南宝珠梨、黄皮水梨和贵州威宁大黄梨等许多优良品种。白梨(*P. bretschneideri*),果黄色,叶基宽楔形,是重要的栽培梨种,有白梨、蜜梨、鸭梨、雪花梨、仕梨和红宵梨等品种,品质好,耐储藏。西洋梨(*P. communis*),果黄色,有宿存萼片,果实须经后熟后食用,味好但不耐储藏。棠梨(*P. pashia*),萼片早落,果褐色,作砧木,花可作蔬菜。

苹果属(*Malus*) 花柱3~5,基部合生;果实两端均凹陷,果肉无石细胞。本属约35种,我国有20余种,多数为重要的果树及砧木或观赏树种。苹果(*M. pumila*)(图8-26),果柄短,萼洼下陷,萼片宿存,为栽培果树。花红(*M. asiatica*),果柄长,萼洼微突,萼片宿存,常栽培。垂丝海棠(*M. kalliana*),花具长柄,下垂,萼片脱落,栽培供观赏或作嫁接苹果的砧木。本属常见的栽培植物还有海棠花(*M. spectabilis*)、西府海棠(*M. micromalus*)等。

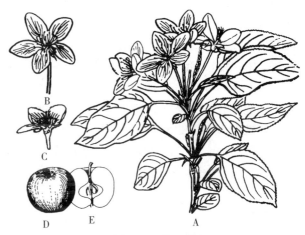

图8-26 苹果
A. 花枝 B. 花 C. 花纵剖 D. 果实 E. 果纵剖
(A、B仿《黑龙江植物志》;C~E仿《山东植物志》)

山楂属(*Crataegus*) 常有茎刺,单叶互生,常分裂,有托叶;顶生伞房花序,果红色。本属约1 000种,我国有17种,栽培作果树的有2~3种。山楂(*C. pinnatifida*),有枝刺,叶片羽状深裂,果红色,近球形。可鲜食、制果酱、果糕,还可药用。山里红(*C. pinnatifida* var. *major*),常栽培,果实可鲜食、制果汁或加工成山楂片等。野山楂(*C. cuneata*),叶浅裂,可入药。

枇杷属(*Eriobotrya*) 单叶互生,大型;顶生圆锥花序,果黄色。本属约30种,我国有13种。枇杷(*E. japonica*),果球形,黄色或橘黄色,著名水果,叶入药治咳嗽,也是优良的绿化树种。

木瓜属(*Chaenomeles*) 枝常有刺,单叶互生,有大托叶;花单生或簇生,常先叶开放,梨果木质大型。本属有5种,我国产4种。木瓜(*C. sinensis*),果长椭圆形,暗黄色,木质。果实水煮或糖渍后可食,也可入药,花、果也可供观赏。贴梗海棠(*C. speciosa*),枝有刺,花猩红色,近无柄,果黄绿色,具香味,先花后叶或花叶同放。常栽培供观赏或作绿篱,果实可食用和药用。

本亚科常见的植物还有:火棘(*Pyracantha fortuneana*),又名火把果、救军粮;西南栒子(*Cotoneaster franchetii*),是优良的地被植物,可观赏,果实可食;石楠(*Photinia serrulata*),为常绿小乔木或灌木,叶革质,边缘锯齿细密而尖锐,花序伞房状,为常见观赏树种。

(4) 李亚科(Prunoideae)。

$*K_5 C_5 A_\infty \underline{G}_1$

木本,单叶互生,有托叶,叶基常有腺体;花托凹陷或杯状,心皮1,子房上位,核果,内含1种子。

李属(*Prunus*) 侧芽单生,顶芽常缺;花叶同放,子房和果实光滑无毛。本属有30余种,我国有7种，主要分布于北方。李（*P. salicina*），叶倒卵状披针形，花3朵簇生，白色，果皮有光泽，并有蜡粉，核有皱纹。栽培范围甚广，果食用，种仁可入药。

桃属（*Amygdalus*） 侧芽3，具顶芽；花先叶开放，子房和果实有毛，果核表面有洼痕。本属约40种，我国有12种，分布于西部和西北部，栽培品种在全国各地均有分布。桃（*A. persica*）（图8-27），叶披针形，花单生，红色，果皮密被毡毛，核有凹纹。果食用，种仁、花、枝、叶均可药用。本属常见的栽培植物还有蟠桃（*A. persica* var. *compressa*）、扁桃（巴旦杏）（*A. communis*）、榆叶梅（*A. triloba*）等。

杏属（*Armeniaca*） 侧芽单生，顶芽缺；花先叶开放，子房和果实常被短毛，果核表面光滑，具锐利的边棱。本属约8种，国产7种，淮河以北普遍栽培。杏（*A. vulgaris*），叶卵形至近圆形，先端短尖或渐尖；花单生，微红，果杏黄色，微生短柔毛或无毛，核平滑。我国广布，果食用，杏仁（胚）入药。梅（*A. mume*），叶卵形，具长尾尖；花1~2朵，白色或红色；果黄色，有短柔毛，核有蜂窝状孔穴。各地有栽培，果食用或药用，也是著名的观赏树种，有白梅、红梅、垂枝梅、绿萼梅等品种。

图8-27 桃

A. 花枝 B. 果枝 C. 花纵剖 D. 雄蕊放大 E. 果核

（引自强胜，2006）

樱属（*Cerasus*） 腋芽单生或3个并生，中间为叶芽，两侧为花芽；花先叶开放或花叶同放，花柱和子房有毛或无毛，果核表面平滑或稍有皱纹。樱桃（*C. pseudocerasus*），花梗多毛，萼片反折。山樱花（*C. serrulata*），花梗无毛，萼不反折。日本晚樱（*C. serrulata* var. *lannesiana*），山樱花的栽培品种，叶缘重锯齿，花重瓣，原产日本。

2. 豆科（Fabaceae，Leguminosae）

科的特征 草本或木本，常有根瘤；单叶或复叶，互生，有托叶，叶枕发达。花两性，两侧对称，少辐射对称；花萼5，结合，花瓣5，雄蕊多数至定数，常10个，常成二体；心皮1，上位子房1室，常具多个胚珠。荚果。

识别要点 叶常为羽状复叶或三出复叶，有托叶和叶枕；花冠多为蝶形或假蝶形，雄蕊为2体、单体或分离；子房上位，1心皮，荚果。

分类及代表植物 本科约690属17 000多种，为种子植物的第三大科，广布全球；我国有157属1 200多种，分布全国。根据花冠形态和雄蕊类型等可将本科分为3个亚科。

（1）含羞草亚科（Mimosoideae）。

$* K_{(5)} C_5 A_\infty \underline{G}_{1:1}$

豆科

木本，稀草本。花辐射对称，花瓣镊合状排列，雄蕊多数。

本亚科约56属3 000种，我国产17属66种。

合欢属（*Albizia*） 总叶柄具腺体；头状或圆柱状穗状花序，花瓣在中部以下合生，雄蕊多数；荚果扁平，通常不开裂，种子间无横隔。本属约有150种，我国有17种，大部分产于长江以南各省份，主要作木材及庭院绿化用。合欢（马缨花）（*A. julibrissin*），小枝有棱，头状花序排成伞房状；花红色，荚果条形。作为行道树和绿化树种，木材坚硬，可做家具；树皮及花入药。楹树（*A. chinensis*），头状花序排成顶生的圆锥花序，花淡白色，荚果扁平。为速生树种，可作为南方丘陵、平原绿化树种。

含羞草属（*Mimosa*） 有刺草本或灌木，叶常很敏感，触之即闭合而下垂；花小，花瓣下部合生,雄蕊与花瓣同数或为其2倍,分离;荚果成熟时横裂为数节,而荚缘宿存果柄上。本属约有500种,我国有3种,见于广东、广西和云南,均非原产。含羞草(*M. pudica*)(图8-28),全株被刺,小叶感应刺激而开闭;花淡红色,雄蕊4,伸出于花瓣之外。原产美洲,现各地栽培,全草药用,亦可供观赏。

本亚科常见的植物还有银合欢(*Leucaena leucocephala*)、海红豆(*Adenanthera pavonina* var. *microsperma*)、台湾相思树(*Acacia confusa*)等。

(2)云实亚科(Caesalpinioideae)。

↑K$_{(5)}$C$_5$A$_{10}$G$_{1:1}$

木本,稀草本。花两侧对称,花冠假蝶形,花瓣在芽中为上升覆瓦状排列,在上的旗瓣最小,位于最内方,龙骨瓣最大,位于最外方;雄蕊10。

本亚科约180属3 000种,我国产21属113种。

皂荚属(*Gleditsia*) 具单生或分枝的粗刺,一回或二回羽状复叶,托叶早落;花杂性,组成总状花序;雄蕊6~10,离生;荚果扁平,种子多数。本属约16种,我国有6种,广布于南北各省份。皂荚(*G. sinensis*),具刺乔木,刺分枝。木材坚硬,为车辆、家具用材;荚果煎汁可代肥皂用。

紫荆属(*Cercis*) 单叶互生,具掌状叶脉;花两性,紫红色或粉红色;雄蕊10,分离;荚果扁,狭长圆形,于腹缝线一侧常有狭翅。本属约8种,我国有5种。紫荆(*C. chinensis*)(图8-29),单叶,圆心形,花紫色簇生。常栽培供观赏,树皮、花梗入药。

本亚科常见的植物还有云实(*Caesalpinia decapetala*)、决明(*Cassia tora*)、羊蹄甲(*Bauhinia purpurea*)、红花羊蹄甲(紫荆花)(*Bauhinia blakeana*)等。

(3)蝶形花亚科(Papilionoideae)。

↑K$_{(5)}$C$_5$A$_{(9)+1}$G$_{1:1}$

木本或草本。花两侧对称,花冠蝶形,花瓣在芽中为下降覆瓦状排列,在上的旗瓣最大,位于最外方,龙骨瓣最小,位于最内方;雄蕊10,9个花丝联合,1个分离呈二体雄蕊。

本亚科约440属12 000种,我国产103属,引种11属,共1 000余种。

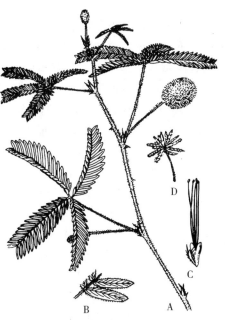

图8-28 含羞草
A. 花枝 B. 小叶 C. 小花 D. 果序
(仿《黑龙江植物志》)

图8-29 紫荆
A. 花枝 B. 叶枝 C. 花 D. 花瓣
E. 花去花被 F. 雄蕊及雌蕊 G. 果 H. 种子
(引自《安徽植物志》)

车轴草属(*Trifolium*) 草本,掌状三出复叶;花小,排成头状、穗状或短总状花序,凋萎后不脱落;荚果小,几乎完全藏于萼内。本属约有250种,我国有13种。白车轴草(白三叶草)(*T. repens*),茎匍匐,花多,白色,密集成头状花序。世界著名的优良牧草,原产欧洲,我国引种栽培,新疆有野生。红车轴草(红三叶草)(*T. pratense*),茎通常直立,小叶上面有白斑,花冠紫红色。也是世界著名优良牧草。

苜蓿属(*Medicago*) 草本,羽状三出复叶,小叶边缘上部有锯齿,中下部全缘;短总状或头状花序,花黄色或紫色;荚果弯曲成马蹄形或卷成螺旋形。本属约有65种,我国有14种,分布甚广，西北种类尤多。紫花苜蓿（*M. sativa*），多年生草本，茎直立，多分枝；花紫色或蓝紫色，荚果螺旋形。为世界上栽培最广泛的优良豆科牧草之一。天蓝苜蓿（*M. lupulina*），一年生草本，花黄色，荚果肾形，含种子1粒。多生于微碱性草甸、田边、路旁，为优良饲用植物。

黄芪属（*Astragalus*） 草本或半灌木，植株通常被毛；奇数羽状复叶，有时仅具3小叶或1小叶；花蓝紫色、黄色或白色，荚果条形或矩圆形。本属有2 000多种，我国有278种，南北各地均产。黄芪（*A. membranaceus*），高大草本，总状花序腋生，花冠白色。根药用。紫云英（*A. sinicus*），二年生草本，茎匍匐；花紫红色，簇生于长总花梗的顶端。作绿肥，也供饲用。

野豌豆属（*Vicia*） 草本，茎多攀缘，偶数羽状复叶，叶轴顶端多具卷须或刚毛；花单生或总状花序，荚果扁。本属约有200种，我国有43种，南北均产。蚕豆（*V. faba*），一年生直立草本，托叶大；花白色带红而有紫色斑纹，荚果大而肥厚。各地广泛栽培，种子供食用。野豌豆（*V. sepium*），多年生草本，总状花序腋生，花冠红色或紫色。广布野豌豆（*V. cracca*），多年生草本，茎攀缘或斜升，有棱，托叶半边箭头形，旗瓣提琴形。本属常见植物还有歪头菜（*V. unijuga*）、毛叶苕子（*V. villosa*）、救荒野豌豆（*V. sativa*）等。

刺槐属（*Robinia*） 乔木或灌木，托叶常呈刺状，奇数羽状复叶，小叶近对生；总状花序腋生，下垂；荚果矩圆形或条状矩圆形，开裂。刺槐（洋槐）（*R. pseudoacacia*），托叶刺状，宿存；总状花序腋生，花白色，旗瓣基部有1黄斑。南北广为栽培，适应性强，为行道树和水土保持的优良树种，也是蜜源植物。

大豆属（*Glycine*） 草本，三出羽状复叶，托叶小；花小，组成腋生总状花序；花白色、蓝色或紫色，花瓣具长柄，略伸出萼外；荚果线形或长圆形，扁平或稍膨胀。本属约10种，我国有6种，南北均产。大豆（*G. max*）（图8-30），茎粗壮，全株有毛，荚果密生硬毛。全国各地广泛栽培，东北尤盛，是重要的油料作物。野大豆（*G. soja*），缠绕草本，荚果密生长硬毛，种子褐色。产于我国中、东部，是大豆育种的重要遗传资源。

豌豆属（*Pisum*） 草本，偶数羽状复叶，叶轴顶端有分枝的卷须，托叶大，叶状；花单生或数朵排成总状花序，腋生，花白色、紫色或红色；荚果长圆形，肿胀。豌豆（*P. sativum*）（图8-31），

图8-30 大 豆
A. 植株上部 B. 叶片一部分 C. 花
D. 雄蕊 E. 雌蕊 F. 果实
（引自崔大方，2010）

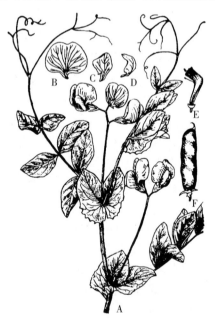

图8-31 豌 豆
A. 花枝 B. 旗瓣 C. 翼瓣
D. 龙骨瓣 E. 雄蕊 F. 果实
（引自强胜，2006）

缠绕草本，全株无毛，托叶叶状，种子浑圆。我国广泛栽培，幼苗、幼荚和种子食用。

本亚科常见的植物还有槐（*Sophora japonica*）、紫穗槐（*Amorpha fruticosa*）、紫藤（*Wisteria sinensis*）、百脉根（*Lotus corniculatus*）、草木樨（*Melilotus officinalis*）、锦鸡儿（*Caragana sinica*）、甘草（*Glycyrrhiza uralensis*）、野葛（葛藤）（*Pueraria lobata*）、菜豆（*Phaseolus vulgaris*）、绿豆（*Vigna radiata*）、豇豆（*Vigna unguiculata*）、扁豆（*Lablab purpureus*）、落花生（*Arachis hypogaea*）等。

3. 大戟科（Euphorbiaceae）

花程式　♂ $* K_{0\sim5} C_{0\sim5} A_{1\sim\infty}$　♀ $* K_{0\sim5} C_{0\sim5} \underline{G}_{(3:3:1\sim2)}$

科的特征　草本、灌木或乔木，常含乳汁；单叶互生，少复叶，具托叶，叶基常有腺体。花单性同株，少异株，常为聚伞花序或杯状聚伞花序；双被、单被或无花被；萼片3~5，常无花瓣，有花盘或腺体；雄蕊1至多数，子房上位，3心皮合生，3室，中轴胎座，胚珠悬垂。蒴果。

识别要点　具乳汁，单叶，基部常有2个腺体；花单性，蒴果3室。

分类及代表植物　本科约有300属8000余种，主产热带和亚热带；我国约有70属460种，主产长江流域以南各省份。

蓖麻属（*Ricinus*）　本属仅有蓖麻（*R. communis*）1种（图8-32），南方为灌木或小乔木，北方为一年生草本；叶大型，掌状深裂，盾状，叶柄有腺体；蒴果球形，有软刺。原产非洲，我国各地均有栽培，种子含油率达60%以上，是重要的工业用油原料。

橡胶树属（*Hevea*）　本属约12种，分布于美洲热带地区。我国引入橡胶树（三叶橡胶树、巴西橡胶树）（*H. brasiliensis*）1种，高大乔木，有乳汁，三出复叶，叶柄顶端有腺体。原产巴西，我国台湾、海南、广西、云南等省份引种栽培，供提制橡胶。

油桐属（*Vernicia*）　乔木，含乳汁；单叶互生，全缘或3~7裂；叶柄长，近顶端具2腺体；核果大型，种子富含油质。本属约3种，我国产2种，广布长江以南各地。油桐（*V. fordii*）（图8-33），叶卵状或卵状心形，叶柄顶部的2腺体红色；花白色，有黄红色条纹，果皮平滑。种子榨出的油称为桐油，属优良的干性油，是油漆、印刷油墨的原料。

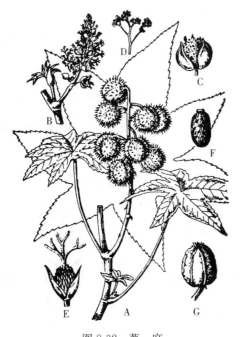

图8-32　蓖麻
A. 果枝　B. 花序　C. 雄花　D. 雄花花丝分枝　E. 雌花　F. 种子　G. 有刺蒴果
（引自《福建植物志》）

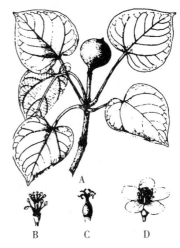

图8-33　油桐
A. 果枝　B. 雄蕊群　C. 雌蕊　D. 花
（引自崔大方，2010）

乌桕属（*Sapium*） 灌木或乔木，有乳汁；叶柄顶部有 2 腺体，花单性同株，无花瓣，蒴果。本属有 120 余种，我国有 9 种，分布于西南至东部。乌桕（*S. sebiferum*），落叶乔木，叶菱状卵形；蒴果近球形，种子黑色，外被白蜡层。种子可榨油，为工业油料植物；秋叶红色，供观赏。

大戟属（*Euphorbia*） 草质、木质或无叶的肉质植物，有乳汁；杯状聚伞花序，总苞萼状，4～5 裂，裂片和肥厚肉质的腺体互生；花单性，无花被；雄花仅具 1 雄蕊，花丝和花柄间有关节；雌花仅具 1 雌蕊，单生于花序中央而突出于外，具长柄；蒴果。本属约 2 000 种，我国有 60 多种，广布全国。一品红（圣诞花）（*E. pulcherrima*），小灌木，叶互生，开花时花序下的数枚苞片呈艳丽的红色，杯状聚伞花序多数顶生于枝端。原产墨西哥和中美洲，常栽培供观赏。本属常见的栽培观赏植物还有猩猩草（*E. heterophylla*）、银边翠（*E. marginata*）、绿玉树（*E. tirucalli*）、霸王鞭（*E. royleana*）等；常见的药用植物有泽漆（*E. helioscopia*）（图 8-34）、大戟（*E. pekinensis*）、续随子（小巴豆）（*E. lathyris*）等。

本科是一个热带植物大科，包含多种重要的经济植物。除上述属种外，还有：木薯（*Manihot esculenta*），块根肉质，富含淀粉，作粮食和工业用原料，但含氰氢酸，食前必须浸水去毒；原产巴西，我国南方有栽培。巴豆（*Croton tiglium*），种子含巴豆油及蛋白质（包含有毒蛋白及巴豆毒素），均有剧毒，为强烈泻剂。麻疯树（*Jatropha curcas*），种子含油，可用于生产生物柴油。野桐（*Mallotus tenuifolius*），种子可榨油，为干性油，可代替桐油。

图 8-34 泽 漆
A、B. 植株全形 C. 展开的杯状聚伞花序
D. 杯状聚伞花序 E. 蒴果
（引自《山东植物志》）

4. 葡萄科（Vitaceae）

花程式　＊$K_{4\sim 5}C_{4\sim 5}A_{4\sim 5}\underline{G}_{(2:2:2)}$

科的特征 藤本，具与叶对生的卷须；单叶或复叶，互生，有托叶。花两性或单性异株，或杂性，整齐，组成与叶对生的聚伞花序或圆锥花序；花萼 4～5 齿裂，细小；花瓣 4～5，镊合状排列，分离或顶部黏合成帽状；雄蕊 4～5，着生在下位花盘基部，与花瓣对生；花盘环形，子房上位，2 心皮，2 室，每室 2 个胚珠。浆果。

识别要点 藤本，具与叶对生的卷须，叶互生，有托叶；花小，聚伞花序，4～5 基数，雄蕊与花瓣同数对生，花盘杯状或分裂；上位子房；浆果。

分类及代表植物 本科有 12 属 700 余种，多分布于热带至温带；我国有 8 属 112 种，南北均产。

葡萄属（*Vitis*） 木质藤本，树皮成片状剥落，无皮孔，髓褐色；狭圆锥花序，花瓣黏合成帽状脱落。本属约有 60 种，我国有 38 种，南北均产。葡萄（*V. vinifera*）（图 8-35），圆锥花序与叶对生，花小，黄绿色，两性或单性；浆果较大，形状及颜色因品种不同而多样。原产亚洲西部，我国普遍栽培，果可食用，还可酿酒、制葡萄干。

葡萄科

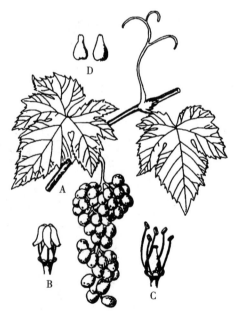

图 8-35 葡 萄
A. 果枝　B. 花　C. 雄蕊、雌蕊及蜜腺　D. 种子
（仿《山东植物志》）

本属的山葡萄（V. amurensis）、刺葡萄（V. davidii）的果均可食用或酿酒，根入药。

蛇葡萄属（Ampelopsis） 藤本，树皮不剥落，茎具皮孔，髓白色；二歧聚伞花序，花瓣分离。本属有 30 余种，我国 17 种，南北均产。光叶蛇葡萄（A. glandulosa var. hancei），幼枝有毛，卷须分枝，叶纸质，边缘有粗锯齿；花黄绿色，浆果成熟时鲜蓝色。果实可酿酒，根茎入药。

爬山虎属（Parthenocissus） 木质藤本，卷须顶端膨大成吸盘，树皮有皮孔，髓白色；复聚伞花序。本属约 13 种，我国有 10 种，产于西南至东部。三叶地锦（爬山虎、爬墙虎）（P. tricuspidata），落叶大藤本，叶常 3 裂，幼枝叶不裂，秋叶色转红。多栽培于建筑旁，一两年即满布墙上，既可绿化，又避炎暑。

乌蔹莓属（Cayratia） 掌状复叶，有柄，称鸟趾状复叶；伞房状聚伞花序。本属约 45 种，我国有 13 种，产秦岭以南各省份。乌蔹莓（C. japonica），卷须分枝，复叶鸟足状，5 小叶。全草入药。

本科常见的植物还有：扁担藤（Tetrastigma planicaule），茎扁，宽达 40 cm，供观赏；三叶崖爬藤（T. hemsleyanum），重要的垂直绿化植物，块根入药。

5. 槭树科（Aceraceae）

花程式　　＊$K_{4\sim5}C_{4\sim5}A_{8,4,10}\underline{G}_{(2:2:2)}$

科的特征　乔木或灌木，叶对生，掌状分裂或羽状复叶。花两性或单性，雌雄同株或异株，辐射对称，排成总状、伞房或圆锥花序；萼片与花瓣 4～5，花盘环状；雄蕊 4～10，通常 8；子房上位，2 心皮合生，2 室，花柱 2 裂，每室 2 胚珠，仅 1 枚发育。具翅分果。

识别要点　叶对生，掌状分裂；花辐射对称，4～5 基数，雄蕊 8，心皮 2；具翅的扁平分果。

分类及代表植物　本科有 2 属约 300 种，分布于北温带至热带山地；我国有 2 属 140 余种，南北各地均有分布。

金钱槭属（Dipteronia） 落叶乔木，冬芽小，裸露，奇数羽状复叶对生；果实通常 2 枚，在基部联合，完全为阔翅所围绕，形似古代的钱币。本属仅有金钱槭（D. sinensis）和云南金钱槭（D. dyeriana）2 种，特产我国，前者为落叶大乔木，后者为落叶小乔木。

槭树属（Acer） 乔木，稀灌木，冬芽鳞片覆瓦状排列或具 2 鳞片；叶对生，单叶常掌状分裂或复叶，叶柄基部膨大；双翅果。本属有 200 余种，我国有 140 余种，广布南北各地。鸡爪槭（A. palmatum）（图 8-36），叶掌状，5～7 深裂，花紫红色，子房无毛。其变种很多，常栽培，供观赏。本属常见的观赏植物还有元宝槭（A. truncatum）、茶条槭（A. ginnala）、五裂槭（A. oliverianum）、三角枫（A. buergerianum）、五角枫（A. mono）等。

图 8-36　鸡爪槭
A. 花枝　B. 果枝　C. 雄花　D. 两性花
（引自《山东植物志》）

6. 芸香科（Rutaceae）

花程式　　＊$K_{4\sim5}C_{4\sim5}A_{10\sim8}\underline{G}_{(4\sim5):1\sim5}$

科的特征　乔木或灌木，茎常具刺，稀为草本；单身复叶或羽状复叶，叶片上常有透明油点，无托叶。花两性，辐射对称；萼片 4～5，基部合生或离生；花瓣常 4～5，分离；花盘发达；雄蕊 8～10，稀更多，排成 2 轮；雌蕊 4～5 心皮，多合生，少数离生，子房上位。柑果、浆果、蓇葖果或核果。

识别要点　木本，茎常具刺；单身复叶或羽状复叶，叶片上常有透明油点；萼片、花瓣常 4～5，子房上位，花盘发达；柑果、浆果、蓇葖果或核果。

分类及代表植物 本科约150属1500种，分布于热带和温带；我国产29属约150种，南北均有分布。

芸香科

花椒属（*Zanthoxylum*） 有刺乔木或灌木，奇数羽状复叶；聚合蓇葖果由1~5个离生心皮组成，每心皮2瓣裂，含1黑色光亮的种子。本属约250种，我国有50多种。花椒（*Z. bungeanum*）（图8-37），叶柄两侧常有1对扁平基部特宽的皮刺，果实为著名调味香料。本属常见的还有野花椒（*Z. simulans*）、竹叶椒（*Z. planispinum*）、两面针（*Z. nitidum*）等。

柑橘属（*Citrus*） 常绿乔木或灌木，常有刺，单身复叶；柑果大，子房8~14室，每室有胚珠数枚。本属有20多种，我国15种。柑橘（*C. reticulata*）（图8-38），翼叶窄至仅具痕迹，果大，果皮易剥离。果实可生食或制汁，果皮入药称陈皮。柚（*C. grandis*），翼叶明显宽大，果大，果皮粗厚不易分离，囊瓣可生食。甜橙（*C. sinensis*），翼叶通常明显或较宽，果皮难剥离。果实可鲜食或加工制汁，果皮可入药或提香精。柠檬（*C. limon*），翼叶较明显，果顶端有一不发达的乳头状突起，果皮厚较难剥离。果肉酸，可作饮料或提柠檬油，也可药用。本属常见的栽培植物还有酸橙（*C. aurantium*）、枸橼（*C. medica*）、佛手（*C. medica* var. *sarcodactylis*）、代代花（*C. aurantium* var. *amara*）、朱橘（*C. erythrosa*）等。

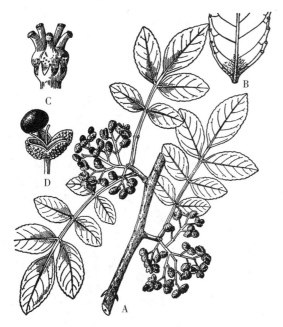

图8-37 花 椒
A. 果枝 B. 叶 C. 雌花 D. 果实及种子
（引自《西藏植物志》）

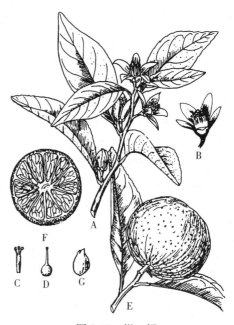

图8-38 柑 橘
A. 花枝 B. 花 C. 雄蕊 D. 雌蕊
E. 果枝 F. 果实横切 G. 种子
（仿《山东植物志》）

芸香科为具有重要经济意义的一科，除上述属种外，还有黄皮（*Clausena lansium*）、金橘（*Fortunella margarita*）、枳（枸橘）（*Poncirus trifoliata*）、吴茱萸（*Euodia rutaecarpa*）、芸香（臭草）（*Ruta graveolens*）、黄檗（*Phellodendron amurense*）、九里香（*Murraya paniculata*）等。

7. 五加科（Araliaceae）

花程式 $* K_5 C_5 A_5 \overline{G}_{(2\sim5:2\sim5)}$

科的特征 木本，稀草本，常具皮刺，茎有多量的髓；叶常互生，单叶或复叶，托叶常与叶柄基部合生成鞘状，稀无托叶。花小，辐射对称，两性或杂性，稀单性异株，常为伞形花序或排成复合花序；萼筒与子房贴生，萼齿5，花瓣5，常分离，稀结合成帽状；雄蕊与花瓣同数而互生；子房下位。浆果或核果。

识别要点 木本，伞形花序，花5基数，子房下位，每室1胚珠，浆果。

分类及代表植物 本科约80属900多种，分布热带至温带；我国有23属170多种，除新疆外，全国各地都有分布。

五加属（*Acanthopanax*） 灌木，稀乔木，常具皮刺；掌状复叶，伞形花序或头状花序，浆果状核果。本属约35种，我国有26种，几乎遍布全国。五加（*A. gracilistylus*）（图8-39），落叶灌木，无刺，花黄绿色。根皮入药。刺五加（*A. senticosus*），具刺灌木，掌状复叶，花紫黄色。根皮及茎皮入药，也可供庭园绿化。白簕（*A. trifoliatus*），攀缘状灌木，小叶3枚。根、茎、叶均可入药。

五加科

人参属（*Panax*） 多年生宿根草本，地上茎单生，掌状复叶轮生茎顶，小叶3～7。本属约5种，我国有3种。人参（*P. ginseng*），根状茎短，肉质，每年只增生一节，药材上称为芦头；下端为纺锤状肉质直根，有分叉；掌状复叶，3～6枚轮生于茎顶。产于东北长白山区，现野生者极少，多栽培，为著名的补气强壮药。三七（*P. notoginseng*）（图8-40），主根肉质，纺锤形；根状茎短，叶片两面脉上有刚毛。根状茎和肉质根入药，有散瘀、止血、消肿之功效。

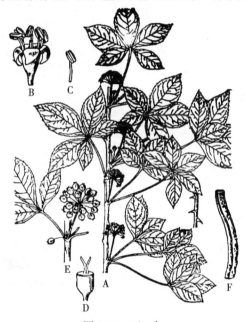

图8-39 五 加
A. 花枝 B. 花 C. 雄蕊 D. 雌蕊 E. 果枝 F. 树皮
（引自吴国芳，1992）

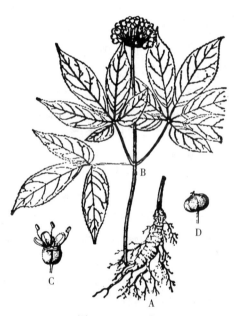

图8-40 三 七
A. 根 B. 果枝 C. 花 D. 果实
（仿《浙江植物志》）

本科常见的植物还有楤木（*Aralia chinensis*）、土当归（*Aralia cordata*）、通脱木（通草）（*Tetrapanax papyrifer*）、树参（*Dendropanax dentiger*）、常春藤（*Hedera nepalensis* var. *sinensis*）、幌伞枫（*Heteropanax fragrans*）、鹅掌柴（鸭脚木）（*Schefflera octophylla*）等。

8. 伞形科（Apiaceae，Umbelliferae）

花程式 $*K_{(5)\sim0}C_5A_5\overline{G}_{(2:2:1)}$

科的特征 草本，常具芳香气味，茎有棱，常中空；叶互生，常分裂至复叶，叶柄基部常膨大呈鞘状抱茎。复伞形花序；花小，两性或杂性，5基数；花萼5齿裂，花瓣5；雄蕊5，与花瓣互生；子房下位，2心皮，2室，中轴胎座，每室具1悬垂胚珠；花柱2，基部常膨大成花柱基。分果，即构成子房的2个心皮成熟时由结合处（合生面）分离成2个悬果瓣，每心皮有1纤细的心皮柄和果柄相连，特称双悬果。

识别要点 芳香性草本，叶柄基部呈鞘状抱茎；复伞形花序，花5基数，子房下位，双悬果。

分类及代表植物 本科有200余属约2 500种，广布于温带、亚热带和热带的高山地区；我国约有 90 属 500 余种，分布全国各地。

伞形科

胡萝卜属（Daucus） 二年生，稀一年生或多年生草本，有肉质根，叶多回羽状全裂；总苞片多数，叶状大型，羽状分裂或不裂；花小，白色、淡红色或淡黄色；果实被刺毛与刚毛。本属约有 60 种，我国有 1 种和 1 栽培变种，全国各地产。胡萝卜（*D. carota* var. *sativa*）（图 8-41），全株有粗硬毛，具肥大肉质的圆锥根；叶 2～3 回羽状深裂，叶柄基部扩大成鞘状；总苞片叶状，羽状分裂，花序周边花的外侧花瓣大。原产欧亚大陆，现广泛栽培，根作蔬菜。野胡萝卜（*D. carota*），近似胡萝卜，其根较细小。

当归属（Angelica） 二年生或多年生大型草本，茎常中空，三出式羽状复叶或三出复叶，叶柄常膨大成管状或囊状的叶鞘；复伞形花序，花白色、淡绿色或淡红色；果实卵形，背腹压扁，侧棱有翅。本属约 80 种，我国有 30 余种，分布南北各地。当归（*A. sinensis*），多年生草本，根肥大，茎带紫红色，叶末回裂片基部不下延，果实侧棱有广翅。多为栽培，少野生，根供药用。

图 8-41 胡萝卜
A. 肉质直根 B. 花序 C. 花 D. 果实 E. 果实横切
（引自《福建植物志》）

白芷（*A. dahurica*），叶的末回裂片基部下延成翅状，根入药。本属药用的还有杭白芷（*A. formosana*）、狭叶当归（川白芷）（*A. anomala*）等。

柴胡属（Bupleurum） 多年生草本，稀半灌木或灌木；单叶，全缘，叶脉平行或弧形；复伞形花序，总苞片叶状，花黄色；双悬果卵状长圆形，两侧压扁，果棱突起。本属约 100 种，我国 40 种，分布较广，大部分产于西南、西北以至东北各地，多数种含有生物碱或皂苷，是重要的药用植物。北柴胡（*B. chinensis*），叶倒披针形或剑形，中部以上常较宽，先端急尖，主根表面黑褐色。根及根状茎入药。

本科常见的植物还有：防风（*Saposhnikovia divaricata*）、川芎（*Ligusticum chuanxiong*）、前胡（白花前胡）（*Peucedanum decursivum*）、明党参（*Changium smyrnioides*）、独活（*Heracleum moellendorffii*）等，供药用；芹菜（*Apium graveolens*）、芫荽（*Coriandrum sativum*）、茴香（*Foeniculum vulgare*）等，作蔬菜；窃衣（*Torilis japonica*），为常见杂草；毒芹（*Cicuta virosa*），为有毒植物。

六、菊亚纲（Asteridae）

木本或草本，常单叶。花 4 轮，花冠常结合；雄蕊与花冠裂片同数或更少，常着生在花冠筒上，绝不与花冠裂片对生；心皮 2～5，常 2，结合。

植物体常含环烯醚萜化合物和（或）多种生物碱，但不含苄基异喹啉生物碱。

本亚纲共有 11 目 49 科约 60 000 种。

1. 茄科（Solanaceae）

花程式　$*K_{(5)}C_{(5)}A_5\underline{G}_{(2:2:\infty)}$

科的特征 草本，少为灌木或小乔木，偶为藤本，植物体常有特殊气味，具双韧维管束；单叶互生，无托叶。两性花，常辐射对称；花萼 5 裂，结果时常增大而宿存；花冠合瓣，辐状、漏斗状、高脚碟状或钟状，裂片 5；雄蕊常与花冠裂片同数而互生，着生于花冠筒部；花药孔裂,少纵裂;子房上位,2心皮,2室或不完全的3~5室,中轴胎座,胚珠多数。蒴果或浆果。

识别要点 花两性,辐射对称,5基数;花萼宿存,雄蕊常与花冠裂片同数而互生,着生于花冠筒部;花药常孔裂。

分类及代表植物 本科约85属3000种,广布温带、亚热带和热带,南美洲种类最多;我国有24属约115种,南北各地都有分布。

茄属(*Solanum*) 单叶,花冠辐状,花药侧面靠合,顶孔开裂,浆果。本属有2000余种,我国有39种,各地均有分布。马铃薯(*S. tuberosum*)(图8-42A~D),具块茎,奇数羽状复叶,常大小相间排列;花萼钟状,浆果球形。原产美洲热带地区,我国各地栽培,块茎供食用。茄(*S. melongena*)(图8-42E~H),全株被星状毛;花单生,花萼钟状,有小皮刺;花冠裂片三角形;花色、果形、果色均因栽培而变异较大。为重要蔬菜,根、茎入药。龙葵(*S. nigrum*),植株粗壮,多分枝;浆果球形,成熟时黑色。全草入药。

茄科

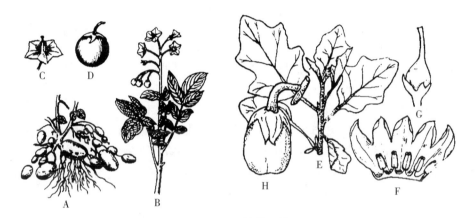

图8-42 马铃薯和茄
A~D. 马铃薯(A. 块茎 B. 花枝 C. 花 D. 果实)
E~H. 茄(E. 植株一部分 F. 花冠及雄蕊 G. 花萼及雌蕊 H. 果实)
(引自崔大方,2010)

辣椒属(*Capsicum*) 花单生,花萼杯状,果梗粗壮;浆果无汁,有空腔,果皮肉质,味辣。本属有20余种,主产中南美洲,我国引种栽培的辣椒和野生或栽培的小米椒作为蔬菜或调味品。辣椒(*C. annuum*)(图8-43A~E),花白色,腋生,浆果熟后变红。根据果形和辣味程度不同,大致划分出如下变种:朝天椒(*C. annuum* var. *conoides*),果圆锥状,直立,辣味浓;牛角椒(*C. annuum* var. *longum*),果长椭圆形,通常弯曲下垂,辣味中等;灯笼椒(*C. annuum* var. *grossum*),果大而膨胀,矩圆形或扁圆状,直立或下垂,辣叶淡。

番茄属(*Lycopersicon*) 羽状复叶,小叶极不等大;圆锥形聚伞花序腋外生,花萼辐状,果时不增大或稍增大,浆果多汁。本属共6种,我国栽培1种。番茄(*L. esculentum*)(图8-43F~J),全株被黏质腺毛,羽状复叶或羽状分裂,圆锥式聚伞花序腋外生。果形和颜色具多样性,生食或熟食,为重要蔬菜和水果。

烟草属(*Nicotiana*) 全株被腺毛,具强烈气味;花冠漏斗状,蒴果2瓣裂。本属有60余种,我国有4种。烟草(*N. tabacum*),叶大,披针状长椭圆形,茎生叶基部抱茎,全缘,边缘波状;顶生圆锥花序。叶为卷烟和烟丝原料;全株含尼古丁,药用或作杀虫剂。

本科常见的植物还有:枸杞(*Lycium chinense*)、山莨菪(*Anisodus tanguticus*)、天仙子(莨菪)(*Hyoscyamus niger*)、曼陀罗(*Datura stramonium*)、颠茄(*Atropa belladonna*)、酸浆(红姑娘)(*Physalis alkekengi*)等,供药用;夜香树(*Cestrum nocturnum*)、碧冬茄(矮牵牛)(*Petunia hybrida*)等,供观赏。

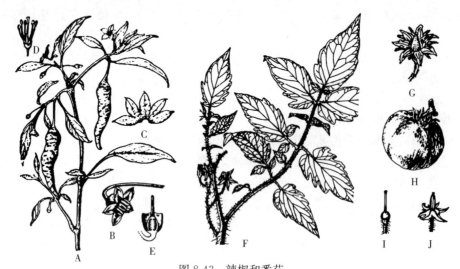

图 8-43 辣椒和番茄

A~E. 辣椒（A. 植株一部分　B. 花　C. 花萼　D. 雄蕊及雌蕊　E. 子房纵切）

F~J. 番茄（F. 花枝　G. 花　H. 果实　I. 雌蕊　J. 雄蕊及花萼）

（A~E 仿《浙江植物志》；F~J 仿《四川植物志》）

2. 旋花科（Convolvulaceae）

花程式　＊$K_{(5)}C_{(5)}A_5\underline{G}_{(2:2\sim4)}$

科的特征　多为缠绕草本，常具乳汁，具双韧维管束；单叶互生，无托叶。花两性，5 基数，辐射对称，常单生或数朵集成聚伞花序；具苞片，萼片常宿存；花冠常漏斗状，大而明显；雄蕊与花冠裂片同数而互生，着生花冠筒基部或中下部；花盘环状或杯状；雌蕊多为 2 心皮合生，中轴胎座，子房上位，2 或 4 室。蒴果，少浆果。

识别要点　茎缠绕，具乳汁，双韧维管束，花冠漏斗状，蒴果。

分类及代表植物　本科约有 50 属 1 500 余种，多数产于美洲和亚洲的热带和亚热带；我国有 22 属 125 种，南北均有分布。

旋花科

番薯属（*Ipomoea*）　草本或灌木，茎常缠绕；花冠钟状或漏斗形，雄蕊和花柱常内藏。本属约 300 种，我国有 20 种，南北均产。番薯（甘薯、红薯）（*I. batatas*）（图 8-44A~E），蔓生草本，块

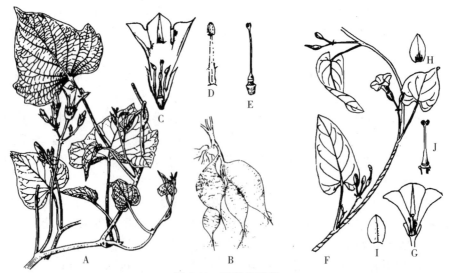

图 8-44 番薯和蕹菜

A~E. 番薯（A. 植株一部分　B. 块根　C. 花纵剖　D. 雄蕊　E. 雌蕊）

F~J. 蕹菜（F. 花枝　G. 花纵剖　H. 外萼片　I. 内萼片　J. 雌蕊）

（A~E 仿《山东植物志》；F~J 引自《河南植物志》）

根膨大，叶心状阔卵形。原产美洲热带地区，现广泛栽培，块根、茎、叶可食用，又是重要的工业原料。蕹菜（空心菜）(*I. aquatica*)（图8-44F～J），茎蔓生，匍匐地上或漂浮水中，茎中空。原产我国，栽培作蔬菜。

旋花属（*Convolvolus*） 草本或灌木，茎缠绕、匍匐或直立；花冠漏斗状，苞片小，与花萼远离；柱头条形，子房2室。本属约250种，我国有8种，分布于北部、西北部及西南部。田旋花（*C. arvensis*），茎缠绕或蔓生，花冠宽漏斗状，粉红色。各地常见杂草，全草入药。

本科常见的植物还有打碗花（*Calystegia hederacea*）、裂叶牵牛（*Pharbitis nil*）、圆叶牵牛（*Pharbitis purpurea*）、圆叶茑萝（*Quamoclit coccinea*）、茑萝（*Quamoclit pennata*）、马蹄金（*Dichondra repens*）、菟丝子（*Cuscuta chinensis*）等。

3. 唇形科（Lamiaceae，Labiatae）

花程式　↑$K_{(5)}C_{(4\sim5)}A_{4,2}\underline{G}_{(2:4:1)}$

科的特征　草本，少灌木，常含芳香油，茎4棱；单叶对生，少轮生，无托叶。花于叶腋形成轮伞或聚伞花序，再排成总状、圆锥状花序；花两性，常两侧对称；萼片合生5裂，少4裂，常2唇状宿存；花冠合瓣，5或4裂，常2唇形；雄蕊4，2长2短，称二强雄蕊，有时退化成2（鼠尾草属），雄蕊与花冠裂片互生，着生在花冠筒上；雌蕊2心皮，中轴胎座，上位子房，常4深裂成4室，花柱常生于子房裂隙的基部，柱头2裂。结果时1个子房形成4个小坚果。

识别要点　茎四棱，单叶对生；唇形花冠，二强雄蕊或2，心皮2，4个小坚果。

分类及代表植物　本科约220属3 500种，广布全世界；我国约99属800余种，全国均有分布。

黄芩属（*Scutellaria*） 轮伞花序由2花组成，偏于一侧；萼钟状唇形，上唇背部有1个半圆形唇状附属体，下唇宿存，花后封闭；花冠筒基部上举。本属约300种，我国有100余种，南北均有分布。黄芩（*S. baicalensis*），主根粗壮，茎多分枝，叶全缘，背面有凹腺点。根为重要的清热消炎药。

唇形科

藿香属（*Agastache*） 本属约9种，1种分布于东亚，其余分布于北美洲，我国仅有藿香（*A. rugosa*）（图8-45A～F）1种，叶心状卵形，缘有粗锯齿。各地常栽培供药用，能健胃、止呕。

夏枯草属（*Prunella*） 花萼有极不相等的齿，2唇，果期下唇向上唇斜伸，以致喉部闭合；花冠上唇盔状，后对雄蕊短于前对雄蕊。本属约15种，我国有3种。夏枯草（*P. vulgaris*），全株具白色粗毛，轮伞花序成紧密的顶生穗状花序。我国南北均有分布，全草入药。

益母草属（*Leonurus*） 花萼漏斗状，萼齿近等大，小坚果三棱形。本属约20种，我国有12种。益母草（*L. japonicus*）（图8-45G～J），叶两型，基生叶卵状心形，茎生叶羽裂。产于全国各地，全草能活血通经，为妇科常用药。

鼠尾草属（*Salvia*） 花冠唇形，上唇直立而拱曲，下唇展开；能育雄蕊2，花丝短，与药隔有关节相连，上方药隔呈丝状伸长，有药室，藏在上唇内，下方药隔形状不一，药室不完全或无。本属1 000余种，我国有78种，分布全国各地，尤以西南最多。丹参（*S. miltiorrhiza*），羽状复叶，小叶常3～5，两面有毛；根肥厚，外皮红色，故名丹参。根入药，含丹参酮，对治疗冠心病有良好的效果。一串红（*S. splendens*）（图8-46A～G），单叶，苞片、花萼常鲜艳。原产巴西，各地栽培供观赏。

薄荷属（*Mentha*） 芳香草本，叶背有腺点。花冠4裂，近辐射对称。本属约30种，我国有12种。薄荷（*M. haplocalyx*）（图8-46H～P），具根茎，叶卵形或长圆形，两面有毛，轮伞花序腋生。全国各地均有野生或栽培，全草含薄荷油，药用，或为高级香料。留兰香（*M. spicata*），叶披针形，缘有稍整齐的锯齿；轮伞花序顶生，形成假穗状花序。各地广泛栽培，全草含芳香油，也可药用。

本科常见的植物还有：罗勒（*Ocimum bacilicum*）、薰衣草（*Lavandula angustifolia*）、迷迭香

图 8-45　藿香和益母草

A~F. 藿香（A. 花枝　B. 花　C. 花冠展开　D. 花萼展开　E. 雌蕊　F. 小坚果）

G~J. 益母草（G. 花枝　H. 花　I. 花冠展开　J. 花萼展开）

（A~F 仿《中国植物志》；G~J 仿《青海植物志》）

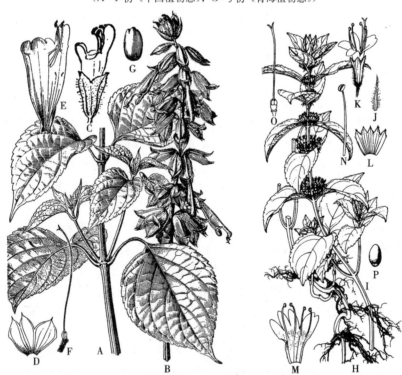

图 8-46　一串红和薄荷

A~G. 一串红（A. 植株中部　B. 花序　C. 花　D. 花萼展开　E. 花冠展开　F. 雌蕊　G. 果实）

H~P. 薄荷（H. 植株下部　I. 花序　J. 苞片　K. 花　L. 花萼展开　M. 花冠展开　N. 雄蕊　O. 雌蕊　P. 果实）

（A~G 仿《中国植物志》；H~P 仿《四川植物志》）

（*Rosmarinus officinalis*）、百里香（*Thymus mongolicus*）等，可提取香精；裂叶荆芥（*Schizonepeta tenuifolia*）、紫苏（*Perilla frutescens*）、活血丹（*Glechoma longituba*）、香薷（*Elsholtzia ciliate*）等，可供药用；朱唇（*Salvia cocinea*）、五彩苏（彩叶草）（*Coleus scutellarioides*）、美国薄荷（*Monarda didyma*）等，可供观赏。此外，地笋（*Lycopus lucidus*）的根状茎肥大，可供食用；甘露子（草石蚕、宝塔菜）（*Stachys sieboldii*）的块茎可制酱菜。

4. 木犀科（Oleaceae）

花程式　$* K_{(4)} \; C_{(4)} \; A_2 \; \underline{G}_{(2:2)}$

科的特征　乔木或灌木，稀藤本；单叶或复叶，对生，稀互生，无托叶。花常两性，稀单性异株，辐射对称，常组成圆锥、聚伞或丛生花序，稀单生；萼小，常4裂；花冠合瓣，4～9裂，有时缺；雄蕊2，稀3～5；子房上位，2室，每室通常2胚珠（连翘属具多胚珠），花柱单一，柱头2尖裂。蒴果、浆果、核果或翅果。

识别要点　木本，叶对生；花4基数，整齐，雄蕊2，子房上位，2室。

分类及代表植物　本科约30属600种，广布温带和热带；我国有12属200种，南北各省份均有分布。

木犀科

木犀属（*Osmanthus*）　单叶对生，全缘或有锯齿；花两性，芳香；萼杯状，顶4齿裂；花冠白色、黄色或橙黄色，4浅裂至深裂，裂片在芽中覆瓦状排列；核果。本属有40余种，我国有27种，分布长江以南各省份。木犀（桂花）（*O. fragrans*）（图8-47A～D），单叶对生，革质，花在叶腋簇生或成短的总状花序；花白色，极芳香；核果椭圆形，紫黑色。我国特产，是著名观赏植物，花可作香料或入药。常见的栽培变种有：丹桂（*O. fragrans* var. *aurantiacus*），花橙黄色，香味较浓；银桂（*O. fragrans* var. *latifolius*），花白色，香味淡；金桂（*O. fragrans* var. *thunbergii*），花深黄色，香味较浓；四季桂（*O. fragrans* var. *semperflorens*），一年多次开花。

女贞属（*Ligustrum*）　单叶对生，全缘；花两性，花萼、花冠均4裂，雄蕊2，子房2室，每室2胚珠，核果。本属约45种，我国有29种。女贞（*L. lucidum*）（图8-47E～J），小枝无毛，叶革质，椭圆形，核果熟时黑色。果入药称"女贞子"，枝叶可放养白蜡虫，也作观赏树种。小叶女贞（*L. quihoui*），灌木，叶小，椭圆形。常栽培作绿篱。小蜡（*L. sinense*），小枝密被短柔毛，叶薄，革质，背面沿中脉有短柔毛。果可酿酒，叶入药，也可作绿篱。

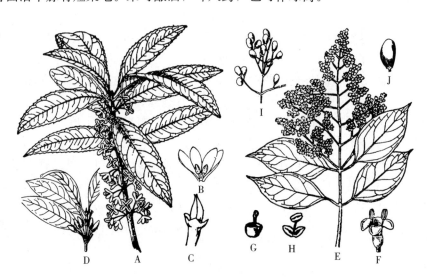

图8-47　木犀和女贞

A～D. 木犀（A. 花枝　B. 花冠及雄蕊　C. 花萼及雌蕊　D. 果枝）

E～J. 女贞（E. 花枝　F. 花　G. 雌蕊　H. 雄蕊　I. 果枝　J. 果实）

（A～D仿《福建植物志》；E～J仿《安徽植物志》）

白蜡树属（*Fraxinus*） 落叶乔木，羽状复叶对生；花两性或单性，小形，雄蕊2，翅果。本属约70种，我国有27种，各地均有分布。白蜡树（*F. chinensis*），小叶5～9，无毛，萼钟形，不规则4裂，无花冠。我国特产，几乎遍布全国，可作行道树或护堤树，枝叶放养白蜡虫，树皮入药。水曲柳（*F. mandschurica*），高大乔木，小叶7～11，下面沿脉和小叶基部密生黄褐色茸毛。材质致密，为重要用材树种。

茉莉属（*Jasminum*） 灌木，三出复叶或羽状复叶，稀单叶；花两性，花冠高脚碟状，浆果。本属约300种，我国有43种，产西南至东部，但以西南部最盛。茉莉花（*J. sambac*），常绿灌木，单叶，背面脉腋有黄色簇毛，花白色、芳香。各地栽培供观赏，花提取香精和熏茶，花、叶、根入药。迎春花（*J. nudiflorum*），落叶灌木，三出复叶；花单生，先叶开放，淡黄色。各地栽培供观赏。

连翘属（*Forsythia*） 灌木，枝中空或有片状髓；花黄色，先叶开放，蒴果，种子有翅。本属约11种，我国有7种。连翘（*F. suspensa*），枝中空，仅在节部有髓。果入药，清热解毒，治感冒。金钟花（黄金条）（*F. viridissima*），小枝绿色四棱形，有片状髓；叶单生，花1～3朵腋生。常庭园栽培，供观赏。

本科常见的植物还有：油橄榄（*Olea europaea*），常绿小乔木，叶披针形至椭圆形，全缘；花白色，芳香，核果椭圆状至近球形；原产地中海地区，我国引种栽培，果榨橄榄油，供食用和药用。紫丁香（*Syringa oblata*），单叶对生，圆锥花序，花紫色；栽培供观赏。

5. 玄参科（Scrophulariaceae）

花程式 $\uparrow K_{4\sim5,(4\sim5)} C_{(4\sim5)} A_{4,2} \underline{G}_{(2:2)}$

科的特征 草本，稀木本并具星状毛；叶对生，稀互生和轮生，无托叶。花两性，常两侧对称；萼4～5，分离或结合，常宿存；花冠合瓣，常2唇形，裂片4～5；雄蕊4，二强，稀2或5，着生于花冠筒上；子房上位，2心皮，2室，中轴胎座。蒴果，2或4瓣裂或偶顶端孔裂，稀为不开裂的浆果，常具宿存花柱。

识别要点 草本，稀木本并具星状毛，单叶对生；花两侧对称，花冠2唇形，二强雄蕊，2心皮，2室，中轴胎座；蒴果。

玄参科

分类及代表植物 本科有200余属约3 000种，广布世界各地；我国有54属约600种，分布南北各地，主产西南。

泡桐属（*Paulownia*） 落叶乔木，叶对生，花冠为不明显唇形，裂片近相等；蒴果木质，室背开裂。本属有7种，我国全产，习见种有白花泡桐（*P. fortunei*）（图8-48A～E）和毛泡桐（*P. tomentosa*）。本属植物均为阳性速生树种，木材轻且易加工；花大而美丽，可供庭园观赏。

玄参属（*Scrophularia*） 叶对生，常有透明腺点；花冠球形或卵形，雄蕊4，另有1退化雄蕊。玄参（*S. ningpoensis*），多年生高大草本，花冠紫褐色，上唇明显长于下唇。块根入药，滋阴清火，生津润肠。北玄参（*S. buergeriana*），与玄参近似，花冠黄绿色。块根亦作玄参入药。

婆婆纳属（*Veronica*） 草本，花冠近辐状，雄蕊2。本属约250种，我国有60余种，南北均有分布。阿拉伯婆婆纳（又名波斯婆婆纳）（*V. persica*）（图8-48F～I），植株有柔毛，下部伏生地面；花冠蓝紫色，4裂，不对称，花柄长于苞片。婆婆纳（*V. didyma*），花柄与苞片等长或稍短，花淡红紫色。直立婆婆纳（*V. arvensis*），茎直立，花柄很短，花蓝色。以上3种婆婆纳均为农田杂草。

地黄属（*Rehmannia*） 草本，具根茎，被多细长柔毛及腺毛；花冠唇形，有毛，芽时下唇包裹上唇，蒴果藏于宿存花萼内。本属有8种，我国有6种。地黄（*R. glutinosa*），全株被黏毛，根肉质肥厚，黄色，含地黄素、梓醇、甘露醇等成分。栽培的怀庆地黄为中药地黄中的上品，新鲜的根称鲜地黄，清热凉血；根干后称生地，滋阴养血；加酒蒸煮后称熟地，滋肾补血。

本科常见的植物还有：洋地黄（*Digitalis purpurea*）、阴行草（铃茵陈）（*Siphonostegia*

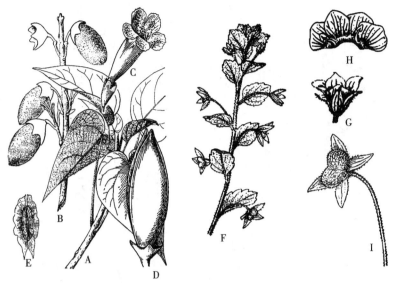

图 8-48 白花泡桐和阿拉伯婆婆纳
A～E. 白花泡桐（A. 营养枝 B. 果枝 C. 花 D. 果实 E. 种子）
F～I. 阿拉伯婆婆纳（F. 花序 G. 花 H. 花解剖 I. 果实）
（仿《中国植物志》）

chinensis）、爬岩红（腹水草）（*Veronicastrum axillare*）等，供药用；金鱼草（*Antirrhinum majus*）、蒲包花（*Calceolaria cienatiflora*）、爆竹花（炮仗竹）（*Russelia equisetiformis*）、美丽桐（*Wightia speciosissima*）、毛蕊花（*Verbascum thapsus*）等，供观赏。

6. 茜草科（Rubiaceae）

花程式 $* K_{(4\sim5)} C_{(4\sim5)} A_{4\sim5} \overline{G}_{(2:2)}$

科的特征 乔木、灌木或草本；单叶，对生或轮生，常全缘；具托叶 2，分离或合生，明显而常宿存，稀脱落。花两性，辐射对称，常 4 或 5 基数；萼筒与子房合生，萼裂片覆瓦状排列；花冠合瓣，筒状、漏斗状、高脚碟状或辐状，裂片常 4～5，镊合状或旋转状排列，偶覆瓦状排列；雄蕊与花冠裂片同数而互生，着生于花冠筒上；子房下位，常 2 室，胚珠 1 至多数；花柱丝状，柱头头状或分歧。蒴果、核果或浆果。

识别要点 单叶，对生或轮生，常全缘；托叶 2，宿存；花 4 或 5 基数，子房下位，常 2 室，核果。

分类及代表植物 本科约 550 属 9 000 余种，广布全球热带和亚热带，少数产温带；我国有 98 属 670 余种，多数产西南和东南。

栀子属（*Gardenia*） 灌木，托叶在叶柄内合成鞘；花冠高脚碟状，裂片旋转状排列，浆果。本属约 250 种，我国有 5 种，产西南至东部。栀子（*G. jasminoides*）（图 8-49A～C），叶对生或 3 叶轮生，背面脉腋有簇生短毛，果黄色，卵状至长椭圆形，有 5～9 条翅状纵棱。庭园栽培供观赏，果药用，亦可作黄色染料。

茜草属（*Rubia*） 草本，根成束，常红褐色，茎被粗毛，叶 4～8 片轮生；花冠辐状或短钟状。本属 60 余种，我国 12 种，各省份均有分布。茜草（*R. cordifolia*）（图 8-49D～L），多年生蔓生草本，茎方形，有倒刺，叶常 4 片轮生（理论上 2 片为正常叶，余为托叶）。根含茜草素、茜根酸等，药用。

咖啡属（*Coffea*） 灌木或小乔木，花丛生叶腋，花冠高脚碟状，裂片旋转状排列，核果。本属有 90 多种，主产非洲热带地区，我国引种栽培 5 种。咖啡（小果咖啡）（*C. arabica*），叶薄革质，矩圆形或披针形，边缘波状或浅波状，托叶宽三角形；聚伞花序簇生叶腋，常无总梗，浆果椭圆形。种子含生物碱，药用或作饮料。咖啡是与茶、可可齐名的世界三大饮料之一，具有兴奋、助消

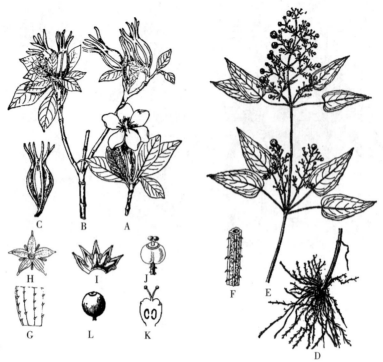

图 8-49 栀子和茜草
A~C. 栀子（A. 花 B. 果枝 C. 果实）
D~L. 茜草（D. 根 E. 植株上部 F. 茎的一段 G. 叶背面一部分
H. 花 I. 花萼及雄蕊 J. 雌蕊 K. 子房纵剖 L. 果实）
（A~C 仿《河北植物志》；D~L 仿《秦岭植物志》）

化的功能，是重要的热带作物。

本科常见的植物还有：金鸡纳树（*Cinchona ledgeriana*）、钩藤（*Uncaria rhynchophylla*）、白花蛇舌草（*Hedyotis diffusa*）等，供药用；香果树（*Emmenopterys henryi*）、龙船花（*Ixora chinensis*）、六月雪（*Serissa japonica*）等，供观赏；猪殃殃（*Galium aparine* var. *tenerum*）、鸡矢藤（*Paederia scandens*）等，为田间杂草。

7. 忍冬科（Caprifoliaceae）

花程式　$*↑K_{(4~5)}C_{(4~5)}A_{4~5}\overline{G}_{(2~5:2~5)}$

科的特征　木本，稀草本；单叶对生，稀为奇数羽状复叶，常无托叶。花两性，辐射对称或两侧对称，4 或 5 基数；聚伞花序或轮伞花序，组成各种复合花序，或数朵簇生，或为单花；花萼筒与子房贴生，裂片 4~5；花冠合瓣，4~5 裂，有时 2 唇形；雄蕊与花冠裂片同数而互生，着生于花冠筒上；子房下位。浆果、蒴果或核果。

识别要点　叶对生，无托叶；花 5 基数，辐射对称或两侧对称，雄蕊与花冠裂片同数而互生，子房下位。

分类及代表植物　本科约 14 属 400 种，主产北半球；我国有 12 属 200 多种，广布南北各地。

忍冬属（*Lonicera*）　直立或缠绕灌木，单叶全缘；花常双生，有时 3 朵并生，花冠 2 唇形或近 5 等裂，浆果。本属约 200 种，我国有 98 种。忍冬（*L. japonica*）（图 8-50A~F），常绿藤本，茎向右缠绕；花双生于叶腋，花冠白色，凋落前变为黄色，故又称金银花。花蕾入药，解热消炎。本属的山银花（*L. confusa*）、红腺忍冬（*L. hypoglauca*）、毛花柱忍冬（*L. dasystyla*）等 10 余种的花蕾，均作金银花入药。

荚蒾属（*Viburnum*）　常绿灌木，被星状毛；顶生圆锥花序，或伞形花序式的聚伞花序，有些种类的缘花放射状，不结实；核果。本属约 200 种，我国有 70 余种，南北均产。荚蒾

忍冬科

(V. dilatatum)，叶宽倒卵形至椭圆形，边缘具齿，腹面疏被柔毛，背面近基部两侧有少数腺体和无数细小腺点，脉上常具柔毛或星状毛。绣球荚蒾（琼花）(V. macrocephalum)（图 8-50G），幼枝和叶均有星状毛，大型聚伞花序呈球状，几乎全由不孕花组成。本属栽培供观赏的种类还有粉团（雪球荚蒾）(V. plicatum)、蝴蝶戏珠花（蝴蝶荚蒾）(V. plicatum var. tomentosum)、日本珊瑚树(V. plicatum var. awabuki)、木绣球(V. plicatum f. keteleeri) 等。

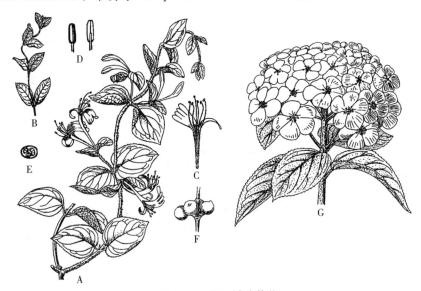

图 8-50 忍冬和绣球荚蒾
A~F. 忍冬（A. 花枝 B. 幼枝 C. 花 D. 雄蕊背腹面 E. 子房横切 F. 果实）
G. 绣球荚蒾（示花枝）
（仿《山东植物志》）

接骨木属（Sambucus） 木本，稀为多年生草本；奇数羽状复叶，小叶有锯齿，有托叶；核果。本属约 20 种，我国有 5 种，南北均产。接骨木（S. williamsii），落叶大灌木，小枝具黄褐色髓心，奇数羽状复叶，揉碎后有臭味。茎叶药用。接骨草（陆英）(S. chinensis)，草本，茎有棱，伞房花序散开，花间杂有不孕花变成的黄色杯状腺体。全草药用。

本科供观赏的种类还有锦带花（Weigela florida）、海仙花（Weigela coraeensis）、糯米条（Abelia chinensis）、大花六道木（Abelia grandiflorum）等。

8. 菊科（Asteraceae, Compositae）

科的特征 草本或灌木，稀乔木，有的具乳汁；单叶，多互生，少对生，无托叶。头状花序，花序基部有多数总苞片；花两性，少单性或无性；萼片 5，变为冠毛或鳞片；花冠合瓣，裂片 5 或 3，辐射对称或两侧对称，管状、舌状或唇形；头状花序由同形花（全为管状花或舌状花）或异形花（外围缘花舌状和中央盘花管状）组成；雄蕊 5，花药联合成筒状，聚药雄蕊，基部钝或有尾；心皮 2，柱头 2，下位子房，1 室，有 1 直立或倒生胚珠。瘦果，顶端常有刺毛、羽状毛或鳞片等。

识别要点 草本，单叶互生，头状花序，聚药雄蕊，下位子房，瘦果顶端具冠毛或鳞片。

分类及代表植物 菊科的花冠形态极为复杂，通常可分为 5 种不同的类型（图 8-51）：①筒状花，辐射对称的两性花，花冠 5 裂，裂

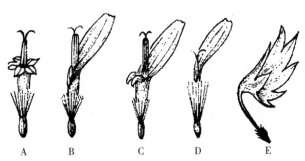

图 8-51 菊科植物的花冠类型
A. 筒状花 B. 舌状花 C. 二唇花 D. 假舌状花 E. 漏斗状花
（引自崔大方，2010）

片等大；②舌状花，两侧对称的两性花，5个花冠裂片结成1个舌片；③二唇花，两侧对称的两性花，上唇2裂，下唇3裂；④假舌状花，两侧对称的雌花或无性花，舌片仅具3齿；⑤漏斗状花，无性花，花冠呈漏斗状，5～7裂，裂片大小不等。

菊科

菊科为被子植物第一大科，约1 535属23 000余种，广布全世界；我国有200余属2 000多种，全国都有分布。根据头状花序花冠类型的不同和乳汁的有无，通常分为2个亚科。

(1) 管状花亚科（Carduoideae）。

$* K_{(5)} C_{(5)} A_{(5)} \overline{G}_{(2:1)}$

头状花序全为管状花，或边花为假舌状、漏斗状，而盘花为管状花，无乳汁。

菊属（Dendranthema） 草本或灌木状，常有香气；头状花序单生枝端，或伞房状排列，总苞片多层，边缘常干膜质；盘花筒状，两性，花药基部全缘，顶端有椭圆形附属物；缘花雌性，假舌状；瘦果有明显的纵肋或棱，无冠毛。本属约30种，我国有17种，分布各地。菊花（D. morifolium），舌状花白色、红色、紫色或黄色，瘦果不发育。品种繁多，花、叶变化很大，是著名的观赏植物，花亦可药用。野菊（D. indicum），舌状花黄色，花药用。

泽兰属（Eupatorium） 叶常对生；头状花序呈伞房状，总苞片多数，覆瓦状排列，或2～3层；瘦果五棱形，有刺毛状冠毛。本属约600余种，我国约有14种，除新疆和西藏外，全国均产。飞机草（E. odoratum），多年生草本，叶边缘有粗大钝锯齿，两面被茸毛，瘦果无毛，亦无腺点。原产南美洲，现在云南和海南遍布，已成恶性杂草。紫茎泽兰（破坏草）（E. adenophorum），茎多呈紫色，叶对称，被黏毛，瘦果黑褐色，冠毛白色，纤细。在西南生长甚旺，成为恶性杂草，叶有毒。

飞蓬属（Erigeron） 叶互生，头状花序呈伞房状或圆锥状，缘花多层，舌状，雌性；盘花管状，两性，结实；瘦果狭而扁平，冠毛2层，刚毛状。本属有200多种，我国约有35种，各地均有分布。一年蓬（E. annuus）（图8-52），一年生或二年生草本，茎直立，上部有分枝，全株被上曲的短硬毛。全国广布，全草入药。

向日葵属（Helianthus） 下部叶常对生，上部叶互生；头状花序单生，或排成伞房状，顶生，总苞片数轮，外轮叶状；缘花假舌状，中性不孕；盘花筒状，两性，结实；瘦果倒卵形，稍压扁，顶端具2个鳞片状脱落的芒（萼片来源）。本属约100种，我国有10种。向日葵（H. annuus），高大草本，常不分枝，叶大，卵圆形，具长柄；头状花序较大，直径可达40 cm。种子含油量高，作油料，亦供观赏。菊芋（H. tuberosus），头状花序较小，直径不超过10 cm，地下有块茎，可食用。

苍耳属（Xanthium） 叶互生，具齿或浅裂；头状花序单性同株，总苞结成囊状，果熟时变硬，外面具钩刺。本属约25种，我国有3种，南北均产。苍耳（X. sibiricum）（图8-53），雄花序成束聚生枝端，总苞1层；雌花序1至多个簇生叶腋，总苞2～3层，内层2个总苞结成囊状，外生钩刺，顶端有2喙；瘦果2，无冠毛，藏于总苞内。果药用。

蒿属（艾属）（Artemisia） 草本或半灌木，常被绢毛或蛛丝状毛；头状花序小，多数，排成穗状、总状或圆锥状；花全部为管状，缘花雌性，1层，结实；盘花两性，结实或不结实；瘦果小，无冠毛。本属有300多种，我国有200余种，广布各地。艾蒿（A. argyi），多年生草本，叶背密生白色黏毛，全草药用。黄花蒿（A. annua），一年生草本，可提取青蒿素，是治疗疟疾的特效药。

橐吾属（Ligularia） 叶互生，有时全部基生，具长柄，柄基部变宽成鞘状抱茎；头状花序多数，排成伞房状或总状，总苞片1层；花黄色，舌状花雌性，结实；管状花两性，结实，有时全部为管状花；瘦果圆柱形，有冠毛。本属约130种，我国有100余种，广布西南至东北。黄帚橐吾（L. virgaurea），总苞宽钟状，冠毛白色。生于高山草原。

图 8-52 一年蓬
A. 植株上部 B. 舌状花
C、D. 总苞片 E. 管状花 F. 花柱分枝
(仿《辽宁植物志》)

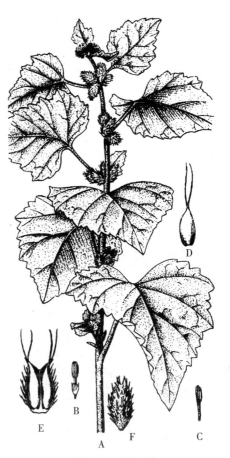

图 8-53 苍耳
A. 植株上部 B、C. 雄花
D. 雌花 E. 雌花序纵剖 F. 具瘦果的总苞
(引自崔大方,2010)

蓟属（Cirsium） 叶互生，具锯齿或羽状分裂，边缘有针刺；雌雄同株，少异株；头状花序全为两性花或全为雌花；总苞多层，有刺；瘦果压扁，冠毛羽毛状，多层。本属近 300 种，我国有 50 余种，广布全国。大蓟（C. japonicum）（图 8-54），多年生草本，根肉质，圆锥形，茎有细纵纹；基生叶丛生，有柄，茎生叶互生，基部心形抱茎。分布广，变化大，是一个多型的种。

红花属（Carthamus） 草本，全体光滑无毛，叶质硬，边缘不规则浅裂；头状花序全为两性管状花，总苞多列，外方 2～3 列呈叶状，边缘有针刺；瘦果光滑，有 4 棱，冠毛缺或鳞片状。本属有近 20 种，我国仅有红花（C. tinctorius）1 种，原产埃及，南、北均有栽培。花药用，活血通经，种子榨油食用。

本亚科常见的植物还有：扶郎花（Gerbera jamesonii）、大丽菊（Dahlia pinnata）、雏菊（Bellis perennis）、瓜叶菊（Cineraria cruenta）、金盏菊（Calendula officinalis）、万寿菊（Tagetes erecta）、百日菊（Zinnia elegans）等，供观赏；雪莲花（Saussurea involucrate）、牛蒡（Arctium lappa）、白术（Atractylodes macrocephala）、苍术（Atractylodes lancea）、水飞蓟（Silybum marianum）等，供药用；薇甘菊（Mikania micrantha）、豚草（Ambrosia artemisiifolia）、加拿大一枝黄花（Solidago canadensis）等，为恶性杂草。

(2) 舌状花亚科（Cichorioideae）。

↑$K_{(5)} C_{(5)} A_{(5)} \overline{G}_{(2:1)}$

头状花序全为舌状花，不含管状花，有乳汁。

蒲公英属（*Taraxacum*） 多年生草本，叶丛生于基部，倒向羽状分裂；头状花序单生于茎顶端，黄色；瘦果有棱，先端延长成喙，冠毛多。本属有2 000多种，我国有70余种。蒲公英（*T. mongolicum*）（图8-55），全国各地均有野生，全草药用。

莴苣属（*Lactuca*） 叶全缘或羽状分裂；头状花序呈圆锥状，总苞片数列，外层较短，向内层渐长；瘦果扁平，顶端窄，有喙，冠毛多而细。本属70余种，我国有7种。莴苣（*L. sativa*），茎粗，厚肉质。原产地中海沿岸，现广泛栽培作蔬菜，栽培变种较多，如莴笋（*L. sativa* var. *angustata*）、卷心莴苣（*L. sativa* var. *capitata*）、生菜（*L. sativa* var. *romana*）、玻璃生菜（*L. sativa* var. *crispa*）等。

本亚科常见的植物还有黄鹌菜（*Youngia japonica*）、山柳菊（*Hieracium umbellatum*）、苦苣菜（*Sonchus oleraceus*）、苦荬菜（*Ixeris chinensis*）等。

图8-54 大 蓟
A. 根 B. 叶 C. 花枝 D. 筒状花
E. 花冠展开
（引自强胜，2006）

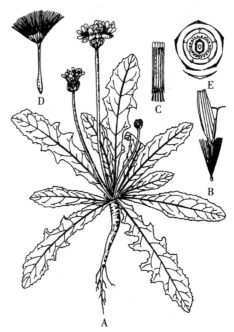

图8-55 蒲公英
A. 植株 B. 舌状花 C. 聚药雄蕊
D. 瘦果 E. 花图式
（仿《河南植物志》）

系统地位 菊科是被子植物最成功的一个类群之一，是一个年轻的大科，到第三纪的渐新世才有化石。该科的繁盛是与其生物学特性密切相关的。植物繁殖方式多样，部分种类具块茎、块根、匍匐茎或根状茎，行营养繁殖，但同时却具有发达的有性繁殖特性；头状花序的结构，在功能上如同一朵花，总苞1至多列，起着花萼的保护作用，周缘的舌状花具有一般虫媒花所特有的招引传粉昆虫的作用；而中间盘花数量的增加（如向日葵的盘花可达数百个，最多可达千余个），更有利于后代的繁衍；绝大部分是虫媒的异花传粉，雄蕊先于雌蕊成熟，由于聚药雄蕊花药结合成药筒，药室内向开裂，因而成熟的花粉粒就散落在花药筒内，当昆虫来访花采蜜时，引起花丝收缩，或花柱的伸长，柱头下面的毛环把花粉从花药筒内推出，花粉被来访的昆虫带走；此时，雌蕊开始成熟，柱头开始伸出花药筒外，柱头裂片展平，受粉面裸露，接受传粉昆虫从另一个花序带来的花粉，借此顺利完成异花传粉；聚药雄蕊还有利于保证其在特殊情况下的自花传粉；萼片变成冠毛、刺毛，有利于瘦果远距离传播。以上这些特性，促使菊科植物快速地发展与分化，从而使其属种数和个体数均居现今被子植物之冠。

【双子叶植物纲常见的其他科植物】

第二节　单子叶植物纲

一、泽泻亚纲（Alismatidae）

水生或沼生草本，单叶常互生。花常大而显著，花被3基数2轮，常异被；花粉单沟型或无萌发孔；雌蕊具1至多个分离或近于分离的心皮。

本亚纲共有4目16科近500种。

泽泻科（Alismataceae）

花程式　　$*P_{3+3}A_{6\sim\infty}\underline{G}_{6\sim\infty}$

科的特征　　水生或沼生草本，有根状茎或球茎；叶常基生，有鞘，叶形变化较大。花两性或单性，辐射对称，常轮生于花序轴上；花被2轮，外轮3片萼片状，宿存，内轮3片花瓣状，脱落；雄蕊6至多数，稀3；心皮6至多数，离生，螺旋状排列于凸起的花托上或轮状排列于扁平的花托上，胚珠1~2。聚合瘦果。

识别要点　　水生或沼生草本；花轮状排列于花序轴上，外轮花被呈萼状；雄蕊和雌蕊螺旋状排列于花托上；聚合瘦果。

分类及代表植物　　本科有11属约100种，广布全球；我国有4属20种，南北均产。

泽泻（*Alisma plantago-aquatica*），叶卵形或椭圆形，顶端尖，基部楔形或心形，花两性（图8-56）。分布全国各地，球茎入药，有清热、利尿和渗湿之功效。

慈姑（*Sagittaria sagittifolia*），有纤匐枝，枝端膨大成球茎"慈姑"，叶箭形，具长柄，花单性（图8-57）。南方各省份多栽培，球茎供食用，也入药。矮慈姑（*S. pygmeae*），植株矮小，叶片条形，基生。稻田主要杂草。

图 8-56 泽泻
A. 植株 B. 花 C. 花图式 D. 果实
（引自金银根，2006）

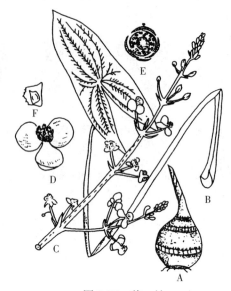

图 8-57 慈姑
A. 球茎 B. 叶 C. 花枝 D. 花 E. 花图式 F. 果实
（引自金银根，2006）

系统地位 该类植物是单子叶植物中原始的类型，雄蕊和雌蕊螺旋状排列于花托上等特征与原始的睡莲类（亦认为毛茛类）植物有紧密的联系。

二、槟榔亚纲（Arecidae）

多数为高大棕榈型乔木，叶宽大，互生，常折扇状，平行脉，基部扩大成鞘。花多数，小型，常集成具佛焰苞包裹的肉穗花序，雌花常由 3 心皮组成，常结合，子房上位。种子内的胚乳常非淀粉状。植物体具有限的次生生长。

本亚纲植物多在热带分布，共有 4 目 58 科约 5 600 种。

1. 棕榈科（Palmae, Arecaceae）

花程式　　$*K_3C_3A_{3+3}\underline{G}_{(3:3:1)}$　♂ $*P_{3+3}A_{3+3}$　♀ $*P_{3+3}\underline{G}_{(3:3:1)}$

科的特征 木本，单干直立，稀为藤本；叶常绿，大型，互生，掌状分裂或羽状复叶，芽时向内或向外折叠，多集生树干顶部，形成棕榈型树冠，叶柄基部常扩大成纤维状的鞘。花小，通常淡黄绿色，两性或单性，同株或异株，组成分枝或不分枝的肉穗花序，外包 1 至数枚大型的佛焰状总苞，生于叶丛中或叶鞘束下；花被片 6，2 轮，分离或合生；雄蕊 6，2 轮，花丝分离或基部连合成环，花药 2 室；心皮 3，子房上位，每室 1 胚珠；花柱短，柱头 3。核果或浆果，外果皮肉质或纤维质，有时覆盖以覆瓦状排列的鳞片。

识别要点 木本，树干不分枝，大型叶丛生树干顶部，肉穗花序具佛焰状总苞，花 3 基数。

分类及代表植物 本科约 210 属 2 800 余种，分布于热带和亚热带，以美洲和亚洲热带地区为分布中心；我国有 8 属 100 余种，主要分布于南部至东南部各省份，多为重要纤维、油料、淀粉及观赏植物。

棕榈属（*Trachycarpus*） 叶掌状分裂，裂片多数顶端浅 2 裂；花常单性异株，聚成多分枝的肉穗状或圆锥状花序，佛焰苞显著。棕榈（*T. fortunei*）（图 8-58），广泛栽培，除供观赏外，叶鞘

棕榈科

纤维为棕，可制绳索、地毯、床垫等；叶可制扇、帽等；果实（名棕榈子）及叶鞘纤维（名陈棕）供药用。

蒲葵属（*Livistona*） 叶柄长，边缘有刺，叶片掌状深裂至中部或不及中部，裂片条形，顶端渐尖并分裂为2小裂片；花小，两性，佛焰苞片多数而套着花柄。蒲葵（*L. chinensis*），叶大，直径可达1 m，宽肾状扇形，深裂至中部。栽培供观赏，嫩叶制蒲扇。

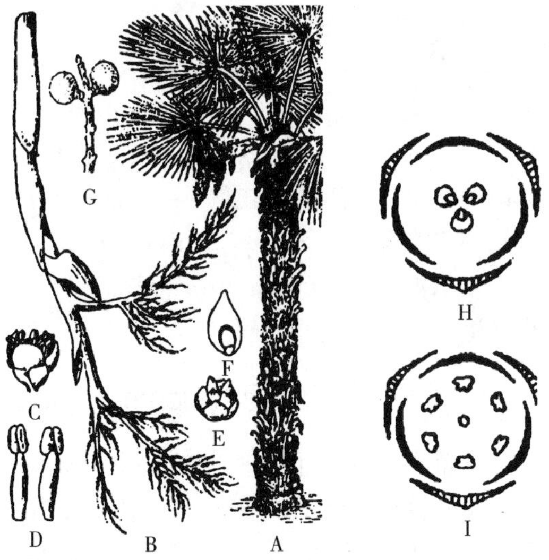

椰子属（*Cocos*） 仅椰子（*C. nucifera*）1种，叶羽状全裂或为羽状复叶；花单性同株，成分枝肉穗花序；果实大型，外果皮革质，中果皮纤维质，内果皮（椰壳）骨质坚硬，近基部有3个萌发孔；种子1颗，种皮薄，内贴着一层白色的胚乳（椰肉），胚乳内有一大空腔，储藏乳状汁液（椰乳）。广布于热带海岸。

图 8-58 棕榈
A. 植株 B. 雄花序 C. 雄花 D. 雄蕊 E. 雌花
F. 子房纵切 G. 果实 H. 雄花花图式 I. 雌花花图式
（引自金银根，2006）

本科常见的植物还有：油棕（*Elaeis guineesis*），为重要的油料植物；棕竹（*Rhapis humilis*）、鱼尾葵（*Caryota ochlandra*）、槟榔（*Areca cathecu*）、王棕（*Roystonea regia*）、假槟榔（*Archontophoenix alexandrae*）等，供观赏；省藤（*Calamus platyacanthoides*），为粗壮藤木，分布于广东、广西，茎可编织多种藤器。

2. 天南星科（Araceae）

花程式　♂ $*P_{0,4\sim6}A_{4,6}$　♀ $*P_{0,4\sim6}\underline{G}_{(3:1\sim\infty)}$

科的特征　草本，稀木质藤本，汁液乳状、水状或有辛辣味，常具草酸钙结晶；有根状茎或块茎，叶基部常具膜质鞘。花小，两性或单性，排成肉穗花序，下包一佛焰苞片；花被缺或为4～6个鳞片状体；单性同株时，雄花通常生于肉穗花序上部，雌花生于下部，中部为不育部分或为中性花；雄蕊4或6，分离或合生；雌蕊由3（稀2～15）心皮组成，子房上位，1至多室。浆果。

识别要点　草本，肉穗花序，花序外或花序下具1枚佛焰苞。

分类及代表植物　本科约115属2 500种，主产热带和亚热带；我国有35属206种，主要分布于南方。

天南星科

菖蒲属（*Acorus*） 多年生沼生草本，具匍匐根状茎，有香气；叶狭长剑形，2列，平行脉，基部互抱。肉穗花序圆柱形，佛焰苞叶状而不包着花序；花两性，花被片6，线形。菖蒲（*A. calamus*），根状茎粗大，横卧，叶剑状条形，有明显中脉。全草芳香，可作香料、驱蚊；根状茎入药，能开窍化痰，避秽杀虫。

天南星属（*Arisaema*） 多年生草本，有块茎；叶片3浅裂、3全裂或3深裂，有时鸟足状或放射状全裂；佛焰苞管部席卷，喉部边缘有时具宽耳，檐部拱形、盔状，常长渐尖；花单性或两性，雌花序花密，雄花序大都花疏。本属约150种，我国有82种，分布全国各地，主产西南。天南星（*A. consanguineum*），叶裂片放射状排列，肉穗花序顶端附属体近棍棒状。块茎供药用。异叶天南星（*A. heterophyllum*），叶裂片鸟足状排列，附属体向上渐细呈尾状。块茎亦作天南星入药。

半夏属（*Pinellia*） 多年生草本，有块茎；叶基出，有柄，叶柄基部常有珠芽；肉穗花序具细长柱状附属体，佛焰苞顶端合拢；雌雄同株，无花被。本属有6种，我国有5种。半夏（*P. ternate*），块茎小球形，叶从块茎顶端生出，一年生的叶为单叶，卵状心形，二、三年生的叶为3小叶的复叶；佛焰苞绿色，上部呈紫红色，花序轴顶端有细长附属物。分布南北各省份，块茎有毒，炮制后能入药，因仲夏可采其块茎，故名"半夏"。

本科常见的植物还有：芋（*Colocasia esculenta*）（图 8-59）、魔芋（*Amorphophallus rivieri*）等，供食用；马蹄莲（*Zantedeschia aethiopica*）、龟背竹（麒麟叶）（*Monstera deliciosa*）、广东万年青（*Aglaonema modestum*）、红鹤芋（红掌）（*Anthurium andraenum*）、白鹤芋（白掌）（*Spathiphyllum kochii*）等，供观赏；大漂（水浮莲）（*Pistia stratiotes*），为浮水草本，繁殖非常迅速，已成恶性杂草。

三、鸭跖草亚纲（Commelinidae）

常草本，叶互生或基生，单叶，全缘，基部常具叶鞘。花两性或单性，常无蜜腺；花被常显著，异被，分离，或退化成膜状、鳞片状或无；雄蕊常 3 或 6，花粉单萌发孔；子房上位。干果，胚乳多为淀粉。

本亚纲广布温带，共有 7 目 16 科约 15 000 种。

1. 莎草科（Cyperaceae）

花程式　$P_0 A_{1\sim3} \underline{G}_{(2\sim3:1)}$

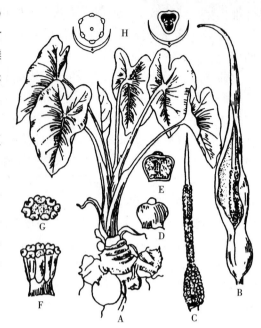

图 8-59 芋
A. 植株　B. 具佛焰苞肉穗花序
C. 肉穗花序　D. 雌蕊　E. 雌蕊纵切
F. 雄蕊群　G. 雄蕊群平面观　H. 花图式
（引自李扬汉，1984）

科的特征　草本，常有根状茎，茎常三棱形，多实心；叶常 3 列，狭长，叶鞘闭合。花小，数朵排成很小的穗状花序，称为小穗，再由小穗排成各种花序；每花具 1 苞片（鳞片或颖片），花被完全退化或成下位刚毛状；花多两性，雄蕊 3，少 1～2；雌蕊 2～3 心皮组成，子房上位，1 室。坚果。

识别要点　草本，茎常三棱形，实心，叶常 3 列，叶鞘闭合；花被退化，小穗组成各种花序，小坚果。

莎草科

分类及代表植物　本科约 96 属 9 000 多种，广布世界各地；我国有 31 属 670 多种。

莎草属（*Cyperus*）　秆散生或丛生，叶基生；聚伞花序简单或复出，有时短缩成头状，基部具叶状苞片数枚；小穗 2 至多数，稍压扁，小穗轴宿存；鳞片 2 裂，无下位刚毛；坚果三棱形。本属约 380 种，我国有 30 余种。香附子（*C. rotundus*）（图 8-60），茎直立，地下有纺锤形块茎，叶线形；穗状花序成指状排列。常见旱地杂草，块茎入药名香附。异型莎草（*C. difformis*），叶状苞片常 2 枚，长于花序，多数小穗密集成球形头状花序。常见水田杂草。

薹草属（*Carex*）　花单性，无花被，雌花子房外包有苞片形成的囊包（果囊），花柱突出于囊外，柱头 2～3。本属约 2 000 种，我国有 400 余种，分布各地，主产北方。弯囊薹草（*C. dispalata*），囊包无毛，卵状椭圆形，有三棱，呈镰状弯曲。舌叶薹草

图 8-60 香附子
A. 植株　B. 穗状花序　C. 小穗解剖　D. 雌蕊　E. 雄蕊　F. 幼果
（引自金银根，2006）

(*C. ligulata*)，叶鞘口部有明显的锈色叶舌。

本科常见的植物还有乌拉草（*Carex meyeriana*）、藨草（*Scripus triqueter*）、荸荠（*Eleocharis dulcis*）、水蜈蚣（*Kyllinga brevifolia*）等。

2. 禾本科（Gramineae，Poaceae）

花程式　$P_{2\sim3}A_{3,6}\underline{G}_{(2:1)}$

科的特征　草本或木本，茎常称为秆，圆柱形，节与节间明显，节间常中空，少实心；茎常于基部分枝，称为分蘖；单叶互生，2列，叶鞘包围秆，边缘常分离而覆盖，少有闭合；叶舌生于叶片与叶鞘连接处内侧，膜质或为一圈毛状物或完全退化；叶耳位于叶片基部的两侧或缺；叶片常狭长，平行叶脉。花序以小穗为基本单位，构成穗状、总状、圆锥状或指形花序；小穗的结构包括小穗轴、基部2个颖片、1至数朵小花；花两性，少单性；小花基部有1对苞片，称外稃（常具芒）和内稃，其间有2~3枚透明而肉质的浆片（相当于花被），雄蕊3或6，少1或2，花丝细长；雌蕊1或2心皮构成（少3），子房上位，1室，1胚珠，花柱2，常羽毛状或刷帚状。颖果。

识别要点　秆圆柱形，节间常中空，叶2列，叶鞘边缘分离而覆盖；由小穗组成各种花序，颖果。

分类及代表植物　本科是被子植物的大科之一，有750多属12 000多种，广布全球。根据茎是否木质化分为竹亚科和禾亚科。

禾本科

(1) 竹亚科（Bambusoideae）。

秆木质，主秆叶为秆箨（笋壳），与普通叶不同，普通叶具短柄，与叶鞘相连处有一关节。

本亚科约70属1 000余种，我国有37属500多种，多分布于长江流域以南各省份。

刚竹属（毛竹属）（*Phyllostachys*）　秆散生，在分枝的一侧扁平或有沟槽，每节有2分枝。本属约50种，均产于我国，主产黄河流域以南。毛竹（楠竹）（*P. pubescens*），新秆被茸毛和白粉，箨鞘厚革质，背部密生棕紫色小刺毛及棕黑色黑斑。我国最重要的经济竹种，笋供食用，秆可作建筑、竹板、编织和造纸原料。桂竹（*P. bambusoides*），新秆绿色，无粉，略细于毛竹，用途同毛竹。紫竹（*P. nigra*），老秆紫黑色。金镶玉竹（*P. aureosulcata* f. *spectabilis*），秆金黄色，着生分枝的沟槽为绿色。

本亚科常见的植物还有：人面竹（罗汉竹）（*Phyllostachys aurea*）、凤凰竹（*Bambusa glaucescens*）、凤尾竹（*Bambusa gluacescens* var. *riviererum*）、佛肚竹（*Bambusa ventricosa*）、阔叶箬竹（*Indocalamus latifolius*）等，供观赏；冷箭竹（*Bashania fangiana*），为大熊猫喜食。

(2) 禾亚科（Agrostidoideae）。

秆草质，主秆叶为普通叶，叶片与叶鞘相连处无关节。

本亚科约575属9 500余种，我国约170属700多种，广布全国。

小麦属（*Triticum*）　穗状花序顶生，小穗单生于穗轴各节，由2~5朵小花组成，顶端一小花不孕。本属约15种，我国常栽培的如小麦（*T. aestivum*），品种繁多，主产北方，是最重要的粮食作物之一。

大麦属（*Hordeum*）　穗轴每节着生3小穗，中间小穗无柄，两侧小穗常有柄，每小穗含1小花。本属约30余种，我国有15种。大麦（*H. vulgare*），颖果不易与稃分离，是啤酒和麦芽糖的主要原料。稞麦（青稞）（*H. vulgare* var. *nudum*），颖果易与稃分离，为西部高原地区主要粮食作物之一。三叉大麦（*H. vulgare* var. *aegiceras*）和野大麦（*H. brevisubutum*）均为优良牧草。

稻属（*Oryza*）　疏散圆锥花序，小穗两侧压扁，含3小花，仅1花结实2朵不育花仅存极少不育外稃；结实花的外稃硬纸质，有5脉，浆片2个，雄蕊6枚。本属有20余种，我国有4种。水稻（*O. sativa*），是最重要的粮食作物，栽培品种多。我国分布的主要野生稻有普通野生稻（*O. rufipogon*）、药用野生稻（*O. officinalis*）和疣粒野生稻（*O. meyeriana*）。

甘蔗属（*Saccharum*）　多年生高大草木，圆锥花序顶生，小穗均为两性，孪生，1 无柄，1 有柄，穗轴易逐节脱落。本属有 12 种，我国有 5 种。甘蔗（*S. officinarum*），秆较高，紫红色。竹蔗（*S. sinense*），秆较细，节间较长，淡绿色或淡紫色。均为制糖原料。

蜀黍属（*Sorghum*）　圆锥花序，小穗孪生，穗轴顶端 1 节有 3 小穗，有柄小穗雄性或中性，无柄小穗两性。本属有 20 余种，我国有 5 种。高粱（*S. vulgare*），第一颖背部凸起或扁平，成熟后变硬，边缘内卷；第二颖舟形，具脊。粮食作物及酿酒工业原料。苏丹草（*S. sudanense*），重要的青饲料。假高粱（*S. halepense*），重要检疫及外来入侵杂草，原产地中海地区。

玉蜀黍属（*Zea*）　秆基部常有气生根，秆顶着生开展的雄性圆锥花序，叶腋内抽出圆柱状的雌花序，雌花序外包有多数鞘状苞片，雌小穗密集成纵行排列于粗壮的穗轴上。仅玉米（玉蜀黍）（*Z. mays*）1 种，栽培品种多，主要粮食作物之一（图 8-61）。

燕麦属（*Avena*）　小穗下垂，含 2 至数小花；颖草质，长于下部小花，子房有毛。本属约 25 种，我国有 7 种。燕麦（*A. sativa*），无芒或具直芒，粮食作物。野燕麦（*A. fatua*），芒膝曲、扭转，田间杂草。

黑麦草属（*Lolium*）　小穗无柄，第一颖退化，第二颖位于背轴一方。毒麦（*L. temulentum*），籽实含毒麦碱，为重要检疫杂草。黑麦草（*L. perenne*）和多花黑麦草（*L. multiflorum*）均为重要的牧草，亦可作短期草坪。

芦苇属（*Phragmites*）　多年生高大草本，圆锥花序顶生，小穗含 3～7 小花，基盘细长，具丝状柔毛。本属约 10 种，我国有 3 种。芦苇（*P. cmmunis*），圆锥花序微下垂，第一花常为雄性，第二花及以上均为两性。分布全国各地，生于海滩、池沼、河岸的湿地。

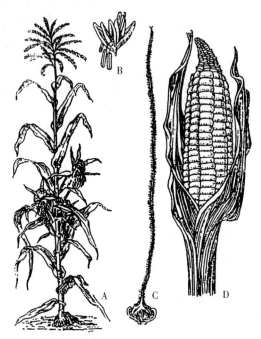

图 8-61　玉　米
A. 植株　B. 雄花（2 朵）　C. 雌花　D. 果序
（引自吴国芳等，1992）

早熟禾属（*Poa*）　一年生或多年生小草本，有疏散或紧密的圆锥花序；小穗含 2～6 小花，最上部的小花常不发育；颖 1～3 脉，有脊；外稃 5 脉，无芒，基盘常有一束柔毛；内稃具 2 脊，脊常有纤毛。本属约 500 种，我国有 200 余种，是禾本科中最大的一个属，分布甚广。如早熟禾（*P. annua*）、林地早熟禾（*P. nemoralis*）等。

本亚科常见的植物还有：菰（茭白）（*Zizania caduciflora*），秆基被一种黑穗菌（*Ustilago edulis*）寄生后，变肥嫩膨大，称茭笋或茭白，供食用；薏苡（*Coix lacrymajobi*），果实称苡仁，食用和药用；黍（稷）（*Panicum miliaceum*）、粟（小米）（*Setaria italica*）、黑麦（*Secale cereale*）等，为杂粮作物；狗牙根（*Cynodon dactylon*）、高羊茅（*Festuca arundinacea*）、草地早熟禾（*Poa pratensis*）、剪股颖（*Agrostis atolonifera*）等，为草坪植物；羊草（*Aneurolepidium chinense*）、羊茅（*Festuca ovina*）、冰草（*Agropyron critatum*）等，为草原牧草；稗（*Echinochloa crusgalli*）、马塘（*Digitaria sanguinalis*）、看麦娘（*Alopecurus aequalis*）、白茅（*Imperata cylindrica* var. *major*），等为农田杂草。

四、姜亚纲（Zingiberidae）

陆生或附生草本，无次生生长，有明显的菌根营养。叶互生，具叶鞘，有时叶鞘重叠成"假茎"，平行脉或羽状平行脉。花序常具大型、显著且着色的苞片，花异被；雄蕊 3 或 6，常特化为花瓣状的假雄蕊；雌蕊常3心皮结合；常具分隔蜜腺；胚珠倒生或弯生，双珠被及厚珠心。植物体中常具硅质细胞和针晶体。

本亚纲多数分布于热带，共有2目9科约3 800种。

姜科（Zingiberaceae）

花程式　↑$K_3C_3A_1\overline{G}_{(3)}$

科的特征　多年生草木，常具芳香，匍匐或块状根茎；地上茎很短，有时为多数叶鞘包叠而成似芭蕉状假茎；叶二列或螺旋状排列，基部具张开或闭合的叶鞘，鞘顶常有叶舌。花两性，两侧对称；萼片3，常下部合生成管，具短裂片；花瓣3，下部合生成管，具短裂片，通常位于后方的一枚裂片较大；雄蕊在发育上原来可能为6枚，排成2轮，内轮后面1枚成为着生于花冠上的能育雄蕊，花丝具槽，花药2室，内轮另2枚联合成为花瓣状的唇瓣；外轮前面1枚雄蕊常缺，另2枚称侧生退化雄蕊，成花瓣状或齿状或不存在；雌蕊3心皮组成，子房下位，3或1室。蒴果室背开裂成3瓣，或肉质不开裂，呈浆果状。

识别要点　多年生草本，常有香气，叶鞘顶端有明显的叶舌；具发育雄蕊1枚和常呈花瓣状的退化雄蕊。

分类及代表植物　本科约50属1 000余种，广布于热带及亚热带；我国19属150余种，主要分布于西南部至东部。

姜（*Zingiber officinale*）（图8-62），根状茎肉质，扁平，有短指状分枝；穗状花序由根茎抽出，苞片淡绿色，卵形；花冠黄绿色，唇瓣倒卵圆形，下部二侧各有小裂片，有紫色、黄白色斑点。广泛栽培，根茎入药，又作蔬菜和调料。蘘荷（*Z. mioga*），与姜主要区别为根状茎圆柱形，苞片披针形，顶端常带紫色；花冠裂片披针形，白色，唇瓣淡黄色而中部颜色较深。常栽培作蔬菜，根茎入药。

本科常见的植物还有：砂仁（*Amomum villosum*）、山姜（*Alpinia japonica*）、郁金（*Curcuma aromatica*）、姜黄（*C. longa*）等，供药用；艳山姜（*Alpinia zerumbet*），栽培供观赏。

图8-62　姜

A. 植株　B. 根状茎　C. 花侧面观　D. 花正面观　E. 花图式
（引自强胜，2006）

五、百合亚纲（Liliidae）

草本，稀木本。单叶，互生，常全缘，条形或宽大。花常两性，花序种类多，但非肉穗状，花被常3基数，2轮，全为花冠状；雄蕊常1、3或6；雌蕊常3心皮结合，中轴胎座或侧膜胎座；具蜜腺；常无胚乳。植物体常含生物碱或甾体皂苷。

本亚纲分布于温带，共有2目19科约25 000种。

1. 百合科（Liliaceae）

花程式　＊$P_{3+3}A_{3+3}G_{(3:3)}$

科的特征　多年生草本，少木本，茎直立或攀缘，常具根状茎、鳞茎或块根；单叶互生、基生，少轮生，有时退化为膜质鳞片。花序多样，花两性，辐射对称，常3基数；花被花瓣状，裂片6，2轮；雄蕊6，与花被片对生；雌蕊3心皮构成，3室，子房上位，少半下位。蒴果或浆果。

识别要点　单叶；花被片6，排成2轮，雄蕊6，与花被片对生，子房上位，3室；蒴果或浆果。

分类及代表植物 本科约240属近4000种，广布于世界各地，尤以温带和亚热带最多；我国有60属约600种，分布全国各地，以西南最盛。

百合科

百合属（Lilium） 鳞茎无鳞被；花单生或排成总状花序，花被漏斗状，大而美丽；花药"丁"字形着生（图8-63）。本属有100余种，主产北温带，我国有60多种。百合（*L. brownni* var. *viridulum*），具鳞茎，花白色，蒴果。栽培品种繁多，供观赏，鳞茎供食用和药用。卷丹（*L. lancifolium*），叶腋常生珠芽，花橘红色，有紫黑色斑点。用途同百合。天香百合（*L. auratum*），具香气，为优质鲜切花。

葱属（Allium） 有刺激性葱蒜气味，鳞茎有鳞被，伞形花序。本属约500种，我国有110种，分布全国。葱（*A. fistulosum*），叶管状，中空；花葶粗壮中空，中部膨大。洋葱（*A. cepa*），鳞茎较大成球形。蒜（*A. satium*），鳞茎分为数瓣，花葶圆柱状称蒜薹。韭菜（*A. tuberosum*），叶带状，花葶三棱形。均栽培作蔬菜或调料。

萱草属（Hemerocallis） 具肉质块根，叶基生，带状；聚伞花序，雄蕊的花药为背着药。本属有14种，我国有11种。金针菜（黄花菜）（*H. citrina*），花鲜黄色，芳香，花蕾晒干作蔬菜。萱草（*H. fulva*），花橘红色，供观赏。

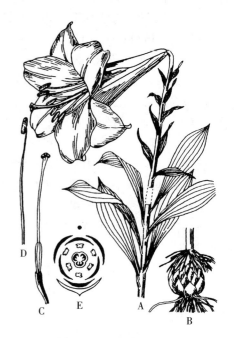

图8-63 百 合
A. 植株上部 B. 鳞茎 C. 雌蕊 D. 雄蕊 E. 花图式
（引自周云龙，2011）

天门冬属（Asparagus） 有根状茎或块根，叶退化成干膜质，鳞片状，茎枝成针形叶状。天门冬（*A. cochinchinensis*），块根纺锤状，入药。石刁柏（芦笋）（*A. officinalis*），全株光滑，稍有白粉，嫩茎作蔬菜，根入药。

黄精属（Polygonatum） 横走根茎，具节，花被片合成管状钟形。本属约60种，我国有30余种。黄精（*P. sibiricum*），叶4～6片轮生，先端钩状卷曲，浆果，根茎入药。玉竹（*P. odoratum*），叶长椭圆形，互生，花1～2朵腋生，根茎入药。

本科常见的植物还有：郁金香（*Tulipa gesneriana*）、玉簪（*Hosta plantagina*）、紫萼（*Hosta ventricosa*）、吊兰（*Chlorophytum comosum*）、风信子（*Hyacinthus orientalis*）、蜘蛛抱蛋（*Aspidistra zongbayi*）等，供观赏；芦荟（*Aloevera* var. *chinensis*）、川贝母（*Fritillaria cirrhosa*）、知母（*Anemarrhena asphodeloides*）、麦冬（*Ophiopogon japonicus*）、菝葜（*Smilax china*）等，供药用。

2. 兰科（Orchidaceae）

花程式 $\uparrow P_{3+3} A_{1\sim 2} \overline{G}_{(3:1)}$

科的特征 多年生草本，陆生、附生或腐生；常具根状茎或块茎，附生的具有肥厚根被的气生根；单叶互生，二列，基部叶鞘抱茎。单花或排成总状、穗状或圆锥花序，花两性，两侧对称；花被片6，外轮3片萼片状，内轮3片花瓣状，中间1片特化成唇瓣，常因子房呈180°扭曲而位于花的下方；雄蕊1或2，与花柱合生成合蕊柱；花药常2室，花粉常结成花粉块；雌蕊3心皮合生，子房下位，1室，侧膜胎座。蒴果三棱状圆柱形或纺锤形，种子微小，多数。

识别要点 草本，花两侧对称，形成唇瓣，雄蕊和雌蕊结合成合蕊柱，雄蕊1或2，花粉结合成花粉块，子房下位，种子微小。

分类及代表植物 本科为种子植物第二大科，约有700属20 000种，广布热带、亚热带与温带；我国约有150属1 000余种，主要分布于长江流域及以南省份，西南部和台湾尤盛。供观赏或药用。

兰属（*Cymbidium*） 茎极短或变态为假鳞茎，叶革质，带状；总状花序，花大而美丽，有香味；花被张开，合蕊柱长，花粉块2个（图8-64A～F）。本属约有50种，我国有29种，分布于长江以南各地。建兰（*C. ensifolium*）（图8-64G～I），叶带形，宽约1 cm；花葶直立，常短于叶，有花3～7朵；花浅黄绿色，有清香。夏秋开花。墨兰（*C. sinense*），叶宽2～3.5 cm；花葶常高出叶外，具10余花。冬末春初开花，花色多变，有香气，栽培品种多。春兰（*C. goeringii*），叶宽6～10 mm，花单生，淡黄绿色，唇瓣乳白色，有紫红色斑点。春季开花，有芳香。上述种类各地庭园常栽培，供观赏，根与叶均可入药。

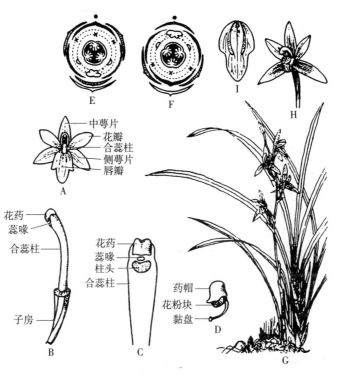

图8-64 兰属花的构造及建兰

A. 兰属花被片的各部分示意图 B. 子房和合蕊柱 C. 合蕊柱 D. 花药
E. 花图式（示子房扭转前） F. 花图式（示子房扭转后）
G～I. 建兰（G. 植株 H. 花 I. 唇瓣）
（引自周云龙，2011）

石斛属（*Dendrobium*） 附生草本，茎黄绿色，节间明显；花大而美丽，单生、簇生或排成总状花序，常生于茎的上部节上；花被开展；侧萼片与合蕊柱基部合生成萼囊；花药药柄丝状，药囊2室；花粉块4个。本属约1 400种，我国有70余种。石斛（*D. nobile*），茎丛生，黄绿色，叶顶端钝，有凹缺，叶鞘紧抱节间。观赏，茎药用。

天麻属（*Gastrodia*） 腐生草本，根茎肥厚，横生，表面有环纹；茎直立，节上具鞘状鳞片；总状花序顶生，花较小；萼片和花瓣合生成筒状，顶端5裂；花粉块2个，多颗粒状。本属约30种，我国有13种。天麻（*G. elata*），根茎肥厚肉质，长椭圆形，表面有均匀的环节。块茎入药，称天麻。

白及属（*Bletilla*） 球茎扁平，上有环纹；叶薄纸质，常集生于茎基部，有时仅有1叶；花较大，常数朵组成顶生总状花序；唇瓣3裂，无距。本属有6种，我国产4种。白及（*B. striata*），球茎具荸荠似的环纹，花红紫色。生于山谷地带林下湿地，栽培供观赏，球茎入药。

本科常见的观赏植物还有蝴蝶兰（*Phalaenopsis amabilis*）、文心兰（*Oncidium uniflorum*）、卡特兰（*Cattleya* sp.）、大花万代兰（*Vanda coerulea*）、大花蕙兰（*Cymbidium* sp.）等。

系统地位　兰科是单子叶植物中最进化的类群,其进化性状表现为:①生活型多样,除陆生草本外,还有附生或腐生;②种类多,已知约2万种,约占单子叶植物的1/4;③种子微小,数量极多;④花具有各种不同的形状、大小和颜色;⑤花两侧对称,内轮花被中央1片特化为唇瓣,基部形成具有蜜腺的囊和距;⑥雄蕊数目少,与雌蕊合生成合蕊柱,子房下位,柱头具蕊喙,花粉结成花粉块;⑦花的高度特化特征表现了对昆虫传粉的高度适应。

【单子叶植物纲常见的其他科植物】

芭蕉科　　薯蓣科　　鸭跖草科　　石蒜科　　雨久花科　　鸢尾科　　竹芋科

第三节　被子植物的起源与系统演化

一、被子植物的起源

(一) 起源时间

被子植物的起源时间主要依赖于化石证据的支持,由于目前所发现的化石证据有限,最能表明被子植物特征的花和果实因质地原因不易形成化石,双受精等被子植物的独特特征也不易从化石中表现出来,因此,被子植物起源的时间问题尚无定论,大致有以下观点。

1. 古生代起源说　坎普(Camp)、托马斯(Thomas)、埃姆斯(Eames)等学者主张被子植物起源于古生代的二叠纪,理由是普卢姆斯特德(Plumstead)在南非二叠纪地层中发现的舌羊齿(*Glossopleris*)具有两性结实器官,有可能是被子植物的祖先。

拉姆肖(Ramshaw)等人研究了被子植物细胞色素 c 中的氨基酸顺序,发现凡是系统上亲缘关系近的其氨基酸排列顺序也相似,关系远的其氨基酸排列顺序相差就大,并提出被子植物起源于4亿~5亿年前古生代的奥陶纪到志留纪。

2. 白垩纪(或晚侏罗纪)起源说　许多学者认为被子植物起源于中生代的白垩纪或晚侏罗纪。在美国加利福尼亚州早白垩纪欧特里夫期(距今约1.3亿年)地层中发现的加州洞核(*Onoana californica*)曾经被认为是最早的较为可靠的被子植物果实化石;在我国黑龙江省东部鸡西盆地的早白垩纪地层(距今约1.2亿年)中发现了丰富的被子植物群,这些植物至少包括7个类群,目前已知5属5种;在俄罗斯的早白垩纪的巴雷姆至阿普特期地层(距今1.1亿~1.2亿年)中发现了尼康洞核(*O. nicanica*)和亮叶惚木(*Aralia lucifera*);在早白垩纪的阿普特晚期至阿尔比期(距今1亿~1.1亿年),在北京发现了拟白粉藤(*Cissites* sp.),在吉林发现了拟无患子属(*Sapindopsis*)、延吉叶属(*Yanjiphyllum*),在黑龙江发现了檫木属(*Sassafras*)、拟无患子属和延吉叶。多伊尔(Doyle)和马勒(Muller)根据早白垩纪和晚白垩纪地层间孢粉的研究,支持被子植物最初的分化发生在早白垩纪,大概在侏罗纪时就为这个类群的发展准备了条件。沃尔夫(Wolf)发现在美国弗吉尼亚的帕塔克森特岩层的早白垩纪的叶化石中木兰型的特征占优势,因此认为在白垩纪木兰目的发展先于被子植物的其他类群。孙革等(1998)在我国辽宁西部晚侏罗纪(距今约1.45亿年)的义县组下部地层中发现了辽宁古果(*Archaefructus liaoningensis* Sun et al.)的果枝化石(图8-65),被国际学术界认定是迄今发现的有确切证据的、世界上最早的被子植物,该果枝化石由主枝及侧枝组成,其上螺旋状着生数十枚蓇葖果,果实由心皮对折闭合形成,含2~5枚种子。辽宁古果较以往国际公认的"最早"的被子植物化石加州洞核要早1 500万年左右,这就把对被子植物起源的认识从白垩纪早期至少追溯到了侏罗纪晚期。

3. 三叠纪起源说　张宏达以大陆漂移和板块学说为研究前提,从现代有花植物的区系研究出发,兼顾古植物的研究,提出了被子植物起源于三叠纪的观点。根据大陆漂移和板块学说,距今

2.25亿年前地球上存在一个名为泛古大陆（Pangaea）的联合古陆，到了三叠纪晚期（约1.95亿年前）联合古陆逐渐解体。现已发现，古生代蕨类及种子蕨的地理分布在全世界各大陆是一个统一的整体，拥有共有成分，这完全证实了联合古陆的存在。因此，被子植物起源的时代应该在三叠纪，被子植物的祖先只能产生在统一的联合古陆，否则就不能解释现今各大陆被子植物的亲缘关系和共有成分。另外，古生代二叠纪的最后4 500万年已被证实是生物的大灭绝期，在这一时期气候变干冷，海平面下降，正是在这种严酷的气候环境下有可能催生出崭新的被子植物类群。潘广（1997）在我国华北燕辽地区的侏罗纪地层中发现了中华枫杨（*Pterocarya sinoptera* Pankuang）的果序化石以及鼠李科马甲子属（*Paliurus*）和枣属（*Zizyphus*）的种类，这些高度进化的被子植物的发现似乎证明了被子植物应该发生于侏罗纪前的三叠纪。

图 8-65 辽宁古果的果枝化石

（二）发源地

被子植物的发源地是被子植物起源问题中分歧最大的问题，古植物学家和植物系统学家对此提出了许多假说，比较具有代表性的是以下3种假说。

1. 高纬度起源说 本学说是由希尔（Heer）在分析北极化石植物区系的基础上提出的，又称北极起源说。认为被子植物是在北半球的高纬度地区（北极）首先出现，沿着3个方向扩散：由欧洲向非洲南进；从欧亚大陆向南发展到中国和日本，再向南伸展到马来西亚、澳大利亚；由加拿大经美国进入拉丁美洲，最后扩散到全球。这一学说曾得到不少古植物学家和植物地理学家的支持，但后来的化石证据表明最早的被子植物化石不是出现在北极，而是出现在低纬度地区。因此，这种主张尚证据不足。

2. 中、低纬度起源说 目前，多数学者支持被子植物起源于中、低纬度的观点，又称热带起源说。其依据首先是化石出现得早，例如，美国加利福尼亚加州洞核出现于早白垩纪，同一时期在纬度更高的加拿大地层中却还没有被子植物出现。加拿大直到早白垩纪晚期才有极少数被子植物的化石，其数量仅占被子植物的2%~3%，而在美国早白垩纪晚期发现的被子植物，已占植物总数的20%左右，同样的情况也出现在亚洲和欧洲。说明被子植物是在中、低纬度首先出现，然后逐渐向高纬度地区发展。其次，现代被子植物多数较原始的科如木兰科、八角科、连香树科、昆栏树科、水青树科等都集中分布于低纬度的热带。塔赫他间等提出西南太平洋和东南亚地区原始毛茛类型（广义的木兰目）分布占优势，认为这个地区是被子植物早期分化和可能的发源地。我国植物学家吴征镒提出"整个被子植物区系早在第三纪以前，即在古代'统一的'大陆上的热带地区发生"，并认为我国南部、西南部和中南半岛（印度支那半岛）特有的古老科属最为丰富，这一地区即是近代东亚亚热带、温带乃至北美洲、欧洲等北温带植物区系的开端和发源地。坎普提出了南美亚马孙河流域平原地区的热带雨林区域可能是被子植物起源地的观点。

3. 华夏起源说 本学说由我国学者张宏达提出，又称亚热带起源说。认为有花植物起源于中国的亚热带地区，热带地区只能是有花植物的现代分布中心，而不可能是起源中心，热带植物区系是亚热带区系的后裔。有花植物起源的年代久远，而当今的太平洋沿岸地区在有花植物可能的起源年代尚是一片茫茫大海，况且当今地理上同一地区的地方也可能是由不同的板块组成，过去它们并不在同一位置，因此承认有花植物的单元和同地起源就不能相信有花植物的热带起源，而且热带起源（狭义）的提出忽视了中国广大亚热带地区丰富和独特的有花植物区系。华夏植物区系中的被子植物区系有许多古老的类群,包括木兰目(Magnoliales)、毛茛目(Ranunculales)、睡莲目(Nymphaeales)和金缕梅目(Hamamelidales)等,还有大量在系统发育过程各个阶段具有关键作用的科和目以及它们的原始代表,如藤黄目(Guttiferales)、蔷薇目(Rosales)、堇菜目(Violales)、芸香目(Rutales)、卫矛目(Celastrales)、沼生目(Helobiales)和百合目(Liliales)等,组成了系统发育完整的体系,这种被子植物系统的网络是任何其他大陆都不能比拟的,因此有花植物应起源于中国的亚热带地区。

(三) 可能的祖先

被子植物的祖先问题是被子植物起源诸问题中最根本的问题,由于化石证据不足,目前尚无定论,归纳起来有以下3种假说。

1. 多元论 该学说认为被子植物来自许多不相亲近的类群,彼此是平行发展的。维兰德(Wieland)、胡先骕、米塞(Meeuse)等人是多元论的代表。维兰德于1929年提出了被子植物多元起源的观点,认为被子植物发生于遥远的二叠纪与三叠纪之间,与银杏类、松杉类、苏铁类等裸子植物都有联系。胡先骕于1950年发表了一个被子植物多元起源的新系统,认为双子叶植物从多元的半被子植物起源;单子叶植物不可能出自毛茛科,须上溯至半被子植物,而其中的肉穗花区直接出自种子蕨部髓木类,与其他单子叶植物不同源。米塞认为被子植物至少从4个不同的祖先类型发生:双子叶植物可分为3个亚纲,各自从不同的本内苏铁类起源,单子叶植物通过露兜树属(*Pandanus*)由五柱木目(Pentexuloles)起源。

2. 二元论 该学说认为被子植物来自两个不同的祖先类群,二者不存在直接的关系,而是平行发展的。兰姆(Lam)和恩格勒(Engler)为二元论的代表。

兰姆从被子植物形态的多样性出发,认为被子植物至少是二元起源的,把被子植物分为轴生孢子类(Stachyosporae)和叶生孢子类(Phyllosporae)两大类。前者的心皮是假心皮,并非来源于叶性器官,大孢子囊直接起源于轴性器官,包括单花被类(大戟科)、部分合瓣类(蓝雪科、报春花科)以及部分单子叶植物(露兜树科),这一类起源于盖子植物(买麻藤目)的祖先;后者的心皮是叶起源,具有真正的孢子叶,孢子囊着生于孢子叶上,雄蕊经常有转变为花瓣的趋势,这一类包括多心皮类及其后裔以及大部分单子叶植物,起源于苏铁类。恩格勒认为柔荑花序类的木麻黄目及荨麻目等无花被类与多心皮类的木兰目间缺乏直接的关系,二者是平行发展的。

3. 单元论 现代多数植物学家主张被子植物单元起源,主要依据是各种被子植物共同具有许多独特和高度特化的特征:雄蕊都有4个孢子囊和特有的药室内壁;均存在大孢子叶(心皮)和柱头;雌、雄蕊在花轴上排列的位置固定不变;均有双受精现象和三倍体的胚乳;花粉萌发,花粉管通过退化的助细胞进入胚囊;均存在筛管和伴胞。哈钦松(Hutchinson)、塔赫他间(Takhtajan)和克朗奎斯特(Cronquist)等是单元论的主要代表,认为现代被子植物来自于原被子植物(Proangiospermae),多心皮类(Polycarpicae)的木兰目比较接近原被子植物,有可能就是它们的直接后裔。

被子植物如确属单元起源,它又究竟发生于哪一类植物呢? 对此植物学家也有不同看法,几乎所有的维管植物化石都曾被不同学者提议作为被子植物的祖先,如蕨类、松杉目、买麻藤目、本内苏铁目、种子蕨等。目前比较流行的是本内苏铁和种子蕨这两种假说。来米斯尔(Lemesle)主张被子植物起源于本内苏铁,因为本内苏铁的两性孢子叶球、种子无胚乳、次生木质部构造等特征与木兰目植物相似。但塔赫他间认为,本内苏铁的孢子叶球和木兰花的相似性是表面的,因为木兰属的小孢子叶像其他原始被子植物的小孢子叶一样分离、螺旋状排列,而本内苏铁的小孢子为轮状排列,且在近基部合生,小孢子囊合生成聚合囊;本内苏铁目的大孢子叶退化为一个小轴,顶生一个直生胚珠,并且在这种轴状大孢子叶之间还存在有种子间鳞,要想像这种简化的大孢子叶转化为被子植物的心皮是很困难的;本内苏铁类以珠孔管来接受小孢子,而被子植物通过柱头进行授粉。因此,被子植物起源于本内苏铁的可能性较小,被子植物同本内苏铁应有一个共同的祖先,有可能从一群最原始的种子蕨起源。近年来，主张本内苏铁为被子植物直接祖先的渐趋减少。

那么，究竟哪一类种子蕨是被子植物的祖先呢？有些学者曾把中生代种子蕨的高等代表开通目（Caytoniales）作为原始被子植物看待，这类植物具有类似被子植物的"果实"，但从开通目为单性花、花粉囊联合等形态特征来看，它与被子植物还有相当大的差别，因此它也不可能是被子植物的祖先，而是被子植物的一个远亲而已。梅尔维尔（Melville）强烈支持被子植物起源于舌羊齿（图8-66）的观点，主要依据是在一些被子植物中发现了舌羊齿类的叶脉类型，以及基于舌羊齿的结实器官所推理的"生殖叶"理论。而阿尔克新（Alxin）和查洛纳（Chaloner）研究发现舌羊齿类型的叶脉还存在于另外几个近缘的有关类群中，并指出不能单独采用叶脉作为判断被子植物祖先的基础，而叶脉的类型可以作为进化分化水平的重要指标。浅间一男从叶的形态演化和脉序类型出发，认为有花植物的祖先可能是大羽羊齿类（*Gigantopteris*）（图8-67）。进一步研究表明，发现于我国二叠纪的大羽羊齿类具有与被子植物相似的特征：叶有单叶、复叶，复叶又有羽状复叶、三出复叶；末级重网脉内的盲脉呈二次二叉分枝，与进化的双子叶植物脉序一致；叶表皮具有波状

图8-66　舌羊齿化石

图8-67　大羽羊齿化石

垂周壁和平列型气孔器，不同发育阶段的气孔混合镶嵌分布和气孔的直行分布也和双子叶植物结构相似；叶上陷于叶内的分泌腔与芸香科的相似。这些研究成果支持了大羽羊齿类有可能是被子植物的祖先类型的观点。

（四）单子叶植物的起源

前面所述的有关被子植物起源的各种假说和推论一般都是指双子叶植物，关于单子叶植物的起源问题，多数学者认为双子叶植物比单子叶植物更原始、更古老，单子叶植物是从已灭绝的最原始的草本双子叶植物演变而来的，是单元起源的一个自然分支。然而单子叶植物的祖先是哪一群植物？现存单子叶植物中哪一群是代表原始的类型？意见尚不一致，主要有以下3种假说。

1. 水生莼菜类起源说　塔赫他间和埃姆斯认为，绝大多数单子叶植物具单沟型花粉，比具有三沟、散沟和散孔的毛茛目及其邻近科的花粉类型更为原始，因而认为单子叶植物与毛茛目在演化上关系不大。又由于单沟花粉仅在双子叶植物中的木兰目、睡莲目、胡椒目的部分植物中以及马兜铃科的马蹄香属中见到，因而认为单子叶植物由具有单沟花粉的双子叶植物发展而来。贝利（Bailey）和奇尔德（Cheadle）认为单子叶植物和双子叶植物中导管分子是独立发生的，根据导管分子在单子叶植物各科中分布的情况，认为导管首先发生在根的后生木质部中，以后才出现在茎和叶的部分，还发现根的后生木质部具有最原始的梯形穿孔的导管分子类型。根据这一观点，塔赫他间提出，如

果单子叶植物中导管分子是独立发生的，我们必须从具有无导管和单沟花粉的类群中寻找可能的祖先。他主张单子叶植物起源于水生的、无导管的睡莲目（狭义）的代表，即通过莼菜科的可能已经灭绝的原始类群进化到泽泻目，再衍生出单子叶植物的其他各个分支，从而提出单子叶植物起源的莼菜—泽泻观点。

2. 陆生毛茛类起源说 哈利叶（Hallier）和哈钦松等提出单子叶植物起源于毛茛目，因为单子叶植物的沼生目中的花蔺科（Butomaceae）、泽泻科（Alismataceae）、眼子菜科（Potamogetonaceae）等具离生心皮雌蕊群，接近毛茛目，沼生目是由毛茛目进化而来的。科萨贝（Kosabai）、莫斯利（Moseley）和奇德尔指出，在花蔺科和泽泻科根的后生木质部中具有进化的导管分子，根据导管分子演化的过程，支持泽泻亚纲从陆栖类型起源，并不支持单子叶植物有一个水生"毛茛型"祖先。

3. 毛茛—百合类起源说 日本的田村道夫提出了一个被子植物的系统，认为单子叶植物的祖先是毛茛目，由毛茛科衍生出百合目，再发展形成单子叶植物的各个支系，明确提出单子叶植物的毛茛—百合起源说。我国的杨崇仁和周俊通过对单子叶植物、毛茛科以及狭义睡莲目植物中生物碱、甾体化合物、三萜化合物、氰苷和脂肪酸5种化学成分的分析和比较，认为毛茛与百合目有着密切的亲缘关系，支持单子叶植物毛茛—百合起源的主张，不赞同塔赫他间关于单子叶植物莼菜—泽泻起源的观点。

二、被子植物的系统演化及其分类系统

（一）被子植物系统演化的两大学派

在研究被子植物的系统演化时，首先要确定的是被子植物的原始类型和进步类型，对此存在着两大学派的两种假说。

1. 恩格勒学派 奥地利学者韦特斯坦（Wettstein）提出了假花学说（pseudoanthium theory）（图8-68A、B），认为被子植物的花和裸子植物的花完全一致，每一个雄蕊和心皮分别相当于1个极端退化的雄花和雌花，因而设想被子植物来自于裸子植物的麻黄类中的弯柄麻黄（*Ephedra campylopoda*）；由于裸子植物，尤其是麻黄和买麻藤等都是以单性花为主，所以原始的被子植物也必然是单性花。

恩格勒学派以假花学说的理论为基础，认为现代被子植物的原始类群是具有单性花的柔荑花序类植物，有人甚至认为木麻黄科就是直接从裸子植物的麻黄科演变而来的原始被子植物。这种观点所依据的理由是：化石及现代的裸子植物都是木本的，柔荑花序植物大都也是木本的；裸子植物是雌雄异株、风媒传粉的单性花，柔荑花序类植物也大都如此；裸子植物的胚珠仅有一层珠被，柔荑花序类植物也是如此；裸子植物是合点受精的，这也和大多数柔荑花序植物是一致的；花的演化趋势是由单被花进化到双被花，由风媒进化到虫媒类型。近年来，许多学者对恩格勒学派的上述看法颇有异议，越来越多的人认为柔荑花序植物的这些特点并不是原始的，而是进步的：花被的简化是高度适应风媒传粉而产生的次生现象；柔荑花序类植物的单层珠被是由双层珠被退化而来的；柔荑花序的合点受精虽和裸子植物一样，但在合瓣花的茄科和单子叶植物中的兰科都具有这种现象。从柔荑花序类植物的解剖构造和花粉的类型来看，次生木质部中均有导管分子，花粉为三沟型；从比较解剖学的观点看，导管是由管胞进化来的，三沟花粉是从单沟花粉演化来的。这就充分说明柔荑花序类植物比某些仅具管胞和单沟花粉的被子植物（如木兰目）进步，而不是原始的被子植物类群。

2. 毛茛学派 美国植物学家柏施（Bessey）提出了真花学说（euanthium theory）（图8-68C、D），认为被子植物的花是一个简单的孢子叶穗，是由裸子植物中早已灭绝的本内苏铁目，特别是准苏铁（*Cycadeoidea*）具有两性孢子叶的球穗花进化而来的，准苏铁孢子叶球上的覆瓦状排列的苞片可以演化为被子植物的花被，羽状分裂或不分裂的小孢子叶可发展成雄蕊，大孢子叶发展成雌蕊（心皮），孢子叶球的轴则可以缩短成花轴。

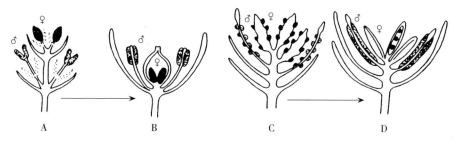

图 8-68 假花学说和真花学说
A、B. 假花学说　C、D. 真花学说

毛茛学派是以真花学说的原理为基础的，认为现代被子植物中的多心皮类，尤其是木兰目植物是现代被子植物的较原始的类群，因为本内苏铁目的孢子叶球是两性的虫媒花，孢子叶的数目较多，胚有两枚子叶，木兰目植物也大都如此；本内苏铁目的小孢子是舟形的，中央有一条明显的单沟，木兰目中的木兰科的花粉也是单沟型的舟形花粉；本内苏铁目着生孢子叶的轴较长，木兰目的花轴也是伸长的。当前，支持毛茛学派的学者较多，哈钦松、塔赫他间、克朗奎斯特等人建立的被子植物分类系统均是以真花学说为基础的。

（二）被子植物的主要分类系统

自19世纪90年代以来，许多植物分类学家根据各自的系统发育理论，提出了许多不同的被子植物分类系统。但由于有关被子植物起源、演化的知识和证据的不足，迄今为止，还没有一个比较完美的分类系统。现介绍当前较为流行的4个分类系统。

1. 恩格勒系统　恩格勒系统是由德国植物学家恩格勒和柏兰特于1897年在《植物自然分科志》中公布的，是植物分类学史上第一个比较完整的自然分类系统（图8-69）。

恩格勒系统是建立在假花学说的基础上的，认为被子植物是由裸子植物的买麻藤目演化而来的；无花瓣、单性、木本、风媒传粉等为原始性状，而有花瓣、两性、虫媒传粉等是进化的特征；具有柔荑花序的植物如杨柳科、桦木科、胡桃科等是最原始的被子植物，而木兰科、毛茛科等是较进化的类型；同时把单子叶植物放在双子叶植物的前面。

事实上，无论从形态上还是从解剖上看，柔荑花序类都不可能是被子植物的最原始代表，它们可能由多心皮类中的无花被类型产生，故恩格勒系统的进化线路受到了许多学者的质疑。恩格勒系统几经修订，在《植物分科要》（第12版）（1964年）中已将单子叶植物移在双子叶植物的后面，但基本系统大纲没有多大改变，被子植物为独立的一个门，包括2纲62目343科。

2. 哈钦松系统　哈钦松系统是由英国植物学家哈钦松于1926年（图8-70）和1934年在先后出版的包括两卷的《有花植物科志》一书中发表的，包括92目332科。在1959年和1973年又做过修订，1973年版共包括111目411科。

哈钦松系统是建立在真花学说基础上，认为两性花比单性花原始；花各部分离、多数的比联合、有定数的原始；花各部螺旋状排列的比轮状排列的原始；木兰目和毛茛目是由本内苏铁目演化来的，这两目又是被子植物的两个起点，从木兰目演化出一支木本植物，从毛茛目演化出一支草本植物，但也有混合型的如蔷薇科；单被花、无被花则是后来演化过程中退化而成的；柔荑花序类各科来源于金缕梅目。关于双子叶植物和单子叶植物的亲缘关系，哈钦松认为明显地表现在单子叶植物中的花蔺目和泽泻目上，这两目和双子叶植物的毛茛目有密切关系：都有离生心皮的雌蕊；通常都有多数雄蕊；花蔺目中有蓇葖果，泽泻目中有瘦果，又像毛茛目的果实。因此哈钦松认为单子叶植物起源于双子叶植物的毛茛目，将单子叶植物列于双子叶植物之后。

哈钦松系统与恩格勒系统相比有了很大进步，主要表现在把多心皮类作为演化的起点，在不少方面阐明了被子植物的演化关系。但这个系统也存在着很大的缺点，由于其将木本和草木作为第一级区

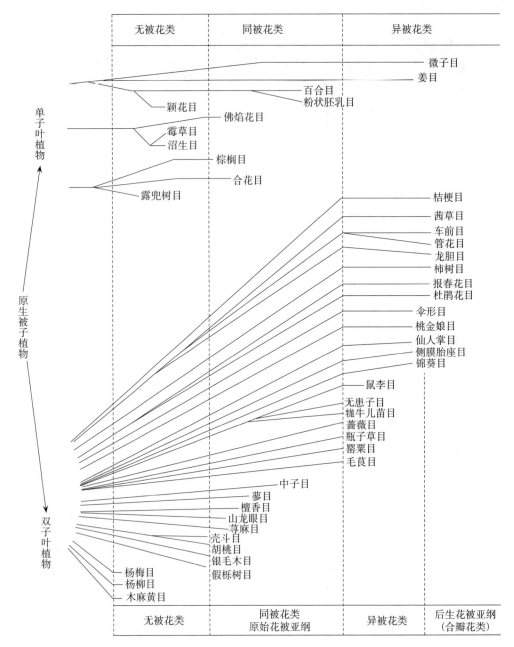

图 8-69　恩格勒被子植物分类系统（1897）

分，导致许多亲缘关系很近的科被远远地分开，如草本的伞形科与木本的五加科和山茱萸科分开，草本的唇形科与木本的马鞭草科分开。许多学者认为，将被子植物首先分为木本群和草本群是错误的。

3. 塔赫他间系统　塔赫他间系统是由苏联植物分类学家塔赫他间于1954年在《被子植物起源》一书中公布的，后经过多次修订。1987年修订版包括 12 亚纲 51 超目 166 目 533 科（图 8-71）。1997年再次修订，包括 17 亚纲 71 超目 232 目 591 科。

塔赫他间认为被子植物起源于种子蕨，并通过幼态成熟演化而成；木本植物是原始的类型，由此而演化出草本植物；单子叶植物起源于水生双叶植物睡莲目中的莼菜科；木兰目是最原始的被子植物的代表，由木兰目演化出毛茛目和睡莲目，由睡莲目演化出百合目，再演化出全部草本的单子叶植物；木本单子叶植物则由木兰目演化而来；柔荑花序类植物（壳斗科、杨柳科、胡桃科等）各自起源于金缕梅目。

塔赫他间系统打破了传统的把双子叶植物纲分为离瓣花亚纲和合瓣花亚纲的概念，增加了亚纲

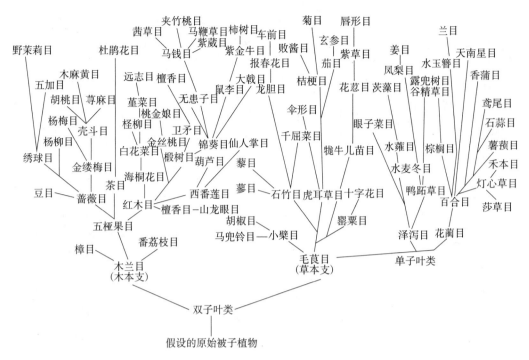

图 8-70 哈钦松被子植物分类系统（1926）

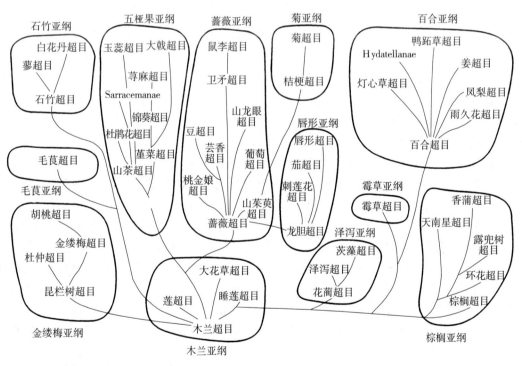

图 8-71 塔赫他间被子植物分类系统（1987）

的数目，使各自的安排更合理。但该系统在分类等级上增加了"超目"，科的数量达到了 591 个，显得较烦琐，不利于教学中应用。

4. 克朗奎斯特系统 克朗奎斯特系统是由美国学者克朗奎斯特于 1957 年在《双子叶植物目、科新系统纲要》一文中发表的，后经过两次修订。在 1981 年修订版中，将被子植物分为 2 纲 11 亚纲 83 目 383 科（图 8-72）。

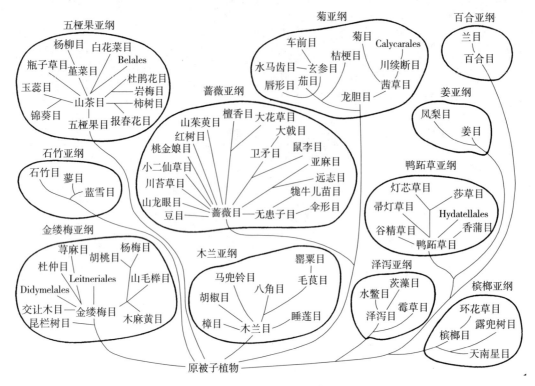

图 8-72 克朗奎斯特被子植物分类系统（1981）

该系统坚持真花学说和单元起源的观点，认为有花植物起源于已经灭绝的种子蕨；木兰亚纲是被子植物的基础复合群，木兰目是最原始的代表；柔荑花序类植物起源于金缕梅目；单子叶植物来自类似现代睡莲目的祖先，泽泻亚纲是百合亚纲进化线上的近基部的1个侧枝。

克朗奎斯特系统接近于塔赫他间系统，但个别分类单元的安排仍有较大差异，取消了"超目"一级分类单元，科的数目也有所压缩，范围较适中，便于教学使用，本教材也采用该系统。

（三）被子植物的新分类系统

1. 吴征镒"多系—多期—多域"被子植物新分类系统　吴征镒等在总结了比较形态学、化学分类学、古植物学、分支系统学和分子系统学等多学科研究成果的基础上，于1998年至2002年提出了被子植物的一个"多系—多期—多域"新分类系统，简称"八纲系统"。该系统包括木兰纲（Magnoliopsida）、樟纲（Lauropsida）、胡椒纲（Piperopsida）、石竹纲（Caryophyllopsida）、百合纲（Liliopsida）、毛茛纲（Ranunculopsida）、金缕梅纲（Hamamelidopsida）和蔷薇纲（Rosopsida）共8个纲，下分40亚纲202目572科，其中命名了22个新亚纲和6个新目，并对每个科所包括的属、种数和地理分布等作了说明。吴征镒等认为：进化分类虽要注意其实用性，但更重要的是要反映类群间的谱系关系；在早白垩纪结束之前有一次被子植物大辐射，那时被子植物的8条主传代线似已明显出现；以后，这些主传代线受到内在的和外在的影响，它们的进化既包括分支进化和前进进化，也包括其分支间的"杂交"和灭绝，是一极其复杂的网状系统；各主传代线分化以后，在缺乏化石资料的情况下，只能依靠研究现存类群的各方面资料，并以多系、多期、多域的观点来推断它们的古老性以及它们之间的系统关系；被子植物门的下一级分类要反映被子植物早期分化的主传代线，每一条主传代线可确认为1个纲。

2. APG被子植物分类系统　由29位植物学家组成的"被子植物系统发育小组"（Angiosperm Phylogeny Group，APG）根据分子系统学的研究成果，于1998年提出了一个以"目"为单位的被子植物分类系统，2003年和2009年又两次进行了修订。在2009年修订版中，将被子植物的科聚合成了59个目和系统位置不确定的2个科和3个属。在这个系统中，无油樟目、睡莲目及木兰藤目形成了被子植物的基底旁系群，而木兰类植物、单子叶植物及真双子叶植物则形成了被子植物的核心类群，其中金粟兰目及金鱼藻目分别是木兰类及真双子叶植物的旁系群。在单子叶植物之下，鸭跖草类植物成为了其核心类群；而在真双子叶植物之下，蔷薇类及菊类则是核心真双子叶植物最主要的两大分支，其中，蔷薇类的核心类群主要由豆类植物及锦葵类植物组成，菊类的核心则由唇形类及桔梗类植物组成。

延伸阅读

傅向东，刘倩，李振声，等，2018. 小麦基因组研究现状与展望. 中国科学院院刊，33（9）：909-914.

景袭俊，胡凤荣，2018. 兰科植物研究进展. 分子植物育种，16（15）：5080-5092.

黎珉，王文生，徐建龙，等，2018. 水稻基因组多样性及其在绿色超级稻育种中的应用. 生命科学，30（10）：1038-1043.

刘虹，易丽莎，蒲乙琴，等，2019. 中国野生豆科植物资源及豆类蛋白研究概况. 生物资源，41（3）：185-194.

刘策，孟焕文，程智慧，2020. 植物全基因组选择育种技术原理与研究进展. 分子植物育种，18（16）：5335-5342.

石琢，官春云，黄璜，等，2018. 油菜资源综合利用研究进展. 作物研究，32（3）：256-259.

王伟，张晓霞，陈之端，等，2017. 被子植物APG分类系统评论. 生物多样性，25（4）：418-426.

杨梅，2017. 植物及植物文化——以木兰科植物为例. 现代园艺，21：87-88.

易劲扬，2015. 木兰科植物在园林绿化中的应用. 现代园艺，23：137-139.

张慧娜，齐秀玲，申晓萍，等，2016. 西瓜起源与演化研究进展. 中国农学通报，32（35）：232-236.

朱元军，2016. 问说水稻起源. 中国稻米，22（4）：69-71.

周媛媛，董晓静，吕娅，等，2018. 拟南芥分子生物学研究进展. 中国农学通报，34（30）：56-62.

PIETER B，ELISABETH W，MARK C，2000. Dicotyledonous wood anatomy and the apg system of angiosperm classification. Botanical Journal of the Linnean Society，134：3-17.

STUESSY T F，2010. Paraphyly and the origin and classification of angiosperms. Taxon，59（3）：689-693.

复习思考题

一、名词解释

1. 佛焰苞 2. 小穗 3. 颖片 4. 合蕊柱 5. 花粉块 6. 无限花序 7. 有限花序 8. 覆瓦状排列 9. 子房下位 10. 胎座 11. 植物化石 12. 柔荑花序 13. 分果 14. 侧膜胎座 15. 蔷薇果 16. 聚合果 17. 聚花果 18. 真花学说 19. 假花学说 20. APG系统

二、判断题

1. 木兰目花被常3基数，显示了与单子叶植物的联系。

2. 毛茛属植物花瓣基部有一蜜腺穴，为虫媒传粉的标志之一。

3. 栽培大麻可同时收获纤维原料和医药原料。

4. 壳斗是特化的总苞，是壳斗科特有的结构。

5. 普洱茶是常绿乔木，为茶的变种。

6. 攀枝花又名木棉，属锦葵科木棉属。

7. 扶桑是著名花卉，又名朱槿，属锦葵科木槿属，而不属桑科。

8. 杨柳科属柔荑花序类，是典型的风媒传粉类群。

9. 胡萝卜属于十字花科，为一种蔬菜。

10. 在昆虫传粉的选择压力下，豆目花冠由两侧对称向辐射对称演化。

11. 荚果由单心皮子房发育而来，而角果由二心皮子房发育而来。
12. 二体雄蕊就是10枚雄蕊中9枚合生，1枚单独着生。
13. 葫芦科植物与葡萄科植物均以卷须攀缘，但二者的花、果显著不同。
14. 柑橘属的叶为单身复叶，由三出复叶退化而来。
15. 五加科与伞形科植物叶柄基部均常为鞘状。
16. 马蹄莲为天南星科著名观赏植物，其洁白的"花瓣"实为佛焰苞。
17. 玉米肉穗花序中，花柱丝状细长，伸出苞片外。
18. 乌拉草属禾本科，为"东北三宝"之一。
19. 百合科与石蒜科的主要区别在于后者子房下位。
20. 合蕊柱是兰科最重要的特征之一。

三、选择题

1. 具有十字形花冠的植物是____。
   A. 大葱　　　　　B. 白菜　　　　　C. 玉米　　　　　D. 向日葵
2. 具有无被花的植物是____。
   A. 萝卜　　　　　B. 番茄　　　　　C. 苹果　　　　　D. 杨柳
3. 具有二体雄蕊的植物是____。
   A. 大豆　　　　　B. 小麦　　　　　C. 番茄　　　　　D. 茄子
4. 小麦的花序是____。
   A. 复穗状花序　　B. 穗状花序　　　C. 总状花序　　　D. 柔荑花序
5. 具有隐头花序的植物是____。
   A. 向日葵　　　　B. 无花果　　　　C. 桑　　　　　　D. 苹果
6. 锦葵科的雄蕊类型是____。
   A. 二体雄蕊　　　B. 单体雄蕊　　　C. 多体雄蕊　　　D. 四强雄蕊
7. 十字花科的雄蕊类型是____。
   A. 二体雄蕊　　　B. 单体雄蕊　　　C. 多体雄蕊　　　D. 四强雄蕊
8. 具有三棱形茎的是____。
   A. 禾本科　　　　B. 莎草科　　　　C. 百合科　　　　D. 豆科
9. 具有四棱形茎的是____。
   A. 唇形科　　　　B. 玄参科　　　　C. 旋花科　　　　D. 茄科
10. 蝶形花亚科的雄蕊类型是____。
    A. 二体雄蕊　　　B. 单体雄蕊　　　C. 多体雄蕊　　　D. 聚药雄蕊
11. 菊科的雄蕊类型是____。
    A. 二体雄蕊　　　B. 单体雄蕊　　　C. 多体雄蕊　　　D. 聚药雄蕊
12. 唇形科的雄蕊类型是____。
    A. 二强雄蕊　　　B. 二体雄蕊　　　C. 单体雄蕊　　　D. 四强雄蕊
13. 常具副萼的分类群是____。
    A. 槭树科　　　　B. 锦葵科　　　　C. 旋花科　　　　D. 伞形科
14. 花瓣有距的分类群是____。
    A. 茄科　　　　　B. 唇形科　　　　C. 堇菜科　　　　D. 葫芦科
15. 具有漏斗形花冠的分类群是____。
    A. 罂粟科　　　　B. 旋花科　　　　C. 桔梗科　　　　D. 兰科
16. 具有离生雌蕊的分类群是____。
    A. 石竹科　　　　B. 蝶形花科　　　C. 毛茛科　　　　D. 百合科

17. 具有合生雌蕊的分类群是____。
 A. 十字花科　　　　B. 绣线菊亚科　　　　C. 蔷薇亚科　　　　D. 毛茛科
18. 蝶形花冠中，位于最内方的是____。
 A. 旗瓣　　　　　　B. 翼瓣　　　　　　　C. 龙骨瓣　　　　　D. 唇瓣
19. 龙眼、荔枝的食用部分是____。
 A. 假种皮　　　　　B. 果皮　　　　　　　C. 种皮　　　　　　D. 假果的花筒部分
20. 人参是多年生草本植物，属____。
 A. 桔梗科　　　　　B. 五加科　　　　　　C. 伞形科　　　　　D. 毛茛科
21. 三七的药用部分主要是____。
 A. 块根　　　　　　B. 块茎　　　　　　　C. 根状茎　　　　　D. 肉质茎
22. 天南星科的佛焰苞属于____。
 A. 花萼　　　　　　B. 小苞片　　　　　　C. 总苞片　　　　　D. 花冠
23. 禾本科植物小穗中，芒通常着生于____。
 A. 外颖　　　　　　B. 内颖　　　　　　　C. 外稃　　　　　　D. 内稃
24. 竹亚科植物普通叶片脱落时，留在茎上的部分是____。
 A. 箨舌　　　　　　B. 箨耳和叶鞘　　　　C. 叶鞘　　　　　　D. 叶柄
25. 稻谷去壳后的"糙米"是____。
 A. 颖果　　　　　　B. 种子　　　　　　　C. 胚乳　　　　　　D. 胚
26. 菠萝的果实为____。
 A. 聚花果　　　　　B. 聚合果　　　　　　C. 浆果　　　　　　D. 梨果
27. 塔赫他间主张被子植物的祖先应是____。
 A. 本内苏铁　　　　B. 种子蕨　　　　　　C. 木兰目　　　　　D. 买麻藤纲
28. 克朗奎斯特被子植物分类系统与____被子植物分类系统较接近。
 A. 恩格勒　　　　　B. 柏兰特　　　　　　C. 哈钦松　　　　　D. 塔赫他间
29. 植物分类学所应用的细胞学资料并不包括____。
 A. 着丝点位置　　　　　　　　　　　　　B. 随体形状、大小
 C. 染色体相对长度　　　　　　　　　　　D. 染色体粗细
30. 关于被子植物起源研究，最有力的证据应是____。
 A. 古植物化石　　　　　　　　　　　　　B. 古地理资料
 C. 古气候资料　　　　　　　　　　　　　D. 现代被子植物的地理分布

四、问答题

1. 在野外采集到一株有花或果的植物标本，但不知是哪一科、属、种，你该怎么办？
2. 按传统的分类方法，被子植物分为哪两个纲？列表比较二者的主要区别。
3. 根据克朗奎斯特分类系统，被子植物分为哪11个亚纲？列表比较它们的主要区别。
4. 根据被子植物的分类原则，比较木兰科和毛茛科的异同，并说明它们的演化关系。
5. 蔷薇科植物有哪些主要特征？按照传统的分类方法，蔷薇科分为哪四个亚科？怎样区别这四个亚科？
6. 简述伞形科的主要特征，它与五加科有何区别？
7. 简述唇形科的主要特征，它与玄参科有何区别？
8. 丹参属花在结构上如何适应虫媒传粉？
9. 简述十字花科的主要形态特征，举例说明十字花科植物与人类生活的关系。
10. 简述葫芦科的主要形态特征，举例说明葫芦科植物与人类生活的关系。
11. 简述豆科3个亚科的主要异同。

12. 菊科有哪些主要特征？在虫媒传粉方面有哪些特殊的适应构造？为什么说菊科是木兰纲中较为进化的类群？

13. 简述禾本科的主要特征。按照传统的分类方法，将禾本科分为禾亚科和竹亚科两个亚科，试比较这两个亚科的主要区别。

14. 禾本科植物在风媒传粉方面有哪些适应性特征？

15. 为什么说泽泻科是单子叶植物原始的类群？

16. 百合科的主要特征是什么？有哪些重要的经济植物？

17. 兰科有哪些主要特征？在虫媒传粉方面有哪些特殊的适应构造？为什么说兰科是单子叶植物中最进化的类群？

18. 坚果与小坚果、核果与小核果的区别在哪里？

19. 简述真花学说、假花学说及其主要的分类系统。

20. 关于被子植物的起源主要有单元论、二元论和多元论3种假说，请你简述这3种假说的主要观点，你支持哪一种观点？根据何在？

21. 目前国际上有哪几个著名的被子植物分类系统？简述它们的主要观点。

22. 被子植物的哪些高度特化的共同特征，使得多数植物学家认为被子植物是单元起源的？

23. 调查校园内的植物，按科编写校园植物名录。

参考文献

陈晓亚，薛红卫，2012. 植物生理与分子生物学. 4版. 北京：高等教育出版社.
崔大方，2010. 植物分类学. 3版. 北京：中国农业出版社.
崔克明，2007. 植物发育生物学. 北京：北京大学出版社.
高信曾，1987. 植物学：形态、解剖部分. 北京：高等教育出版社.
胡宝忠，张友民，2011. 植物学. 2版. 北京：中国农业出版社.
胡适宜，1982. 被子植物胚胎学. 北京：高等教育出版社.
胡适宜，1990. 雄性生殖单位和精子异型性研究的现状. 植物学报，32（3）：230-240.
胡适宜，杨弘远，2002. 被子植物受精生物学. 北京：科学出版社.
金银根，2010. 植物学. 2版. 北京：科学出版社.
李名扬，2004. 植物学. 北京：中国林业出版社.
李扬汉，1984. 植物学. 2版. 上海：上海科学技术出版社.
李正理，张新英，1996. 植物解剖学. 北京：高等教育出版社.
刘胜祥，黎维平，2007. 植物学. 北京：科学出版社.
路安民，汤彦承，2005. 被子植物起源研究中几种观点的思考. 植物分类学报，43（5）：420-430.
陆时万，徐祥生，沈敏健，1992. 植物学：上册. 2版. 北京：高等教育出版社.
马炜梁，2015. 植物学. 2版. 北京：高等教育出版社.
浅间一男，1988. 被子植物的起源. 北京：海洋出版社.
强胜，2006. 植物学. 北京：高等教育出版社.
强胜，2017. 植物学. 2版. 北京：高等教育出版社.
任宪威，1997. 树木学：北方本. 北京：中国林业出版社.
沈显生，2005. 植物学拉丁文. 合肥：中国科学技术大学出版社.
苏志尧，廖文波，1996. 华夏植物区系理论与有花植物的起源. 广西植物，16（3）：219-224.
孙敬三，朱至清，1988. 植物细胞的结构与功能. 北京：科学出版社.
汤彦承，路安民，陈之端，1999. 一个被子植物"目"的新分类系统简介. 植物分类学报，37（6）：608-621.
汪劲武，2009. 种子植物分类学. 2版. 北京：高等教育出版社.
吴国芳，冯志坚，马炜梁，等，1992. 植物学：下册. 2版. 北京：高等教育出版社.
吴征镒，1980. 中国植被. 北京：科学出版社.
吴征镒，汤彦承，路安民，等，1998. 试论木兰植物门的一级分类——一个被子植物八纲系统的新方案. 植物分类学报，36（5）：385-402.
吴征镒，路安民，汤彦承，等，2002. 被子植物的一个"多系—多期—多域"新分类系统总览. 植物分类学报，40（4）：289-322.
徐汉卿，1996. 植物学. 北京：中国农业出版社.
杨继，郭友好，杨雄，等，2007. 植物生物学. 2版. 北京：高等教育出版社.
杨世杰，2010. 植物生物学. 2版. 北京：高等教育出版社.
姚家玲，2017. 植物学实验. 3版. 北京：高等教育出版社.
叶创兴，朱念德，廖文波，等，2007. 植物学. 北京：高等教育出版社.
张爱芹，王彩霞，马瑞霞，2006. 植物学. 成都：西南交通大学出版社.
翟中和，王喜忠，丁明孝，2011. 细胞生物学. 4版. 北京：高等教育出版社.
郑湘如，王丽，2016. 植物学. 2版. 北京：中国农业大学出版社.

中国科学院植物研究所，1972—1983. 中国高等植物图鉴：1～5册. 北京：科学出版社.

周永红，丁春邦，2018. 普通生物学. 2版. 北京：高等教育出版社.

周云龙，2011. 植物生物学. 3版. 北京：高等教育出版社.

ANGIOSPERM PHYLOGENY GROUP (APG), 1998. An ordinal classification for the families of flowering plants. Annals of the Missouri Botanical Garden, 85: 531-553.

ANGIOSPERM PHYLOGENY GROUP (APG), 2009. An update of the angiosperm phylogeny group classification for the orders and families of flowering plants: APG Ⅲ. Botanical Journal of the Linnean Society, 161 (2): 105-121.

BAURLE I, LAUX T, 2005. Regulation of WUSCHEL transcription in the stem cell niche of the arabidopsis shoot meristem. Plant Cell, 17: 2 271-2 280.

CRONQUIST A, 1981. An integrated system of classification of flowering plants. New York: Columbia University Press.

GHAHAM L E, GRAHAM J M, WILOX L W, 2006. Plant Biology. 2nd ed. United State: Pearson Education Inc.

JUDD W S, CAMPBELL C S, KELLOGG E A, 2012. 植物系统学. 3版. 李德铢, 等译. 北京：高等教育出版社.

RAVEN P H, EICHHORN S E, 2008. Biology of Plants. 7th ed. New York: W H Freeman and Companies Inc.

SINGH M B, BHALLA P L, 2006. Plant stem cells carve their own niche. Trends in Plant Science, 11 (5): 241-246.

TAKHTAJAN A L, 1980. Outline of the classification of flowering plants (Magnoliophyta). The Botanical Review, 46 (3): 225-239.

THOMAS L R, MICHAEL G B, STOCKING C R, et al, 2006. Plant Biolog: International Student Edition. 2nd ed. Belmont: Thomson Higher Education.

ZHAO Z, ANDERSEN S U, LJUNG K, et al, 2010. Hormonal control of the shoot stem cell niche. Nature, 465 (24): 1 089-1 093.

图书在版编目（CIP）数据

植物学／丁春邦，杨晓红主编．—2版．—北京：中国农业出版社，2021.1（2024.9重印）

普通高等教育农业农村部"十三五"规划教材　全国高等农林院校"十三五"规划教材

ISBN 978-7-109-27709-0

Ⅰ.①植…　Ⅱ.①丁…②杨…　Ⅲ.①植物学－高等学校－教材　Ⅳ.①Q94

中国版本图书馆CIP数据核字（2021）第001530号

植物学
ZHIWUXUE

中国农业出版社出版
地址：北京市朝阳区麦子店街18号楼
邮编：100125
责任编辑：宋美仙　郑璐颖　文字编辑：宋美仙
版式设计：王　晨　责任校对：周丽芳
印刷：中农印务有限公司
版次：2014年2月第1版　2021年1月第2版
印次：2024年9月第2版北京第3次印刷
发行：新华书店北京发行所
开本：889mm×1194mm　1/16
印张：20.5
字数：620千字
定价：52.50元

版权所有·侵权必究
凡购买本社图书，如有印装质量问题，我社负责调换。
服务电话：010-59195115　010-59194918